21 世纪全国本科院校电气信息类创新型应用人才培养规划教材

EDA 技术及数字系统的应用

包 明 曹 阳 主 编

胡顺仁 全晓莉 佘 丽 副主编

北京大学出版社
PEKING UNIVERSITY PRESS

内 容 简 介

本书结合 EDA 技术和可编程逻辑器件的最新发展，全面介绍了 EDA 技术的特征、IP 核与 SOC 设计的知识、Altera 公司的 FPGA 器件特点和配置方式、FPGA 开发工具软件 Quartus II 和常用 IP 模块的使用。书中还系统地介绍三种硬件描述语言，即 AHDL、VHDL 和 Verilog HDL 的基本语法、常用语句和应用例子，以大量的设计实例说明数字系统的硬件设计方法。特别是最后一章 FPGA 综合设计实践，给出了基于 FPGA 数字系统设计的应用实例和功能模块(VGA、PS/2、UART、单总线(1-Wire)、SPI、I^2C 等)，为课程设计和毕业设计及电子产品开发提供帮助。

本书内容全面，实例丰富，由浅入深，可作为高等院校电气信息类专业课程的教材，也可供从事硬件设计和 IC 设计的工程师学习使用。

图书在版编目(CIP)数据

EDA 技术及数字系统的应用/包明，曹阳主编. —北京：北京大学出版社，2014.2

(21 世纪全国本科院校电气信息类创新型应用人才培养规划教材)

ISBN 978-7-301-23877-6

Ⅰ. ①E…　Ⅱ. ①包…②曹…　Ⅲ. ①电子电路—电路设计—计算机辅助设计—高等学校—教材②数字系统—系统设计—高等学校—教材　Ⅳ.①TN702②TP271

中国版本图书馆 CIP 数据核字(2014)第 020547 号

书　　　　名：EDA 技术及数字系统的应用

著作责任者：包　明　曹　阳　主编

策 划 编 辑：郑　双

责 任 编 辑：郑　双

标 准 书 号：ISBN 978-7-301-23877-6/TN · 0110

出 版 发 行：北京大学出版社

地　　　　址：北京市海淀区成府路 205 号　100871

网　　　　址：http://www.pup.cn　新浪官方微博：@北京大学出版社

电 子 信 箱：pup_6@163.com

电　　　　话：邮购部 62752015　发行部 62750672　编辑部 62750667　出版部 62754962

印 刷 者：北京飞达印刷有限责任公司

经 销 者：新华书店

　　　　　787 毫米×1092 毫米　16 开本　27 印张　636 千字

　　　　　2014 年 2 月第 1 版　　2015 年 7 月第 2 次印刷

定　　　　价：55.00 元

前　言

随着大规模和超大规模可编程器件在 EDA 技术支持下的广泛应用,现代电子设计技术已进入一个全新的阶段,从设计思想、设计工具到实现方式都发生了诸多变化。

EDA 技术是现代电子工程领域的一门新技术,提供了基于计算机和信息技术的电路系统设计方法。它是从计算机辅助设计(CAD)、计算机辅助制造(CAM)、计算机辅助测试(CAT)和计算机辅助工程(CAE)等技术发展而来的。设计者只需对系统功能进行描述,在 EDA 工具的帮助下完成系统设计。EDA 技术使电子产品的设计和开发周期缩短,降低了成本,提高了系统的可靠性。

计算机技术和微电子工艺的发展,使 EDA 技术在数字系统设计中起到越来越重要的作用,新的设计工具和方法不断推出,高速发展的可编程器件又为 EDA 技术的不断进步奠定了坚实的物理基础。因为大规模可编程逻辑器件具有微处理器和单片机的特点,尤其随着半导体制造工艺的进步,集成度不断提高,与微处理器、DSP、A/D、D/A、RAM 和 ROM 等独立器件之间的物理与功能界限正日趋模糊,嵌入式系统和片上系统(SOC)得以实现。以大规模可编程集成电路为物质基础的 EDA 技术打破了软硬件之间的设计界限,使硬件系统软件化,这已成为现代电子设计技术的发展趋势。

为了适应 EDA 技术的发展和 EDA 技术的教学要求,突出 EDA 技术的实用性,以及面向工程实际的特点,应该注重学生的设计能力和创新能力的培养,以及与工程实际相结合的动手能力的培养。因此本书不仅介绍 Altera 公司的可编程逻辑器件、Quartus Ⅱ 开发工具,以及硬件描述语言(AHDL、VHDL 和 Verilog HDL)的基础知识和一般的设计应用,还介绍数字系统的设计方法和 FPGA 综合性的应用实例,引导学生完成与传统电子设计(如单片机)不同的设计内容,突出数字系统的硬件设计方法,从而加深系统中各模块和输入/输出接口信号(协议)的理解。通过这些应用实例,让学生体会到 EDA 工具对复杂数字逻辑电路设计的优势,提高学生的设计能动性和自主创新能力,从而有效地提高课程的教学效果。

全书共分 8 章。第 1 章介绍 EDA 技术的基本概念、研究范畴、基本特征和基本工具,可编程 ASIC 的特点,集成电路的设计流程,IP 核与 SOC 设计的知识,以及 EDA 技术的发展趋势。第 2 章介绍可编程逻辑器件的基本结构、编程元件和边界扫描测试技术,重点介绍 Altera 公司的可编程逻辑器件的基本结构和工作原理。第 3 章介绍 Quartus Ⅱ 集成开发工具的使用方法和设计步骤,以及提供的器件库和参数化宏功能模块(自定制宏功能模块、存储器、锁相环 PLL 和滤波器 FIR)。第 4~6 章详述硬件描述语言(AHDL、VHDL 和 Verilog HDL)的基本语法、常用语句、硬件设计方法和数字电路设计实例。第 7 章详述数字系统的基本概念、基本结构、设计特点和自顶向下的设计方法,描述数字系统的常用工具、算法流程图和 ASM 图，给出利用 EDA 开发工具进行数字系统综合性的应用实例。第 8 章结合 FPGA 综合设计实例给出了基于 FPGA 数字系统设计的应用和功能模块，介绍了 VGA、PS/2、UART、单总线(1-Wire)、SPI、I^2C 等接口技术，用硬件的设计方法实现数据的传输控制。在这些设计实例中提供了大量的功能模块，已经在 FPGA 器件中进行了验证，为更复杂、规模更大的数字系统设计和应用提供有益的参考。

　　本书由包明和曹阳担任主编，第 1 章、第 7～8 章由包明编写；第 2 和 3 章由曹阳编写；第 4 章由胡顺仁编写；第 5 章由全晓莉编写；第 6 章由佘丽编写；全书由包明统稿。在编写本书的过程中，遵循的是重视基础知识、面向实际应用的原则。本书突出 EDA 技术的特点和优势，侧重于实用电子系统的设计应用。要进一步掌握数字系统的设计技术，需要在实践中不断探索和积累，逐步提高设计水平。

　　现代电子技术在不断发展，相应的教学内容和教学方法也在不断改进，还需要深入的探讨和学习。由于编者水平有限，书中的不足之处在所难免，恳请广大读者批评指正(Email: baoming666@sina.com.cn)。

编　者
2013 年 5 月于重庆理工大学

目　　录

第**1**章
概　述

 学习目标和要求

✧ 了解 EDA 技术的发展和特点;
✧ 了解 EDA 技术的基本特征及工具;
✧ 理解专用集成电路的全定制和半定制;
✧ 了解可编程 ASIC 的特点;
✧ 了解软 IP、固 IP 和硬 IP;
✧ 理解 IP 核的复用技术和 SOC 设计;
✧ 理解 SOC 的软/硬件协同设计。

本书的内容是数字电子技术或数字逻辑电路课程知识的延伸和发展。在数字电路课程中采用固定功能的标准集成电路,如 74/54 系列(TTL)、4000/4500 系列(CMOS)芯片来组装系统,这样设计出的电子系统所用元件的种类和数量均较多、体积功耗大、可靠性差,不易修改。现在,只要拥有一台计算机、一套相应的 EDA 软件工具和一个可编程逻辑器件芯片,就可以将数字电路课程设计的系统在一个 FPGA 芯片中实现(集成),提高了系统的可靠性和集成度,也使数字系统的设计效率得到很大提高。

1.1　EDA 技术

EDA 是电子设计自动化(Electronics Design Automation)的缩写,它是随着集成电路和计算机技术的飞速发展应运而生的一种高级、快速、有效的电子设计自动化工具。EDA 工具是以计算机的硬件和软件为基本工作平台,集数据库、图形学、图论与拓扑逻辑、计算数学、优化理论等多学科最新成果研制的计算机辅助设计通用软件包。EDA 是电子设计技术的发展趋势,利用 EDA 工具可以代替设计者完成电子系统设计中的大部分工作。EDA 技术主要融合了大规模集成电路设计和制造技术、专用集成电路(ASIC)测试和封装技术、IC 版图和 PCB 版图设计技术、FPGA/CPLD(现场可编程门阵列)编程下载技术、自动测试技术等。

数字系统的实现方法经历了由分立元件、SSI、MSI 到 LSI、VLSI 及 UVLSI 的飞速发

展过程。为了提高系统的可靠性与通用性，微处理器和 ASIC 逐渐取代了通用全硬件 LSI 电路。20 世纪 90 年代，国际上一直在积极探索新的电子电路设计方法，并在设计方法和工具等方面取得了巨大进步，可编程逻辑器件(PLD)被大量地应用在 ASIC 的制作中，尤其是 FPGA/CPLD 在 EDA 基础上的广泛应用。PLD 可以通过软件设计而对其硬件结构和工作方式进行重构，从某种意义上来说，是新的电子系统运转的物理机制又将回到原来的纯数字电路结构，是一种高层次的循环。它在更高层次上容纳了过去数字技术的优秀部分，是对 MUC(微控制器或单片机)系统的一种改进。特别是随着软/硬 IP 芯核产业的迅猛发展、嵌入式通用与标准 FPGA/CPLD 器件的出现，片上系统(System on Chip, SOC)已近在咫尺。以大规模可编程集成电路为物质基础的 EDA 技术将打破软硬件之间的设计界限，使硬件系统软件化，使电子设计的技术操作和系统构成在整体上发生质的飞跃，带来了电子系统设计的革命性变化。

　　EDA 技术不是某个学科的分支或者某一种新的技能技术，它是融合多学科为一体又渗透于各学科中的一门综合性学科，它代表了电子设计技术和应用技术的发展方向。利用 EDA 工具，设计者可以从概念、算法、协议等开始设计电子系统，让电子产品从电路设计、性能分析到设计出 IC 版图或 PCB 版图的整个过程在计算机上自动处理完成，极大地提高了电子系统设计的效率和可靠性。

1.1.1　EDA 技术的发展史

　　EDA 技术伴随着计算机、大规模集成电路、电子系统设计的发展，经历了计算机辅助设计(Computer Assist Design，CAD)、计算机辅助工程(Computer Assist Engineering，CAE)和电子系统设计自动化(Electronic System Design Automation，ESDA)三个发展阶段，如图 1.1 所示。

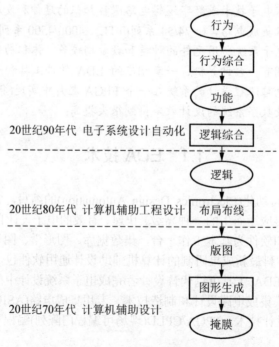

图 1.1　EDA 发展过程

20 世纪 70 年代，随着中小规模集成电路的出现和应用，传统的手工制图设计印制电路板和集成电路的方法已无法满足设计精度和效率的要求，人们开始将产品设计过程中高重复性的繁杂劳动，如布图布线工作，通过用于二维平面图形编辑与分析的 CAD 工具来完成，与过去相比提高了电子系统和集成电路设计的效率和可靠性，从而产生了计算机辅助设计的概念，这是 EDA 技术发展的初级阶段。这一阶段开始利用计算机设计取代手工劳动，辅助进行集成电路版图编辑、PCB 布局布线等工作。由于当时计算机工作平台的制约，能支持的设计工作有限且性能比较差。

20 世纪 80 年代出现的第一个个人工作站(Apollo)计算机平台，推动了 EDA 工具的迅速发展。为了适应电子产品在规模和制作上的需要，出现了以计算机仿真和自动布局布线为核心技术的第二代 EDA 技术。具有自动综合能力的 CAE 工具简化了设计师的部分设计工作。其特点是以软件工具为核心，通过这些软件完成产品开发的设计、分析、生产、测试等各项工作。但是，大部分从原理图出发的 EDA 工具仍然不能适应复杂电子系统设计的要求，而且具体化的元件图形制约着优化设计。

20 世纪 90 年代，人们逐步从使用硬件转向设计硬件，从电路级电子产品开发转向系统级电子产品开发。ESDA 工具是以系统级设计为核心(包括系统行为级描述与结构级综合、系统仿真与测试验证、系统划分与指标分配、系统决策与文件生成等)一整套的电子系统设计自动化工具。第三代 EDA 技术的出现，极大地提高了系统设计的效率，使设计师开始实现"概念驱动工程"的梦想。设计师摆脱了大量的辅助设计工作，把精力集中于创造性的方案与概念构思上，从而极大地提高了设计效率，缩短了产品的研制周期。

1.1.2　EDA 与电子系统设计

传统的电子系统设计采用的是搭积木式的方法，即由器件搭成电路板，由电路板搭成电子系统。数字系统最初的"积木块"由固定功能的标准集成电路，如 74/54 系列(TTL)、4000/4500 系列(CMOS)芯片和一些固定功能的大规模集成电路构成。设计者只能根据需要选择合适的器件，并按照器件推荐的电路来组装系统。这种设计是一种"自底向上"的设计方法，这样设计出的电子系统所用元件的种类和数量均较多、体积功耗大、可靠性差，不易修改。

随着半导体技术、集成技术和计算机技术的发展，电子系统的设计方法和设计手段发生了很大的变化。进入 20 世纪 90 年代以后，EDA 技术的发展和普及给电子系统的设计带来了革命性的变化，特别是高速发展的 CPLD/FPGA 器件为 EDA 技术的不断进步奠定了坚实的物质基础，极大地改变了传统的数字系统设计方法、设计过程，乃至设计观念。过去只能通过两种编程方式来改变器件逻辑功能，即微处理器的软件编程(如单片机)和特定器件的控制字配置(如 8255)，并且对器件引脚功能的硬件方式的任意确定是不可能的，而且对于系统设计只能通过设计电路板来实现系统功能。利用 EDA 工具可通过对可编程器件芯片的设计来实现系统功能，这种方法称为基于芯片的设计方法。新的设计方法能够由设计者定义器件的内部逻辑和引脚，将原来由电路板设计完成的大部分工作放在芯片的设计中进行。这样不仅可以通过芯片设计实现多种数字逻辑系统功能，而且由于引脚定义的灵活性，大大减轻了电路图设计和电路板设计的工作量和难度，从而有效地增强了设计的灵活性，提高工作效率；同时基于芯片的设计可以减少芯片的数量，缩小系统体积，降低能耗，提高系统的性能和可靠性。

可编程器件和 EDA 技术为今天的硬件系统设计者提供了强有力的工具，使得电子系统的设计方法发生了质的变化。传统的"固定功能集成块+连线"的设计方法正逐步地退出历史舞台，而基于芯片的设计方法正在成为现代电子系统设计的主流。现在人们可以把数以亿计的晶体管，几万门、几十万门甚至几百万门的电路集成在一个芯片上。半导体集成电路也由早期的单元集成、部件电路集成发展到整机电路集成和系统电路集成。电子系统的设计方法也由过去的那种"Bottom-up"(自底向上)设计方法改变为一种新的"Top-down"(自顶向下)设计方法。

现在，只要拥有一台计算机、一套相应的 EDA 软件和一片可编程逻辑器件芯片，就可以在实验室里完成数字系统的设计和生产。可以说，当今的数字系统设计已经离不开可编程逻辑器件和 EDA 设计工具。

1.1.3　EDA 软件平台

EDA 技术作为现代电子设计技术的核心，依赖于功能强大的计算机。利用 EDA 工具软件，设计者可以从概念、算法、协议等开始设计电子系统，其中大量工作可以通过计算机平台来完成，并且电子产品从电路设计、性能分析到设计出 IC 版图或 PCB 版图的整个过程可以在计算机上自动处理完成。

长期以来，大型的 EDA 工具软件都运行在以 UNIX 为操作系统的工作站平台上。随着 PC 性能的不断提高和 Windows 操作系统的逐步发展，世界上著名的 EDA 厂商(如 Cadence Design Systems、Mentor Graphics、Synopsys 和 Viewlogic Systems 等)已先后推出了支持 PC-Windows 平台的高性能的 EDA 工具软件。

从目前的 EDA 技术来看，一体化工具和知识产权模块(IP 核)是发展方向。伴随着设计复杂度的不断提高，一体化的工具使设计者受益于一个统一的用户界面，避免了在不同的工具间进行数据转换等烦琐的操作。利用这种一体化设计工具提供的统一库和统一界面可以加速 IC 工程师的设计速度。知识产权模块的合理应用是加速产品设计流程的一个有效途径。IP 复用是 IC 设计业中绝对的发展趋势。同时，制造工艺进步也促进 EDA 工具的革新。在 EDA 软件开发方面的著名厂商，目前主要集中在美国，如 Synopsys 和 Cadence 两大 EDA 工具供应商。

Synopsys 公司是为全球集成电路设计提供电子设计自动化(EDA)软件工具的主导企业，为全球电子市场提供技术先进的 IC 设计与验证平台，致力于复杂的片上系统(SoC)的开发。同时 Synopsys 还提供知识产权和设计服务。Cadence 公司是全球最大的电子设计技术、程序方案服务和设计服务供应商。其解决方案在于提升和监控半导体、计算机系统、网络工程和电信设备、消费电子产品及其他各类型电子产品的设计。

EDA 工具按主要功能或主要应用场合，分为电路设计与仿真工具、PCB 设计软件、IC 设计软件、PLD 设计工具及其他 EDA 软件。

电路设计与仿真工具包括 SPICE/PSPICE、Multisim、EWB、MATLAB、SystemView、MMICAD 等。SPICE(Simulation Program with Integrated Circuit Emphasis)是由美国加州大学推出的电路分析仿真软件，1998 年被定为美国国家标准。1984 年，美国 MicroSim 公司推出了基于 SPICE 的微机版 PSPICE(Personal-SPICE)。它具有功能强大的模拟和数字电路混合仿真 EDA 软件，可以进行各种各样的电路仿真、激励建立、温度与噪声分析、模拟控制、波形输出、数据输出，并在同一窗口内同时显示模拟与数字的仿真结果。无论对哪种器件、哪些电路进行仿真，都可以得到精确的仿真结果，并可以自行建立元器件及元器件库。EWB(Electronic Workbench)软件及升级版 Multisim 的很多功能模仿了 SPICE 的设计。

MATLAB 产品族的一大特性是有众多的面向具体应用的工具箱和仿真块，包含了完整的函数集用来对图像信号处理、控制系统设计、神经网络等特殊应用进行分析和设计。它具有数据采集、报告生成和 MATLAB 语言编程产生独立 C/C++代码等功能。MATLAB 产品族具有下列功能：数据分析，数值和符号计算，工程与科学绘图，控制系统设计，数字图像信号处理，财务工程，建模、仿真、原型开发，应用开发，图形用户界面设计等。MATLAB 产品族被广泛地应用于信号与图像处理、控制系统设计、通信系统仿真等诸多领域。开放式的结构使 MATLAB 产品族很容易针对特定的需求进行扩充，从而在不断深化对问题的认识的同时，提高自身的竞争力。

PCB(Printed-Circuit Board，印制电路板)设计软件的种类很多，如 Protel、OrCAD、Viewlogic、PowerPCB、Cadence PSD、MentorGraphices 的 Expedition PCB、Zuken CadStart、Winboard/Windraft/Ivex-SPICE、PCB Studio 等。

IC 设计工具按市场所占份额排行为 Cadence、Mentor Graphics 和 Synopsys。这三家都是 ASIC 设计领域相当有名的软件供应商。其他公司的软件相对来说使用者较少。

PLD 设计工具是一种由用户根据需要而自行构造逻辑功能的数字集成电路。目前 PLD 主要有 CPLD 和 FPGA 两大类型。PLD 的开发工具一般由器件生产厂家提供，但随着器件规模的不断增加，软件的复杂性也随之提高。目前由专门的软件公司与器件生产厂家合作，推出了功能强大的设计软件。世界上有十几家生产 CPLD/FPGA 的公司，最大的三家是 Altera、Xilinx、Lattice，其中 Altera 和 Xilinx 占有了 60%以上的市场份额，可以讲 Altera 和 Xilinx 共同决定了 CPLD/FPGA 技术的发展方向。表 1-1 给出了 CPLD/FPGA 的 EDA 开发软件的特性。

表 1-1　CPLD/FPGA 的 EDA 开发软件的特性

厂　商	EDA 软件名称	适用器件系列	输入方式
Xilinx	ISE	Xilinx 各种系列	原理图、VHDL、Verilog HDL 文本等
Xilinx	Foundation	XC 系列	原理图、VHDL 文本等
Altera	MAX+PLUS II	MAX、FLEX 等	原理图、波形图、VHDL、AHDL 文本等
Altera	Quartus II	Altera 各种系列	原理图、波形图、VHDL、Verilog HDL 等
Lattice	ispEXPERT	MACH、GAL、ispLSI	原理图、ABEL、VHDL、Verilog HDL 等
Lattice	ispLever	Lattice 数字器件系列	原理图、VHDL、Verilog 文本等
Actel	Actel Designer	SX、eX、MX 系列	原理图、VHDL、Verilog 文本等

Altera 是 20 世纪 90 年代以后发展很快的较大的可编程逻辑器件供应商之一。主要产品有 MAX、MAX II、FLEX10K、APEX20K、ACEX1K、Stratix、Stratix II、Cyclone、Cyclone II 等。开发软件 MAX+PLUS II 曾经被认为是最优秀的 PLD 开发平台之一，适合开发早期的中小规模 CPLD/FPGA。目前已经由 Quartus II 替代，Quartus II 是 Altera 新一代 FPGA/PLD 开发软件，适合新器件和大规模 FPGA 的开发。

Xilinx 是 FPGA 的发明者，是较大的可编程逻辑器件供应商之一。1999 年 Xilinx 收购了 Philips 的 PLD 部门。其产品种类较全,主要产品有 XC9500、Coolrunner、Spartan、Virtex 等。开发软件 Foundation 是 Xilinx 公司早期的开发工具,逐步被开发软件 ISE 取代。

Lattice 是 ISP(在线可编程)技术的发明者,ISP 技术极大地促进了 PLD 产品的发展。Lattice 中小规模 PLD/FPGA 比较有特色,种类齐全,1999 年推出可编程模拟器件。主要产品有 ispMACH4000、EC/ECP、XO、XP 及可编程模拟器件等。1999 年 Lattice 收购 Vantis(原 AMD 子公司),2001 年收购 Lucent 微电子的 FPGA 部门,2004 年以后开始大规模进入 FPGA 领域,是世界第三大可编程逻辑器件供应商。ispLever 是 Lattice 推出的最新一代 PLD 集成开发软件,逐步取代 ispEXPERT 开发软件,成为 PLD 设计的主要工具。

Actel 公司是反熔丝(一次性烧写)PLD 的领导者,由于反熔丝 PLD 抗辐射、耐高低温、功耗低、速度快,主要针对高速通信、专用集成电路替代品和航天军品市场,所以在军品和宇航级上有较大优势。

现代的 EDA 软件已突破了早期仅能进行 PCB 版图设计或者电路功能模拟的局限,以最终实现可靠的硬件系统为目标,配备了电子系统设计自动化的全部工具。在产品设计和制造方面,EDA 技术应用于前期的计算机仿真,产品开发中的 EDA 工具应用、系统级模拟及测试环境的仿真,生产流水线的 EDA 技术应用、产品测试等各个环节,如 PCB 的制作、电子设备的研制与生产、电路板的焊接、ASIC 的流片过程等。

1.2　EDA 技术的基本特征及工具

EDA 可以看作电子 CAD 的高级阶段。在现代电子系统设计领域,EDA 技术已经成为电子系统设计的重要手段。无论是设计逻辑芯片还是数字系统,其设计作业的复杂程度都在不断增加,现今仅仅依靠手工进行数字系统设计已经不能满足要求,所有的设计工作都需要以计算机为工具,在 EDA 软件平台上进行。设计者只需完成对设计系统的功能描述,就可以由计算机自动地完成逻辑编译、逻辑简化、逻辑分割、逻辑综合及优化、逻辑布局布线、逻辑仿真,直至对于特定目标芯片的适配编译、逻辑映射和编程下载等工作。尽管目标系统是硬件,但整个系统设计和修改过程如同完成软件设计一样方便和高效。利用 EDA 的仿真测试技术,设计者可以预知设计结果,减少设计的盲目性,从而极大地提高设计的效率。

1.2.1　EDA 技术的研究范畴

EDA 技术研究的对象是电子设计的全过程,它旨在帮助电子设计工程师在计算机上完成电路的功能设计、逻辑设计、性能分析、时序测试直至 PCB 的自动设计。

与早期的电子 CAD 软件相比,EDA 软件的自动化程度更高,功能更完善,运行速度更快,而且操作界面友好,有良好的数据开放性和互换性,即不同厂商的 EDA 软件可相互兼容。因此,EDA 技术很快在世界各大公司、企业和科研单位得到广泛应用,并已成为衡量一个国家电子技术发展水平的重要标志。

EDA 技术贯穿于产品开发过程,以及电子产品生产的全过程中期望由计算机提供的各种辅助工作。从一个角度看,EDA 技术可粗略分为系统级、电路级和物理级三个层次的辅助设计过程;从另一个角度来看,EDA 技术应包括电子线路设计的各个领域,即从低频电路到高频电路直至微波、从线性电路到非线性电路、从模拟电路到数字电路、从分立元件到集成电路的全部设计过程。EDA 技术的范畴和功能如图 1.2 所示。

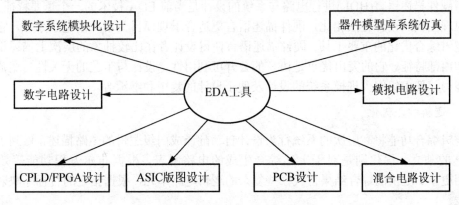

图 1.2 EDA 技术的范畴和功能

利用 EDA 工具进行电子系统设计主要有四个方面：印制电路板(PCB)设计、集成电路(IC 或 ASIC)设计、可编程逻辑器件(CPLD/FPGA)设计及混合电路设计。印制电路板设计是 EDA 技术最初的实现目标。在电子系统实现过程中，印制电路板设计、装配和测试的工作量是很大的，也是一个很具有工艺性、技巧性的工作。利用 EDA 工具来进行印制电路板的布局布线设计和验证分析，是早期 EDA 技术最基本的应用。集成电路设计是 EDA 技术推广发展的重要源泉和动力。随着超大规模集成电路出现，传统的手工设计方法遇到的困难越来越多，为了保证设计的正确性和可靠性，必须采用先进的 EDA 技术工具来进行集成电路逻辑设计、电路设计、版图设计。可编程逻辑器件的发展使用户可自行构造逻辑功能的集成电路，从而促进 EDA 技术的推广应用。CPLD/FPGA 的开发应用是 EDA 技术将电子系统设计与硬件实现有机融合的一个重要体现。

1.2.2 EDA 技术的基本特征

现代 EDA 技术的基本特征是采用高级语言即硬件描述语言描述，具有系统级仿真和综合能力。下面介绍与这些基本特征有关的几个 EDA 技术的新概念。

1. 并行工程和"自顶向下"设计方法

根据美国防务分析研究所 R-338 报告中的定义，并行工程是指"一种系统化的、集成化的、并行的产品及相关过程的开发模式(相关过程主要指制造和维护过程)。这一模式使开发者从一开始就要考虑产品生存周期的诸多方面，包括质量、成本、开发时间及用户的需求等。"

"自顶向下"的设计方法是从系统级设计入手，在顶层进行功能框图的划分和结构设计；在框图一级进行仿真、纠错，并用硬件描述语言对高层次的系统行为进行描述；在系统一级进行功能验证，然后用逻辑综合优化工具生成具体的门级逻辑电路的网表，其对应的物理级可以是印制电路板或专用集成电路。与"自底向上"的设计方法相比较，有利于在设计初期发现结构设计中的错误，提高设计的一次成功率，因而在现代 EDA 系统中被广泛采用。

2. 硬件描述语言

用硬件描述语言(HDL)进行电路与系统的设计是当前 EDA 技术的一个重要特征。与传统的原理图输入设计方法相比,硬件描述语言更适合于规模日益增大的电子系统,它还是进行逻辑综合优化的重要工具。硬件描述语言使得设计者在比较抽象的层次上描述设计的结构和内部特征。它的突出优点是语言的公开可利用性、设计与工艺的无关性、宽范围的描述能力、便于组织大规模系统的设计及便于设计的复用和继承等。

3. 逻辑综合优化

逻辑综合功能将高层次的系统行为设计自动翻译成门级逻辑的电路描述,做到了设计与工艺的独立。优化则是对于上述综合生成的电路网表,根据布尔方程功能等效的原则,用更小、更快的综合结果替代一些复杂的逻辑电路单元,根据指定的目标库映射成新的网表。

4. 开放性和标准化

框架是一种软件平台结构,为 EDA 工具提供了操作环境。框架的关键在于提供与硬件平台无关的图形用户界面及工具之间的通信、设计数据和设计流程的管理等,此外还应包括各种与数据库相关的服务项目。任何一个 EDA 系统只要建立了一个符合标准的开放式框架结构,就可以接纳其他厂商的 EDA 工具一起进行设计工作。这样,框架作为一套使用和配置 EDA 软件包的规范,就可以实现各种 EDA 工具间的优化组合,并集成在一个易于管理的统一的环境之下,实现资源共享。

近年来,随着硬件描述语言等设计数据格式的逐步标准化,不同设计风格和应用的要求导致各具特色的 EDA 工具被集成在同一个工作站上,从而使 EDA 框架标准化。新的 EDA 系统不仅能够实现高层次的自动逻辑综合、版图综合测试码生成,而且可以使各个仿真器对同一个设计进行协同仿真,进一步提高 EDA 系统的工作效率和设计的正确性。

5. 库

在电子系统设计的每个阶段,需要各种不同层次、不同种类的元器件模型库和模块库的支持,因此 EDA 技术必须配有丰富的器件库和模块库(元器件符号库、模型库、工艺参数库、标准单元库、可复用的功能模块、知识产权模块等)才能够具有强大的设计能力和很高的设计效率。各种库的规模、功能和更新速度是衡量 EDA 技术工具优劣的一个重要标志。

1.2.3 EDA 的基本工具

集成电路技术的进展对 EDA 技术不断提出新的要求,促进了 EDA 技术的发展。但是总体来说,EDA 系统的设计能力一直难以赶上集成电路技术的要求。EDA 工具的发展经历了两个大的阶段,即物理工具和逻辑工具阶段。现在 EDA 和系统设计工具正逐渐被理解成一个整体的概念——电子系统设计自动化。

物理工具用来完成设计中的实际物理问题,如芯片布局、印制电路板布线等。另外,它还能提供一些设计的电气性能分析,如设计规则检查。这些工作现在主要由集成电路厂家来完成。

逻辑工具是基于网表、布尔逻辑、传输时序等概念,首先由原理图编辑器或硬件描述语言进行设计输入，然后利用 EDA 系统完成逻辑综合、仿真、优化等过程，最后生成物理工具可以接受的网表或 VHDL、Verilog HDL、AHDL、ABEL 的结构化描述。

现在人们已开发了大量的计算机辅助设计工具来帮助完成集成电路的设计，常见的 EDA 设计工具有编辑器、仿真器、检查/分析工具和优化/综合工具等，如图 1.3 所示。

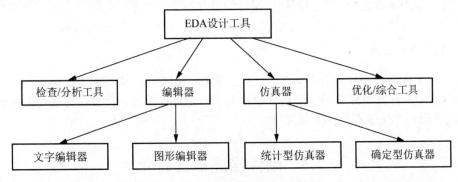

图 1.3　EDA 设计工具分类

1. 编辑器

编辑器包括文本编辑器和图形编辑器。在系统级设计中，文本编辑器用来编辑硬件系统的自然描述语言，在其他层次用来编辑电路的硬件描述语言文本。在数字系统中的门级、寄存器级及芯片级，所用的描述语言通常为 VHDL、Verilog HDL、AHDL 和 ABEL；在模拟电路级，硬件描述语言通常为 SPICE 的文本输入。

图形编辑器可用于编辑硬件设计的各个层次的逻辑关系。在版图级，图形编辑器用来编辑表示硅工艺加工过程的几何图形。在高于版图层次的其他级，图形编辑器常用硬件系统的框图、原理图来描述。原理图输入工具至少应包括以下三个组成部分：

(1) 基本单元符号库，主要包括基本单元的图形符号和仿真模型。硬件设计者除了采用基本单元和标准单元之外，还应该能够使用原理图编辑器建立自己专用的图形符号及相应的仿真模型，加到基本单元符号库中，供设计时使用和调用。

(2) 原理图编辑器的编辑功能。

(3) 产生网表的功能。

2. 仿真器

仿真器又称模拟器，主要用来帮助设计者验证设计的正确性，在硬件系统设计的各个层次都要用到仿真器。在数字系统设计时，硬件系统由数字逻辑器件及它们之间的互联来表示。仿真器的用途是确定系统的输入/输出关系，所采用的方法是把每一个数字逻辑器件映射为一个或几个进程，把整个系统映射为由进程互联构成的进程网络，这种由进程互联组成的网络就是设计的仿真模型。

3. 检查/分析工具

在集成电路设计的各个层次都会用到检查/分析工具。在版图级，必须用设计规则检查/分析工具来保证版图所表示的电路可以被可靠地制造出来；在逻辑门级，检查/分析工具可以用来检查是否有违反扇出规则的连接关系；时序分析器可以用来检查最坏情形时电路中的最大延时和最小延时。

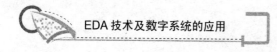

4. 优化/综合工具

优化/综合工具用来把一种硬件描述转换为另一种描述，这里的转换过程通常伴随着设计的某种改进。在逻辑门级，可以用逻辑最小化来对布尔表达式进行简化；在寄存器级，优化工具可以用来确定控制序列和数据路径的最优组合。各个层次的综合工具可以将硬件的高层次描述转换为低层次描述，也可以将硬件的行为描述转换为结构描述。

5. 布局布线工具

目标系统在器件芯片上的布局布线，通常都由 PLD 厂商提供的专门针对器件的开发工具(嵌入 EDA 开发软件中)完成，其目的是为了确定目标系统在指定器件芯片上能否实现(即适配)。最后产生编程用的下载文件。

1.3 硬件描述语言简介

可编程逻辑器件的广泛应用，为数字系统的设计带来极大的灵活性，改变了传统的数字系统的设计方法、设计过程及设计观念，使硬件设计如同软件设计那样方便快捷。现代的 EDA 工具软件已突破了早期仅能进行 PCB 印制版图的设计或功能模拟，配备了系统设计的全部工具，如提供了多种能兼用和混合使用的逻辑描述输入方式，即原理图输入、波形输入和硬件描述语言文本输入等方式。

硬件描述语言(Hardware Description Language)是一种用形式化方法来描述数字电路和设计数字逻辑关系的语言，其中包括布尔方程方式、真值表和状态图描述方式。它可以使设计者利用这种语言来描述自己的逻辑设计思想，然后通过 EDA 工具进行仿真，自动优化综合，生成门级电路，再用 ASIC 或可编程逻辑器件实现其功能。目前在美国硅谷约有 80%的 ASIC 和可编程逻辑器件是采用 HDL 方法设计的。

硬件描述语言的发展至今已有多年的历史，并成功地应用于设计的各个阶段：仿真、验证、综合。到 20 世纪 80 年代，已出现上百种硬件描述语言，它们一般各自面向特定的设计领域和层次，使设计者无所适从。随着系统级 FPGA 及系统芯片的出现，软硬件协调设计和系统设计变得越来越重要。传统意义上的硬件设计越来越倾向于与系统设计和软件设计结合。目前常用的硬件描述语言有 VHDL、Verilog HDL、Superlog、System Verilog、System C、Cynlib C++、C Level 等。其中 VHDL 和 Verilog HDL 在 EDA 设计中使用得最多，得到大多数 EDA 工具的支持，它们都已经成为 IEEE 标准。另外，还有一些 EDA 厂商自行开发的硬件描述语言，如 AHDL 和 ABEL。

(1) VHDL 语言：VHDL 的英文全名是 Very-High-Speed Integrated Circuit Hardware Description Language(超高速集成电路硬件描述语言)。它源于美国国防部提出的超高速集成电路计划，其目的是在各个承担国防部订货的集成电路厂商之间建立一个统一的设计数据和文档交换格式。1987 年底，VHDL 被 IEEE(the Institute of Electrical and Electronics Engineers，电气和电子工程师协会)采纳为硬件描述语言标准 IEEE 1076。

VHDL 是一种全方位的硬件描述语言，包括从系统到电路的所有设计层次，主要用于描述数字系统的结构、行为、功能和接口。VHDL 的语言形式和描述风格十分类似于一般的计算机高级语言。其特点如下：

① VHDL 具有很强的行为(功能)描述能力,从而使它成为系统设计领域最佳的硬件描述语言。强大的行为描述能力是避开具体的器件结构,从逻辑功能上描述和设计大规模系统的重要保证。

② 具有层次结构性。VHDL 的程序结构特点是将一项工程设计或称设计实体(一个元件、电路模块或一个系统)分成外部(即端口)和内部,外部描述系统输入/输出接口和有关参数;内部描述系统内部的结构和行为状态,并且可形成功能模块,以备其他设计调用。这种分开描述有助于层次化的设计。

③ VHDL 语言是一种并行语言,其编程思想与传统顺序执行的计算机语言(如 C、Pascal)有很大的区别。

④ VHDL 对设计的描述具有相对独立性,设计者可以不懂硬件的结构,也不必考虑最终设计实现的目标器件是什么,而进行独立的设计。

⑤ 由于 VHDL 具有类属描述语句和子程序调用等功能,故对于已完成的设计,在不改变源程序的条件下,只需改变类属参量或函数,就能轻易改变设计的规模和结构。

(2) Verilog HDL 语言:Verilog HDL 是在 1983 年由 GDA((Gate Way Design Automation)公司的 Phil Moorby 首创的。1986 年,Moorby 提出了用于快速门级仿真的 Verilog XL 算法,促使 Verilog HDL 语言得到迅速发展。1989 年,Cadence 公司收购了 GDA 公司,Verilog HDL 成为 Cadence 公司的私有财产。1990 年,Cadence 公司公开 Verilog HDL 语言。基于 Verilog HDL 的优越性,IEEE 于 1995 年制定了 Verilog HDL 的 IEEE 标准,即 Verilog HDL 1364-1995。

近年来,关于 VHDL 语言和 Verilog HDL 语言在 EDA 界一直争论不休。这两种语言各有所长,市场占有率也相差不多。Verilog HDL 是专门为 ASIC 设计而开发的,通常适于寄存器传输级(RTL)和门电路级的描述,是一种较低级的描述语言。而 VHDL 语言通常适于行为(功能)级和寄存器传输级(RTL)的描述,是一种高级描述语言,最适合于描述系统功能,但几乎不能直接控制门电路的生成。大多数 EDA 软件都支持这两种硬件描述语言。

(3) ABEL-HDL 和 AHDL 语言:这两种硬件描述语言是由相应的 EDA 开发软件所限定使用的语言,还没有成为 IEEE 标准。它们适合于寄存器传输级(RTL)和门电路级的描述,它们的特点和受支持的程度远远不如 VHDL 和 Verilog HDL 语言。Verilog HDL 是从集成电路设计中发展而来的,语言较为成熟。而 ABEL 和 AHDL 语言是从可编程逻辑器件的设计中发展而来的,具有使用灵活、格式简洁、编译要求宽松等特点。

ABEL 语言是由 Data I/O 公司开发的,虽然有不少 EDA 软件(如 ispEXPERT、Synario、Foundation)支持,但提供 ABEL-HDL 综合器的 EDA 公司仅 Data I/O 一家。AHDL 语言完全集成于 Altera 公司的 Quartus II 的软件开发系统,它只能在该开发软件中进行编译和调试。

1.4 可编程 ASIC 及发展趋势

可编程 ASIC,特别是现代可编程 ASIC(CPLD、FPGA)的出现,使得电子设计者或科研人员有条件在实验室内快速、方便地开发专用集成电路,这些专用集成电路往往就是一个复杂的数字系统。因此,可以说可编程 ASIC 给现代电子系统的设计带来了极大的变革。我们将在后面的章节中对其进行详细介绍。

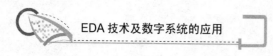

1.4.1　专用集成电路 ASIC 简介

ASIC 是专用集成电路(Application Specific Integrated Circuits) 的简称，它是面向专门用途的电路，以此区别于标准逻辑(Standard Logic)、通用存储器、通用微处理器等电路。它是专门为一个用户设计和制造的。换言之，它是根据某一用户的特定要求，能以低研制成本、短交货周期供货的全定制、半定制集成电路。ASIC 的概念早在 20 世纪 60 年代就有人提出，但由于当时设计自动化程度低，加上工艺技术、市场和应用条件均不具备，因而没有得到适时发展。进入 20 世纪 80 年代后，随着半导体集成电路的工艺技术、制造技术、设计技术、测试评价技术的发展，集成度不断提高，为开发周期短、成本低、功能强、可靠性高及专利性与保密性好的专用集成电路创造了必要而充分的发展条件，并很快形成了用 ASIC 取代中小规模集成电路来设计电子系统或整机的技术热潮。

目前 ASIC 在 IC 市场中的占有率已近 1/3，在整个逻辑电路市场中的占有率已超过一半。与通用集成电路相比，ASIC 在构成电子系统时具有以下几个方面的优点。

① 体积缩小、质量减轻、功耗降低。

② 提高可靠性。用 ASIC 芯片进行系统集成后，外部连线减少，可靠性明显提高。

③ 易于获得高性能。ASIC 针对专门的用途而特别设计，它是系统设计、电路设计和工艺设计的紧密结合，这种一体化的设计有利于得到前所未有的高性能系统。

④ 可增强保密性。电子产品中的 ASIC 芯片对于用户来说相当于一个"黑盒子"。

⑤ 在大批量应用时，可显著降低系统成本。

ASIC 按功能的不同可分为数字 ASIC、模拟 ASIC 和微波 ASIC；按使用材料的不同可分为硅 ASIC 和砷化镓 ASIC。一般来说，数字、模拟 ASIC 主要采用硅材料，微波 ASIC 主要采用砷化镓材料。砷化镓具有高速、抗辐射能力强、寄生电容小和工作温度范围宽等优点，目前已在移动通信、卫星通信等方面得到广泛应用。

按照设计方法的不同，ASIC 可分为全定制和半定制两类。全定制法是一种基于晶体管级的设计方法，对于某些性能要求很高、批量较大的芯片，一般采用全定制法设计。半定制法是一种约束性设计方法，约束的主要目的是简化设计，缩短设计周期，提高芯片的成品率。先以最短的时间设计出芯片，在占领市场的过程中再予以改进，进行二次开发。目前广泛采用的半定制设计方式有门阵列法、标准单元法及可编程逻辑器件法。

1. 全定制法

全定制法是一种基于晶体管级的设计方法，设计者必须使用版图编辑工具从晶体管的版图尺寸、位置及互连线开始亲自设计，以期得到 ASIC 芯片的最优性能。

运用全定制法设计芯片，确定了芯片的功能、性能、面积和成本后，设计人员要对芯片结构、逻辑、电路等进行精心的设计，对不同的方案进行反复比较，对单元电路的结构、晶体管的参数要反复地模拟优化。在版图设计时，设计人员要手工设计版图并精心地布局布线，以获得最佳的性能和最小的面积。版图设计完成后，要进行完整的检查、验证，包括设计规则检查、电学规则检查、连接性检查、版图参数提取、电路图提取、版图与电路图一致性检查等。最后，通过模拟，才能将版图转换成标准格式的版图文件交与厂家制造芯片。例如，半导体厂家推出的新的微处理器芯片，为了提高芯片的速度，设计时需采用较佳的随机逻辑网络，且每个单元都必须精心设计，另外还要精心地布局布线，将芯片设计得紧凑，以节省芯片中每一小块面积，降低成本。

由此可见，采用全定制法可以设计出最高速度、最低功耗和最省面积的芯片，但设计的周期很长(一般为 1 年)，设计成本较高，只适用于对性能要求很高(如高速芯片)或批量很大的芯片(如存储器、通用芯片)，由 IC 厂家一次性制造出来。

2. 门阵列法

门阵列设计法又称"母片"法，是最早开发并得到广泛应用的 ASIC 设计技术。母片是 IC 工厂按照一定规格事先生产的半成品芯片。在这个芯片上制作了大量按一定规则排列的门单元，并排列成阵列形式。这些单元依照要求相互连接在一起即可实现不同的电路要求。母片完成了绝大部分芯片工艺，只留下一层或两层金属铝连线的掩膜需要根据用户的电路而定制。

门阵列设计方法涉及的工艺少，设计软件一般都具有较高的自动化水平，设计制造周期短，设计成本低。但门的利用率不高，芯片面积较大，母片上制造好的晶体管都是固定尺寸的，不利于设计高性能的芯片。

3. 标准单元法

标准单元设计法又称库单元法，它是由 IC 厂家在芯片版图一级预先设计好一批具有一定逻辑功能的单元，这些单元在功能上覆盖了中小规模标准 IC 的功能，并以库的形式存放在 EDA 工具中。设计时可根据需要选择库中的标准单元构成电路，然后调用这些标准单元的版图，并利用自动布局布线软件完成电路到版图一一对应的最终设计。

相比于全定制设计法，标准单元法设计的难度和设计周期都小得多，而且也能设计出性能较高、面积较小的芯片。与门阵列法相比，标准单元法设计的电路性能、芯片利用率及设计的灵活性均比门阵列好，既可用于设计数字 ASIC，又可用于设计模拟 ASIC。但标准单元库的投资较大，而且芯片的制作需要全套的掩膜版和全部工艺过程，因此生产周期及成本均比门阵列高。它适用于性能指标较高而生产批量又较大的芯片设计。

4. 可编程逻辑器件法

可编程逻辑器件是 ASIC 的一个重要分支，与前面介绍的几类 ASIC 不同，它是一种已完成了全部工艺制造、可直接从市场上购买的产品。用户只要购买通用的可编程器件，通过 EDA 工具软件对器件进行功能配置，即可实现专用要求。为了与由 IC 工厂专门掩膜制造的 ASIC 相区别，又称它为可编程 ASIC。前面三种方法设计的 ASIC 芯片都必须到 IC 厂家去加工制造才能完成，设计制造周期长，而且一旦有了错误，需重新修改设计和制造，成本和时间要大大增加。而采用可编程逻辑器件，设计者在实验室即可设计和制造出芯片，而且可反复编程，修改错误，这样方便了设计者。

可编程逻辑器件发展到现在，规模越来越大，功能越来越强，价格越来越便宜，相配套的 EDA 软件越来越完善，因而深受设计者的喜爱。

1.4.2　集成电路的设计流程

在集成电路(IC)设计领域，IC 设计流程是针对某一特定电路门类所建立的一套设计环境，其中包括设计所使用的 EDA 工具、与工艺相关的设计数据库及版图设计和验证所必须遵循的规则。不同的电路类型有着完全不同的设计流程。

数字集成电路的设计基于电路的语言描述(如 VHDL、Verilog 等) 来进行电路的功能和时序仿真,采用自动综合和自动布局/布线的方式来实现电路的逻辑和版图,其仿真主要针对电路的时序来进行。模拟集成电路则基于器件级的仿真来进行电路的功能和性能设计,并采用人工或网表驱动的布局/布线方式来完成电路的版图设计,其仿真重点要解决的问题是寄生效应对电路性能指标的影响。数/模混合电路的仿真则是两者的综合考虑,但其仿真必须借助于专门的数/模混合电路模拟工具和模拟环境,以提高仿真的效率。

模拟 IC 所处理信号的多变性、功能的复杂性及性能指标的精确性,使其设计和工艺的难度都高于数字 IC 的设计和工艺难度,并且两者所采用的设计工具和设计对工艺加工平台的要求也是完全不同的。

1. 数字集成电路的设计流程

数字集成电路的设计流程如图 1.4 所示。系统描述是用工程化语言将待设计 IC 的技术指标、功能、形状尺寸、芯片面积、工作速度与功耗等的描述,形成一系列设计文档,其中也包括对用户的需求、产品市场前景进行的分析调研,以及对设计模式和制造工艺选择的认证。功能设计是根据用户提出的系统要求,将系统划分为若干个子系统或功能模块,在行为级上将 IC 的功能及其子系统或模块的功能关系正确而完整地描述出来(常用框图表示)。然后进行逻辑设计,完成系统逻辑结构的实现(常用原理图、硬件描述语言或逻辑表达式来表示),并进行逻辑功能仿真,验证其系统的正确性。电路设计是将逻辑结构图中的各个逻辑部件细化到由一些基本门电路互连的结构,最后转换成由晶体管互连结构的电子电路,其中需要考虑电路的速度、功耗和元件的性能。

版图设计和版图验证是物理设计阶段,即将电路结构转化为制造 IC 芯片所需的掩膜版图,并检验版图设计的正确性、可靠性及与制造工艺有关的设计要求。版图的验证主要包括几何设计规则检查、电学规则检查、版图与电路原理图一致性及版图的电参数提取等。经过验证的版图就可送去制造掩膜版和制造芯片。

如果在制造掩膜版和芯片后,发现错误,就必须返回到修改设计,这样会造成材料的浪费和设计时间的延长。因此在制造掩膜版前,可以通过可编程逻辑器件进行设计验证,将设计的系统编程下载到一片可编程逻辑器件中后,进行相应的输入操作,然后检查输出结果,验证和测试系统设计的功能和时序。这对系统的模块进行时序仿真,分析其时序关系,估计设计的性能及检查和消除竞争冒险等是非常有用的。

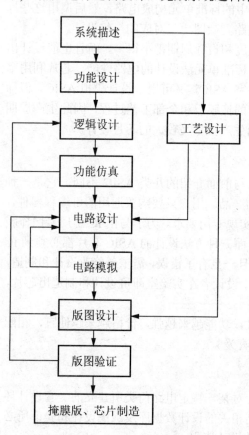

图 1.4 数字集成电路的设计流程

　　数字集成电路设计的全过程需要对每个设计阶段进行模拟、验证和测试，以确保设计的集成电路满足性能要求。而以上每一步骤的设计和验证均需要相应 EDA 工具的支持。将 EDA 工具应用于设计可提高设计的正确性、可靠性及缩短 IC 的研制时间。

　　2. 模拟集成电路的设计流程

　　模拟集成电路按芯片结构可分为混合集成型和单片集成型；按电路的应用范围可分为线性 IC、混合信号 IC 和射频(RF) IC。其设计流程如图 1.5 所示，分为结构级设计、单元级设计和物理版图级设计三个阶段。结构级设计是以电路的参数指标为出发点，进行功能块的设计和划分，并将电路性能的抽象描述转化为各种功能单元所构成的电路；单元级设计包括拓扑选择和尺寸优化，根据功能单元的性能要求和设计条件，选择具体的电路结构，以及确定每个器件的"最佳"几何尺寸；物理版图级设计是将具有器件几何尺寸和满足一定约束条件的电路原理图映射成集成电路版图，最后形成加工所要的版图数据。由于 IC 设计过程实际上是一个不断迭代和优化的过程，因此，设计过程的每一步在不能达到所要求的设计目的时，都会返回到前一步或前若干步，重新进行电路的设计。

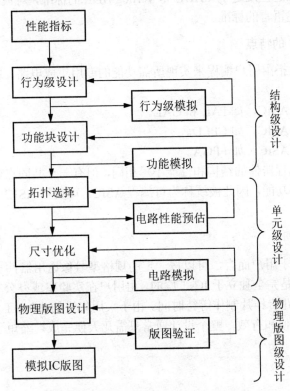

图 1.5　模拟集成电路的设计流程

　　模拟 IC 本身包括了许多无法用表达式有效描述的参数指标，如增益、噪声、线性度、动态范围和温度漂移等，因此，它没有一个独立于电路本身的设计步骤。许多模拟 IC 要在电路结构确定后，通过修改元件的面积、宽/长比等几何尺寸，使电路达到所要求的性能指标。因此，模拟 IC 设计是一个知识密集、多阶段和反复迭代加以完善的过程。就设计自动化水平而言，模拟 IC 远远落后于数字 IC。多数模拟 IC 只能由经验丰富的专业设计者借助一定的 CAD 工具来完成设计。

在模拟 IC 设计平台中，所采用的 EDA 工具通常都由专业的 EDA 软件开发商提供。其中，最著名的公司有美国的 Cadence Design Systems、Mentor Graphics、HP 和 Synopsys 等公司。也有一些大的半导体制造公司开发了一些专用 EDA 工具，如美国的 IBM 和荷兰的飞利浦等公司。在通用模拟集成电路 EDA 工具中，主要包括电路图录入工具、电路仿真及波形显示工具、版图设计工具、版图验证工具及这些 EDA 工具的集成框架和必要的输入/输出工具。

目前，EDA 工具主要集中在数字电路的设计方面，它们远比模拟电路的 EDA 工具多，但是高性能的复杂电子系统的集成离不开模拟集成电路，因为物理量本身是以模拟形式存在的。由于模拟集成电路 EDA 工具开发的难度大，而市场的需求不断增长，所以 20 世纪 90 年代以来，EDA 工具厂商都比较重视混合数/模信号和混合层次的设计工具开发。混合信号、混合层次的 EDA 工具开发的关键有两个：一个是混合信号和混合层次的管理调度方法，另一个是混合信号和混合级别的仿真技术，其前提是必须有混合信号的设计描述。对数字信号的语言描述已规定了 VHDL 和 Verilog HDL 的标准，对模拟信号的语言描述正在制定模拟硬件描述语言的标准。

1.4.3 可编程 ASIC 的特点

可编程 ASIC 是指由用户编程来实现所需功能的专用集成电路，按照结构的复杂程度不同大致可分为以下几类。

(1) 简单可编程 ASIC，如 PAL 和 GAL。

(2) 复杂可编程 ASIC，如 CPLD。

(3) 现场可编程 ASIC，如 FPGA。

尽管这三种可编程器件的结构和性能不尽相同，但有一个共同点就是都由用户通过编程来决定芯片的最终功能，因此被统称为可编程 ASIC。可编程 ASIC 与掩膜 ASIC 相比具有以下特点。

1. 缩短研制周期

可编程 ASIC 对于用户而言，可以按一定的规格型号像通用器件一样在市场上买到，其 ASIC 功能的实现是完全独立于 IC 工厂的，由用户在实验室或办公室就可完成，因此不必像掩膜 ASIC 那样花费样片制作等待时间。由于采用先进的 EDA 工具，可编程 ASIC 的设计与编程均十分方便和有效，整个设计通常只需几天便完成，缩短了产品研发周期，有利于产品的快速上市。

2. 降低设计成本

制作掩膜 ASIC 的前期投资费用较高，动辄数万元，只有生产批量很大的情况下才有价值。这种设计方法还需承担很大的风险，若不能一次成功，需要修改，则全套掩膜便不能再用，巨额的设计费用将付之东流。采用可编程 ASIC 为降低投资风险提供了合理的选择途径，它不需掩膜制作费用，在设计的初期或在小批量的试制阶段，其平均单片成本远低于门阵列。如果要转入大批量生产，由于已用可编程 ASIC 进行了原型验证，也比直接设计掩膜 ASIC 的费用小、成功率高。

3. 提高设计灵活性

可编程 ASIC 是一种由用户编程实现芯片功能的器件，与由工厂编程的掩膜 ASIC 相比，具有更好的设计灵活性。首先，可编程 ASIC 在设计完成后可立即编程进行验证，有利于及早发现设计中的问题，完善设计；第二，可编程 ASIC 中大多数器件均可反复多次编程，为设计修改和产品升级带来了方便；第三，基于 SRAM 开关的现场可编程门阵列 FPGA 和基于 E^2CMOS 工艺的在系统可编程逻辑器件 isPLD 具有动态重构特性，在系统设计中引入了"软硬件"的全新概念，使得电子系统具有更好的灵活性和自适应性。

1.4.4　可编程 ASIC 发展趋势

历史上，以可编程逻辑器件为代表的可编程 ASIC 经历了从简单到复杂，从小规模到大规模，从低速到高速器件的发展演变过程。

(1) 20 世纪 70 年代初，熔丝编程的 PROM 和 PLA 器件是最早的可编程逻辑器件。

(2) 20 世纪 70 年代末，AMD 公司开始推出 PAL 器件。

(3) 20 世纪 80 年代初，Lattice 公司发明了电可擦写的、比 PAL 器件使用更灵活的 GAL 器件。

(4) 20 世纪 80 年代中期，Xilinx 公司提出现场可编程的概念，同时生产了世界上第一片 FPGA 器件。同一时期，Altera 公司推出了 EPLD 器件，较 GAL 器件有更高的集成度，可以用紫外线或电擦除。

(5) 20 世纪 80 年代末，Lattice 公司又提出了在系统可编程的概念，并且推出了一系列具备在系统可编程能力的 CPLD 器件。

到了 20 世纪 90 年代，可编程 ASIC 技术进入了飞速发展的时期，现代电子系统的设计为可编程 ASIC 器件提供了一个广阔的应用领域。可编程 ASIC 市场的增长主要来自大容量的可编程逻辑器件 CPLD 和 FPGA，其未来的发展呈现出以下几个方面的趋势。

1. 向高密度、大规模的方向发展

电子系统的发展必须以电子器件为基础。随着集成电路制造技术的发展，可编程 ASIC 器件的规模不断地扩大，从最初的几百门到现在的上百万门。目前，高密度的可编程 ASIC 产品已经成为主流器件，可编程 ASIC 已具备了片上系统(SOC)集成的能力，产生了巨大的飞跃，这也促使工艺不断进步，而每次工艺的改进，都使可编程 ASIC 器件的规模有很大的扩展。高密度、大容量的可编程 ASIC 的出现，给现代电子系统(复杂系统)的设计与实现带来了巨大的帮助。

2. 向系统内可重构的方向发展

系统内可重构是指可编程 ASIC 在置入用户系统后仍可改变其内部的功能。采用系统内可重构技术，使得系统内硬件的功能可以像软件那样通过编程来配置，从而在电子系统中引入"软"硬件的全新概念。它不仅使电子系统的设计和产品性能的改进和扩充变得十分简便，还使新一代电子系统具有极强的灵活性和适应性，为许多复杂信号的处理和信息加工的实现提供了新的思路和方法。

按照实现的途径不同，系统内重构可分为静态重构和动态重构两类。对基于 E^2ROM 或快速擦写技术的可编程器件，系统内重构是通过在系统编程 ISP(In System Programmability)

技术实现的,即静态逻辑重构。另一类系统重构即动态重构,是指在系统运行期间,根据需要适时地对芯片重新配置以改变系统的功能,可由基于 SRAM 技术的 FPGA 实现。可编程 ASIC 的系统内可重构特性有着极其广泛的应用前景,近年来在通信、航天、计算机硬件系统、程序控制、数字系统的测试诊断等多方面获得了较好的应用。

3. 向低电压、低功耗的方向发展

集成技术的飞速发展、工艺水平的不断提高及节能潮流在全世界的兴起,为半导体工业提出了降低工作电压的发展方向。可编程 ASIC 产品作为电子系统的重要组成部分,也不可避免地向 3.3V—2.5V—1.8V 的标准靠拢,以便适应其他数字器件的应用范围,满足节能的要求。

4. 向高速可预测延时器件的方向发展

可编程 ASIC 产品能得到广泛的应用,与之灵活的可编程性分不开,另一方面时间特性也是一个重要的原因。作为延时可预测的器件,可编程 ASIC 的速度在系统中的作用很关键。在当前的系统中,由于数据处理量的激增,要求数字系统有大的数据吞吐量,加之多媒体技术的迅速发展,更多的是图像的处理,相应的要有高速的硬件系统,故高速的系统时钟是必不可少的条件。可编程 ASIC 产品也必然向高速发展。另外,为了保证高速系统的稳定性,可编程 ASIC 器件的延时可预测性也是十分重要的。用户在进行系统重构的同时,担心延时特性会不会因重新布线而改变,从而导致系统重构的不稳定性,这对庞大而高速的系统而言将是不可想象的,其带来的损失将是巨大的。因此,为了适应未来高速电子系统的要求,可编程 ASIC 的高速可预测延时也是一个发展趋势。

5. 向混合可编程技术方向发展

可编程 ASIC 的广泛应用使得电子系统的构成和设计方法均发生了很大的变化。但是迄今为止,有关可编程 ASIC 的研究和开发的大部分工作基本上都集中在数字逻辑电路上。在未来几年里,这一局面将会有所改变,模拟电路及数模混合电路的可编程技术将得到发展。

国外已有几家公司开展了这方面的研究,并且推出了各自的模拟与数模混合型的可编程器件。例如,Lattice 公司开发的 EPAC(可编程模拟电路)和 International Microelectronic Products 公司开发的 EPAC。这种芯片上的各种模拟电路的功能也是由用户编程来决定的,如可编程增益放大器、可编程比较器、可编程多路复用器、可编程数模转换器、可编程滤波器和跟踪保持放大器等。用户可利用公司专门提供的开发工具来完成原型设计,确定器件配置,再把设计好的配置数据下载到芯片上,然后通过它们去控制优化的模拟开关,进而把芯片上的各种模拟电路互连起来。此外,美国 Motorola 公司也于近期推出了一种基于开关电容技术的现场可编程模拟阵列 MPAA020 及相应的开发软件 EasyAnalog。这种器件也和 EPAC 一样,能够通过编程来实现一些常用的模拟电路的功能。

可编程模拟 ASIC 是今后模拟电子线路设计的一个发展方向。它们的出现使得模拟电子系统的设计和数字系统设计一样变得简单易行,为模拟电路的设计提供了一个崭新的途径。

可编程 ASIC 是一门正在发展的技术,随着工艺和结构的改进,可编程 ASIC 的集成度将进一步提高,性能将进一步完善,成本将逐渐下降,在现代电子系统设计中将起到越来越大的作用,并将得到更加广泛的应用。

1.5　IP 核与 SOC 设计

21 世纪电子信息技术获得了飞速的发展，电子产品的更新换代进一步加快，现代电子设计技术已进入一个全新的阶段，系统设计方法发生了根本性变化。超深亚微米(Very Deep Sub-Micron，VDSM)的半导体技术可以将一个电子系统或子系统完全集成在一个芯片之上，集成电路的设计已经进入片上系统(SOC)时代。我国已将 SOC 作为微电子重大专项列入国家高技术发展计划之中。要快速发展 SOC，则建立和发展 IP 核(IP Core)的集成电路技术及相关技术的研究是十分重要的。

1.5.1　IP 核

IP 核(Intellectual Property Core，IP Core)是指一些数字系统中常用而比较复杂的功能块。从集成规模上看，今天的 IP 核已经包含诸如 8051、ARM-7 等微处理器，320C30 等数字信号处理器，MPEGⅡ等数字信息压缩/解压器及由用户定义的逻辑(UDL)在内的 IC 模块，这些模块都曾是具有完整功能的 IC 产品，用来与其他功能块一起构成片上系统。如今微电子技术已经具有实现系统集成的功能，因此这些 IC 便以模块"核"(Core)的形式嵌入 ASIC 和 SOC 之中，它们就是今天意义上讲的 IP 模块或称为"芯核"。目前，FPGA(现场可编程逻辑门阵列)芯片密度已达到百万门级，在一片 FPGA 芯片上可以实现如 DSP、MCU、PCI 总线控制和各种控制算法等复杂的功能。由于 FPGA 芯片密度的不断提高和新的 EDA 开发工具的使用，利用 FPGA 器件实现 SOC 已成为可能，这项技术称为嵌入式 SOPC(可编程单芯片系统)。SOPC 技术既具有基于模板级设计的特征，又具有基于 ASIC 的系统级芯片设计的特征，具有可重构性、高效自动化的设计方法。国际上著名的现场可编程逻辑器件厂商如 Altera、Xilinx 等都在为此努力，正在开发适于系统集成的新器件和 EDA 开发工具，这进一步促进 SOPC 的发展。

按照 ASIC 设计方法学的要求，在行为、结构和物理三个层次上将 IP 核分为软 IP(Soft IP)，固 IP(Firm IP)和硬 IP(Hard IP)。软 IP 只完成 RTL 级的行为设计，以 HDL (Hardware Description Language)描述文本的形式提交使用，这个 HDL 描述一定经过仿真验证，使用者可以用它综合出正确门级网表。由于与具体的实现工艺无关，不受实现条件的限制，为后续设计留有很大的发挥空间，增大了 IP 核的灵活性和适应性。软 IP 的主要缺点是缺乏对时序、面积和功耗的预见性。固 IP 介于软核和硬核二者之间，比软 IP 有更大的设计深度，已完成了门级综合、时序仿真等设计阶段，以门级网表的形式提交使用。只要用户单元库的时序参数与固 IP 相同，就具有正确完成物理设计的可能性。硬 IP 提供设计的最终阶段产品(版图级)——掩膜。生产验证过，难修改，灵活性也小。根据 IP 核的特点，有时也将固 IP 和硬 IP 称为 IP 硬核，软 IP 称为 IP 软核。硬核在 FPGA 中是已经用硬件实现并可以直接应用的功能模块(如锁相环 PLL、存储器)。不同的客户可以根据自己的需要选择不同的 IP 产品。

实际上 IP 核的概念早已在集成电路设计中使用，应该说标准单元库中功能单元(模块)就是 IP 的一种形式。从电路设计角度来看，IP 核与单位内部自行建立的可重复使用的模块相似，同样要求 IP 核有完整的功能说明文档、测试文档及接口文档。在 SOC 芯片的设计中，由客户按自己的需要选择软 IP 核还是硬 IP 核。通常微处理器与存储器会使用硬 IP 核，由于它们对时序的要求比较严格，其他的模块可以用软 IP 核。随着芯片设计完成，经过功能验证、时序验证与投片测试后，可能部分 IP 核被固化为硬核并加入 IP 库中。随着芯片设计不断改进，被固化的 IP 硬核越来越多，到芯片大规模生产时，可能 80%的芯片面积都由 IP 硬核占据。

半导体制造技术的两大发展趋势是深亚微米制造技术和 IP 核的设计。深亚微米制造技术需要巨额的资金投入和较长的生产周期。相比之下，开发具有自主知识产权的 IP 核便是一条捷径，充分利用已有的高密度 FPGA 器件和 EDA 工具，在较短时间内开发出高质量的 IP 核和高性能的专用芯片，既符合我国国情，又具有重要意义。我国在 IP 核设计方面尚处于起步阶段，因此以 IP 核设计为目标，在较高起点上进行嵌入式 SOC 的研究对紧跟世界技术的发展，缩短差距具有重要意义，其应用前景非常广阔。

目前电子产品所面临的新产品上市时间的压力越来越大，由于产品的开发周期过长就会有失去市场的危险，因此上市时间的要求使得片上系统的设计不得不采用和重复使用 IP 核。IP 核的开发设计不再局限在单一设计部门，不再局限于一个公司内部，而是由相应模块的第三方专家开发完成，通过技术转移、转让、交换、出售/购买来获得相应 IP 核的使用。

1.5.2 IP 核的复用技术

IP 核复用在集成电路设计过程中是一个非常重要的概念。"复用"(Reuse)指的是在设计新系统中采用已有的各种功能模块(宏单元)。在单个芯片内可能集成通用处理器核(MCU Core)、专用数字信号处理器核(DSP Core)、嵌入式软件/硬件、数字/模拟混合器件、射频器(RF)等，这些模块可能是设计者自行开发的，也可能是购买的第三方拥有知识产权的 IP 核。IP 资源的复用通过继承、共享或购买所需的 IP 核，然后再利用 EDA 工具进行设计、综合和验证，从而加速流片过程，降低开发风险。IP 核是 IP 复用的载体和核心内容。IP 复用已逐渐成为现代集成电路设计的重要手段，在日新月异的各种应用需求下，超大规模集成电路设计正步入一个 IP 整合的时代。

设计片上系统过程中需要考虑如何重复使用过去的设计模块，如何使新的设计能够具有可重复使用性、可重复综合性、可重复集成性及如何能够进行系统级验证。

IP 复用不仅仅应用于专用集成电路设计，在基于 FPGA 的嵌入式系统设计领域，更是具有举足轻重的地位。FPGA 在采用 IP 核方面走在了市场的前面，FPGA 具有极高的灵活性和面市时间短的特点，使得设计可以在数小时而不是数周内完成。现在流行的 IP 核多是以软核、半软核、硬核形式存在，这三种核各有优势、缺点。目前，利用硬件描述语言设计可复用模块，再经过充分测试验证，最后在 FPGA 验证平台上测试通过，从而形成可复用的 IP 软核，这种设计模式得到了普遍认可和广泛应用。

可综合的寄存器传输级(RTL)模型是 IP 核的一种重要表述形式，这些模型可以方便地从一种工艺技术转换到另一种工艺技术，也很容易从一种应用转换到另一种应用。对于存储器、锁相环(PLL)、DSP、MCU 等模块，以及模拟 IP 核(如 RF 模块)，通常是以版图形式表述，即硬 IP 核，这些模块是与芯片工艺条件密切相关的，因而可以在芯片面积、速度和功耗方面达到优化。从完成 IP 核设计所花费的代价来看，硬 IP 核代价最高；从 IP 核的使用灵活性方面看，软 IP 核可重复使用性是最高的。一个 IP 核的价值不仅与模块本身的用途和设计复杂性有关，而且还与它的可重复使用程度，以及设计完成的程度有关。由硬件描述语言(HDL)设计的寄存器传输级模型(即 IP 软核)其可复用性和价值都较为适中，是 SOC 设计常用的基本宏单元。

软核主要基于电路模块功能的描述，它由硬件描述语言在较高抽象层次上对电路模块的功能进行描述，并且经过行为级设计优化和功能验证形成面向某种可编程逻辑器件可以综合的 RTL 级代码或网表形式。软核通常以规范化的硬件描述语言文档形式提交给用户，文档中一般包括逻辑描述、网表、测试验证硬件平台信息及一些可以用于测试，但不能物理实现的测试平台文件。复用 IP 软核时，用户可以在一定的可编程逻辑器件硬件平台下综合出逻辑功能正确的 RTL 级网表，并借助 EDA 综合工具与其他外部逻辑电路结合成一体，设计出需要的电路并集成在可编程逻辑器件中。IP 软核虽然灵活性大，但 IP 软核的复用性是相对的，因为它不含有任何具体与工艺相关的物理信息，又由于 FPGA 工艺和结构的不同，在不同厂家的 FPGA 平台下使用 IP 软核时还需重新对代码进行综合，甚至根据器件相应的编码风格要求进行相应的修改。否则在其他可编程逻辑器件下不能完全保证 IP 软核的性能。

对于可复用 IP 软核设计，在设计之初就应考虑电路设计方法的诸多问题及对设计的整体考虑，如逻辑电路可靠性设计、同步设计、可配置端口参数、标准总线和接口、低功耗设计等问题，应遵循一定的面向复用的设计方法原则和面向测试的设计方法原则；使用硬件描述语言时，应遵循某种 FPGA 硬件平台的 HDL 编码风格；在设计测试仿真阶段时，利用 HDL 编写测试平台(Testbench)，由 EDA 工具完成功能验证和时序验证，经过 EDA 工具充分仿真测试的电路模块还需要在 FPGA 硬件电路中加以上电验证。最后在作为一个可复用的 IP 软核交付时，除了规范的、可综合的 RTL 级编码外，还需将相关的测试平台和详细的设计文档一并打包封装，作为一个完整的可复用 IP 软核交付给用户。IP 软核设计采用自顶向下的设计流程，其设计流程开始于规范制定、功能划分，结束于 IP 软核的验证和封装交付。无论何种过程的 IP 软核设计，最重要的都是在设计之前对 IP 软核制定全面的设计规范。因此在 IP 软核设计中应遵循以下三点。

(1) IP 软核要成为可复用模块，必须是可用的功能模块。数字 IP 软核的电路设计归根结底是数字电路设计问题，而由于数字电路本身存在竞争、冒险、亚稳态等多方面影响电路速度和稳定性的因素，因此在对 IP 软核设计时应在电路设计上充分考虑，使其具备电路的健壮性。

(2) 作为一个可复用模块，为了提供给用户使用，需确定设计中的规范，提供较为详细的设计文档，这样才能被用户识别和使用。因此设计可复用 IP 软核时应对设计的规范化进行着重思考，规范设计的每一个环节。最后 IP 软核交付时更要注意规范化交付文件，使用户根据此文档可对 IP 核的功能和使用方法一目了然，如同使用芯片一样方便地复用 IP 软核，这样 IP 软核设计的目的才能达到。设计的规范化已成为可复用设计的最重要原则。

(3) 大规模 IP 软核在设计过程中应该采用模块化设计方法，对电路进行合理分割，形成各个子模块。这样做不但使得设计可并行操作，而且极大方便了对整个 IP 软核的测试验证，容易发现和解决问题。严格遵循自底向上的验证策略，保证每个功能模块在被集成到更高层次之前得到充分的验证。认真进行模块和接口的设计对于问题的局部化是非常关键的。

需要强调的是，在 IP 软核的总体设计中着重考虑 IP 软核的规范性。为了具有可复用性，在交付 IP 软核时不仅要交付设计代码，还要严格遵守一系列的交付原则。交付文件包括完整的设计文档、规范的 RTL 编码、详细的注释及完备的验证环境和方法。

1.5.3　SOC 设计技术

SOC(System on Chip，片上系统)也称为系统级芯片，是指将一个完整的系统集成在一个芯片上，或者说就是用一个芯片实现一个功能完整的系统。SOC 也译为"系统芯片集成"，即一种技术，用以实现从确定系统功能开始，到软硬件划分，并完成设计的整个过程。SOC 正是在集成电路(IC)向集成系统(IS)转变的大方向下产生的。SOC 的出现使集成电路发展成为集成系统，整个电子整机的功能将可以集成在一块芯片中。

SOC 一般采用从系统行为级开始的自顶向下设计方法，把处理机制、模型算法、软件、芯片结构、电路直至器件的设计紧密结合起来，在单个芯片上完成整个系统的功能。同 IC 组成的系统相比，由于采用了软硬件协同设计的方法，能够综合并全面考虑整个系统的各种情况，可以在同样的工艺技术条件下实现更高性能的系统指标，既缩短开发周期，又有更好的设计效果。

SOC 设计技术始于 20 世纪 90 年代中期，它是一种系统级的设计技术。如今，电子系统的设计已不再是利用各种通用集成电路 IC 进行印制电路板(PCB 板级)的设计和调试，而是转向以大规模现场可编程逻辑阵列 FPGA 或专用集成电路 ASIC 为物理载体的系统级的芯片设计。使用 ASIC 为物理载体进行芯片设计的技术称为 SOC 技术；使用 FPGA 作为物理载体进行芯片设计的技术称为可编程片上系统技术(System on Programmable Chip，SOPC)。SOC 技术和 SOPC 技术都是系统级的芯片设计技术(广义 SOC)。

SOC 作为系统级集成电路，能在单一硅芯片上实现信号采集、转换、存储、处理和 I/O 等功能，将数字电路、模拟电路、信号采集和转换电路、存储器、MPU、MCU、DSP 等集成在一块芯片上实现一个系统功能。这是一个非常复杂的技术，SOC 设计内容主要涉及以下几个方面。

(1) 深亚微米技术。随着集成电路工艺技术的发展，器件特征尺寸从亚微米的 0.5μm、深亚微米(DSM)的 0.35μm 一直下降到 0.13μm，甚至超深亚微米(VDSM)的 0.1μm 及以下，工艺加工线宽不断减少，给电路的设计仿真带来了新的挑战。原可忽略的器件模型的二级、三级也必须加以考虑。线与线、器件与器件间的相互影响将变得不可忽略。此时就应该从面向逻辑的设计方法转向面向路径的设计方法。

(2) 系统级的设计方法。SOC 的出现对设计方法提出了更高要求。这主要包括设计软件和设计方法的研究和提高。IC 产业技术发展经历了电路集成、功能集成、技术集成，直到今天基于计算机软硬件的知识集成。在进行 SOC 系统级设计时，设计者面临的一个新挑战是，不仅要考虑复杂的硬件逻辑设计，还要考虑系统的软件设计问题，这就是软/硬件协同设计(Software/Hardware Co-Design)技术。软/硬件协同设计要求硬件和软件同时进行设计，并且在设计的各个阶段进行模拟验证，减少设计的反复性，缩短设计时间。

(3) 嵌入式 IP 核技术。SOC 是许多嵌入式 IP 核的集成，在系统设计中需要大量 IP 核的复用和 IP 核的设计，特别是标准单元库(包括 IP 核的发展，从基本单元电路到功能模块、子系统、系统，充分利用已有的设计积累，实现设计重用，提高了设计的起点，缩短了设计周期，提高了设计效率)。所以有许多 IP 核亟待研究开发，如 Controller、DSP、Interface、

Bus 及 Memory 技术等。IP 核不仅指数字 IP 核，同时还包括模拟 IP 核。模拟 IP 核通常还含有电容、电感等。

(4) 低电压、低功耗技术。线宽的变小，使电源电压也变小，给电路设计与阈值电压提出了新的要求。同时，随着集成度的提高，电路功耗也会相应提高，所以必须采取相应措施，以降低功耗。

(5) 低噪声设计及隔离技术。随着电路工作频率和集成度的提高，噪声影响将变得越来越严重，降噪和隔离技术变得十分重要。对要求较高的电路，用 PN 结隔离和挖槽还不能达到要求。作为过渡，目前提出了 SiP 电路(System in Package)，即把几个电路封装在一起，多片集成 SOC。

(6) 特殊电路的工艺兼容技术。SOC 工艺技术主要考虑一些特殊工艺的相互兼容性，如 DRAM、Flash 与 Logic 工艺的兼容、数字与模拟的相互兼容等。IP 核的集成必须考虑工艺、电参数等条件的相互兼容。

(7) 测试策略和可测性技术。为了检测设计中的错误，可测性设计是必需的。SOC 测试可用结构测试和可测性设计等方法。DFT 技术包括内建自测试、扫描测试及特定测试等。

(8) 安全保密技术。该技术涵盖算法和软硬件实现，在通信和金融(如 IC 卡)中尤为重要。常用加密算法有 DES 和 RSA 等。

微电子制造工艺的进步为 SOC 的实现提供了硬件基础，可以说微电子的加工技术已经达到这样的程度：可以在硅片上制作出电子系统需要的所有部件，包括各种有源和无源的元器件、互连线，甚至机械部件。因此，已经具备了由集成电路(IC)向系统集成(IS)发展的条件。

EDA 技术的提高则为 SOC 创造了必要的开发平台。在制造工艺能力提高的同时，IC 的设计能力也在不断提高。由于新的集成电路 CAD 工具不断出现，使得 IC 设计能力大约每 10 年出现一次阶跃式的提高，有效地缩小了与制造工艺的差距。SOC 将电路系统设计的可靠性、低功耗等都考虑在 IC 设计之中，把过去许多需要系统设计解决的问题集中在 IC 设计中解决，使系统设计者可以将精力集中在研究对象领域中的诸问题。SOC 理所当然成为微电子领域 IC 设计的最终目标和现代电子系统的最佳选择。

1.5.4 软/硬件协同设计

目前，SOC 还没有一个公认的准确定义，但一般认为它有三大技术特征：采用深亚微米工艺技术，IP 核复用及软硬件协同设计。使用 SOC 技术设计的芯片，一般有一个或多个微处理器芯片和数个功能模块。各个功能模块在微处理器的协调下，共同完成芯片的系统功能，为高性能、低成本、短开发周期的嵌入式系统设计提供了广阔前景。

传统的 IC 设计方法是先设计硬件，再根据算法设计软件。大规模集成电路(LSI)为了更高的集成度和降低成本，常将一部分由硬件实现的功能改用软件实现。当需要更快速度和降低功耗时，又常将原来由软件实现的功能转移到硬件上实现。早期的这种设计没有统一的软/硬件协同表示方法；没有设计空间搜索，从而不能自动地进行不同的软硬件划分，并对不同的划分进行评估；不能从系统级进行验证，不容易发现软硬件边界的兼容问题；上市周期较长。因此，早期的设计存在各种缺陷和不足。SOC 的开发是从整个系统的功能和性能出发，利用 IP 复用和深亚微米技术，采用软件和硬件结合的设计和验证方法，综合考虑软硬件资源的使用成本，设计出满足性能要求的高效率、低成本的软/硬件体系结构，从而在一个芯片上实现复杂的功能，并考虑其可编程特性和缩短上市时间。以 FPGA 为基础的 SOPC 的软/硬件协同设计，为芯片设计实现提供了更为广阔的空间。

SOPC 中的软/硬件协同设计主要涉及以下内容：系统功能描述方法、设计空间搜索(DSE)支持、资源使用最优化的评估、软硬件划分、软硬件详细设计、硬件综合和软件编译、代码优化、软/硬件协同仿真和验证等几个方面，以及同系统设计相关的低压、低功耗、多布线层数、高总线时钟频率、I/O 引脚布线等相关内容。软/硬件协同设计流程如图 1.6 所示。其中系统功能(规范)描述方法解决系统的统一描述。这种描述应是对软硬件通用的，一般采用系统描述语言的方式。在划分软硬件后，能编译并映射成为硬件描述语言和软件实现语言，为目标系统的软/硬件协同工作提供强有力的保证。设计空间搜索提供了一种实现不同设计方式、理解目标系统的机制，设计出不同的软/硬件体系结构，对资源占用进行评估，并进而选出最优化的设计。软硬件划分是从成本和性能出发，决定软硬件的划分依据和方法。基本原则是高速、低功耗由硬件实现；多品种、小批量由软件实现；处理器和专用硬件并用以提高处理速度和降低功耗。软硬件划分后产生硬件部分、软件部分和软硬件接口界面三个部分。硬件部分遵循硬件描述、硬件综合与配置、生成硬件组建和配置模块；软件部分遵循软件描述、软件生成和参数化的步骤，生成软件模块。最后把生成的软硬件模块和软硬件界面集成，并进行软/硬件协同仿真，以进行系统评估和设计验证。

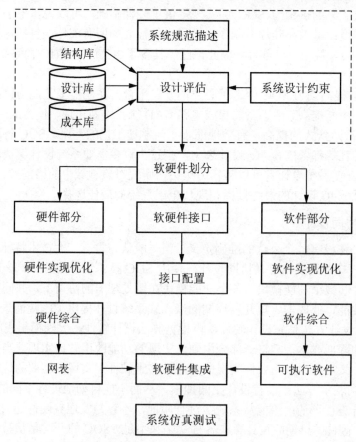

图 1.6　软/硬件协同设计流程

　　软/硬件协同设计不仅是一种设计技术，同时也是一种新设计方法。其目的是从高层设计开始综合考虑软件设计和硬件设计，以实现其系统的最优化。目前，软/硬件协同设计作为系统级设计的支持技术，理论上和技术上还在不断发展和完善中，软硬件统一的系统描述、自动软硬件划分和自动综合尚不成熟，还需要人工干预，从系统描述到软硬件实现仍然需要经历一个漫长的过程。

1.6　EDA 技术的发展趋势

　　微电子技术的进步表现在大规模集成电路加工技术即半导体工艺技术的发展上，使得表征半导体工艺水平的线宽达到了 90nm，并还在不断缩小，从而在硅片单位面积上集成了更多的晶体管。集成电路设计正在不断向超大规模、极低功耗和超高速的方向发展；专用集成电路 ASIC 的设计成本不断降低，在功能上，现代集成电路已能够实现单片电子系统 SOC。

　　EDA 技术在硬件实现方面融合了大规模集成电路制造技术，IC 版图设计技术、ASIC 测试和封装技术、FPGA/CPLD 编程下载技术、自动测试技术等；而在现代电子学方面则容纳了更多的内容，如电子线路设计理论、数字信号处理技术、数字系统建模和优化技术及长线技术理论等。因此，EDA 技术为现代电子理论和设计的表达与实现提供了可能性。EDA 技术已不是某一学科的分支，或某种新的技能技术，而是一门综合性学科。它融多学科于一体，又渗透于各学科之中，打破了软件和硬件间的壁垒，使计算机的软件技术与硬件实现、设计效率和产品性能合二为一，它代表了电子设计技术和应用技术的发展方向。

　　EDA 技术在进入 21 世纪后，得到了更大的发展，突出表现在以下几个方面。

　　(1) 在 FPGA 上实现 DSP(数字信号处理)应用成为可能，用纯数字逻辑进行 DSP 模块的设计，使得高速 DSP 成为现实，并有力地推动了软件无线电技术的实用化和发展。基于 FPGA 的 DSP 技术，为高速数字信号处理算法提供了实现途径。

　　(2) 嵌入式处理器软核的成熟，使得 SOPC(System on a Programmable Chip)步入大规模应用阶段，且在一片 FPGA 中实现一个完备的数字处理系统成为可能。

　　(3) 使电子设计成果以自主知识产权的方式得以明确表达并确认成为可能。

　　(4) 在仿真和设计两方面支持标准硬件描述语言且功能强大的 EDA 软件不断推出。

　　(5) 电子技术领域全方位融入 EDA 技术，除了日益成熟的数字技术外，传统的电路系统设计建模理念发生了重大变化，如软件无线电技术的崛起，模拟电路系统硬件描述语言的表达和设计的标准化，系统可编程模拟器件的出现，数字信号处理和图像处理的全硬件实现方案的普遍接受，软硬件技术的进一步融合等。

　　(6) EDA 使得电子领域各学科的界限更加模糊，更加互为包容，如模拟与数字、软件与硬件、系统与器件、ASIC 与 FPGA、行为与结构等。

　　(7) 更大规模的 FPGA 和 CPLD 器件的不断推出，为复杂的 SOC 设计提供了物质基础。

　　(8) 基于 EDA 的用于 ASIC 设计的标准单元已涵盖大规模电子系统及复杂 IP 核模块。

　　(9) 软硬 IP 核在电子行业的产业领域广泛应用。

　　(10) SOC 高效低成本设计技术的成熟。

　　(11) 系统级、行为验证级硬件描述语言出现(如 System C)，使复杂电子系统的设计和验证趋于简单。

本 章 小 结

EDA 技术是指以计算机为工作平台，融合应用电子技术、计算机技术、信息处理及智能化技术的最新成果，进行电子产品的自动设计。利用 EDA 工具，电子设计师可以从概念、算法、协议等开始设计电子系统，大量工作可以通过计算机完成，并可以将电子产品从电路设计、性能分析到设计出 IC 版图或 PCB 版图的整个过程在计算机上自动处理完成。

EDA 工具软件可大致分为芯片设计辅助软件、可编程芯片辅助设计软件、系统设计辅助软件等三类。按主要功能或主要应用场合分为电路设计与仿真工具、PCB 设计软件、IC 设计软件、PLD 设计工具及其他 EDA 软件。

随着集成电路制造技术的快速发展，IC 设计进入了片上系统(SOC)的时代。SOC 被认为是一种复杂的集成电路，将终端产品的主要功能单元完全集成在单个芯片或芯片组中。SOC 设计的三大支撑技术包括软/硬件协同设计技术、IP 设计和复用技术、超深亚微米(VDSM)设计技术等。SOC 实现的是软硬件集成的系统，需要建立软/硬件协同设计理论和方法；它是通过 IP 设计和 IP 复用来表现和实现的。

习 题

1-1 填空题

1．一般把 EDA 技术的发展分为_____、_____和_____三个阶段。

2．在 EDA 发展的_____阶段，人们只能借助计算机对电路进行模拟、预测，以及辅助进行集成电路版图编辑、印制电路板(PCB)布局布线等工作。

3．在 EDA 发展的_____阶段，人们可以将计算机辅助求解分析复杂工程和产品的结构力学性能，以及优化结构性能等。出现了以计算机仿真和自动布局布线的这些软件工具代替了设计师的部分设计工作。

4．传统的电子设计方法通常是_____，EDA 技术采用的设计方法是_____。

5．利用 EDA 工具进行电子系统设计主要包括四个方面：_____、_____、_____设计以及混合电路设计。

6．EDA 工具一般有四部分：_____、_____、_____和_____等。

7．常用硬件描述语言有 Verilog HDL、System Verilog、System C 和_____。其中_____和_____成为 IEEE 标准的硬件描述语言。

8．专用集成电路简称为_____，按照设计方法的不同可分为_____和_____两类。_____是一种基于晶体管级的设计方法；_____是一种约束性设计方法，约束的主要目的是简化设计、缩短设计周期，提高芯片的成品率。

9．目前广泛采用的半定制设计方式有_____、_____和_____。

10．IP Core 的中文是_____核/模块，是指一些数字系统中常用而比较复杂的功能块。它将分为_____、_____和_____。

11．IP 核提供用 VHDL 等硬件描述语言描述的功能块，但不涉及的实现该功能块的具体电路的 IP 核为_____。

12．IP 核复用指的是在设计新系统中采用已有的各种功能模块，IP 资源的复用是通过_____、_____或_____所需的 IP 核。从 IP 模块的使用灵活性方面看，_____模块的可重复使用性是最高的。

13．IP 软核设计采用自顶向下的设计流程，其设计流程开始于_____、_____，结束于 IP 软核的_____和_____。

14．SOC 是_____的简称，是指将一个完整的系统集成在一个芯片上。使用 FPGA 作为物理载体进行芯片设计的技术也称为_____。

1-2　简述 EDA 技术的特点，与 ASIC 设计和 FPGA 的开发有什么关系？

1-3　硬件描述语言与其他计算机语言(如 C 语言)有什么不同？

1-4　简述 ASIC 的全定制和半定制，以及门阵列法、标准单元法和可编程逻辑器件法的特点。

1-5　IP 核是什么？分为哪些类型？

1-6　简述 IP 核的复用设计技术。

1-7　怎样理解 SOC 中的软/硬件协同设计？

第 2 章
可编程逻辑器件

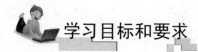 学习目标和要求

◇　了解可编程逻辑器件的分类；
◇　掌握可编程逻辑器件的结构和工作原理；
◇　了解各种编程元件的工艺原理和特点；
◇　了解常用 CPLD 和 FPGA 芯片及区别；
◇　了解可编程逻辑器件配置方法。

目前，可编程逻辑器件广泛应用于计算机、数字电路设计、通信系统、工业控制、仪器仪表和集成电路设计等领域，它的出现大大改变了传统的系统设计方法，使传统的"固定+功能模块+连线"的设计方法正逐步退出历史舞台。可编程逻辑器件到底具有怎样的架构和结构？使器件具有可编程特性，可编程逻辑器件又分为哪些类型？各自有什么特点？如何使用？这些问题在本章都可以找到答案。

2.1　可编程逻辑器件的分类

可编程逻辑器件(PLD)是 20 世纪 70 年代发展起来的新型逻辑器件，它是作为一种通用型器件来生产的，然而它的逻辑功能又是由用户通过对器件编程来自行设定的，可以在一片 PLD 芯片上实现数字系统的集成，而不必由芯片制造厂商去设计和制作专用集成芯片。它是大规模集成电路技术与计算机辅助设计(CAD)、计算机辅助生产(CAM)和计算机辅助测试(CAT)相结合的产物，是现代数字电子系统向超高集成度、超低功耗、超小型化和专用化方向发展的重要基础。

可编程逻辑器件从编程技术上分为一次性编程和多次编程。一次性编程在编程后不能修改，采用熔丝工艺制造，一次性编程器件不适用于数字系统的研制、开发和实验阶段使用。而多次编程器件大多采用场效应管作为开关元件，并采用 EPROM、E^2PROM、FLASH 和 SRAM 制造工艺生成编程元件，实现器件的多次编程。

可编程逻辑器件从最初的"与"阵列全部预定制 PROM 到现在复杂 PLD(CPLD、FPGA)

器件，大体可分成四个发展阶段：

第一阶段：PROM、PLA(Programmable Logic Array)；

第二阶段：PAL(Programmable Array Logic)；

第三阶段：GAL(Generic Array Logic)、EPLD；

第四阶段：CPLD、FPGA。

按可编程逻辑器件的集成密度，可分为低密度可编程逻辑器件和高密度可编程逻辑器件。PROM、PLA、PAL 和 GAL 属于低密度可编程逻辑器件，而 EPLD、CPLD、FPGA 属于高密度可编程逻辑器件，如图 2.1 所示。

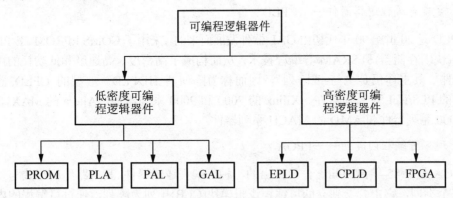

图 2.1 可编程逻辑器件按集成密度分类

1. 可编程只读存储器——PROM

PROM 是 20 世纪 70 年代初期出现的第一代 PLD，其内部结构由"与阵列"和"或阵列"组成。它可以实现任何"与-或"形式表示的组合逻辑，采用熔丝工艺编程，只能写一次，不能重复擦写。随着技术发展，出现了 EPROM、E^2PROM 存储器，它们实际上也是一种可编程逻辑器件。这些具有低价格、易于编程特点的存储器，适合于存储函数和数据表格。

2. 可编程逻辑阵列——PLA

PLA 是 20 世纪 70 年代中期推出的一种基于"与-或阵列"的一次性编程器件。它只能用于组合逻辑电路设计，器件内部的资源利用率低，现在已经不常使用。

3. 可编程阵列逻辑——PAL

PAL 是 20 世纪 70 年代末期由 AMD 公司率先推出的一种可编程逻辑器件，它由可编程的与逻辑阵列、固定的或逻辑阵列和输出电路三部分组成。它具有多种输出结构形式，可适用于各种组合和时序逻辑电路的设计。但是 PAL 仍采用熔丝编程方式，只能一次性编程，编程后就不能重复擦写。

4. 通用阵列逻辑——GAL

GAL 是继 PAL 器件后，在 20 世纪 80 年初期 Lattice 公司推出的一种低密度可编程逻辑器件。它在结构上采用了可编程输出逻辑宏单元(Output Logic Macro Cell，OLMC)结构形式。在工艺上吸收了 E^2PROM 的浮栅技术，从而使 GAL 器件具有电可擦写、可重复编程、数据可长期保存和可设置加密位的特点。因此，GAL 器件比 PAL 器件功能更加全面，结构更加灵活，它可以取代大部分中、小规模的数字集成电路和 PAL 器件。

5. 可擦除的可编程逻辑器件——EPLD

EPLD 是 Altera 公司于 20 世纪 80 年代中期推出的一种大规模可编程逻辑器件。它的基本结构形式与 GAL 器件类似，但集成密度比 GAL 器件高得多，EPLD 的输出电路结构采用了与 GAL 相似的可编程输出逻辑宏单元 OLMC，并且大量增加输出逻辑宏单元的数目及 OLMC 中触发器的预置、置零功能，使 EPLD 具有更大的设计灵活性。

6. 复杂可编程逻辑器件——CPLD

CPLD 是 20 世纪 90 年代初由 GAL 器件发展而来的，采用了 COMS EPROM、E^2PROM、FLASH(快闪存储器)和 SRAM 等编程技术，从而构成了高密度、高速度和低功耗的可编程逻辑器件。其主体仍是"与-或阵列"，因而称为阵列型 HDPLD。典型的 CPLD 器件有 Lattice 的 PLS/ispLSI 系列器件、Xilinx 的 7000 和 9000 系列器件、Altera 的 MAX7000 和 MAX9000 系列器件和 AMD 的 MACH 系列器件。

7. 现场可编程门阵列——FPGA

FPGA 是 1985 年由 Xilinx 公司推出的一种可编程逻辑器件。其电路结构形式与以前的 PLD 完全不同，它由若干独立的可编程逻辑模块(CLB)排列为阵列，通过可编程的内部连线连接这些模块来实现一定的逻辑功能，因而也称为单元型 HDPLD。FPGA 的功能由逻辑结构的配置数据决定，这些配置数据存放在片内的 SRAM 上，所以断电后数据便随之丢失。在工作前需要从芯片外的 EPROM 中加载配置数据，在构成复杂数字系统时需要由若干个 CLB 组合起来才能实现，而每个信号的传输途径各异，所以信号传输延迟时间不能完全确定。

随着微电子技术发展，可编程逻辑器件的集成度、速度不断提高，目前已达到 200 万门/片、纳秒级延时水平。其应用越来越广泛，在计算机、通信、智能仪表、医用设备、军事、民用电器等领域得到广泛应用，并成为代表当今电子产品设计变革的主流器件。

2.2 可编程逻辑器件的编程元件

PLD 基本结构如图 2.2 所示，它由输入缓冲电路、与阵列、或阵列、输出缓冲电路等四部分组成。其中"与阵列"和"或阵列"是 PLD 器件的主体，逻辑函数靠它们实现；输入缓冲电路主要用来对输入信号进行预处理和提供足够的驱动能力。PLD 输出方式有多种，可以由或阵列直接输出(组合方式)，也可以通过寄存器输出(时序方式)；输出可以是低电平或高电平有效；并且有内部通路将输出信号反馈到与阵列输入端。而新型的 PLD 器件则将输出电路做成宏单元(Macro Cell)，使用户可以根据需要选择各种灵活的输出方式(组合方式、时序方式)。众所周知，任何组合逻辑电路均可化为"与-或"式，从而用"与门-或门"二级电路实现，而时序逻辑电路又都是由组合电路加上存储器(触发器)构成的，因此这种 PLD 结构对实现数字系统具有普遍的意义。

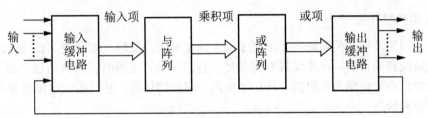

图 2.2 PLD 器件的基本结构框图

可编程逻辑器件内部核心由"与阵列"和"或阵列"构成，通过编程改变"与阵列"和"或阵列"的内部连接，就可以实现不同的逻辑功能。根据可编程情况可将 PLD 器件分为 PROM、PLA、PAL、GAL 等四种基本类型。PLD 器件中的"与-或阵列"只能实现组合逻辑电路的功能，要实现时序逻辑功能则需要包含触发器或寄存器的逻辑宏单元(OLMC)来实现，逻辑宏单元是高密度可编程逻辑器件中的一个非常重要的基本结构。

Xilinx、Altera、Lattice 和 AMD 等公司在各自生产的 PLD 产品的宏单元设计上有着各自的特点。总的来看，逻辑宏单元结构具有以下几个方面的特点。

(1) 提供时序逻辑需要的触发器或寄存器，并且可以进行各种组态。

(2) 提供多种形式的 I/O 方式。

(3) 提供内部反馈信号，控制输出的逻辑极性。

(4) 分配控制信号，如寄存器的时钟和复位信号，三态门的输出使能信号。

可编程逻辑器件是通过用户编程实现各种逻辑功能的，而 PLD 器件主要对四个部分资源进行编程配置，即位于芯片中央的可编程功能单元、位于芯片四周的可编程 I/O、分布在芯片各处的可编程布线资源和片内存储块 RAM。各生产厂家对这些可编程元件采用了不同的编程技术，虽然 CPLD 器件和 FPGA 器件均采用 CMOS 技术，但它们在编程工艺上有很大不同，主要有以下四种类型：熔丝型开关、反熔丝型开关、浮栅编程元件(EPROM 和 E^2PROM)、基于 SRAM 的编程元件。

其中前三类是非易失性元件，编程后能使配置数据或开关状态在器件中保持。SRAM 类为易失性元件，即每次掉电后配置数据会丢失。熔丝型开关和反熔丝型开关只能写一次，浮栅编程元件和 SRAM 的编程元件可以进行多次编程。反熔丝型开关一般用在要求较高的军品系列器件上，而浮栅编程元件一般用在民品系列器件上。

2.2.1 熔丝型开关

熔丝型开关是最早的可编程元件，它由电流可熔断的熔丝组成。PROM、EPLD 和 FPGA 等器件，一般在需要编程的互联节点上设置相应的熔丝开关。在编程时需要保持连接的节点则保留熔丝，需要去除连接的节点则烧断熔丝(断开)，由最后留在器件内的不烧断的熔丝模式决定器件的逻辑功能。

熔丝型开关烧断后不能恢复，只能编程一次，而且熔丝开关很难测试可靠性。在器件编程时，即使发生数量非常小的错误，也会造成器件功能的不正常。为了保证熔丝熔化时产生的金属物质不影响器件的其他部分，熔丝还需要留出极大的保护空间，因此熔丝占用的芯片面积大。

2.2.2　反熔丝型开关

为了克服熔丝型开关的缺点，出现了反熔丝型开关，反熔丝型开关主要通过击穿介质来达到连通线路的目的。在未编程时开关处于开路状态，编程时在其两端加上编程电压，反熔丝就会由高阻抗变为低阻抗，从而实现两个极间的连通，并且编程电压撤除后开关也一直处于导通状态。

Actel 公司采用了一种双极型多层反熔丝工艺的编程元件，称为 PLICE(可编程低阻抗元素)反熔丝开关，其结构如图 2.3 所示。这是一种二端垂直型结构，上面是一层多晶硅，下面是 N⁺掺杂扩散区，两者之间是一介质绝缘层。PLICE 反熔丝就生长在这个介质绝缘层上，其生产工艺和 CMOS、双极型、BiMOS 等工艺兼容。它是一种非易失性元件，在未编程时 PLICE 呈现很高的阻抗($>100M\Omega$)，当加上 18V 的编程电压将其击穿后，将建立一个双向的低电阻($100\sim600\Omega$)，反熔丝在硅片上所占面积小于 $9\mu m^2$，电容为 $3\sim15pF$。因此反熔丝元件占用硅片的面积小，十分适宜于做集成度很高的可编程逻辑器件的编程元件。

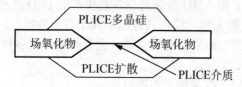

图 2.3　PLICE 反熔丝结构

除了 Actel 公司的 PLICE 反熔丝工艺外，还有 Quicklogic 生产的非晶体反熔丝技术 Vialink 元件及 Xilinx 公司推出的采用了最新 Micro Via 工艺的反熔丝结构。

2.2.3　浮栅编程元件

浮栅编程元件包括紫外线擦除可编程的 EPROM、电擦除可编程的 E²PROM 及快闪存储器(Flash Memory)，这三种存储器都是用浮栅存储电荷的方法来保存编程的数据的，因此断电后存储的数据不会丢失。

1.　EPROM

EPROM(UVEPROM)的存储内容可以根据需要通过编程更新存储内容，用紫外线擦除原存储内容，由编程重新写入内容。早期 EPROM 结构中的存储单元使用了浮栅雪崩注入MOS 管，但存在单元面积大，PMOS 管的开关速度低，雪崩击穿所需电压较高等缺点。目前多改用叠栅注入 MOS 管(SIMOS 管)制作 EPROM 的存储单元。

如图 2.4 所示是 SIMOS 管的结构原理图和符号。它是一个 N 沟道增强型的 MOS 管，有两个重叠的栅极——控制栅 G_c 和浮栅 G_f。控制栅 G_c 用于控制读出和写入，浮栅 G_f 用于长期保存注入电荷。若在漏极和源极之间加上约几十伏的电压脉冲，在沟道中发生雪崩击穿，令电子加速穿越 SiO_2 层注入浮栅中，使浮栅 G_f 带上负电荷，则该单元相当于存储了"0"。由于浮栅周围都是绝缘的 SiO_2 层，泄漏电流极小，所以一旦电子注入浮栅后，逻辑"0"就能长期保存。当浮栅 G_f 无电子积累时，该管相当于存储了"1"。

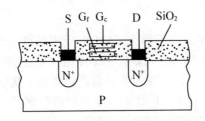 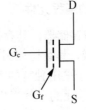

图 2.4　SIMOS 管的结构和符号

若要擦去所写入的内容，可用 EPROM 擦洗器产生强紫外线，紫外线穿过 EPROM 芯片上方的石英玻璃窗口，对所有浮栅照射几分钟，使浮栅上的电子获得足够的能量，穿过绝缘层回到衬底中，从而使浮栅上的电子消失，芯片又恢复到初始状态，即全部单元都为 1。

2. E^2PROM

EEPROM 也可写成 E^2PROM，只需在高电压脉冲或在工作电压下就可以进行擦除，而不要借助紫外线照射，所以比 EPROM 更灵活方便，而且它还有字擦除(只擦一个或几个字)功能。

在 E^2PROM 的存储单元中采用了一种浮栅隧道氧化层 MOS 管，它与 SIMOS 管相似，也有两个栅极：有引出线的栅极为控制栅(也称擦写栅)；无引出线的栅极是浮栅。所不同的是，在浮栅与漏极区之间有一小块面积极薄的二氧化硅绝缘层区域，称为隧道区，并且一个存储单元采用了两只 MOS 管。在控制栅上加几十伏正电压脉冲，在浮栅与漏极区之间的极薄绝缘层内就会出现隧道，通过隧道效应，使电子注入浮栅，正脉冲过后，浮栅将长期存储这些电子；若使控制栅接地，则浮栅上的电子通过隧道返回衬底，从而擦除浮栅内的电子电荷。

显然 E^2PROM 是利用隧道效应使浮栅俘获电子的，与 EPROM 利用雪崩效应不同。一般 E^2PROM 芯片允许擦写 1 万次以上，数据可保存 5～10 年。

3. 快闪存储器

快闪存储器(Flash Memory)是采用一种类似于 EPROM 的单管浮栅结构的存储单元。使用它制成了新一代用电信号擦除的可编程 ROM，它既吸收了 EPROM 结构简单、编程可靠的优点，又具有 E^2PROM 用隧道效应擦除的快捷特性，集成度可以做得很高。

快闪存储器的编程和擦除分别采用两种不同的机理。在编程(写入)方法上，它与 EPROM 相似，即利用雪崩注入的方法使浮栅充电；在擦除方法上与 E^2PROM 相似，即利用隧道效应使浮栅上的电子通过隧道返回衬底。由于片内所有叠栅 MOS 管的源极连在一起，所以全部存储单元同时被擦除，这是它不同于 E^2PROM 的一个特点。

早期采用浮栅技术的存储元件都需要使用两种电压，即 5V 逻辑电压和 12～21V 的编程电压。现在已趋向采用单电源供电，即由器件内部的升压电路提供编程和擦除电压。大多数单电源可编程逻辑器为 5V 或 3.3V 的产品。随着生产工艺水平的提高，这些浮栅编程元件的擦写寿命已达 10 万次以上。

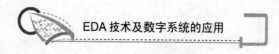

2.2.4 基于 SRAM 的编程元件

SRAM 是指静态存储器，其存储单元是由两个 CMOS 反相器和一个用来控制读写的 MOS 管传输开关组成，其结构如图 2.5 所示。大多数 FPGA 用它来存储配置数据，所以又称为配置存储器。由于采用独特的工艺设计，SRAM 具有很强的抗干扰能力和很高的可靠性。FPGA 中可编程单元的全部工作状态由编程数据存储器中的数据设定。

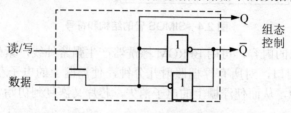

图 2.5 SRAM 的基本单元结构

FPGA 中的编程数据存储器是一个静态随机存储器(SRAM)，所以断电后存储器中的数据不能保存，因此每次接通电源以后必须重新给存储器装载编程数据，装载过程是在 FPGA 内部的一个时序电路的控制下自动进行的。这些编程数据一般要存放在外加的 EPROM 芯片中，这给 FPGA 的使用带来不便。但基于同样的原因，FPGA 修改器件的逻辑功能很方便，如在微处理器控制系统中改变 I/O 卡的地址。利用这个特性可以实现功能动态可变的器件和重构式系统。

2.3 边界扫描测试技术

随着微电子技术发展、器件变得越来越复杂，对器件做全面检测的要求也越来越高，而且越来越重要。一个电路芯片或印制电路板制造出来之后，是否合格，要进行测试，通过测试判断电路芯片或印制电路板是否存在故障和故障的位置，以便修复。ASIC 器件生产批量小，功能千变万化，很难用一种固定的测试策略和测试方法来测试其功能。此外，表面安装技术(SMT)和印制电路板制造技术的进步，使得电路板变得越来越小，密度得到提高，这样一来采用传统的测试方法可能难以实现，结果电路板简化所节约的成本，很可能被传统测试方法成本的提高抵消掉。

为了解决 ASIC 及可编程逻辑器件等超大规模集成电路的测试问题，从 1986 年开始，集成电路领域的专家学者成立了"联合测试行动组"(Joint Test Action Group，JTAG)，并已制定了 IEEE 1149.1—1990 边界扫描测试技术规范，1990 年被美国电气与电子工程师学会(IEEE)正式认可。目前大多数高密度的可编程逻辑器件都普遍应用了 JTAG 技术，预计今后新开发的可编程逻辑器件芯片都会支持边界扫描技术。

边界扫描测试(Boundary Scan Test，BST)技术是一种融可测性设计与硅芯片设计为一体的技术，它提供了一种新的完整方法，克服了测试复杂数字电路板的技术障碍，不需要复杂设备和昂贵的仪器；还提供了快速、高效的样品测试及在系统测试，从而减少研制费用，提高了产品质量，促进了新技术(PCB 小型化、复杂 ASIC 和其他 VLSI)的应用。

边界扫描测试结构提供了有效地测试高密度引线器件和高密度电路板上元件的能力。

根据 JTAG 制定的边界扫描测试技术规范，标准的边界扫描测试结构如图 2.6 所示，主要由以下四个部分组成。

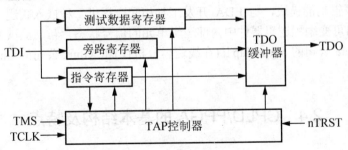

图 2.6　边界扫描测试结构图

(1) 测试数据寄存器：是大型的串行移位寄存器，它位于器件的周边，测试数据是沿着周边做串行移位的，使用 TDI 引脚作为输入，TDO 引脚作为输出。用户可以使用边界扫描寄存器测试外部引脚的连接，或是在器件运行时捕获内部数据。

(2) 旁路寄存器：是一位数据寄存器，在不进行边界扫描测试时用来旁路通路，使 TDI 和 TDO 端口作为 I/O 引脚。

(3) 指令寄存器：是一个 3 位的指令寄存器用来引导扫描测试数据流，产生测试数据寄存器的控制逻辑。边界扫描测试指令分为公开(必选)指令、可选用指令和各公司私有指令三类，其中公开指令有三条：抽样/预加载、外测试和旁路。指令代码是由 TDI 引脚在时钟控制下送入，以确定指令模式。

(4) 测试访问端口(Test Access Port，TAP)控制器：是一个 16 态的状态机，在 TCLK 的上升沿时刻进行状态转换，控制管理 JTAG 的操作。

边界扫描测试 JTAG 电路主要有 5 个引脚，其功能说明见表 2-1 所列。

表 2-1　边界扫描测试 JTAG 电路的引脚名及功能说明

引　脚	名　称	功能说明
TDI	测试数据输入	指令和测试数据的串行输入引脚。在 TCLK 的上升沿时刻移入
TDO	测试数据输出	指令和测试数据的串行输出引脚。在 TCLK 的下降沿时刻移出。如果没有数据移出，此引脚处于三态(高阻)
TMS	测试模式选择	选择 JTAG 指令模式的串行输入引脚。在 TCLK 的上升沿时刻移入。在用户状态下 TMS 应置于高电平
TCLK	测试时钟输入	时钟引脚，用于将串行数据和指令分别移入 TDI 引脚和移出 TDO 引脚。也用于把串行指令和数据移入 TMS 引脚
nTRST	测试复位输入	低电平有效，用于异步初始化或复位边界扫描电路

当器件工作在 JTAG BST 模式时，复位引脚 nTRST 应置于高电平，然后使用其他四个引脚进行边界扫描测试操作。复位引脚 nTRST 为低电平，它能够异步地把边界扫描测试电路初始化或复位。当器件不工作在 JTAG BST 模式时，nTRST 置于低电平(以保持 JTAG 电路已完成初始化)，TDI、TDO 和 TCLK 应当维持在低电平，而 TMS 应当置于高电平。

对于 CPLD/FPGA 的内部逻辑测试是应用设计可靠性的重要保证。因设计的复杂性，内部逻辑测试面临较多的问题。目前 CPLD/FPGA 厂商提供了一种技术，在可编程逻辑器件中嵌入某种逻辑功能模块，与 EDA 开发工具相配合提供一种嵌入式逻辑分析仪，通过 JTAG 接口读出可变编程逻辑器件中内部逻辑单元的信号状态，帮助测试人员发现内部逻辑问题，如 Altera 公司的 SignalTap II(在线逻辑分析仪)和 Xilinx 公司的 ChipScope(片内逻辑分析仪)。

2.4　CPLD/FPGA 的基本结构及特点

高密度可编程逻辑器件(HDPLD)主要包括 CPLD 和 FPGA，它们的逻辑规模都较大，能实现一些复杂的数字系统功能。目前已有集成度高达 300 万门以上、系统频率为 200MHz 以上的 CPLD/FPGA 器件。高密度可编程逻辑器件的使用使得现代数字系统得设计方法和设计过程发生了很大的变化，使实现片上系统 SOC 成为了可能。

CPLD 是由 GAL 发展起来的，其主体是"与-或"阵列，并以可编程逻辑宏单元为基础，可编程连线集中在一个全局布线区；FPGA 以基本门单元为基础，构成门单元阵列，可编程的连线分布在门单元与门单元之间的布线区。下面介绍 CPLD 和 FPGA 器件的结构特点。

2.4.1　CPLD 的基本结构与特点

CPLD 是在 PAL、GAL 等逻辑器件的基础上发展起来的，是阵列型高密度 PLD 器件。它们大多采用 CMOS EPROM/E^2PROM 和快闪存储器等编程技术，因而具有高密度、高速度和低功耗等特点。目前，主要的半导体器件公司生产的 CPLD 器件都有各自的特点，但是总体结构大致相同，CPLD 器件中至少包含了三部分：可编程逻辑宏单元、可编程 I/O 单元和可编程连线阵列。可编程逻辑宏单元内部主要包括"与-或阵列"、可编程触发器和多路选择器等电路，能独立地配置为时序或组合工作方式。可编程 I/O 单元简称为 I/O 单元，它是内部信号到 I/O 引脚的接口部分，主要由三态输出缓冲器、输入缓冲器、输入寄存器/锁存器和几个可编程的数据选择器组成。可编程连线阵列的作用是在各逻辑宏单元之间及逻辑宏单元和 I/O 单元之间提供灵活的互连网络。各逻辑宏单元通过可编程连线阵列接收来自专用输入或输入端的信号，并将宏单元的信号反馈到其需要到达的目的地。

Altera 的 MAX7000S 系列具有一定的代表性，下面以它为例介绍 CPLD 的结构和工作原理。MAX7000 系列是高性能、高密度的 CMOS CPLD，在制造工艺上采用 0.8μm CMOS E^2PROM 技术。其中 MAX7000 系列包含了多种不同类型的器件，其主要性能指标见表 2-2，MAX7000 系列器件的主要特点如下。

(1) 高性能可擦除器件，采用第二代多阵列矩阵(MAX)结构。

(2) 集成密度门数可达 10000 门，可用门数为 600～5000 门。

(3) 引脚之间的延时为 6ns，最高可达 151.5MHz 的工作频率。

(4) MAX7000S 系列通过标准的 JTAG 接口，支持在系统编程(ISP)。

(5) 高性能的可编程连线阵列(PIA)提供一个高速的、延时可预测的互连资源网络。

(6) 每个宏单元(MC)中可编程扩展乘积项(P-Terms)可达 32 个。

(7) 具有全面保护设计的可编程保密位。

(8) 具有独立的全局时钟信号。

(9) 可提供 2.5V(MAX7000B)、3.3V(MAX7000A)，5.0V(MAX7000S)电源供电。

表 2-2　MAX7000 器件典型数据

特 性	EPM 7032	EPM 7064	EPM 7096	EPM 7128	EPM 7160	EPM 7192	EPM 7256
集成门数	1200	2500	3600	5000	6400	7500	10000
可用门数	600	1250	1800	2500	3200	3750	5000
宏单元数	32	64	96	128	160	192	256
逻辑阵列块/个	2	4	6	8	10	12	16
I/O 引脚数	36	36,38,40,68	52,64,76	68,84,100	68,84,104	124	84,120,164
t_{pp}/ns	5	5	6	6	6	7.5	7.5
t_{SU}/ns	4	4	5	5	5	6	6
t_{FSU}/ns	2.5	2.5	2.5	2.5	2.5	3	3
t_{CO}/ns	3.5	3.5	4	4	4	4.5	4.5
f_{CNT}/MHz	151.5	151.5	151.5	125	125	100	100

在 MAX7000 系列中，MAX7000E 类型的器件是高密度的，其中包括 EPM7128E、EPM7160E、EPM7192E 和 EPM7256E。这些器件有几项功能得到加强，如附加全局时钟、附加输出使能控制及增加连线资源、快速输入寄存器等。

MAX7000S 和 MAX7000A 类型的器件具有在系统可编程(ISP)功能，包括 EPM7032S、7064S、7128S、7160S、7192S、7256S 和 EPM7128A、7256A 等器件。除了 ISP 功能外，还包含 JTAG 边界扫描测试(BST)电路和更多的宏单元等。

MAX7000 芯片在结构上包含 32～256 个宏单元，每 16 个宏单元组成一个逻辑阵列块(LAB)，共有 2～16 个 LAB。每个宏单元有一个可编程的"与阵列"和一个固定的"或阵列"，以及一个触发器。这个触发器具有独立可编程的时钟、时钟使能、清除和置位等功能。为了能构成复杂的逻辑函数，每个宏单元可使用共享扩展乘积项和高速并联扩展乘积项，总的向每个宏单元提供了 32 个乘积项。如图 2.7 所示为 MAX7000 系列器件的结构框图，在结构上主要由以下部分组成：逻辑阵列块(Logic Array Blocks，LAB)、宏单元(Macrocells)、扩展乘积项(共享和并联)(Expender Product Terms)、可编程连线阵列(Programmable Interconnect Array，PIA)、I/O 控制块(I/O Control Blocks)。

每个器件包含四个专用输入，可用作通用输入，也可作为每个宏单元和 I/O 引脚的高速、全局控制信号，如时钟(Clock)、清除(Clear)和输出使能(OE)。

1. 逻辑阵列块 LAB

MAX7000 器件的结构主要由 LAB 和它们之间的连线构成。每个逻辑阵列块由 16 个宏单元组成，多个 LAB 通过 PIA 和全局总线连接在一起。全局总线由所有的专用输入、I/O 引脚和宏单元反馈信号。LAB 的输入信号来源有来自 PIA 的 36 个信号、全局控制信号、I/O 引脚到寄存器的直接输入通道。

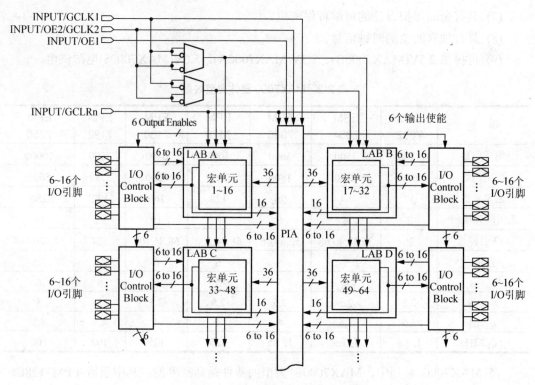

图 2.7 MAX7000 系列器件的结构框

2. 宏单元

MAX7000 宏单元由逻辑阵列、乘积项选择矩阵和可编程触发器三个功能块组成。宏单元的结构框图如图 2.8 所示。

逻辑阵列实现组合逻辑功能，给每个宏单元提供 5 个乘积项。乘积项选择矩阵分配这些乘积项作为到"或"门和"异或"门的主要逻辑输入，以实现组合逻辑函数，或者把这些乘积项作为宏单元中触发器的辅助输入，即清除、置位、时钟和时钟使能控制。每个宏单元的一个乘积项可以反相后回送到逻辑阵列。这个"可共享"的乘积项能够连接到同一个 LAB 中的任何其他乘积项上。利用 MAX+PLUS II 开发工具按设计要求自动优化乘积项的分配。

宏单元中的触发器可以单独地编程为具有可编程时钟控制的 D 触发器、T 触发器、SR 触发器或 JK 触发器工作方式。另外也可以将触发器旁路，实现组合逻辑功能。每个触发器也支持异步清除和异步置位功能，乘积项选择矩阵分配乘积项去控制这些操作。虽然乘积项驱动触发器的置位和复位信号是高电平有效，但是在逻辑阵列中可将信号反相，得到低电平有效的控制。此外，每个触发器的复位功能可以由低电平有效的、专用的全局复位引脚 GCLRn 信号提供。在设计输入时，用户可以选择所希望的触发器，然后用 MAX+PLUS II 开发工具对每一个寄存器选择最有效的触发器工作方式，以使设计所需要的资源最少。

3. 扩展乘积项

大多数逻辑函数虽然能够用宏单元中的 5 个乘积项来实现，但某些逻辑函数较为复杂，需要附加乘积项。为提供所需的逻辑资源，不是利用另一个宏单元，而是将 MAX7000 结构中的共享和并联扩展乘积项，作为附加的乘积项直接送到本 LAB 的任意宏单元中。在实现逻辑综合时，利用扩展项可保证用尽可能少的逻辑资源，实现尽可能快的工作速度。

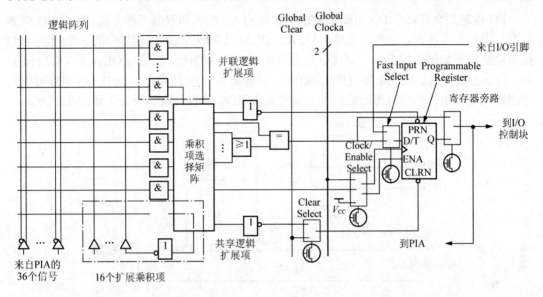

图 2.8　宏单元结构框图

共享扩展乘积项在每个 LAB 中有 16 个扩展项，它是由宏单元提供的一个未使用的乘积项，并把它们反馈到逻辑阵列，便于集中管理使用。每个共享扩展乘积项可被 LAB 内任何(或全部)宏单元使用和共享，以实现复杂的逻辑函数。

并联扩展乘积项是一些宏单元中没有使用的乘积项，并且这些乘积项可分配到邻近的宏单元去实现快速复杂的逻辑函数。并联扩展乘积项允许多达 20 个乘积项直接馈送到宏单元的"或"逻辑，其中 5 个乘积项是由宏单元本身提供的，15 个并联扩展乘积项是由 LAB 中邻近宏单元提供的。

4. 可编程连线阵列

通过可编程连线阵列(PIA)的可编程布线通道，把多个 LAB 相互连接，构成所需的逻辑。PIA 能够把器件中任何信号源连接到目的地。所有的专用输入、I/O 引脚的反馈、宏单元的反馈均连入 PIA 中，并且布满整个器件。如图 2.9 所示给出了 PIA 的信号布线到 LAB 的(布线图)方法。EPROM 单元控制 2 输入"与门"的一个输入端，以选择驱动 LAB 的 PIA 信号。

PIA 的延时是固定的，因此 PIA 消除了信号之间的时间偏移，使得时间性能容易预测。

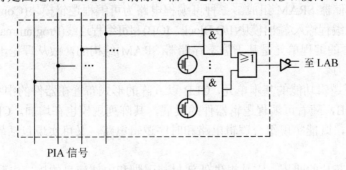

图 2.9　PIA 布线图

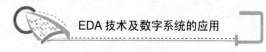

5. I/O 控制块

I/O 控制块允许每个 I/O 引脚单独地配置成输入、输出和双向工作方式。所有 I/O 引脚都有一个三态缓冲器，它的使能端由 OE1n、OE2n 及 VCC、GND 信号中的一个控制。I/O 控制块结构图如图 2.10 所示。该 I/O 控制块由两个全局输出使能信号 OE1n 和 OE2n 来驱动；当三态缓冲器的控制端接到地(GND)时，其输出为三态(高阻态)，而且 I/O 引脚可作为专用输入端使用；当三态缓冲器的控制端接到电源(V_{CC})时，I/O 引脚处于输出工作方式。

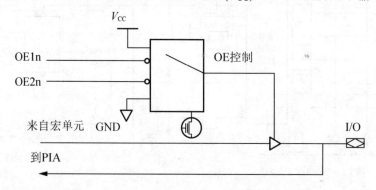

图 2.10　I/O 控制块结构图

2.4.2　FPGA 的基本结构与特点

目前 FPGA 的结构主要分为两种：一种是基于 SRAM 结构的 FPGA，另一种是反熔丝技术的 FPGA。在 SRAM 结构的 FPGA 技术方面，Xilinx 和 Altera 公司处于领先的地位，已推出一系列的器件产品。在反熔丝技术产品方面，Actel、Quicklogic 和 Cypress 是领先的厂商。以下主要介绍基于 SRAM 结构的 FPGA。

前面提到的可编程逻辑器件，如 GAL、CPLD 都是基于乘积项的可编程结构，即可编程的"与"阵列和固定的"或"项组成。而本节中介绍的 FPGA 采用可编程查找表(Look Up Table，LUT)的结构形式，LUT 是可编程的最小逻辑构成单元。大部分 FPGA 采用基于 SRAM 的查找表逻辑结构形式，就是利用 SRAM 来构成逻辑函数发生器。一个 N 输入的查找表(LUT)可以实现 N 个输入变量的任何逻辑功能。Xilinx 公司的 XC4000/XC5000 系列、Spartan 系列和 Virtex 系列，Altera 公司的 FLEX10K、ACEX、APEX、Cyclone 和 Stratix 等系列都采用 SRAM 查找表结构，是典型的 FPGA 器件。

FPGA 具有掩膜可编程门阵列的通用结构，一般由三种可编程电路和一个用于存放编程数据的静态存储器 SRAM 组成。三种可编程电路为可编程逻辑模块(Configurable Logic Block，CLB)、可编程输入/输出模块(I/O Block，IOB)和可编程连线(Programmable Interconect，PI)。由于 FPGA 的编程单元是基于静态存储器(SRAM)结构的，故从理论上讲，具有无限次重复编程的能力。

CLB 是实现逻辑功能的基本单元，CLB 以方阵的形式布置在器件的中央。FPGA 可以提供 n×n 个 CLB，随着可编程逻辑器件的发展，其阵列规模也在增加。CLB 本身包含多种逻辑功能部件，既能实现组合逻辑电路和时序逻辑电路，又可实现包括静态 RAM 在内的各种运算电路。

IOB 分布在芯片的四周，它是提供外部封装引脚和内部信息的接口电路，该接口电路通过设计编程可以分别组态为输入引脚、输出引脚和双向引脚，并且具有控制速率、降低功耗等功能。

PI 分布在 CLB 周围和 CLB 及 IOB 之间，它们的主要作用是完成可编程逻辑模块 CLB 之间的逻辑连接及将信息传递到 IOB。改变各个 CLB 的功能或改变各个 CLB 与 IOB 之间的连线组合都能改变整个芯片的功能。

CLB、IOB 和 PI 是 Xilinx FPGA 的内部基本结构，分别对应 Altera FPGA 的 LAB、IOE 和快速通道(Fast Track)。Altera 的 FLEX 系列具有一定的代表性，下面以 FLEX 10K 系列器件为例介绍 FPGA 的结构和工作原理。

FLEX(灵活逻辑单元矩阵)系列包括 FLEX 8000、FLEX 10K、ACEX 和 APEX 20K 系列等。它们具有高的集成度和丰富的寄存器资源，采用快速通道的连续式布线结构，是一种将 CPLD 和 FPGA 的优点结合于一体的新型器件，目前已得到广泛应用。

FLEX 10K 系列器件是在 FLEX 8000 器件基础上发展起来的。与 MAX 7000 系列器件不同的是，它引入了一种逻辑单元(LE)大矩阵，每 8 个组成一组构成一个 LAB；采用了嵌入式阵列块(EAB)，组成嵌入式存储器。

FLEX 10K 系列器件的主要特点如下。

(1) 高密度、SRAM 工艺制造，10000～250000 典型门。

(2) 功能更强的 I/O 引脚，每个引脚都是独立的三态门结构，具有可编程的速率控制。

(3) 每个 EAB 提供 2Kb 位。

(4) LE 采用查找表(LUT)结构。

(5) 采用快速通道互连布线结构。

(6) 实现快速加法器和计数器的专用进位链。

(7) 实现高速、多输入逻辑函数的专用级联链。

FLEX 10K 系列芯片的主要数据见表 2-3。FLEX 10K 系列器件也提供多种电源电压，如 2.5V(FLEX 10KE)、3.3V(FLEX 10KA)、5.0V(FLEX 10KE)；还提供各种封装形式，如 PLCC(Plastic J-Lead Chip Carrier)、TQFP(Thin Quad Flat Pack)、PQFP(Plastic Quad Flat Pack)、PQFP(Power Quad Flat Pack)、BGA(Ball-Grid Array)、PGA(Pin-Grid Array)。

表 2-3　FLEX 10K 芯片的数据

特性	EPF10K10 EPF10K10A	EPF10K30 EPF10K30A EPF10K30E	EPF10K50 EPF10K50V EPF10K50E EPF10K50S	EPF10K100 EPF10K100A EPF10K100B EPF10K100E	EPF10K200E EPF10K200S	EPF10K250A
典型门数	10000	30000	50000	100000	200000	250000
逻辑单元/个	576	1728	2880	4992	9984	12160
逻辑阵列块/个	72	216	360	624	1248	1520
嵌入式阵列块/个	3	6	10	12	24	20

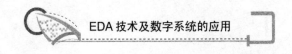

续表

特性	EPF10K10 EPF10K 10A	EPF10K30 EPF10K30A EPF10K30E	EPF10K50 EPF10K50V EPF10K50E EPF10K50S	EPF10K100 EPF10K100A EPF10K100B EPF10K100E	EPF10K200E EPF10K200S	EPF10K 250A
RAM/bit	6144	12288 24576	20480 40960	24576 49152	98304	40960
最大 I/O 引脚数/个	134	246	310	406	470	470

FLEX 10K 结构如图 2.11 所示，主要包括四部分：逻辑阵列块(LAB)、快速通道互连、嵌入式阵列块(EAB)、I/O 单元(IOE)。逻辑阵列块由 8 个逻辑单元(LE)和一个局部互连组成，所有的 LAB 按行和列排成一个矩阵，在每一行中放置一个 EAB。器件中信号的连接、进出器件的引脚及多个 LAB 的互连均采用快速通道互相连接。在每行(每列)快速通道互连线的两端连接着 I/O 单元。

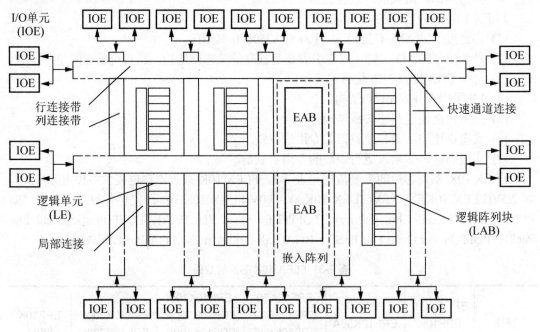

图 2.11 FLEX 10K 结构框图

1. 逻辑阵列块

逻辑阵列块(LAB)构成 FLEX 10K 芯片结构的主体部分。它由 8 个 LE、与 LE 相连的进位链和级联链、LAB 控制信号和局部互连线组成。

每个 LAB 包含 4 个可使用的控制信号，其中有两个可用作时钟，另外两个用作清除和置位逻辑控制。这些控制信号可由专用输入引脚、I/O 引脚或借助 LAB 局部互连的任何内部信号直接驱动，专用输入端一般用作公共的时钟、清除或置位信号。

2. 逻辑单元

每个逻辑单元(LE)由四输入查找表(LUT)、一个可编程寄存器和进位、级联功能的信号通道组成，并且有两个输出，以驱动局部互连和快速通道互连，可实现组合逻辑和时序逻辑功能。FLEX 10K 逻辑单元的结构框图如图 2.12 所示。

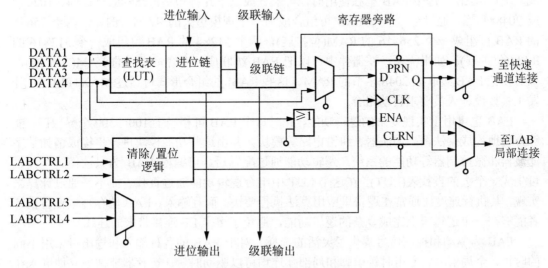

图 2.12   FLEX 10K 逻辑单元的结构框图

在逻辑单元中的 LUT 和寄存器能分别用于不相关的功能。寄存器的数据输入端能被 LUT 的输出驱动，也可由 DATA4 信号直接驱动。LUT 和寄存器的输出可分别由 LE 的两个输出端同时输出，它能够有效地提高 LE 的利用率。

LUT 是一个函数发生器，它能快速计算四输入变量的任意函数。LE 中的可编程触发器可设置成 RS 触发器、T 触发器、D 触发器和 JK 触发器。该触发器的时钟、清除和置位控制信号可由专用输入引脚、I/O 引脚或任何内部逻辑驱动。可将 LE 中的寄存器(触发器)旁路，使 LUT 的输出直接连接到 LE 的输出，以实现纯组合逻辑函数。

FLEX 10K 在结构上还提供了两条专用快速通路，即进位链和级联链。它们连接相邻的 LE，不占用快速通道互连通路。进位链提供 LE 之间非常快(小于 1ns)的向上进位功能，来自低位的进位信号由进位链向上送到高位，同时送到 LUT 和进位链的下一段。因此，用进位链可实现高速计数器和任意位数的加法器。

利用级联链可以实现输入变量很多的逻辑函数。相邻的 LUT 可并行地计算函数的各个部分，级联链起着把计算的中间结果串联起来的作用。可以使用逻辑"与"或者逻辑"或"来连接相邻 LE 的输出。每增加一个 LE，逻辑函数的有效输入个数会增加 4 个，如 n 个 LE 的级联链可实现 $4n$ 个输入变量的逻辑函数，但其延时大约会增加 1ns。Altera 的 MAX+PLUS II 开发工具在编译过程中能够自动建立进位链和级联链，设计者也可以手工插入进位链和级联链。

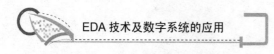

3. 嵌入式阵列块

嵌入式阵列块(EAB)是 FLEX 10K 系列器件在结构设计上的一个重要部件。它是一种在输入端口和输出端口都带有寄存器的非常灵活的 RAM 块，它既可以作为存储器使用，也可以用来实现逻辑功能。

当作为存储器使用时，每个 EAB 可提供 2Kb，可用来构成 RAM、ROM、FIFO RAM 或双端口 RAM。每个 EAB 单独使用时，可配置成以下几种规格：256×8、512×4、1024×2 或 2048×1 等。通过连接多个 EAB 可组合成为一个规模更大的 RAM。例如，两个 256×8 的 RAB 可组成一个 256×16 的 RAM(位扩展)，两个 512×4 的 RAB 可组成一个 512×16 的 RAM(位扩展)。如果需要，在器件中可以把 EAB 级联成一个容量更大的 RAM(字扩展)，如可以把 EAB 级联成 2048 字节的 RAM。这些 RAM 的组合形式可通过 MAX+PLUS II 开发工具按设计人员要求自动组合。

EAB 也可用于实现复杂的逻辑功能，此时每个 EAB 可相当于 100～300 个等效门，能够方便地构成乘法器、加法器、纠错电路等模块，并由这些功能模块进一步构成诸如数字滤波器和微控制器等功能的系统。逻辑功能通过配置后，可编程 EAB 为只读模式，并且可生成一个大的查找表(LUT)，在这个 LUT 中组合逻辑功能通过查找表而不是通过计算来实现，其执行速度比通常在逻辑里应用算法执行要快。而且输入、EAB 储存容量使得设计者能够在一个逻辑级上完成复杂的逻辑功能，避免了多个 LE 连接带来的连线延时。

EAB 为驱动和控制信号提供了灵活的选择。对于 EAB 的各种输入和输出可采用不同的时钟，全局信号、专用时钟引脚和局部互连均可以驱动时钟。寄存器能被独立地嵌入在数据输入、EAB 输出、地址和写使能(WE)信号上。全局信号和 EAB 局部连接可以驱动写使能(WE)信号。由于 LE 可驱动 EAB 局部互连，所以 LE 能够控制 WE 或 EAB 时钟信号。

每个 EAB 由行连线馈入信号，其输出可传输到行连线和列连线上。每个 EAB 的输出可以驱动两个行通道中的任何一个和两个列通道中的任何一个。未利用的行通道可被另一个列通道驱动，这个特性为 EAB 的各种输出增加了布线资源的可利用性。

4. 快速通道互连

FLEX 10K 结构的另一个特点是：器件内部信号的互连是由快速通道连线提供的。它是贯穿整个器件内的一系列水平和垂直的连续式布线通道。快速通道由"行连线带"和"列连线带"组成，每条"行连线带"和"列连线带"的两端都设有 I/O 单元(IOE)，与 I/O 引脚连接。采用这种布线结构，即使对于复杂的设计也可以预测其性能，而 FPGA 中的分段式连线结构需要用一些开矩阵把数目不同的若干线段连接起来，这就增加了逻辑资源间的延时，使机器性能下降。

器件内部的 LAB 按行和列组成一个矩阵，每行 LAB 由"行连线带"连接，"行连线带"由上百条"行通道"组成，这些通道水平地贯通整个器件，它们承载进、出这行中 LAB 的信号。行连线带可以驱动 I/O 引脚或馈送至其他 LAB。

"列连线带"由几十条"列通道"组成。LAB 中的每个 LE 最多可驱动两条独立的列通道，列通道垂直地贯通整个器件，不同行中的 LAB 借助局部的多路选择开关共享这些资源。

5. 输入/输出单元(IOE)

每个 IOE 包含一个双向 I/O 缓冲器和一个输入/输出寄存器,可用作输入、输出或双向引脚。每个引脚可被设置为集电极开路输出方式。

IOE 中的时钟、清除、时钟使能和输出使能由被称作周边控制总线的 I/O 控制信号网络提供。如果要求多于 6 个时钟使能或多于 8 个输出使能信号,IOE 能由特定 LE 的输出得到时钟使能或输出使能控制。IOE 中的整片输出使能引脚是低电平有效,可用来使器件上的所有引脚变成三态,这个选项可在设计文件中设置。

以上简单介绍了 FLEX 10K 系列器件的结构特点和内部逻辑功能。由于 FLEX 10K 器件采用 SRAM 工艺生产,其内部逻辑功能和连线设置由芯片内 SRAM 所存储的数据决定,芯片加电时,通过存储在芯片外部的串行 EPROM 或者由系统控制器提供的数据对 FLEX 10K 器件进行编程。Altera 的 EPC1441 和 EPC1 是专门供 FLEX 10K 器件配置数据用的 EPROM,它们借助串行数据流配置 FLEX 10K。配置数据也可以配置在其他的 EPROM 中,或者配置在系统的 RAM 中,或者通过 Altera 的 BitBlaster 串行下载电缆下载到 FLEX 10K 中。配置完成后,还可以通过复位进行在线重新配置,装入新数据,实现新功能。重新配置所需的时间很短(小于 100ms),因此在系统工作过程中可以实时地改变配置。

从 FPGA 的结构分析来看,FPGA 的编程单元基于静态存储器(SRAM)结构,因此它具有无限次重复编程的能力。FPGA 是在 PAL、GAL、EPLD 等可编程器件的基础上进一步发展的产物。它是作为专用集成电路(ASIC)领域中的一种半定制电路而出现的,既解决了定制电路的不足,又克服了原有可编程器件门电路数有限的缺点。FPGA 的特点主要有以下几个方面。

(1) 采用 FPGA 设计 ASIC 电路,用户不需要投片生产,就能得到合用的芯片。

(2) FPGA 可做其他全定制或半定制 ASIC 电路中的试制样片。

(3) FPGA 内部有丰富的触发器和 I/O 引脚。

(4) FPGA 是 ASIC 电路中设计周期最短、开发费用最低、风险最小的器件之一。

(5) FPGA 采用高速 CHMOS 工艺,功耗低,可以与 CMOS、TTL 电平兼容。

由于 FPGA 器件是唯一能支持超大规模设计的可编程逻辑器件,因此,FPGA 芯片是小批量系统提高系统集成度、可靠性的最佳选择之一。FPGA 芯片在出厂之前都做过严格的测试,而且 FPGA 设计灵活,发现错误可直接更改设计,减少了投片风险,节省了许多潜在的花费。所以不但许多复杂系统使用 FPGA 完成,甚至设计 ASIC 时也要把实现 FPGA 功能样机作为必需的步骤。

2.4.3 CPLD 与 FPGA 的比较

CPLD/FPGA 既继承了 ASIC 大规模、高集成度、高可靠性的优点,又克服了 ASIC 设计周期长、投资大、灵活性差的缺点,逐步成为复杂数字硬件电路设计的首选器件之一。下面从几方面对 CPLD 和 FPGA 进行比较。

(1) 在结构工艺方面,FPGA 器件多为查找表(LUT)加寄存器结构,实现工艺多为 SRAM 型。CPLD 器件以乘积项结构方式构成逻辑行为的器件,实现工艺多为 E^2PROM 和 FLASH 编程。FPGA 适合于触发器丰富的结构,有利于时序逻辑电路的实现;而 CPLD 更适合于触发器有限而乘积项丰富的结构,CPLD 多用于实现组合逻辑电路。

(2) 在规模和逻辑复杂度方面，FPGA 可以达到比 CPLD 更高的集成度，同时也具有更复杂的布线结构和逻辑实现。自从 Xilinx 公司于 1985 年推出第一片 FPGA 以来，FPGA 的集成密度和性能提高很快，其集成密度高达千万门/片以上，系统性能可达到 250MHz 以上。新型 FPGA 可以嵌入 CPU 或 DSP 内核及其他 IP 核，支持软硬件协同设计，可以作为可编程片上系统(SOPC)的硬件平台。

(3) 在编程和配置方面，CPLD 和 FPGA 都可以反复地编程、擦除。在不改变外围电路的情况下，实现对芯片内逻辑的不同电路功能。目前的 CPLD 主要是基于 E^2PROM 或 FLASH 存储器编程，编程次数达 1 万次。CPLD 优点是在系统断电后，编程信息不丢失。FPGA 大部分是基于 SRAM 编程，其缺点是编程数据信息在系统断电后丢失，每次上电时，需从器件的外部存储器或计算机中将编程数据写入 SRAM 中。FPGA 优点是可进行任意次数的编程，并可在工作中快速编程，实现板级和系统级的动态配置，因此可称为在线重配置(In Circuit Reconfigurable，ICR)的 PLD 或可重配置硬件(Reconfigurable Hardware Product，RHP)。

(4) 在速度和延时方面，CPLD 速度优于 FPGA。由于 FPGA 是门级编程，可编程逻辑模块 CLB 之间采用分布式互连，布线灵活；而 CPLD 是逻辑块级编程，并且其逻辑块互连是集总式的，布线池结构固定。因此，CPLD 总线上任意一对输入/输出端之间的延时是固定的，产品可以标明引脚到引脚的最大延迟时间。而 FPGA 的输入/输出端的延迟时间是不确定的，实现同一个功能电路可能有不同的方案，其延时是不等的，一般情况下比 CPLD 的延时大。

(5) 在功率消耗方面，一般情况下 CPLD 功耗要比 FPGA 大，并且集成度越高越明显。

(6) 在使用和保密性方面，CPLD 的编程工艺采用 E^2PROM 或 FLASH 技术，无需外部存储器芯片，使用简单，保密性好。而基于 SRAM 编程的 FPGA，其编程信息需存放在外部存储器上，需外部存储器芯片，并且使用方法相对较复杂，保密性差。但是目前一些 FPGA 采用 FLASH 加 SRAM 工艺，在内部嵌入了加载 Flash，提供更高的保密性。

尽管 FPGA 与 CPLD 在结构上有一定的差异，但是对于用户而言，FPGA 和 CPLD 的设计流程相似，使用 EDA 开发工具的设计方法基本相同。

2.5 CPLD/FPGA 主流器件介绍

随着可编程逻辑器件应用的日益广泛，许多 IC 制造厂家涉足 PLD/FPGA 领域。目前世界上有十几家生产 CPLD/FPGA 的公司，最大的三家是 Altera、Xilinx、Lattice，其中 Altera 和 Xilinx 占有了全球 CPLD/FPGA 产品 60%以上的市场份额。通常来说，在欧洲和美国用 Xilinx 的多，在日本和亚太地区用 Altera 的多。可以讲，Altera 和 Xilinx 共同决定了 PLD 技术的发展方向。

2.5.1 Altera 的 CPLD 系列

Altera 公司从 1993 开始推出的 Altera MAX CPLD 系列产品已有五个类型，见表 2-4。

前面已经对 MAX7000S CPLD 系列进行了介绍，MAX3000A CPLD 系列与 MAX7000S 结构相似，它采用先进的 0.30μm CMOS 工艺制造，其密度范围在 32～512 个宏单元之间，支持在系统编程(ISP)，很容易在现场重新配置。

表 2-4　Altera MAX CPLD 系列

	MAX 7000	MAX 3000A	MAXⅡ	MAXⅡZ	MAXⅤ
推出年份	1995	2002	2004	2007	2010
工艺技术/μm	0.5	0.30	0.18	0.18	0.18
关键特性	5.0-Ⅴ I/O	低成本	I/O 数量	零功耗	低成本，低功耗

　　MAX Ⅴ CPLD 是 CPLD 的最新系列，也是市场上最有价值的器件，具有独特的非易失体系结构，并且是业界密度最大的 CPLD。MAXⅤ器件提供可靠的新特性，与竞争 CPLD 相比，进一步降低了总功耗。该系列非常适合各类市场领域中的通用和便携式设计，包括固网、无线、工业、消费类、计算机和存储、汽车，以及广播和军事等。

　　MAX Ⅱ CPLD 系列基于突破创新的体系结构，在任何 CPLD 系统中，其单位 I/O 引脚功耗和成本都是最低的。MAX Ⅱ CPLD 是瞬时接通、非易失器件，面向低密度通用逻辑和便携式应用，如蜂窝手机设计等。除了能够实现成本最低的传统 CPLD 设计之外，MAX Ⅱ CPLD 还进一步降低了高密度设计的功耗和成本，支持用户使用 MAX Ⅱ CPLD 来替代高功耗、高成本 ASSP 或者标准逻辑 CPLD。MAX ⅡZ CPLD 具有零功耗特性，与低成本 MAX Ⅱ CPLD 系列有相同的非易失结构、瞬时接通优势，可实现多种功能。下面主要介绍 Altera 的 MAX Ⅱ CPLD 系列器件的特性。

　　Altera 的 MAX Ⅱ系列器件是采用 0.18μm FALSH 工艺的 FPGA 结构，配置芯片集成在内部，和普通 PLD 一样上电即可工作。容量比上一代大大增加，内部集成一片 8Kb 串行 E²PROM，增加很多功能。MAX Ⅱ采用 2.5V 或者 3.3V 内核电压，MAX ⅡG 系列采用 1.8V 内核电压。随着 MAX ⅡZ 的推出，有三种型号产品都使用了同样的体系结构：MAX Ⅱ、MAX ⅡG 和 MAX ⅡZ。MAX Ⅱ系列 CPLD 的主要器件特性见表 2-5。

表 2-5　MAXⅡ系列 CPLD 的器件芯片特性

特　　性	EPM240/G	EPM570/G	EPM1270/G	EPM2210/G
逻辑单元	240	570	1270	2210
典型的等效宏单元数	192	440	980	1700
等效宏单元范围	128～240	240～570	570～1270	1270～2210
用户可用的 Flash 比特数	8192	8192	8192	8192
速度等级	3、4、5	3、4、5	3、4、5	3、4、5
最大用户数(I/O)	80	160	212	272
t_{PD}/ns	4.7	5.4	6.0	6.6
f_{CNT}/MHz	304	304	304	304
t_{SU}/ns	1.7	1.2	1.2	1.2
t_{CO}/ns	4.3	4.5	4.6	4.6

　　MAX Ⅱ器件的突破性新型 CPLD 架构，重新定义了 CPLD 的价值定位。传统意义上，CPLD 由基于宏单元的逻辑阵列块(LAB)和特定的全局布线矩阵组成。对于基于宏单元的构架，随着逻辑密度的增加，布线区域呈指数性增长，因此当密度大于 512 个宏单元时，

该架构不具有高效的可升级性。在高密度应用环境下，基于查找表(LUT)的 LAB 和行、列布线模式具有更高的裸片尺寸/成本效率。

MAX Ⅱ CPLD 架构包括基于 LUT 的 LAB 阵列、非易失性 FLASH 存储器块和 JTAG 控制电路。通过采用低功耗处理技术，MAX Ⅱ 器件和前一代 MAX 器件相比，成本减半，功耗只有十分之一，1.8V 内核电压降低了功耗，提高了可靠性。支持高达 300MHz 的内部时钟频率，并且芯片的 I/O 支持与 1.5V、1.8V、2.5V 及 3.3V 逻辑电平器件的接口。这种上电即用、非易失性的器件系列适用于通用的低密度逻辑应用环境。除了给予传统 CPLD 设计最低的成本，MAX Ⅱ 器件还将成本和功耗优势引入了高密度领域，使设计者可以采用 MAX Ⅱ 器件替代高成本或高功耗的 ASSP 和标准逻辑器件。

2.5.2 Xilinx 的 CPLD 系列

Xilinx 的 CPLD 系列器件包括 XC9500 系列器件和 CoolRunner Ⅱ 系列器件。Xilinx 的 CPLD 器件可使用 Foundation 或 ISE 开发软件进行开发设计，也可使用专门针对 CPLD 器件的 Webpack 开发软件进行设计。

1. XC9500 器件系列

XC9500 系列 CPLD 器件的 t_{PD} 最快达 3.5ns，宏单元数达 288 个，可用门数达 6400 个，系统时钟可达 200MHz。XC9500 系列器件采用快闪存储技术，与 E^2CMOS 工艺相比，功耗明显降低，其主要性能指标见表 2-6。

XC9500 系列产品均符合 PCI 总线规范；含 JTAG 测试接口电路，具有可测试性；具有在系统可编程。XC9500 系列器件分 XC9500 5V 器件、XC9500XL 3.3V 器件和 XC9500XV 2.5V 器件三种类型，XC9500 系列可提供从最简单的 PAL 综合设计到最先进的实时硬件现场升级的全套解决方案。

表 2-6 XC9500 器件的主要特性

特　　性	XC9536	XC9572	XC95108	XC95144	XC95216	XC95288
宏单元数/个	36	72	108	144	216	288
可用门数/门	800	1600	2400	3200	4800	6400
寄存器/个	36	72	108	144	216	288
t_{PD}/ns	5	7.5	7.5	7.5	10	15
t_{SU}/ns	3.5	4.5	4.5	4.5	6.0	8.0
t_{CO}/ns	4.0	4.5	4.5	4.5	6.0	8.0
t_{SYS}/MHz	100	125	125	125	111.1	92.2

2. CoolRunner Ⅱ 器件系列

CoolRunner Ⅱ 是 Xilinx 公司的高端 CPLD 产品，它是建立在 Xilinx 的 XC9500CoolRunner XPLA3 系列产品基础之上的新一代 CPLD，它结合了 XC9500 系列高速度和方便易用的特点，以及 XPLA3 系列的超低功耗特点。CoolRunner Ⅱ 作为第一款提供 100%数字核的 CPLD 系列，CoolRunner Ⅱ 系列的设计目标就是为了满足当今网络、电信和便携式系统设计人员不断增长的需求，允许将分立的功能集成到单片可重新编程器件中，形成低成本、高可靠、快速上市和更加小的设计。CoolRunner Ⅱ 系列的主要特征见表 2-7，CoolRunner Ⅱ 系列的特点如下。

(1) 采用 0.18μm 工艺制造，核心工作电压为 1.8V，I/O 电压为 1.5V、1.8V、2.5V 和 3.3V；

(2) 密度范围从 32～512 个宏单元，其性能高达 300MHz；

(3) 引脚与引脚延时仅为 3.5ns，静态电流小于 100μA；

(4) 单个器件上同时具有高性能和超低功耗。

表 2-7　CoolRunner Ⅱ CPLD 系列器件参数

特　　性	XC2C32	XC2C64	XC2C128	XC2C256	XC2C384	XC2C512
宏单元数/个	32	64	128	256	384	512
最大 I/O 引脚	33	64	100	184	240	270
寄存器/个	3.5	4.0	4.5	5.0	5.5	6.0
t_{PD}ns	1.7	2.0	2.1	2.2	2.3	2.4
t_{SU}/ns	2.8	3.0	3.4	3.8	4.2	4.6
t_{CO}/ns	333	270	263	238	217	217
t_{SYS}/MHz	32	64	128	256	384	512

2.5.3　Altera 的 FPGA 系列

Altera 公司从 1993 年已推出较多 FPGA 器件，如 FLEX 系列、APEX 系列和 ACEX 系列等。目前，Altera 主要推出的 FPGA 器件有三大系列：Cyclone 系列(低成本 FPGA)、Arria 系列(中端 FPGA)和 Stratix 系列(高性能和大容量 FPGA)。

1. Stratix Ⅴ 系列器件

Altera 从 2002 年推出第一代 Stratix 系列器件，到现在已推出五代 Stratix Ⅴ 系列器件。随着集成电路的发展，其工艺从第一代的 130nm 到第五代的 28nm，集成度和性能不断提高。

Stratix Ⅴ 采用各种创新技术和前沿 28nm 工艺，实现了业界最大带宽和最高系统集成度，以突出的性能迅速占领了高端 FPGA 市场。它提供 110 万逻辑单元(LE)、53Mb 嵌入式存储器、3680 个 18×18 乘法器，以及工作在业界最高速率 28Gb/s 的集成收发器。器件还采用了业界最高级的专用硬核知识产权(IP)，提高了系统集成度和性能，满足了无线/固网通信、军事、广播、计算机和存储、测试及医疗市场的多种应用需求，该系列包括四种型号产品，表 2-8 所列为该系列器件的主要性能特点。这些型号产品包括：

表 2-8　Stratix Ⅴ 系列器件性能特点

特　　性	Stratix Ⅴ E	Stratix Ⅴ GS	Stratix Ⅴ GX	Stratix Ⅴ GT
高性能自适应逻辑模块(ALM)	359200	262400	359200	234720
精度可调 DSP 模块(18×18)	704	3926	798	512
M20K 存储器模块	2640	2567	2660	2560
外部存储器接口	√	√	√	√
部分重新配置	√	√	√	√

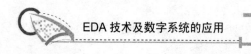

续表

特　　　性	Stratix Ⅴ E	Stratix Ⅴ GS	Stratix Ⅴ GX	Stratix Ⅴ GT
PLL	√	√	√	√
设计安全性	√	√	√	√
减小 SEU	√	√	√	√
PCIe Gen 3, Gen2, Gen1 硬核 IP 模块	—	达到 2	达到 4	1
嵌入式 HardCopy 模块和硬核 IP		√	√	√
收发器	—	14.1Gbps/48	14.1Gbps/66	28.05Gbps/4 12.5Gbps/32

(1) Stratix Ⅴ GT FPGA：业界唯一面向 100G 以上系统，集成 28Gb/s 收发器的 FPGA。

(2) Stratix Ⅴ GX FPGA：支持多种应用的 600Mb/s 至 12.5Gb/s 收发器。

(3) Stratix Ⅴ GS FPGA：600Mb/s 至 12.5Gb/s 收发器，适用于高性能数字信号处理(DSP)应用。

(4) Stratix Ⅴ E FPGA：适用于 ASIC 原型开发和仿真及高性能计算应用的高密度 FPGA。

2. Cyclone Ⅱ 器件系列

Cyclone 器件从 2003 年推出第一代 Cyclone 系列器件、到现在已推出五代 Cyclone Ⅴ 系列器件。同样其工艺从第一代的 130nm 到第五代的 28nm，集成度和性能不断提高。开发 Cyclone FPGA 系列是为了满足对低功耗、低成本设计的需求。Cyclone FPGA 综合考虑了逻辑、存储器、锁相环(PLL)和高级 I/O 接口，Cyclone FPGA 具有以下几个特点。

(1) 新的可编程体系结构，实现低成本设计。

(2) 嵌入式存储器资源支持多种存储器应用和数字信号处理(DSP)实现。

(3) 专用外部存储器接口电路，支持与 DDR FCRAM 和 SDRAM 器件及 SDR SDRAM 存储器的连接。

(4) 支持串行总线和网络接口及多种通信协议。

(5) 片内和片外系统时序管理使用嵌入式 PLL。

(6) 支持单端 I/O 标准和差分 I/O 技术，LVDS 信号数据速率高达 640Mb/s。

(7) 处理功耗支持 Nios Ⅱ 系列嵌入式处理器。

(8) 采用新的串行配置器件的低成本配置方案。

目前应用较为广泛的 Cyclone Ⅱ FPGA 采用全铜层、1.2V SRAM 工艺设计，裸片尺寸被尽可能小的优化。采用 300mm 晶圆，以 90nm 工艺技术为基础，Cyclone Ⅱ 器件提供了 4608 到 68416 个逻辑单元(LE)，并具有一整套最佳功能，包括嵌入式 18×18 比特乘法器、专用外部存储器接口电路、4kb 嵌入式存储器块、锁相环(PLL)和高速差分 I/O 能力。为成本敏感的大批量应用提供用户定制特性，如多种密度、存储器、嵌入式乘法器和封装选择(TQFP 为薄四方扁平封装，PQFP 为塑封四方扁平封装，BGA 为球栅阵列封装)，这些都对诸如视频显示、数字电视(DTV)、机顶盒(STB)、DVD 播放器、DSL 调制解调器、家用网关和中低端路由器等批量应用进行了优化。Cyclone Ⅱ 的成本比第一代 Cyclone 器件低 30%，逻辑容量大了三倍多，Cyclone Ⅱ 器件的特性见表 2-9。

表 2-9　Cyclone Ⅱ 的特性

特　　性	EP2C5	EP2C8	EP2C15	EP2C20	EP2C35	EP2C50	EP2C70
逻辑单元/个	4608	8256	14448	18752	33216	50528	68416
M4K RAM	26	36	52	52	105	129	250
PLL	2	2	4	4	4	4	4
18×18嵌入式乘法器	13	18	26	26	35	86	150
用户 I/O (MAX)	158	182	315	315	475	450	622
差分通道	58	77	132	132	205	193	262

2.5.4　Xilinx 的 FPGA 系列

Xilinx 的 FPGA 产品主要分为两大类：一种侧重低成本应用，容量中等，性能可以满足一般的逻辑设计要求，如 Spartan 系列；还有一种侧重于高性能应用，容量大，性能能满足各类高端应用，如 Virtex 系列，可以根据实际应用要求进行选择。

1. Spartan 系列

Spartan 系列主要用于普通的工业、商业等领域，目前主流的芯片包括：Spartan-2、Spartan-2E、Spartan-3、Spartan-3A 及 Spartan-3E 等种类。其中 Spartan-2 最高可达 20 万系统门、Spartan-2E 最高可达 60 万系统门，Spartan-3E 最高可达 500 万系统门。Spartan-2、Spartan-3E 系列见表 2-10 和表 2-11。

表 2-10　Spartan-2 系列的主要特性

特　　性	XC2S15	XC2S30	XC2S50	XC2S100	XC2S150	XC2S200
逻辑单元/个	432	972	1728	2700	3888	5292
系统门数	15000	30000	50000	100000	150000	200000
总 CLBs	8×12	12×18	16×24	20×30	24×36	28×42
最大 I/O 引脚	86	92	176	176	260	284
总分布式 RAM/bits	6144	13824	24576	38400	55296	75264
总 Block RAM/bits	16K	24K	32K	40K	48K	56K

表 2-11　Spartan-3E 系列的主要特性

特　　性	XC2S15	XC2S30	XC2S50	XC2S100	XC2S150
逻辑单元/个	2160	5508	10476	19512	33192
系统门数	100 000	250 000	500 000	1200 000	1600 000
总 CLBs	240	612	1164	2168	3688

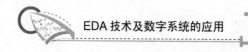

续表

特　性	XC2S15	XC2S30	XC2S50	XC2S100	XC2S150
最大 I/O 引脚	108	172	232	304	376
总分布式 RAM/Kb	15	38	73	136	231
总 Block RAM/Kb	72	216	360	504	648

2．Virtex 系列

　　Virtex 系列是 Xilinx 的高端产品，也是业界的顶级产品。Virtex 系列主要面向电信基础设施、汽车工业、高端电子消费等应用。目前的主流芯片包括：Virtex_2、Virtex_2Pro、Virtex_4、Virtex_5、Virtex_6 和 Virtex_7 等种类。

　　使用 Xilinx 的创新性堆叠硅片互联(SSI)技术可以将多个芯片整合为单个芯片，同时与多芯片方法相比，其每瓦特的晶片间带宽增加了 100 倍。SSI 技术利用无源(无晶体管)65nm 硅中介层上的与大节距硅通孔(TSV)技术整合在一起的业经验证的微凸块技术，在单个 FPGA 器件上提供了高可靠性的互连，同时性能没有丝毫降低。这一突破性技术为需要高逻辑密度和巨大计算性能的应用提供了更紧密的高级系统集成。

　　Virtex_7 是 Xilinx 公司最新推出的产品，采用高性能、低功耗(HPL)28nm 工艺制造而成，使用 Xilinx 的创新性堆叠硅片互联(SSI)技术可以将多个芯片整合为单个芯片，同时与多芯片方法相比，其每瓦特的晶片间带宽增加了 100 倍。均采用 EasyPath_7 器件，无需任何设计转换就能确保将成本降低 35%。Virtex_7 器件支持 400G 桥接和交换结构有线通信系统，这是全球有线基础设施的核心，也支持高级雷达系统和高性能计算机系统，能够满足单芯片 TeraMACC 信号处理能力的要求及新一代测试测量设备的逻辑密度、性能和 I/O 带宽要求。Virtex_7 系列的主要特性见表 2-12。

表 2-12　Virtex_7 系列的主要特性

性　能	Virtex_7 T	Virtex_7 XT	Virtex_7 HT
逻辑单元/个	1955K	1139K	864K
收发器峰值速度/(Gb/s)	12.5(GTX)	13.1(GTH)	28.05(GTZ)
收发器	36	96	88
峰值双向串行带宽/(Tb/s)	0.900	2.515	2.784
DSP 吞吐量(对称滤波器)/GMACS	2756	5314	5053
Block RAM/Mb	46.5	85.0	64.4
PCI Express 接口	Gen 2×8	Gen 3×8	Gen 3×8
最大 I/O 引脚	1200	1100	700

2.6　编程与配置

数字电路系统设计由于 CPLD/FPGA 的引入发生了巨大变化。人们在逻辑设计时可以在未设计具体电路时，就把 CPLD/FPGA 焊接在印制电路板上，然后在设计调试时随心所欲地更改整个电路的逻辑功能，而不必改变电路板的结构。这一切都依赖于 CPLD/FPGA 的在系统下载或重新配置功能。

在完成 CPLD/FPGA 开发以后，开发软件会生成一个最终的编程文件，不同类型的 CPLD/FPGA 使用不同的方法将编程文件加载到器件芯片中。通常，对 CPLD 下载的方式称为编程(Program)，对 FPGA 中的 SRAM 进行直接下载的方式称为配置(Configure)，但对于反熔丝结构和 Flash 结构的 FPGA 的下载和对 FPGA 的专用配置 ROM 的下载仍称为编程。

CPLD 编程和 FPGA 配置可以使用专用的编程设备，也可以使用下载电缆。例如，Altera 的 ByteBlasterMV、ByteBlasterⅡ并行下载电缆，电缆一端连接 PC 的并行打印口(或者 USB 接口的 USB Blaster)，另一端连接需要编程或配置的目标器件 PCB 板。ByteBlaster 编程电缆的内部由一片 74LS244 和一些电阻构成，实现 25 针并行接口与 10 针接口的连接，其电路原理图如图 2.13 所示。ByteBlasterMV(或 ByteBlasterⅡ、USB Blaster)下载电缆与 Altera 器件的接口一般是 10 针的接口，10 针接口信号的引脚定义见表 2-13。

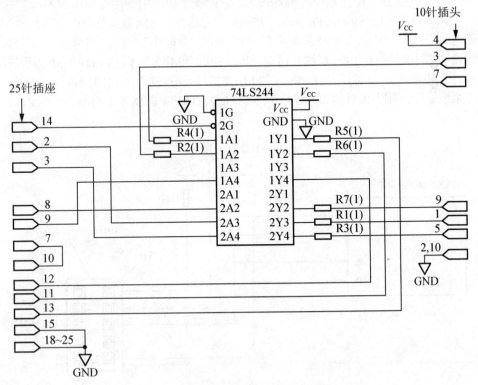

图 2.13　ByteBlaster 编程电缆内部的电路原理图

表 2-13　下载电缆 10 针接口的引脚定义

引　　脚	JATG 模式		PS 模式	
	信号名	功　　能	信号名	功　　能
1	TCK	时钟	DCK	时钟
2	GND	地	GND	地
3	TDO	数据(输出)	CONF_DONE	配置控制
4	VCC	电源	VCC	电源
5	TMS	编程使能	nCONFIG	配置控制
6	—	NC		NC
7	—	NC	nSTATUS	配置状态指示
8	—	NC		NC
9	TDI	数据(输入)	DATA0	数据
10	GND	地	GND	地

2.6.1　JTAG 方式的 CPLD 编程

JTAG 接口本来是用作边界扫描测试(BST)的，把它用作编程接口则可以省去专用的编程接口，减少系统的引出线。由于 JTAG 是工业标准的 IEEE 1149.1 边界扫描测试的访问接口，用作编程接口有利于各可编程逻辑器件编程接口的统一。由此，便产生了 IEEE 编程标准 IEEE 1532，对 JTAG 编程方式进行标准化。JTAG 编程方式对 CPLD 和 FPGA 器件都支持。

大多数 CPLD 都支持在系统可编程技术，它改变了传统的使用专用编程器编程的诸多不便。在系统可编程(In System Program，ISP)是指对器件、电路板或整个电子系统的逻辑功能可随时进行修改或重构。ISP 技术体现了一种全新的"软硬件"的概念，使硬件设计可以变得像软件设计那样灵活而易于修改。图 2.14 是 Altera 的单个 MAX 系列 CPLD 的 ISP 编程连接图。图 2.14 中的电阻为上拉电阻，由于 Altera 的 MAX 器件采用 IEEE 1149.1 JTAG 接口方式对器件进行在系统编程，所以 10 针接口连线是 TCK、TDO、TMS 和 TDI 4 条 JTAG 信号线。

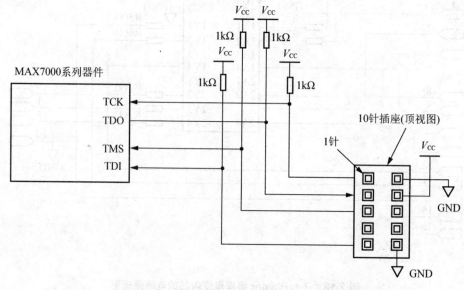

图 2.14　单个 MAX 系列 CPLD 的 ISP 编程连接图

对于多个支持 JTAG 接口 ISP 编程的 CPLD 器件，也可以使用 JTAG 链进行编程，并可以同时进行测试。如图 2.15 所示，就是用 JTAG 对多个 CPLD 器件进行在系统编程。

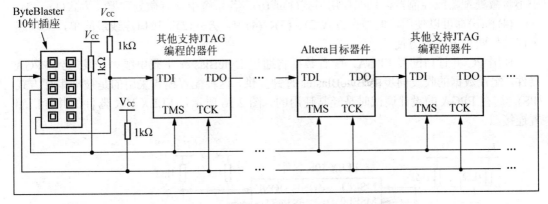

图 2.15　JTAG 对多个 CPLD 器件的在系统编程

2.6.2　PC 并行口的 FPGA 配置

FPGA 是由存放在片内 SRAM 中的数据来设置其工作状态的，由于是易失性器件，没有 ISP 概念，代之以在线可重配置(In Circuit Reconfiguration，ICR)的方式。因此，FPGA 工作时需要对片内的 SRAM 进行编程，在不掉电的情况下，这些重新配置的逻辑结构将会始终被保持，从而完成用户编程所要实现的功能。用户可以根据不同的配置模式，采用不同的编程方式。

Altera 的 FPGA 器件分为两类配置方式：主动配置方式和被动配置方式。数据宽度有 8 位并行方式和串行方式两种。在主动配置模式下，FPGA 在上电后，自动将配置数据从相应的外存储器读入 SRAM 中，实现内部结构映射；而被动配置方式是由外部计算机或微处理器对 FPGA 片内 SRAM 的配置过程。Altera 公司的 FPGA 可使用 6 种配置模式，这些模式通过 FPGA 的引脚 MSEL1 和 MSEL0 设定的电平来决定。

(1) 专用配置器件，如 EPC16、EPC8、EPC2、EPC1、EPC1441。

(2) 被动串行方式(PS)，使用微处理器的串行接口或 ByteBlaster 下载电缆。

(3) 被动并行同步方式(PPS)，使用微处理器的并行同步接口。

(4) 被动并行异步方式(PPA)，使用微处理器的并行异步接口。

(5) 边界扫描方式(JTAG)，使用 JTAG 下载电缆。

(6) AS(Active Serial)，此模式针对 EPCS 系列配置器件。

使用方式(1)时，需要首先使用下载电缆将计算机生成的 FPGA 配置文件烧入 EPC 配置器件中，然后由 EPC 配置器件控制配置时序对 FPGA 进行配置，一次烧写即可重复使用。使用方式(2)、(3)、(4)时，配置文件事先以二进制形式保存在系统 ROM 中，可以脱离计算机重复使用。若使用方式(2)，微处理器将配置数据以串行(比特流)方式送给 FPGA，在配置时钟驱动下完成配置。若使用方式(3)时，微处理器将配置数据以并行(字节)方式送给 FPGA，由 FPGA 在其内部将并行数据转换成串行数据，该串行化的过程需要外部配置时钟的驱动。在配置时钟速率相同的情况下，方式(2)、(3)所用的配置时间几乎相同，但方式(2)的接口要比方式(3)简单。若使用方式(4)时，微处理器仍将配置数据以并行方式送给 FPGA，在 FPGA 内部完成数据串行化；与方式(3)不同的是，该过程不需要外部配置时钟的驱动，但其接口更复杂，并且需要进行地址译码，增加了系统的复杂程度，一般很少采用。若使用方式(5)时，需要计算机的配合，无法在最终的实际系统中脱机使用。如果系统中不含微处理器或控制器，只能使用方式(1)或(6)；若系统中含有微处理器，方式(1)、(2)、(3)、(4)和(6)都可以使用，但是在方式(2)、(3)、(4)中，方式(2)的接口连线最简单，实现起来比其他两种方式都方便。

使用 PC 并行口配置 FPGA，配置数据将通过 ByteBlaster 下载电缆串行发送到 FPGA 器件，配置数据的收发同步由 ByteBlaster 时钟提供，这种配置模式采用的是被动串行方式(PS)。这在 FPGA 的设计调试时是经常使用的。图 2.16 所示是 FLEX 10K 器件的并行口配置连接图。

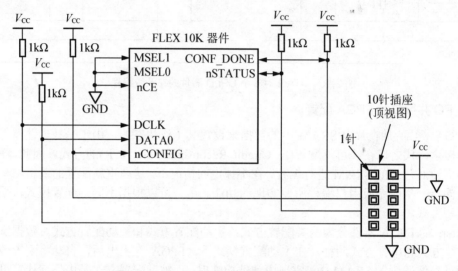

图 2.16　FLEX 10K 器件的并行口配置连接图

2.6.3　FPGA 专用配置器件

FPGA 可以采用多种配置方式，包括从使用计算机终端通过下载电缆直接下载配置数据的方式；利用电路板上的微处理器从存储器空间读取配置数据的配置方式；或者采用专用配置器件对 FPGA 进行自动配置。通过计算机并行口(或 USB 接口)对 FPGA 进行在系统重配置，虽然在调试和验证时非常方便，但是脱机(脱离 PC)使用时，自动加载配置对于 FPGA 应用是必需的。最通用的方法是使用专用配置器件。Altera 提供了一系列专用配置器件，主要有 EPC 和 EPCS 两种专用配置器件。在 EPC 配置器件中，一种是标准型配置器件包括 EPC2、EPC1、EPC1441、EPC1213、EPC1064 和 EPC1064V，为低密度的 FPGA 提供了低廉的解决方案。另一种是增强型配置器件包括 EPC4、EPC8 和 EPC16 器件，为大容量 FPGA 提供单器件一站式的解决方案。表 2-14 给出了常用的 EPC 器件的型号和规格。

表 2-14　Altera 的 EPC 配置器件

型　　号	容　　量	电压/V	常用封装
EPC1441(不可擦写)	430Kb	3.3/5	8 脚 PDIP 20 脚 PLCC 32 脚 TQFP

续表

型　　号	容　　量	电压/V	常用封装
EPC1(不可擦写)	1Mb	3.3/5	8 脚 PDIP 20 脚 PLCC
EPC2(可重复擦写)	1.6Mb	3.3/5	20 脚 PLCC 32 脚 TQFP
EPC4(可重复擦写)	4Mb	3.3	100 脚 PQFP
EPC8(可重复擦写)	8Mb	3.3	100 脚 PQFP
EPC16(可重复擦写)	16Mb	3.3	88 脚 BGA

注：PDIP 为塑料双列直插封装；PLCC 为塑料有引线片式载体封装；PQFP 为塑料四角形平面封装；TQFP 为纤薄四方扁平封装；BGA 为球栅阵列封装。

EPC 器件多采用 FLASH 存储工艺制作的具有可多次编程特性的配置器件，具有以下一些特点。

(1) 符合 IEEE 标准的 JTAG 接口，具有在系统编程能力。

(2) 与 FPGA 器件均用 5 针接口连接，配置连线简单。

(3) 提供了 3.3V/5V 多种接口电压和多种封装形式。

(4) 配置时电流很小，FPGA 工作时 EPC 器件为零静态电流，不消耗功率。

Altera 最新的增强配置器件 EPC16 具有 30Mb 的配置存储器，器件上 16Mb 的 Flash 芯片，加上数据压缩/解压方案，使配置存储量翻倍成为可能。

图 2.17 所示为 EPC 器件配置 APEX 20K 和 FLEX 10K 器件的电路连接图。配置数据存放在 EPC 器件中，并按照其内部晶振产生的时钟频率将数据输出。配置器件的控制信号(如 nCS、OE 和 DCLK 等)直接与 FPGA 器件的控制信号相连。所有的器件不需要任何外部控制器就可以由配置器件进行配置。

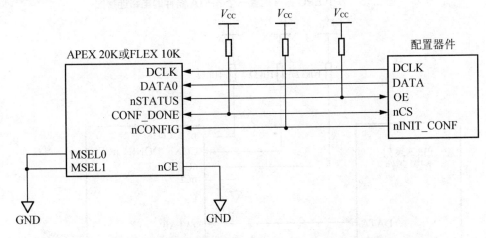

图 2.17　EPC 器件配置 APEX 20K 和 FLEX 10K 器件的电路连接图

当配置数据大于单个 EPC 器件的容量时，可以采用使用多个 EPC 器件进行级联的方式。图 2.18 为多个 EPC 器件对一个 FPGA 器件进行配置的电路连接图。在图中，EPC 器件的 nCASC 和 nCS 引脚提供各个器件间的握手信号。在系统加电或复位时，配置器件链中的主配置器件的 nCS 引脚置为低，主器件控制配置过程。在多配置器件过程中，主配置器件提供时钟脉冲，并首先对 FPGA 进行配置，在主配置器件完成配置后，nCASC 引脚

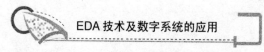

置低，同时第一个从配置器件的 nCS 引脚变为低电平，这样就选中了该器件，并开始向 FPFA 发送配置数据。

对于 Altera 的 Cyclone、Cyclone II 系列 FPGA 器件，还可以使用 EPCS 系列串行配置器件。它包括 EPCS1、EPCS4、EPCS16 和 EPCS64 四个产品，分别提供 1Mb、4Mb、16Mb 和 64Mb 的存储容量，具有在系统编程(ISP)能力和 FLASH 存储器访问接口，以及 8 或 16 引脚小外形封装等特点，增加了在低价格、小面积应用领域的使用机会。这种新型串行配置器件作为 Cyclone FPGA 器件在大容量低价格应用领域的完美补充，使得 FPGA 和配置器件相结合，提供一种尽可能最低价格的完整的可编程片上系统(SOPC)解决方案。对 Cyclone FPGA 器件进行配置时需要使用 AS(Active Serial)模式，图 2.19 是 EPCS 器件配置 Cyclone FPGA 器件的电路图。

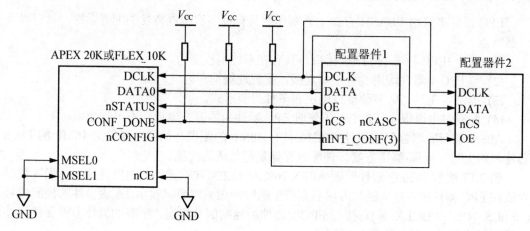

图 2.18　多个 EPC 器件配置一个 FPGA 器件的电路连接图

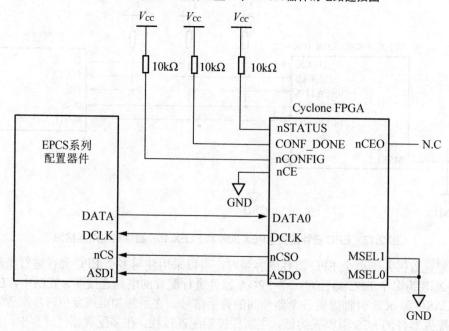

图 2.19　EPCS 器件配置 FPGA 器件的电路连接图

本 章 小 结

可编程逻辑器件的出现，给数字系统的设计方法带来革命性的变化。通过定义器件内部的逻辑和输入/输出引出端，将原来由电路的印刷线路板设计(PCB)完成的大部分工作放在芯片设计中进行。减轻了电路图设计和印刷线路板设计的工作量和难度，并且改变了传统的数字系统设计方法，增强了设计的灵活性，提高了工作效率。

对于 CPLD/FPGA，不同厂家的叫法不尽相同，Xilinx 把基于查找表技术、SRAM 工艺、要外挂配置用的 E^2PROM 的 PLD 称为 FPGA；把基于乘积项技术、FLASH(类似 E^2PROM 工艺)工艺的 PLD 称为 CPLD；Altera 把自己的 PLD 产品——MAX 系列(乘积项技术，E^2PROM 工艺)、MAX II 系列(查找表技术，FALSH 工艺)都称为 CPLD。Cyclone 和 Stratix 芯片是 SRAM 工艺、基于查找表技术，需要外挂配置用的 E^2PROM PLD，用法和 Xilinx 的 FPGA 一样。

随着微电子技术发展，可编程逻辑器件的集成度和性能不断提高，基于查找表技术、SRAM 工艺的大规模的 FPGA 是 PLD 产品发展的方向。多种 IP 硬核的嵌入，使可编程逻辑器件的应用领域越来越广泛，并成为代表当今电子产品设计变革的主流器件。

习 题

2-1 填空题

1. 可编程逻辑器件按集成密度大小可分为_____和_____两大类。

2. 高密度可编程逻辑器件包括_____、_____、_____三种。

3. 大规模可编程器件主要有 FPGA、CPLD 两类，_____是基于乘积项结构的可编程逻辑器件；基于 SRAM 的_____器件，在每次上电后必须进行一次配置。

4. 可编程逻辑器件中至少包含_____、_____、_____三种结构。

5. 现场可编程门阵列的英文简称是_____。复杂可编程逻辑器件的英文简称是_____。

6. 目前世界上主要的可编程逻辑器件公司有_____、_____、_____等。

7. 可编程元件采用了不同的编程技术，在编程工艺上主要有以下四种类型：_____、_____、_____、_____等。

8. 在 Altera 公司生产的器件中，MAX7000 系列属_____结构；EP2C35 系列属_____结构。

2-2 PAL 器件和 GAL 器件有何异同点？

2-3 说明 FPGA 中的 LUT 工作原理。

2-4 CPLD 与 FPGA 的区别有哪些？

2-5 CPLD/FPGA 的宏单元是如何定义的？一个宏单元对应多少门？

2-6 可编程逻辑器件的 AS、PS 及 JTAG 配置方式各有什么特点？

2-7 解释编程和配置这两个概念。

第**3**章

CPLD/FPGA 开发工具——Quartus Ⅱ

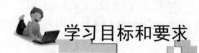 学习目标和要求

◇ 了解 QuartusⅡ软件的特点和功能；
◇ 了解 QuartusⅡ设计流程和工程建立；
◇ 掌握 QuartusⅡ软件菜单命令及图形设计方法
◇ 掌握 QuartusⅡ软件的功能仿真和时序仿真；
◇ 掌握 QuartusⅡ软件的宏功能模块的使用。

QuartusⅡ是 Altera 公司近几年推出的新一代、比 MAX+PLUSⅡ功能更强大的 CPLD/FPGA 开发工具。支持 Altera 公司更多的最新器件。本章以 QuartusⅡ9.0 版本为例，介绍 QuartusⅡ 开发工具的使用方法和应用。

3.1 QuartusⅡ概述

QuartusⅡ开发工具是一个完整的多平台设计环境，它可以轻松满足特定设计的需要，并 且提供了可编程片上系统(SOPC)设计的综合开发平台，是 SOPC 设计的基础。QuartusⅡ将 设计、综合、布局、仿真验证和编程下载及第三方 EDA 工具集成在一个无缝的环境中， 它可以进行系统级设计、嵌入式系统设计和可编程逻辑器件设计。

QuartusⅡ开发工具延续了 MAX+PLUSⅡ的优点，功能得到了较大提高。QuartusⅡ具 有工作群组的设计环境、EDA 整合、先进的编译综合特性和突破临界的验证环境，使设计 能完善、有效地支持百万逻辑门的设计和验证。目前，QuartusⅡ5.0 以上版本支持 Altera 公司更多的最新器件，如 ACEX1K、APEX20K、APEX20KC、APEX20KE、APEXⅡ、 Excalibur、Cyclone、CycloneⅡ、HardCopyⅡ、HardCopy Stratix、FLEX6000、FLEX 10K、 FLEX 10KA、FLEX 10KE、MAXⅡ、MAX3000A、MAX7000AE、MAX7000B、MAX7000S、 Mercury、Stratix、StratixⅡ、Stratix GX 等。

3.1.1 QuartusⅡ的特性

QuartusⅡ开发工具提供了完全集成且与电路结构无关的数字逻辑设计环境，以及

SOPC 设计的嵌入式系统开发平台。其主要特性如下。

(1) 可利用原理图、结构图、Verilog HDL、VHDL 和 AHDL 硬件描述语言完成逻辑电路的描述和编辑，以及芯片(电路)平面布局连线的编辑。

(2) 功能强大的逻辑综合工具，并提供了 RTL 查看器(原理图视图和层次结构列表)。

(3) 完备的电路功能仿真与时序逻辑仿真工具。

(4) 具有定时/时序分析与关键路径的延时分析。

(5) LogicLock 增量设计方法，在渐进式编译流程中，设计者可建立并优化设计系统，然后添加对原始系统性能影响较小或没有影响的后续模块。

(6) 可使用 SignalTap Ⅱ 逻辑分析工具进行嵌入式的逻辑分析。

(7) 支持软件源文件的添加、创建，将它们链接起来生成编程文件。

(8) 自动定位编译错误，提供高效的器件编程与验证工具。

(9) 引入了功率分析和优化套件 PowerPlay 技术，可详细估算静态和动态功率。

(10) 新的实施和时序分析功能：分析控制时钟斜移和数据斜移。

(11) SOPC Builder 多时钟域支持。

(12) RTL-to-Gates 形式验证。

Quartus Ⅱ 9.0 版本新增加的特性还包括以下几个方面。

(1) 新的 SSN 分析器工具：提示设计人员在引脚分配期间可能出现的同时开关噪声(SSN)违规，更迅速地实现电路板设计，提高信号完整性。

(2) 增强 SOPC Builder：SOPC Builder 的数据表发生器简化了硬件和软件工程师之间的信息传递，Quartus Ⅱ 软件进一步提高了效能优势。此外，SOPC Builder 增强了 GUI，大型系统显示更加清晰。

(3) 亚稳态分析：提供工具来自动识别可能出现的亚稳态电路问题，自动报告平均故障间隔时间(MTBF)，这些功能都集成在 TimeQuest 静态时序分析工具中。

(4) 增强引脚规划器：引脚规划器提供新的时钟网络查看功能，帮助设计人员更好地管理时钟资源。

(5) 提高效能和性能。

(6) 进一步提高了功能仿真支持：Altera 推出了 ModelSim Altera 入门版软件，这一功能仿真器针对 Altera 客户进一步增强了功能。

Quartus Ⅱ 开发工具将默认安装 SOPC Builder，自动添加、参数化和链接 IP 核，包括嵌入式处理器、协处理器、外设和用户自定义逻辑，为嵌入式系统开发提供方便。可以支持多种第三方的 EDA 工具，可以读入标准的 EDIF 网表文件、VHDL 网表文件、Verilog 网表文件，同时也能生成供第三方 EDA 软件使用的 VHDL 和 Verilog 网表文件。此外，设计者可以很方便地将不同类型的设计文件组合起来，以工程的形式进行管理。

3.1.2　Quartus Ⅱ 设计流程

Quartus Ⅱ 提供了完全集成且与电路结构无关的数字逻辑设计环境，拥有 CPLD/FPGA 各个开发阶段对应的开发工具。图 3.1 是 Quartus Ⅱ 设计流程，Quartus Ⅱ 开发工具为设计流程的每个阶段提供 Quartus Ⅱ 图形用户界面、EDA 工具界面及命令行界面。可以在整个流程中只使用这些界面中的一个，也可以在设计流程的不同阶段使用不同界面。

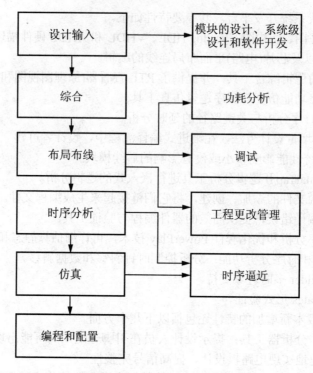

图 3.1　Quartus II 设计流程

1. 设计输入

Quartus II 提供了多种设计输入方法，来描述数字系统的硬件逻辑关系，比 MAX+PLUS II 更为出色。其设计输入方法如下。

(1) 文本编辑器能利用硬件描述语言完成设计文件的编写、修改和保存。

(2) 块与图形编辑器用于查看和编辑代表宏功能、宏功能模块、基本单元或设计文件的预定义符号，以及原理图的编辑。

(3) MegaWizard 插件管理器提供了许多 Altera 公司的宏功能模块，可以在设计文件中利用 MegaWizard 插件管理器将功能强大的宏功能模块插入设计中。

(4) 约束编辑器可为设计指定初始约束条件，如引脚分配、器件选项、逻辑选项和时序等约束条件。

(5) 布局图工具可以查看上一次编译后执行的资源分配和布线结果。

设计者主要使用前面三种设计输入工具，约束编辑器只在特定环境下才会用到，而布局图工具是提供接近物理器件内部布线编程的工具，使用较少。

2. 综合

综合是将 HDL 语言、原理图等设计输入翻译成由与、或、非门、RAM、触发器等基本逻辑单元组成的逻辑链接(网表)，并根据目标和要求优化所生成的逻辑链接，输出.edf 或.vqm 等标准格式的网表文件，供布局布线器实现。Quartus II 提供了如下综合工具。

(1) 分析和综合器，该工具调用 Quartus II 的内置综合器，支持最新版本的 Verilog 和 VHDL 语言，并最终生成 EDIF 网表文件(.edf)和 VQM 文件(.vqm)。

(2) Quartus Ⅱ在设计综合期间提供了辅助工具，用于检查设计的可靠性。

(3) RTL 查看器为设计者提供了整体设计的门级原理图和层次结构列表，并列出了整体设计的网表实例、基本单元、引脚和网络，使设计者快速地定位错误，检查设计模块在功能上的正确性。

3．布局布线

布局布线是将设计综合后的网表文件映射到实体器的过程。该过程包括：将设计工程的逻辑和时序要求与器件的可用资源相匹配；将每个逻辑功能分配给最好的逻辑单元位置，进行布线和时序分析；选择相应的互连路径和引脚分配。Quartus Ⅱ提供了如下布局布线工具。

(1) 适配(Fitter)工具，如果设计者利用约束编辑器指定了约束条件，那么 Fitter 工具试图将设计约束与器件上的资源相匹配，并努力满足约束条件，然后试图优化设计中的其余逻辑。如果没有指定约束条件，那么 Fitter 工具将自动优化设计。

(2) 约束编辑器和布局图工具。

(3) 芯片编辑器可以显示芯片内部完整的布线信息，显示每个器件资源之间的所有可能使用的布线路径。

(4) 增量布局连线工具可避免运行全编译。Quartus Ⅱ增量布局连线工具将尽量保留以前编译的布局连线结果，以较快速度完成对设计做了修改的部分的布局布线。

(5) 反标保留分配设置是通过反标给任何器件资源的分配来保留上次编译的资源分配。可以在工程中反标所有资源分配，也可以反标 LogicLock 区域的大小和位置。

4．时序分析

Quartus Ⅱ的时序分析(Timing Analyzer)可用于分析设计中的所有逻辑，并有助于指导 Fitter 达到设计中的时序要求。默认情况下，时序分析作为完整编译的一部分自动运行，分析、报告时序信息。时序分析的结果包括建立时间(t_{SU})、保持时间(t_H)、时钟至输出延时和最小时钟至输出延时(t_{CO})、引脚至引脚延时和最小引脚至引脚延时(t_{PD})、最大时钟频率(f_{MAX})，以及设计的其他时序特性。当提供时序约束或者默认设置有效时，时序分析报告迟滞时间。可以使用时序分析生成的信息分析、调试和验证设计的时序性能。还可以使用快速时序模型，验证最佳情况(最快速率等级的最小延时)条件下的时序。时序分析结果的具体含义见表 3-1。

表 3-1　时序分析结果(参数)的具体含义

分析参数	说　　明
f_{MAX}(最大频率)	在不违反内部建立时间(t_{SU})和保持时间(t_H)要求时，可以达到的最大时钟频率
t_{SU}(时钟建立时间)	触发寄存器的时钟信号在时钟引脚置位之前，经由数据输入或使能端输入进入寄存器的数据必须在输入引脚处出现的时间长度
t_H(时钟保持时间)	触发寄存器的时钟信号在时钟引脚置位之后，经由数据输入或使能端输入而进入寄存器的数据必须在输入引脚处保持的时间长度
t_{CO}(时钟至输出延时)	时钟信号在触发寄存器的输入引脚上发生跳变之后，寄存器馈送信号输出引脚出现有效输出所需的时间
t_{PD}(引脚至引脚延时)	输入引脚上的信号通过组合逻辑进行传输并出现在外部输出引脚上所需的时间

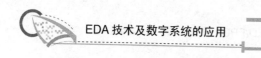

EDA 技术及数字系统的应用

续表

分析参数	说　明
t_{CO}(时钟至输出延时)	时钟信号在触发寄存器的输入引脚上发生跳变之后，寄存器馈送信号输出引脚出现有效输出所需的最短时间。这个时间总是代表外部引脚至引脚延时
t_{PD}(时钟至输出延时)	指定可接受的最小引脚至引脚延时，即输入引脚信号通过组合逻辑传输并出现在外部输出引脚上所需的时间

5. 仿真

Quartus II 提供了功能仿真和时序仿真两种仿真工具。设计者可以进行功能仿真以便测试设计的逻辑功能，也可以进行时序仿真以使在目标器件中测试设计的逻辑功能和最坏情况下的时序。在时序仿真过程中，Quartus II 可根据设计者提供的向量波形文件(.vwf)、向量表输出文件(.tbl)、向量文件(.vec)和仿真基准文件(.scf)格式的波形文件进行仿真，输出仿真波形。另外，Quartus II 还可以估计在时序仿真期间当前设计所消耗的功率。

6. 编程和配置

使用 Quartus II 软件成功编译工程之后，就可以对器件进行编程或配置。器件编程器使用编译过程中的 Assembler 工具生成的目标文件(.pof 或.sof)对器件进行编程，其编程模式有四种：被动串行(Passive Serial)模式、JTAG 模式、主动串行编程(Active Serial Programming)模式、插座内编程(In-Socket Programming)模式。

被动串行模式和 JTAG 编程模式可实现对单个或多个器件进行编程。主动串行编程模式可实现对单个 EPCS1 或 EPCS4 串行配置器件进行编程。插座内编程模式是对单个 CPLD 或配置器件进行编程。

3.1.3　Quartus II 的主界面

启动 Quartus II 软件后，其默认界面如图 3.2 所示，由标题栏、菜单栏、工具栏、工程管理窗、工程工作区、编译状态显示窗和信息显示窗等部分组成。

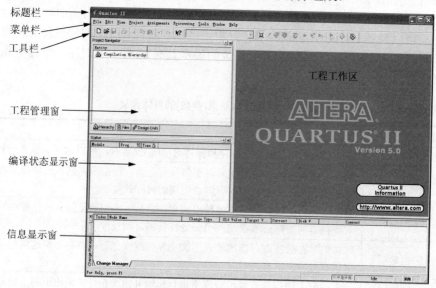

图 3.2　Quartus II 的主界面

1. 标题栏

标题栏显示当前工程的路径和设计的工程名称。

2. 菜单栏

菜单栏主要由 File(文件)、Edit(编辑)、View(视图)、Project(工程)、Assignments(资源分配)、Processing(操作)、Tools(工具)、Window(窗口)和 Help(帮助)等九个下拉菜单组成。其中工程、资源分配、操作和工具下拉菜单集中了 Quartus Ⅱ 软件的主要的操作命令。

(1) Project(工程)菜单主要是对工程的一些操作,其下拉菜单的各菜单项的操作说明见表 3-2。

表 3-2　Project 下拉菜单的各菜单项

Project 下拉菜单项	说　　明
Add/Remove Files in Project	在工程中添加或新建设计文件
Revisions	修订工程版本,可创建当前工程的新版本,或选择工程中的一个版本
Archive Project	为工程归档或备份
Generate Tcl file for Project	为工程生成 Tcl 脚本文件
Generate Power Estimation file	产生功率估计文件
HardCopy Ⅱ Utilities	与 HardCopy 和 HardCopy Ⅱ 器件相关的功能
Locate	定位功能
Set as Top-level Entity	把当前工作区打开的文件设置为顶层文件
Hierarchy	打开工作区显示的源文件的上一层或下一层的文件及顶层文件

(2) Assignments(资源分配)菜单主要是对工程的参数进行配置,如引脚分配、时序约束、参数设置等。其下拉菜单的各菜单项的操作说明见表 3-3。

表 3-3　Assignments 下拉菜单的各菜单项

Assignments 下拉菜单项	说　　明
Device	设置目标器件型号
Assign Pins	打开分配引脚对话框,分配 I/O 引脚
Timing Settings	打开时序约束对话框
EDA Tool Settings	设置 EDA 工具,如 Synplify 等
Settings	打开参数设置界面,可对该软件开发的每个步骤设置所需的参数
Timing Wizard	启动时序设置向导,时序设置包括最大频率、建立时间、保持时间、时钟至输出延时和引脚至引脚延时及最小时序要求。
Assignment Editor	分配编辑器,用于分配引脚、设定引脚电平标准和设定时序约束等
Remove Assignments	删除设定的分配
Demote Assignments	允许用户降级使用当前较不严格的约束,使编译器更高效地编译分配
Back-Annotate Assignments	在工程中反标引脚、逻辑单元、LogicLock 区域、节点、布线分配等
Import Assignments	给当前工程导入分配文件
Timing Closure Floorplan	启动时序收敛平面布局规划器
LogicLock Region Window	查看、创建和编辑 LogicLock 区域约束及导入/导出约束文件

(3) Processing(操作)菜单包含了对当前工程执行各种设计流程，如执行综合和适配、开始布局布线、时序分析和仿真等。

(4) Tools(工具)菜单用来调用 Quartus II 软件中集成的一些工具，如编译和仿真工具、RTL 查看器、Chip Editor(底层编辑器)、PowerPlay Power Analysis Tools(功耗分析)、SignalTap II 逻辑分析器、MegaWizard 插件管理器、SOPC Builder 等工具。

3. 工具栏

工具栏中包含了常用命令的快捷图标如图 3.3 所示，每种图标在菜单栏均能找到相应的命令菜单。设计者也可以根据需要将自己常用的功能定制为工具栏的图标，以方便在设计中快速灵活地进行操作。

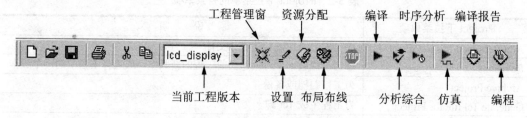

图 3.3 Quartus II 常用工具栏

4. 工程管理窗

工程管理窗用于显示当前工程中所有相关的资源文件。该窗口左下角有三个标签，分别是 Hierarchy(结构层次)、Files(文件)和 Design Units(设计单元)。

(1) Hierarchy 窗口在工程编译前只显示顶层模块名，在工程编译之后，此窗口按层次列出工程中所有的模块，并列出每个源文件所用资源的具体情况。

(2) Files 窗口显示工程编译后的所有文件，文件类型有设计器件文件(Design Device Files)、软件文件(Software Files)和其他文件。

(3) Design Units 窗口列出了工程编译后的所有单元，如 AHDL 单元、Verilog 单元、VHDL 单元等，一个设计器件文件对应生成一个设计单元，参数定义文件没有对应设计单元。

5. 工程工作区

在工程工作区中显示设计文件(原理图或文本)、器件设置、时序约束设置、底层编辑器和编译报告等，当 Quartus II 实现不同功能时，此区域将打开相应的操作窗口，显示不同的内容，进行不同的操作。

6. 编译状态显示窗

编译状态显示窗主要显示工程综合、布局布线过程及时间，并列出了工程模块综合和布局布线进度条，以及综合和布局布线所耗费的时间。

7. 信息显示窗

信息显示窗显示 Quartus II 软件进行综合、布局布线过程中的信息，如综合时调用源文件、库文件，及布局布线过程中的定时、警告和错误等。如果显示警告和错误，则会给出具体的引起警告和错误的原因，以方便设计者查找及修改错误。

8. Quartus II 软件支持的文件类型

在 CPLD/FPGA 设计和开发应用中，Quartus II 软件支持和产生如表 3-4 所示的文件类型。

表 3-4　Quartus II 软件支持的文件类型

文　件	类　型
工程文件	*.qpf，*.qsf，*.qws，*.qdf
设计文件	*.tdf，*.vhd，*.vhdl，*.v，*.vlg，*.vqm，*.vh，*.edf，*.edif，*.edn，*.gdf，*.bdf
软件文件	*.c，*.cpp，*.h，*.s，*.asm
其他源文件	*.inc，*.bsf，*.sym，*.vwf，*.vec，*.stp，*.mif，*.hex，*.lmf
图形文件	*.gdf，*.bdf，*.bsf，*.sym
波形/向量文件	*.vwf，*.vec，*.tbl
逻辑分析文件	*.stp
内存编辑文件	*.vht，*.vt
测试输出文件	*.mif，*.hex
编程下载文件	*.sof，*.pof，*.cdf，*.jam
脚本文件	*.tcl
HTML/文本格式报告文件	*.rpt，*.csf.rpt，*.ssf.rpt，*.htm，*.html，*.ccs.htm，*.ssf.htm
输出文件	*.vo，*.vho，*.tdo，*.sdo，*.tao，*.pin，*.csv

3.2　新建一个设计工程

一个设计工程(Project)的名称是一个系统设计的总称，它包含了所有的设计文件和设计过程中产生的所有辅助文件。Quartus II 是以工程形式来组织用户的设计文件和关联工程中的所有文件。Quartus II 软件中的工程包括实现成功设计所必需的所有设计文件、软件源文件和其他相关文件。还可以比较工程多个版本的设置和分配，更快、更有效地满足设计要求。

由于编译器、仿真器等是面向工程的，也就是说，编译器编译的是当前的工程名称。因此，要对某个文件进行编译，必须具有与该文件相同的工程名。一般最顶层文件名与工程名是相同的。在 Quartus II 中，新建一个设计工程有两种方式：一种是将原有的 MAX+PLUS II 设计(或工程)转换为 Quartus II 的设计工程；另一种是使用 "File\New Project Wizard(新建工程向导)" 命令来建立一个设计工程。表 3-5 列出了 Quartus II 中的工程和设置文件的说明。

表 3-5　Quartus II 中的工程和设置文件

文件类型	说　明
*.qpf	指定用来建立工程和与工程相关修订的 Quartus II 的软件版本
*.qsf	包括配置编辑、底层编辑、设置对话框、Tcl 脚本或者 Quartus II 可执行文件产生的所有修订范围内或者独立的分配。工程中每个修订版本有一个 QSF
*.qws	包含用户偏好和其他信息，如窗口位置、窗口中的打开文件及其位置
*.qdf	包括所有全局默认工程设置。QSF 中的设置将替代这些设置

一旦建立了工程，可以使用 Assignments 菜单打开 Settings 对话框，从工程中添加和删除设计文件及其他文件。在执行 Quartus II Analysis & Synthesis 期间，Quartus II 软件将按文件在 Files 页面中显示的顺序来处理文件。可以使用"Project\Copy Project"命令，将整个工程复制到新的目录下，包括工程设计数据库文件、设计文件、设置文件和报告文件，然后在新目录下打开该工程。如果不存在新目录，Quartus II 将建立该目录。

对于同一工程可以设置和修订多个版本，不同的工程版本为设计中的设计文件指定、保存、使用不同的设置和分配组。同一工程的多个版本并不影响工程的源设计文件。并且可以对设计的任何实体建立修订版本。在通过 Project 菜单打开的 Revisions(版本)对话框中可以查看当前工程的所有修订版本、为特定设计实体建立一个修订、删除修订，或者设置一个特殊修订作为当前修订工程版本，以便编译、仿真和进行时序分析。此功能可以为同一个设计实体建立不同的设置和分配，并将这些设置保存为不同的修订版本，以便比较。每一个修订版本都有相应的报告文件，可以打开它，查看并且对照其他修订，比较设置效果和分配更改的结果。可以从比较中输出一个 Comma-Separated Values 文件(.csv)。

Revision 对话框中的信息显示了特殊修订的顶层设计实体及修订的器件系列。选中标记图标显示当前修订。使用 Create Revision 对话框，可建立新的修订(基于当前的修订)版本、输入修订的说明，复制用于建立修订的数据库，并设置某个修订版本为当前工程版本。建立修订版本时，Quartus II 软件建立一个单独的 QSF，包括所有与修订相关的设置和分配，并将其放置在设计的顶层目录下。

与 MAX+PLUS II 一样，Quartus II 软件也可以把当前设计文件设置为顶层文件，变为顶层设计实体(工程)。选择"Project\Set as Top-Level Entity"命令即可。

3.2.1 转换 MAX+PLUS II 设计

使用 Quartus II 来转换 MAX+PLUS II 设计(或工程)时，Quartus II 会自动转化 MAX+PLUS II 设计工程，导入工程的分配信息。Quartus II 可以导入 MAX+PLUS II 的所有文件，但是不能将设计文件保存为 MAX+PLUS II 格式的设计文件，也不能在 MAX+PLUS II 中打开 Quartus II 工程。

在 MAX+PLUS II 中，工程指定和配置信息保存在 MAX+PLUS II ACF 文件(.acf)中，将原有的 MAX+PLUS II 设计(或工程)转换为 Quartus II 的设计工程的方法是：选择"File\Convert MAX+PLUS II Project"命令，弹出 Convert MAX+PLUS II Project 对话框，如

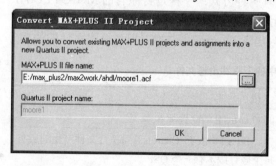

图 3.4 Convert MAX+PLUS II Project 对话框

图 3.4 所示。可从原有 MAX+PLUS II 工程中选定一个现有 MAX+PLUS II 工程的 ACF(.acf)，或者设计文件，将其转换为一个新的 Quartus II 工程，包含所有支持的分配和约束条件。在对话框中单击"OK"按钮，将自动导入 MAX+PLUS II 分配和约束条件，建立新的 Quartus II 工程所需的所有文件。这些文件包括 Quartus II 工程文件(.qpf)及含有配置信息的设置文件(.qsf)等。

3.2.2　使用"New Project Wizard"命令新建工程

使用"File\New Project Wizard(新建工程向导)"命令可以十分容易地创建一个设计工程，并为这个设计指定基本设置参数。其新工程的创建步骤如下。

(1) 选择"File\New Project Wizard"命令，弹出如图 3.5 所示的对话框，需要指定设计工程的文件存放目录、工程名和最顶层的设计实体名。在默认情况下，工程名和顶层的设计实体名应该相同。

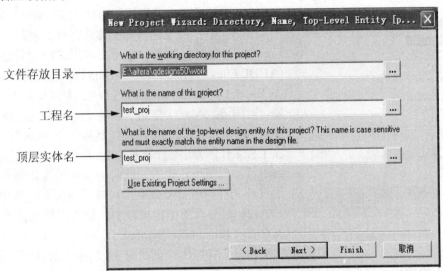

图 3.5　指定工程的文件存放目录、工程名和顶层实体名对话框

(2) 单击"Next"按钮，弹出添加设计文件对话框。设计者可以通过该对话框将设计文件或功能库添加到设计工程中。这一步也可以暂时不添加设计文件，待工程建立完毕后再添加需要的设计文件。直接单击"Next"按钮，弹出如图 3.6 所示的对话框。

(3) 在图 3.6 所示的对话框中，系统要求设计者选择器件、芯片封装(Package)、引脚(Pin)和芯片速度(Speed)等。单击"Next"按钮，进入下一步。

(4) 弹出 EDA Tool Settings 对话框，可以选择第三方的 EDA 工具，对 Quartus II 中的设计工程进行综合、仿真和时序分析。单击"Next"按钮，弹出 Summary 窗口，该窗口将新建工程的各项参数和设置总结并显示出来。单击"Finish"按钮完成一个新工程的创建，此时 Quartus II 主界面的工程管理窗显示新建的设计工程名。

在完成设计工程的创建后，就进入设计输入阶段，设计者可以开始编写顶层设计文件和

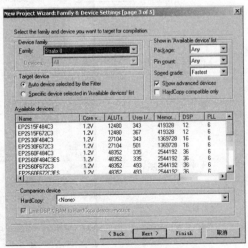

图 3.6　选择器件对话框

其他功能模块的设计文件。对于新建的设计工程来说，设计的顶层文件名应该与工程名相同。

3.2.3 设计输入

Quartus II 有多种设计输入方式，可以使用文本形式的文件(如 VHDL、Verilog HDL、AHDL 等)、存储器数据文件(如 HEX、MIF 等)、原理图设计输入，以及第三方 EDA 工具产生的文件(如 EDIF、HDL、VQM 等)。同时，还可以混合使用以上几种设计输入方法进行设计。设计输入步骤如下。

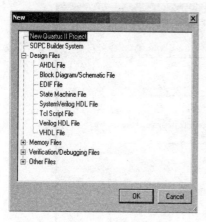

图 3.7 设计输入文件选择对话框

(1) 设计输入方式选择。选择 "File\New" 命令，弹出如图 3.7 所示的设计输入文件选择对话框，在"Design File(设计文件)"栏中，分为文本形式的设计输入文件(AHDL File、VHDL File、Verilog HDL File)和图表/原理图(Block Diagram/Schematic File)设计输入文件。如果以原理图输入方式进行设计，则选择 Block Diagram/Schematic File 选项，然后单击 "OK" 按钮，将在工程工作区弹出一个名称为 Block1.bdf 的编辑窗口，便可进行原理图设计输入。此时的原理图设计输入若是顶层设计文件，应该与建立工程时的顶层文件名相同。

(2) 在原理图编辑窗口中，输入逻辑功能模块。可以选择 "Edit\Insert Symbol…" 命令或双击编辑窗口中的空白处，将弹出一个如图 3.8 所示的对话框。在 Name 栏内填入模块或元器件符号名，单击 "OK" 按钮即可。在不知道元器件符号名称时，双击相应符号库目录进行展开，在对应元件库下选择元器件。

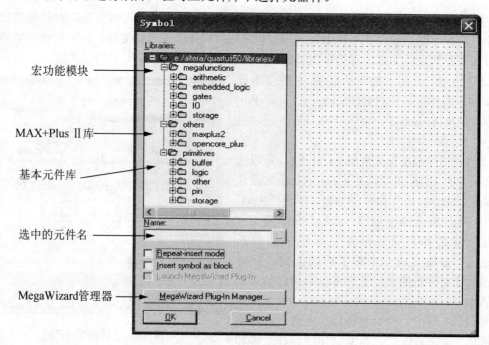

图 3.8 元件符号窗口

(3) 以序列信号发生器为例进行原理图的设计输入。在原理图编辑窗口中，输入 4 位二进制计数器 74161 和 8 选 1 数据选择器 74151 功能模块构成如图 3.9 所示的 8 位信号发生器。clk 为时钟输入，clrn 为清零信号，输出端 f 将产生 01101001 的序列信号。

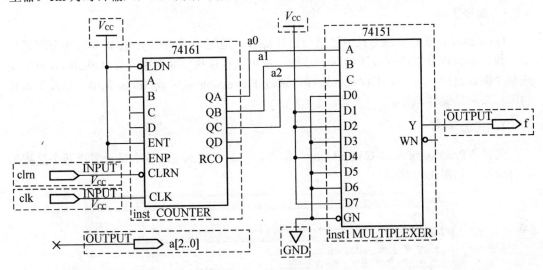

图 3.9　8 位序列信号发生器

(4) 将以上原理图设计输入文件保存在当前工程目录中。如设计文件为顶层文件，则设计文件名(原理图的扩展名为*.bdf)应该与工程名相同。另外，也可以将现有的设计文件添加到当前工程中，选择 "Project\Adding & Removing Files in a Project" 命令，或者选择 "Assignments\Settings…" 命令，将弹出 Settings(工程设置)对话框，在 Category 栏中选中 File(文件)项目，即可将现有的设计文件添加到当前工程中，或者删除当前工程中的设计文件。在执行 Quartus II Analysis & Synthesis(分析和综合)期间，Quartus II 软件将按文件在 Files 页面中显示的顺序来处理文件。可以使用 "Project\Copy Project" 命令，将整个工程复制到新的目录下，包括工程设计数据库文件、设计文件、设置文件和报告文件，然后在新目录下打开该工程。如果不存在新目录，Quartus II 将建立该目录。

在图 3.7 所示的设计输入文件选择对话框中，通过文本编辑器可建立 AHDL、Verilog、SystemVerilog、VHDL 设计文件，以及 State Machine(状态机)设计文件，并在层次化设计中将这些文件与其他类型设计文件相组合。选择 "Create/Update" 命令，可以在当前的设计文件(原理图或文本文件)中建立功能模块(Symbol)，然后将其合并到图表/原理图设计文件中。同样，可以建立代表 Verilog HDL 或 VHDL 设计文件的 AHDL Include(包含)文件，并将其合并到文本设计文件中或另一个 Verilog HDL 或 VHDL 设计文件中。

3.3　编译与仿真工具

建立好工程和顶层设计输入文件后，需对工程进行编译和仿真。Quartus II 编译器由一系列处理模块构成，完成对设计工程文件的检错、逻辑综合、提取定时信息、在指定的 Altera 系列器件中进行适配分割，产生的输出文件将用于设计仿真、定时分析和器件编程，同时产生各种报告文件，包括器件使用统计、编译设置、RTL 级电路显示、器件资源利用率、延时分析结构和 CPU 使用资源等。如果工程编译不能通过，说明工程的设计文件存在语法错误或布局布线错误；如果仿真结果不正确，说明工程的逻辑功能设计存在问题，或电路行为描述有错误等。

3.3.1 编译工具

Quartus Ⅱ集成的编译工具中包括分析和综合、适配(布局布线)、配置和时序分析过程等。设计者可以分别进行编译的四个过程，也可以直接执行完全编译让 Quartus Ⅱ自动完成整个编译过程。对于某工程进行编译可通过 Processing 菜单或 Tools 菜单，以及工具栏的图标来启动编译。

1. 完全编译

选择"Processing\Start Compilation"命令，在编译状态显示窗中显示编译四个过程的运行状态，如图 3.10 所示。

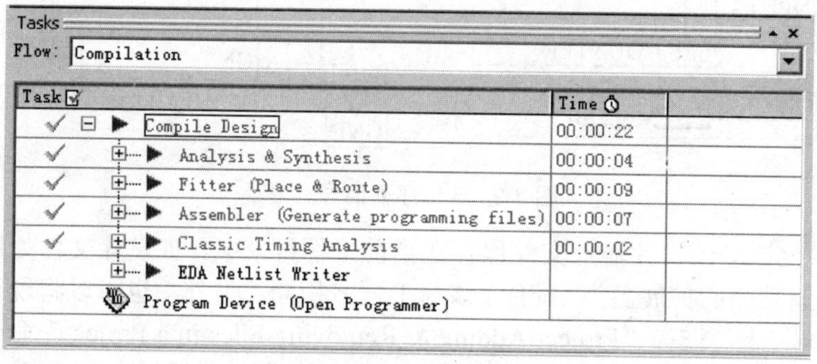

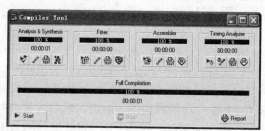

图 3.10　完全编译状态

或者选择"Tools\Compiler Tool"命令，弹出与 MAX+PLUS Ⅱ相似的编译工具窗口，如图 3.11 所示。在此窗口单击"Start"按钮，也将显示完全编译的过程。

图 3.11　Quartus Ⅱ编译工具窗口

在编译过程中，Quartus Ⅱ会在信息显示窗中显示编译中的警告、错误和信息，并在编译结束后给出完成的编译报告。在编译过程遇到错误时，Quartus Ⅱ会立即终止编译过程，并给出错误信息，双击错误名称，Quartus Ⅱ会自动在设计文件描述中定位出错位置。

完全编译包括的四个过程的主要功能如下。

(1) Analysis & Synthesis(分析和综合)的主要功能是将 HDL 语言翻译成最基本的与门、或门、非门、RAM、触发器等基本逻辑单元的连接关系(网表)，并根据要求(约束条件)优化所生成的门级逻辑连接，输出网表文件。

(2) Fitter(适配)是根据综合的网表文件进行布局布线，将工程的逻辑和时序要求与器件的可用资源相匹配。如果对设计设置了约束条件，则布局布线器将试图使这些资源与器件上的资源相匹配，优化逻辑设计，否则布局布线器将自动优化设计。

(3) Assembler(配置)是在完成适配之后进入的环节，这环节 Quartus Ⅱ 会将布局布线结果，连同引脚分配等约束条件配置成为目标器件的输出文件(编程文件)。

(4) Timing Analyzer (时序分析)是对整个设计的时序和逻辑性能进行分析。

2. 查看 RTL 视图

RTL Viewer(视图)是 Quartus Ⅱ 提供的用于显示寄存器传输级原理图的工具。它也包括层次结构列表，用来列出整个设计网表的实例、基本单元、引脚和网络。设计者可以通过它直观地看到设计文件的电路结构，并可以根据图中的节点回溯到设计描述，验证及优化设计。

要想利用 RTL Viewer 来观察设计的电路结构，必须首先通过选择"Processing\Start\Start Analysis & Elaboration"命令来分析设计。也可以执行 Analysis & Synthesis 或者进行完全编译，因为这些步骤中包括编译流程的 Analysis & Elaboration 阶段。成功执行 Analysis & Elaboration 后，选择"Tools\RTL Viewer"命令，弹出 RTL Viewer 窗口，如图 3.12 所示。所以，RTL 视图是在综合及布局布线前生成的，并非设计的最终电路结构。

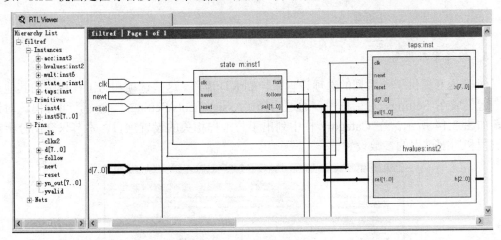

图 3.12　RTL Viewer 窗口

RTL Viewer 窗口分为两部分。左侧是层次列表，以 Instances(实例)、Primitives(基本单元)、Pins(引脚)和 Nets(网络)四种层次结构显示当前设计；右侧是当前设计的 RTL 结构图，如双击某个功能模块，还可以看到其内部的 RTL 结构。RTL Viewer 是一个设计描述调试工具，特别是对于 Verilog HDL、VHDL 或 AHDL 设计的文本文件，可以通过 RTL Viewer 以原理图形式显示，帮助设计者快速准确地找到设计中的问题。

3. 利用 Technology Map 视图分析综合结果

Technology Map Viewer 与 RTL Viewer 相似，也提供了原理图表征的电路结构。但是 Technology Map 电路结构图反映的是设计在经过综合与布局布线后的电路连接。所以想要运行 Technology Map Viewer，必须首先进行 Analysis & Synthesis，或者进行完全编译。成功进行 Analysis & Synthesis 之后，可通过选择"Tools\Technology Map Viewer"命令来显示 Technology Map Viewer 窗口，如图 3.13 所示。它包括一个原理视图及一个层次列表，列出整个设计网表的实例、基本单元、引脚和网络。在原理视图中当鼠标指针停留在模块上时，Quartus Ⅱ会显示出当前模块具体占用的芯片资源及互连情况，双击模块，可以看到其内部的 Technology Map 结构。

RTL Viewe 和 Technology Map Viewer 都以原理图形式显示电路结构，是从两个层次分别反映原代码描述和最终布局布线的结果，通过它们可以直观地了解设计描述和编译结果的电路连接，为设计调试提供一种有力的手段。

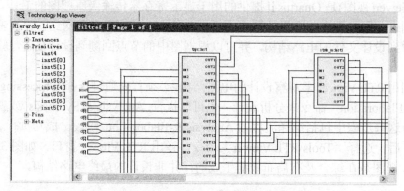

图 3.13　Technology Map Viewer 窗口

4. 编译参数设置

Quartus Ⅱ提供了一系列的选项设置来控制编译流程。这些选项和与工程相关的其他设置一起集成在 Settings 对话框中，通过选择"Assignments\Settings"命令，可弹出该对话框，如图 3.14 所示。在 Category 栏中列出了与工程相关的设置项目。本节只介绍分析综合过程和适配过程的参数设置。

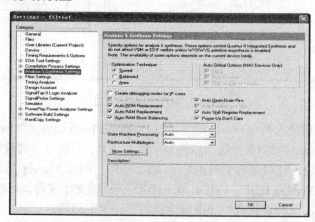

图 3.14　Settings 对话框

1) 分析与综合的参数设置

在图 3.14 所示的 Settings 对话框的"Category"栏中选择"Analysis & Synthesis Settings"项目，将在"Setting"对话框中显示分析与综合参数设置，其中常用的设置如下。

(1) Optimization Technique(最优化技术)区域由 Speed(速度)、Balanced(平衡)和 Area(面积)三个单选按钮构成。选中"Speed"单选按钮，综合器将使用更多的逻辑资源去保证综合结果的性能，实现最高的工作频率；如果选中 Area 单选按钮，则综合器将尽量使用最少的逻辑资源，但会牺牲电路的处理速度；Balanced 选项由综合器来平衡面积与速度，是介于 Speed 和 Area 之间的折中选项。

(2) Auto Global Options(全局自动选项)区域中的选项只对 MAX 系列芯片起作用。

(3) Create debugging nodes for IP cores(建立 IP 核调试节点)选项可方便 SignalTap Ⅱ 等调试工具的使用。

(4) Auto DSP Block/ROM/RAM/Shift Register Replacement 四个选项是指综合器使用 Altera 的宏功能模块替代设计描述中的相同逻辑。由于 Altera 的宏功能模块对于自己的器件有着专门的优化设计，综合后可获得最佳结果。

(5) State Machine Processing(状态机的编码方式)栏中可以选择的编码有 Minimal Bits 最少位宽状态编码、One-Hot 编码、User Encoded 用户自定义状态编码。

2) 布局布线的参数设置

在 Settings 对话框的 Category 栏中，选择 Fitter Settings 项目，将在 Settings 对话框的右侧显示出如图 3.15 所示的布局布线参数设置。其中常用的设置如下。

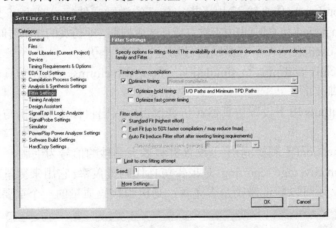

图 3.15　布局布线参数设置对话框

(1) Timing-driven compilation 区域中的选项用于设置布局布线在走线时优化连线以满足时序要求，如 t_{SU}、t_{CO} 和 f_{MAX} 等。这需要花费布局布线器更多的时间去优化以改善时序性能。

(2) Fitter effort 区域中的选项主要是在提高设计的工作频率与工程编译之间寻找一个平衡点。其中有三种布局布线选项：Standard Fit(标准布局选项)表示尽力满足 f_{max} 时序约束条件，但不降低布局布线程度；Fast Fit(快速布局选项)表示降低布局布线程度，其编译时间有较大减少，但设计的最大工作频率也会降低；Auto Fit(自动布局选项)在满足设计的时序要求后降低布局布线的目标要求，这样可以减少编译时间。对于这个选项，可以设置使布局布线器在降低布局布线目标要求前必须达到的最小值(在 Desired worst case slack 栏中)。

(3) Limit to one fitting attempt 选项表示布局布线在达到一个目标(如时序)要求后，将停止布局布线。

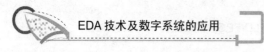

3.3.2 仿真工具

Quartus II 仿真工具可以仿真整个设计，也可以仿真设计的任何部分。可以指定工程中的任何设计实体为顶层设计实体，并仿真顶层实体及其所有附属设计实体。仿真分为功能仿真和时序仿真两个阶段。功能仿真主要是验证设计描述的逻辑功能是否正确，不考虑电路中的延时状况。由于功能仿真是在综合和布局布线前进行的，又称为前仿真。时序仿真是在综合和布局布线后进行的，考虑了特定硬件中的逻辑功能和延时，验证的是一种贴近于实际的情况，因此称为后仿真。在 Quartus II 中，时序仿真与功能仿真的方法是非常相似的，下面主要介绍时序仿真。

1. 仿真参数设置

仿真参数设置与综合参数设置一样，也是集成在"Settings"对话框的"Category"栏中，选择"Simulator"项目，将在"Settings"对话框的右侧显示出如图 3.16 所示的仿真参数设置。其中常用的设置如下。

(1) Simulation mode(仿真模式)栏中包含 Timing(时序)仿真、Functional(功能)仿真，以及 Timing using Fast Timing Model(快速模式的时序仿真)，即在最快的器件速率等级上仿真尽可能快的时序条件。

(2) Simulation Input (仿真输入)用于指定仿真的激励文件(.vec 或.vwf 文件)。

(3) Simulation period(仿真时间)用于设置仿真区域周期，即仿真的结束时间。Run simulation until all vector are used 表示在所有激励信号均运行后停止仿真。

(4) Automatically add pins to simulation output waveforms 表示在仿真输出波形中自动增加所有输出引脚波形。

(5) Check outputs 用于设置仿真器在仿真报告中指出目标波形输出与实际波形输出的不同点。

(6) Glitch detection(毛刺检测)用于设置检测多少纳秒的信号为毛刺。

(7) Simulation coverage reporting 是报告仿真代码覆盖率。它用来衡量测试激励及设计文件的执行情况，还可以验证激励是否完备，是检验代码质量的一个重要手段。

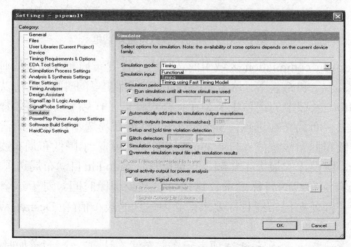

图 3.16　仿真参数设置对话框

2. 时序仿真

以图 3.9 所示的 8 位序列信号发生器为例，其时序仿真的具体操作步骤如下。

(1) 打开仿真波形编辑窗口，建立仿真波形文件。仿真波形文件(.vwf 文件)是 Quartus Ⅱ 自定义的仿真文件，选择"File\New"命令，在弹出的图 3.7 所示的设计输入文件选择对话框中，选择 Other File 选项卡。再选中 Vector Waveform File 项目，并单击"OK"按钮，可以看到 Quartus Ⅱ 自动打开名为 Waveform1.vwf 的仿真波形编辑窗口，如图 3.17 所示。

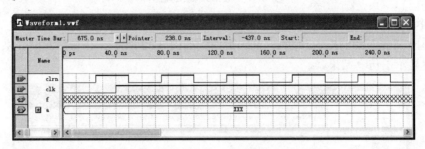

图 3.17　仿真波形编辑窗口

(2) 设置仿真时间区域。将仿真时间设置在一个合理的时间区域(默认值为 1μs)。选择"Edit\End Time…"命令，在弹出的 End Time 对话框中进行设置，然后单击"OK"按钮即可。

(3) 在仿真波形编辑窗口中添加信号节点。新建的仿真波形文件是没有内容的空文件。在仿真波形编辑窗口左边空白处双击，弹出 Insert Node or Bus 对话框，可以在这里直接填入信号名称并逐个添加仿真信号。也可以单击"Node Finder"按钮，打开 Node Finder 对话框，如图 3.18 所示。

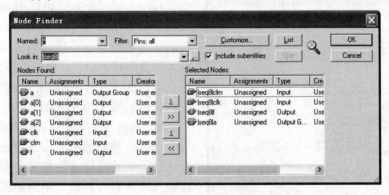

图 3.18　Node Finder 对话框

在 Filter 栏中选中 Pins:all 后，单击"List"按钮列出设计中所有的引脚，选中需要仿真的信号将其添加到右侧列表框中，单击"OK"按钮即可完成信号输入。

(4) 编辑输入波形。利用波形编辑工具(图 3.19)绘制输入信号波形(图 3.17)。将新建的仿真波形文件保存，其文件名与顶层文件名相同(如 seq8.vwf)。这样就建立好了仿真输入文件。

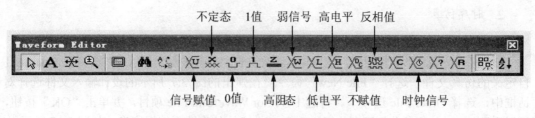

图 3.19　波形编辑工具图标

(5) 执行仿真，选择"Processing\Start Simulation"命令即可启动仿真，完成之后 Quartus Ⅱ自动弹出 Simulation Report(仿真报告)窗口，如图 3.20 所示。在窗口左侧提供了仿真报告，右侧显示了仿真结果。

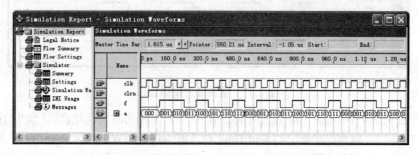

图 3.20　仿真报告和波形

另外，也可以用其他方式来设置仿真参数、运行仿真和显示仿真结果。选择"Tool\Simulator Tool"命令，将弹出 Simulator Tool 窗口，如图 3.21 所示。在其中可以指定要执行的仿真类型、仿真所需的时间、激励源及其他仿真选项。单击"Start"按钮开始仿真，待系统完成仿真后单击"Report"按钮，同样也将显示如图 3.20 所示的仿真结果窗口。

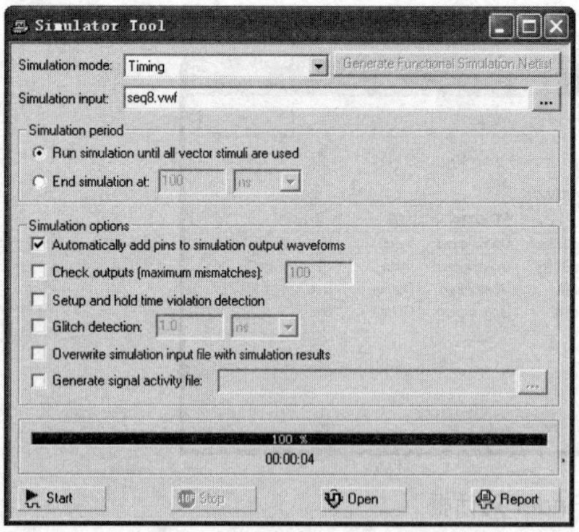

(6) 仿真结果验证。在仿真报告(结果)窗口中通过有效的输出波形来验证工程设计是否达到预期的逻辑功能和时序要求。由于仿真输入波形和仿真结果波形是两个独立的窗口(与 MAX+PLUSⅡ的仿真波形窗口不同)，若激励信号不正确，可在仿真输入波形窗口中修改激励波形重新运行仿真，仿真报告(结果)窗口中将显示仿真结果。

图 3.21　Simulator Tool 窗口

3.3.3　时序分析工具

Quartus Ⅱ的时序分析工具可用于分析设计中的所有逻辑，并有助于指导 Fitter(适配)达到设计中的时序要求。默认情况下，时序分析作为完全编译的一部分自动运行、分析和报告时序信息，其内容包括建立时间(t_{SU})、信号保持时间(t_H)、时钟至输出延时(t_{CO})、引脚至引脚延时(t_PD)、最大时钟频率(f_MAX)，以及设计的其他时序特性。当提供的时序约束或者默认设置有效时，时序分析报告迟滞时间。可以使用时序分析工具生成的信息分析、调试和验证设计的时序性能。

1. 指定时序要求

通过 Assignments 菜单使用 TimingWizard、Settings 对话框和 Assignment Editor 命令，可以指定整个工程、某个特定的设计模块、节点或者单独的引脚所需要的时序要求。在完全编译期间自动进行时序分析或在初始编译之后单独进行时序分析。

与综合参数设置一样，在 Settings 对话框的 Category 栏中，选择 Timing Requirements & Options (时序约束与选项)项目，将在 Settings 对话框的右侧显示出如图 3.22 所示的时序分析要求。

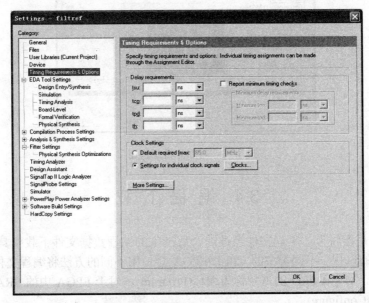

图 3.22　时序约束与选项对话框

在 Delay requirements(延迟约束)区域中的选项用于设置工程寄存器时间延迟参数。在 Clock Setting 区域中的选项是设置工程所要求的最高时钟频率。如果未指定时序要求设置或选项，时序分析工具将使用默认设置运行分析。默认情况下，时序分析计算并报告每个寄存器至寄存器延时的 f_MAX、每个输入寄存器的 t_SU、每个输出寄存器的 t_CO、所有引脚至引脚路径间的 t_PD、保持时间、最小 t_CO 及当前设计实体的最小 t_PD。提供约束条件或采用默认设置时，将报告迟滞时间。

2. 时序分析

指定时序设置和约束之后，就可以通过完全编译自动运行时序分析工具。完成编译之后，也可以使用"Processing\Start\Start Timing Analyzer"命令重新单独运行时序分析，或者使用"Processing\Timing Analyzer Tool"命令运行最快时序模型的时序分析。使用"Processing\Start\Start Early Timing Estimate"命令可以在适配完成之前，生成早期时序估算的数据。

如使用 "Processing\Classic Timing Analyzer Tool" 命令，将弹出 Timing Analyzer Tool (时序分析工具)窗口，如图 3.23 所示。该窗口提供一个可选界面，用来控制时序分析，单击 "Start" 按钮启动时序分析。它类似于 MAX+PLUS II 中的 Timing Analyzer 界面。可以快速查看时序分析结果摘要、寄存器延迟、建立保持时间等。单击 "Report" 按钮，将在弹出的 Compilation Report(编译报告)窗口中查看详细的时序分析结果。"List Paths" 按钮用来显示选定路径的传输延时。

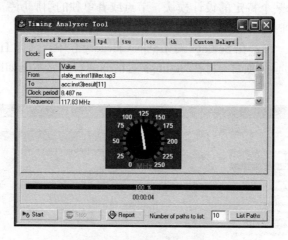

图 3.23　时序分析工具窗口

3.4　编　程　下　载

编程下载是指将设计工程文件经过综合后产生的编程数据文件下载到具体的 CPLD/FPGA 芯片中的过程。不同类型的 CPLD/FPGA 会使用不同的方法将编程文件下载到器件芯片中。通常，对于 CPLD 的下载称为编程(Program)，对于 FPGA 中的 SRAM 进行直接下载称为配置(Configure)。

3.4.1　指定器件和分配引脚

指定器件和分配引脚可以在完成工程建立和设计顶层文件后进行，如果在综合适配前没有指定器件和分配引脚，那么 Quartus II 将自动指定器件和分配引脚来综合适配设计工程文件。为了对具体的 CPLD/FPGA 进行编程和配置，需要指定器件和引脚锁定。其步骤如下。

(1) 指定器件，通过选择 "Assignments\Settings" 命令，在弹出的 Settings 对话框中的 Category 栏中，选中 "Device(器件)" 项目，将在 Settings 对话框的右侧显示出如图 3.24 所示的器件设置页面。可以设置包括器件类型、型号、封装形式、引脚数和速度等。

(2) 选择配置器件的工作方式。单击图 3.24 中的 "Device & Pin Options…" 按钮，进入如图 3.25 所示的选择窗口。选择 "General" 选项卡，在 "Options" 栏中选中 "Auto-restart configuration after error" 复选框，使 FPGA 配置失败后能自动重新配置，并可以加入 JTAG 用户编码。

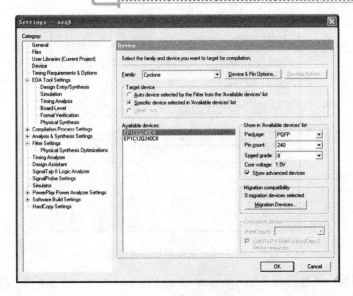

图 3.24　器件设置页面

(3) 配置器件的编程方式。在图 3.25 中，选择 Configuration(配置)选项卡，进入如图 3.26
所示的页面窗口。在 Configuration scheme 栏中，通过下拉菜单选择其中一种。如选择主动
串行模式 Active Serial，则对专用的 Flash 配置器件(EPCS1、EPCS4、EPCS16 和 EPCS64)
进行编程。如选择被动串行模式 Passive Serial，则对专用的 E^2PROM 配置器件(EPC1、EPC2、
EPC4、EPC8 和 EPC16)进行编程。具体的配置器件型号在 Use Configuration device 栏中进
行选择。

(4) 未使用引脚的设置。选择 Unused Pins(未使用引脚)选项卡，进入如图 3.27 所示的页面
窗口。在设计中对没有使用的器件引脚有三种处理方式：输入引脚为高阻态，输出引脚为低电
平，输出引脚的状态不定。一般情况选择第一项，避免未使用的引脚对应用系统产生影响。

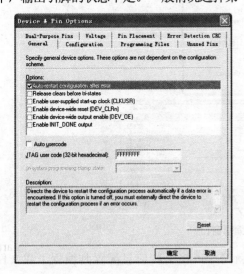

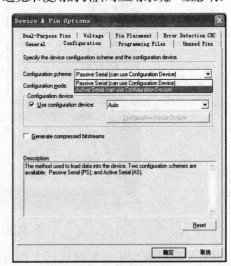

图 3.25　选择配置器件的工作方式　　　　　图 3.26　配置器件的编程方式

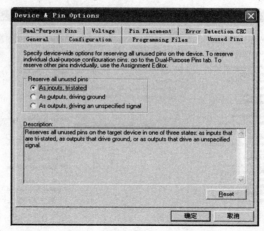

图 3.27　未使用引脚的设置

(5) 分配引脚，通过选择"Assignments\Pins Planne"命令，弹出的窗口如图 3.28 所示，对设计工程的全部输入和输出引脚进行分配，保存设置并关闭此窗口，即完成整个设计工程的引脚锁定。

在图 3.28 所示的分配编辑窗口中，选中其中一个端口名(输入和输出端口名)，再双击 Location 栏，弹出的下拉菜单中列出了器件芯片可以使用的全部 I/O 引脚，选中其中一个引脚号(如 clk 选择的引脚为 28)。重复这样的操作即可。

除了上面提到的引脚分配方法，还可以直接编辑 QSF 文本文件对引脚进行分配。引脚的分配信息保存在工程文件夹中与工程同名的文件(.qsf)中，可以通过编写.qsf 文件来改变或设定引脚。

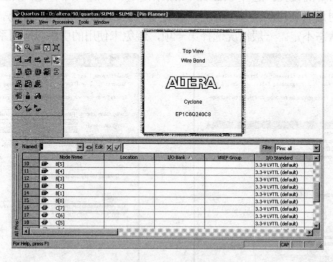

图 3.28　分配编辑窗口

(6) 分配引脚后还需要对设计工程进行重新编译，将引脚信息配置到编程下载文件(.sof 或.pof)中。

3.4.2　配置器件

在完成设计输入、完全编译和仿真分析之后，配置器件是 Quartus Ⅱ 设计流程的最后一步，目的是将设计工程配置到目标器件中进行硬件验证。配置器件通常需要 CPLD/FPGA 的开发板或实验板的支持，并且通过下载电缆线将运行 Quartus Ⅱ 的 PC 与目标器件开发板进行连接，然后由 Quartus Ⅱ 提供的 Programmer(编程)工具进行器件配置。其步骤如下。

(1) 启动 Programmer 工具，选择"Tools\Programmer"命令，或者单击工具栏中的图标 ，弹出 Programmer 工具窗口，如图 3.29 所示。

(2) 设置下载电缆，如果是第一次编程下载，必须设置下载电缆才能对器件进行配置。在图 3.29 的左上角，单击"Hardware Setup…"按钮，将弹出 Hardware Setup(硬件设置)对话框，再单击"Add Hardware"按钮，在 Hardware type 栏中选择合适的下载电缆类型。Altera 提供的下载电缆类型有以下几种。

① ByteBlaster：Altera 较早的下载电缆类型，使用并行口(LPT)对器件配置。

② ByteBlasterMV or ByteBlaster Ⅱ：Altera 提供的混合电压新型的下载电缆类型，同样使用并行口(LPT)对器件进行配置。

③ MasterBlaster：使用 RS-232 串行口(COM)下载电缆类型对器件进行配置。

④ USB-Blaster：使用 USB 接口的下载电缆类型。

⑤ EthernetBlaster：使用 RJ-45 网络接口的下载电缆类型。

(3) 开始对器件进行配置前，还需要指定编程下载文件(.sof 或.pof)。在 Programmer 工具窗口中单击"Add File…"按钮，在弹出的对话框中选择编程文件。并且在图 3.29 所示的 Program/Configure 栏下的方框内打上"√"标记，然后单击"Start"按钮即可完成器件配置。

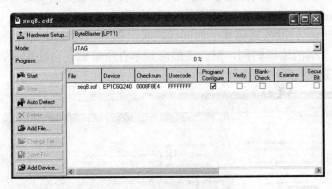

图 3.29　Programmer 工具窗口

3.5　设计优化及其他设置

设计优化主要包括节省占用 FPGA 的面积和提高设计系统运行速度两个方面。这里的"面积"是指一个设计所消耗的 FPGA 的逻辑资源的数量，一般以设计占用的等价逻辑门数来衡量。"速度"是指设计的系统在目标芯片上稳定运行时能够达到的最高频率，它与设计的时钟周期、时钟建立时间、时钟保持时间、时钟到输出端口的延迟时间等诸多因素有关。

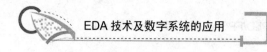

EDA 技术及数字系统的应用

3.5.1　面积与速度的优化

打开刚才的工程——SUM8，然后选择"Assignment\Settings"命令，弹出设置窗口。在对话框的左边的"Category"栏下，列出了很多可设置的对象，包括 EDA Tools Settings、Compilation Process Settings、Analysis & Synthesis Settings、Fitter Settings、Timing Settings、Simulator 等，选中要设置的项目，在窗口的右边显示供设置的选项和参数，如图 3.14 所示。

在"Analysis & Synthesis Settings"页面，用于设计在分析与综合时的优化设置。在该页面的"Optimization Techniques"栏中，如图 3.14 所示，提供了 Speed(速度)、Balanced(平衡)和 Area(面积))三种优化选择，其中 Balanced 是软件默认的优化选择。如果对 Speed 或 Area 有特殊的要求，则选中相应的选项。

3.5.2　时序约束及设置

选择 Settings 下面的 Timing Analysis Settings，然后选择 Classic Timing Analyzer Settings，如图 3.22 所示。在此页面中，可以对设计的延迟约束、时钟频率等做设置。延迟约束(Delay Requirements)设置包括 t_{SU}(建立时间)、t_{CO}(时钟到输出的延迟)、t_{PD}(传输延迟)和 t_h(保持时间)的设置。一般来说，用户要根据目标芯片的特性及 PCB 板布线的实际情况，给出设计需要满足的时钟频率、建立时间、保持时间和传输延迟时间等参数。对一些简单的应用，如果时序要求不严格，可以不做设置。

3.5.3　适配设置

在 Settings 对话框中，单击 Category 栏中的 Fitter Settings 项目，出现 Fitter Settings 设置页面，如图 3.30 所示。此页面用于布局布线器的控制。这里需要设置的主要是布局布线的策略(Fitter Effort)，有三种模式可供选择：标准模式(Standard Fit)、快速模式(Fast Fit)和自动模式(Auto Fit)。标准模式需要的时间比较长，但可以实现较高的最高频率(f_{MAX})；快速模式可以节省 50%的编译时间，但会使最高频率有所降低；自动模式在达到设计要求的条件下，自动平衡最高频率和编译时间。

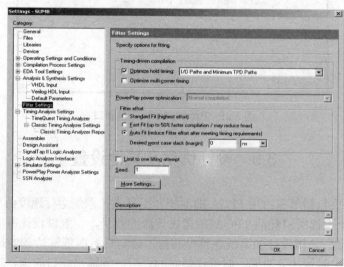

图 3.30　Fitter Settings 设置页面

3.5.4　功率分析

在 Quartus Ⅱ 中，PowerPlay 功耗分析工具提供的界面，使用户能够在设计过程中估算静态和动态功耗。利用 PowerPlay Power Analyzer Tool 进行功耗分析，可产生功耗报告，显示模块类型和实体，以及消耗的功率。

首先运行 Analysis & Synthesis 和 Fitter 之后，然后选择"Prcoessing\PowerPlayPower Analyzer Tool"命令，弹出一个窗口，如图 3.31 所示。在功耗分析中，可以使用 Simulator 生成的 SAF 文件(Signal Activity File)或其他 EDA 仿真工具生成的 VCD 文件(Value Change Dump)作为功耗分析输入。然后单击功耗分析窗口中的"Start"按钮，启动功耗分析，一个状态条将显示处理时间。功耗分析完成时，单击"Report"按钮，显示一个功耗分析的报告"Report"窗口。

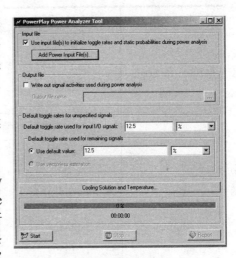

图 3.31　功率分析设置对话框

3.6　器件库和参数化宏功能模块

在 Quartus Ⅱ 中，提供了许多有用的宏单元模块，它们是构建复杂或高级系统的重要组成部分，广泛用于嵌入式系统设计中。宏功能模块(Megafunctions)和参数可设置模块库 (Library of Parameterized Modules，LPM)是基于 Altera 器件的结构做了优化设计。宏功能模块是经过测试和优化的、参数化的具有知识产权(IP)的模块，它们能充分地利用所要使用的可编程器件的结构。通过使用宏单元模块和 LPM 函数，设计者可以将注意力集中在提高系统级的性能上，而不必重新设计一些通用功能模块。

3.6.1　元件库和宏单元库

Quartus Ⅱ 开发工具为设计者提供的基本宏功能模块，从功能上可分为时序电路宏模块、运算电路宏模块和存储器宏模块，元件符号窗口如图 3.8 所示(本章 3.2.3 节设计输入)。

基本元件库(Primitives)主要包括与门、或门、与非门、或非门、异或门、输入/输出端口、缓冲器、触发器和锁存器等。MAX+PLUS Ⅱ 库是具有一定功能的宏模块，常用的逻辑功能已设计成为一个函数模块。其中包括 74 系列数字集成电路的逻辑功能，为设计数字系统提供方便。表 3-6 列出 MAX+PLUS Ⅱ 库的主要宏模块。

表 3-6　MAX+PLUS Ⅱ 库的宏模块

类　　　型	宏模块名称	说　　　明
加法器 (Adder)	8fadd、8faddb	8 位全加器
	7482	2 位二进制数全加器
	7483	快速进位 4 位全加器
	74183	双进位保留全加器
	74283	4 位二进制超前进位全加器
	74385	带清零端 4bit 加/减法器

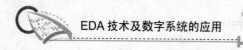

EDA 技术及数字系统的应用

续表

类　型	宏模块名称	说　明
算术逻辑单元 (Arithmetic Logic Units)	74181	4 位算术逻辑单元/函数(功能)发生器
	74182	超前进位产生器
	74381	4 位算术逻辑单元
	74382	超前进位产生器
缓冲器(三态) (Buffer)	74240	八反相缓冲器/线驱动器
	74244	八同相缓冲器/总线驱动器
	74365	六同相缓冲器/线驱动器
	74366	六反相缓冲器/线驱动器
	74367	六同相缓冲器/线驱动器
	74368	六反相缓冲器/线驱动器
	74465	八总线缓冲器
	74466	八反相缓冲器
	74468	八反相缓冲器
	74541	八总线缓冲器
比较器 (Comparator)	8mcomp	8 位数值比较器
	7485	4 位数值比较器
	74518	8 位等值检测器
	74684	8 位数值/等值比较器
	74686	8 位数值/等值比较器
	74688	8 位等值检测器
转换器 (Converters)	74184	BCD-二进制码转换器
	74185	二进制码-BCD 转换器
计数器 (Counter)	gray4	格雷码计数器
	unicnt	全能 4 位左/右移、加/减计数器(异步清除、并入)
	16cudslr	16 位左/右移、加/减计数器(异步预置、清除)
	4count	4 位加/减计数器(并行输入、异步清除)
	8count	8 位加/减计数器(同步并行输入)
	7468	双十进制计数器(BCD 码输出)
	7469	双 4 位二进制计数器
	7490	二-五-十进制计数器
	7492	十二进制计数器
	7493	4 位二进制计数器
	74160	十进制计数器(同步并入、异步清除)
	74161	4 位二进制计数器(同步并入、异步清除)
	74162	十进制计数器(同步并入、清除)

续表

类　型	宏模块名称	说　明
计数器 (Counter)	74163	4 位二进制计数器(同步并入、清除)
	74168	同步十进制加/减计数器
	74169	同步 4 位二进制加/减计数器
	74176	可预置十进制计数器
	74177	可预置 4 位二进制计数器
	74190	同步十进制加/减计数器(异步并入)
	74191	同步 4 位二进制加/减计数器(异步并入)
	74192	同步十进制加/减计数器(异步清除)
	74193	同步 4 位二进制加/减计数器(异步清除)
	74196	二-五-十进制计数器(可预置)
	74197	二-八-十六进制计数器(可预置)
	74290	二-五-十进制计数器
	74292	可编程分频器/数字定时器
	74293	二-八-十六进制计数器
	74294	可编程分频器/数字定时器
	74390	双十进制计数器
	74393	双 4 位二进制计数器(异步清除)
	74490	双十进制计数器
	74568	十进制加/减计数器(异步并入)
	74569	4 位二进制加/减计数器(异步并入)
	74590	8 位二进制计数器(带三态输出)
	74592	8 位二进制计数器(可预置)
	74668	同步十进制加/减计数器
	74669	同步 4 位二进制加/减计数器
	74690	同步十进制计数器(3s、异步清除)
	74691	同步 4 位二进制计数器(3s、异步清除)
	74693	同步 4 位二进制计数器(3s、同步清除)
	74696	同步十进制加/减计数器(3s、异步清除)
	74697	同步 4 位二进制加/减计数器(3s、异步清除)
	74698	同步十进制加/减计数器(3s、同步清除)
	74699	同步 4 位二进制加/减计数器(3s、同步清除)
译码器 (Decoder)	16dmux、16ndmux	4 线-16 线译码器
	7442	4 线-10 线译码器(BCD 码输入)
	7445	BCD-十进制译码器
	7447	4 线-七段译码器/驱动器
	7448	4 线-七段译码器/驱动器

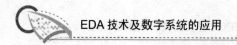

类　型	宏模块名称	说　明
译码器 (Decoder)	7449	4 线-七段译码器/驱动器
	74137	3 线-8 线译码器(带地址锁存)
	74138	3 线-8 线译码器
	74139	双 2 线-4 线译码器
	74154	4 线-16 线译码器
	74247	BCD-七段译码器
	74248	BCD-七段译码器
	74445	BCD-十进制译码器
数字滤波器 (Digital Filter)	74297	数字锁相环滤波器
编码器 (Encoder)	74147	10 线-4 线编码器(BCD 码输出)
	74148	8 线-3 线编码器
	74348	8 线-3 线优先编码器(3s)
锁存器 (Latch)	explatch	D 锁存器
	norltch	SR 锁存器
	7475	4 位双稳态锁存器
	74116	双 4 位锁存器(清除)
	74259	8 位可寻址锁存器/3 线-8 线译码器
	74373	8 位 D 锁存器(3s)
	74604	8 位 2 选 1 选择器/锁存器(3s)
	74841	10 位 D 锁存器(3s)
	74843	9 位总线 D 锁存器(3s)
	74846	8 位总线 D 锁存器(3s)
	74990	8 位读取锁存器
乘法器 (Multiplier)	mult2	2 位乘法器
	mult24	4×2 位二进制乘法器
	mult4	4 位二进制乘法器
	74261	2 位二进制乘法器
	74284	4 位二进制乘法器(结果取高 4 位)
	74285	4 位二进制乘法器(结果取低 4 位)
	21mux	2 选 1 多路选择器
	81mux	8 选 1 多路选择器
	161mux	16 选 1 多路选择器
	74151	8 选 1 多路选择器
	74153	双 4 选 1 多路选择器

类　　型	宏模块名称	说　　明
乘法器 (Multiplier)	74251	8 选 1 数据选择器(3s)
	74253	双 4 选 1 数据选择器(3s)
	74352	双 4 选 1 数据选择器(输出取反)
	74354	8 选 1 数据选择器(3s)
	74398	2 选 1-4 输入转换器(存储)
寄存器 (Register)	7470	与门输入 JK 触发器(预置、清零)
	7471	与或门输入 JK 触发器
	7474	双 D 触发器(异步预置、清零)
	7476	双 JK 触发器(异步预置、清零)
	74107	双 JK 触发器
	74112	双 JK 触发器(下降沿触发)
	74171	4 位 D 触发器(清零)
	74174	6 位 D 触发器(清零)
	74175	4 位 D 触发器(清零)
	74273	4 位 JK 触发器(预置、清零)
	74374	8 位 D 触发器(3s)
	74377	8 位 D 触发器(带使能端)
	74378	6 位 D 触发器(带使能端)
	74396	8 位存储器/寄存器
	74548	8 位 X2 寄存器(3s)
	74821	10 位总线触发器(3s)
	74823	9 位总线触发器(3s)
	74826	9 位总线触发器(3s, 反相输出)
移位寄存器	Barrelst、barrlstb	8 位双向移位寄存器(并入)
	74164	8 位移位寄存器(串行输入、并行输出)
	74165	8 位移位寄存器(并行输入、串行输出)
	74179	4 位并行存取移位寄存器(串行输入)
	74194	4 位双向移位寄存器(并入)
	74195	4 位移位寄存器(并行存取、串行输入)
	74198	8 位双向移位寄存器(并行存取)
	74199	8 位移位寄存器(并行存取、串行输入)
	74299	8 位双向通用移位寄存器
	74589	8 位输入锁存、串行输出移位寄存器(3s)
	74595	8 位移位寄存器(3s)
	74671	4 位通用移位寄存器/锁存器(3s)
	74674	16 位移位寄存器(3s)
存储寄存器	7498	4 位 X2 数据选择器/存储器
	74278	4 位可级联优先寄存器

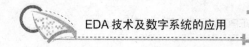

续表

类　　型	宏模块名称	说　　明
小规模功能电路 (SSI Functions)	7400	NAND2 Gate
	7402	NOR2 Gate
	7404	NOT Gate
	7408	AND2 Gate
	7410	NAND3 Gate
	7411	AND3 Gate
	7420	NAND4 Gate
	7421	AND4 Gate
	7423	Dual 4-Input NOR Gate with Strobe
	7425	Dual 4-Input NOR Gate With Strobe
	7427	NOR3 Gate
	7428	Quad 2-Input Positive NOR Buffer
	7430	NAND8 Gate
	7432	OR2 Gate
	7437	Quad 2-Input Positive NAND Buffer
	7440	Dual 4-Input Positive NAND Buffer
	7450	Dual 2-Wide 2-Input AND-OR-INVERT Gate
	7451	Dual AND-OR-INVERT Gate
	7452	AND-OR Gate
	7453	Expandable 4-Wide AND-OR-INVERT Gate
	7454	4-Wide AND-OR-INVERT Gate
	7455	2-Wide, 4-Input AND-OR-INVERT Gate
	7464	4-2-3-2 Input AND-OR-INVERT Gate
	7486	XOR Gate
	74133	13-Input NAND Gate
	74134	2-Input NAND Gate with Tri-State Output
	74135	Quad XOR/XNOR Gates
	74260	Dual 5-Input Positive NOR Gates
	74386	Quad XOR Gate

　　参数化宏功能模块(Megafunctions/LPM)提供了参数可设置的宏单元，它们是一种复杂的逻辑函数模块的集合，可在逻辑设计中任意定制和引用。具体地说，一些模块的各种参数是由电路设计者为了适应设计电路的要求而定制的(或配置)，通过修改宏功能模块的某些参数、定制需要的功能模块，从而达到系统的设计要求，使得基于 EDA 技术的电子设计的效率和可靠性有了很大的提高。用户也可以自己建立元件库为更复杂的系统提供模块。该宏功能模块被系统自动地安装在 Aitera\90\quartus\libraries 目录中，分为门函数模块、运算部件模块和存储部件模块，见表 3-7。在原理图设计中宏功能模块可直接看作元件进行任意调用。有关功能模块的详细信息参阅 QuartusⅡ的 Megafunctions/LPM 帮助信息。

表 3-7　Quartus II 的参数化宏功能库

类　　型	宏功能模块名称	说　　明
门 (Gates)	lpm_and	参数设置的"与"门
	lpm_or	参数设置的"或"门
	lpm_inv	参数设置的反相器
	lpm_xor	参数设置的"异或"门
	lpm_mux	参数设置的多路选择器
	lpm_decode	参数设置的译码器模块
	lpm_bustri	参数设置的三态缓冲器
	lpm_clshift	参数设置的组合移位模块
	lpm_constant	参数设置的恒定振荡器模块
运算部件 (Arithmetic Components)	altaccumulate	参数设置的累加器
	altecc_decoder	参数设置的纠错码译码器
	altecc_encoder	参数设置的纠错码编码器
	altfp_abs	参数设置的浮点绝对值
	altfp_add_sub	参数设置的浮点加法/减法模块
	altfp_compare	参数设置的浮点比较器模块
	altfp_convert	参数设置的浮点计数器模块
	altfp_div	参数设置的浮点除法器模块
	altfp_exp	参数设置的浮点指数模块
	altfp_log	参数设置的浮点对数模块
	altfp_sqrt	参数设置的浮点平方根模块
	altmult_add	参数设置的乘法_加法模块
	altsqrt	参数设置的开平方模块
	lpm_abs	参数设置的绝对值
	lpm_add_sub	参数设置的加法/减法模块
	lpm_compare	参数设置的比较器模块
	lpm_counter	参数设置的计数器模块
	lpm_mult	参数设置的乘法器模块
	lpm_divide	参数设置的除法器模块
存储部件 (Storage Components)	altdpram	参数设置的双口 RAM
	alt3pram	参数设置的三口 RAM
	Lpm_ff	参数设置的触发器(D 触发器和 T 触发器)
	Lpm_latch	参数设置的锁存器组件
	lpm_ram_dg	具有独立输入和输出端口的随机存取存储器(RAM)
	lpm_ram_io	具有一个单 I/O 端口的随机存取存储器(RAM)
	lpm_rom	只读存储器(ROM)
	Csdpram	循环分配双端口随机存取存储器(RAM)
	lpm_fifo	参数设置的单时钟先进先出存储器(FIFO)
	lpm_fifo_dc	参数设置的双时钟先进先出存储器(FIFO)

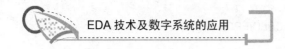

3.6.2　自定制宏功能模块

Quartus Ⅱ 开发工具为设计者提供了"MegaWizard Plug-In Manager",即 MegaWizard 管理器。它可以为设计者建立或修改参数化宏功能模块。它提供了一个供自定制和参数化宏功能模块使用的图形界面(GUI)向导,帮助设计者轻松地为自定制宏功能模块设置参数和选择需要的输入/输出端口,生成设计者所需要的功能模块(.bsf)和 HDL 源文件。

下面通过创建一个六十进制计数器宏功能模块,介绍 MegaWizard 管理器的使用方法,其步骤如下。

(1) 在菜单栏中选择"Tool\MegaWizard Plug-In Manager"命令,或者在图 3.8 所示的元件符号窗口中单击"MegaWizard Plug-In Manager"按钮,启动 MegaWizard 管理器向导,出现如图 3.32 所示的对话框。

(2) 选中 Create a new custom megafunction variation 单选按钮创建一个新的自定制宏功能模块,单击"Next"按钮,弹出如图 3.33 所示的对话框。对话框左侧为宏功能模块库,包括运算部件模块(Arithmetic)、门模块(Gates)、存储部件模块(Memory)、DSP 模块、接口模块(Interfaces)等,选择 arithmetic\LPM_COUNTER 选项,并填入自定制宏功能模块输出的路径和符号名称,如 E:\altera_90\90\book\count60\cunt60,单击"Next"按钮,弹出如图 3.34 所示的对话框。

(3) 在图 3.34 中填入输出信号的位数为 8,并选中 Up only(加法计数)单选按钮,单击"Next"按钮,弹出如图 3.35 所示的对话框。

(4) 将计数器宏模块设置为六十进制计数器,并选中 Carry-out(进位输出)复选框,单击"Next"按钮,弹出如图 3.36 所示的对话框。

(5) 选中异步清零选项,单击"Next"按钮,进入最后一个弹出的窗口,再单击"Finish"按钮,即完成了六十进制计数器宏模块的设置(或定制),在以后的设计时就可以调用这个名为 cunt60 的功能模块。

图 3.32　MegaWizard 管理器对话框

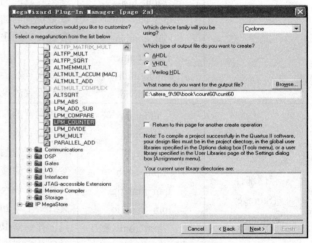

图 3.33　选择宏功能模块输出的路径和符号名称

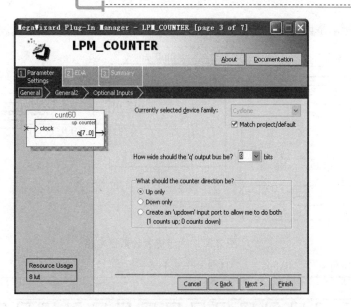

图 3.34　选择计数器类型和输出信号的位数

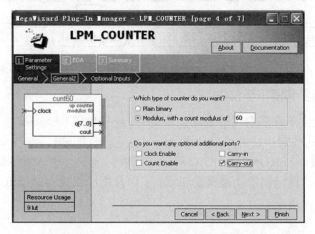

图 3.35　计数器设置为六十进制

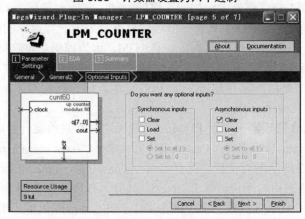

图 3.36　设置计数器异步清零端

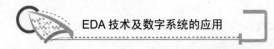

图 3.37 所示是调用 cunt60 模块构成的六十进制计数器电路，其仿真波形如图 3.38 所示。

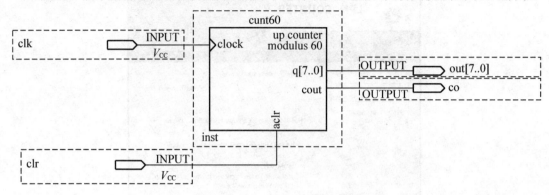

图 3.37　六十进制计数器电路

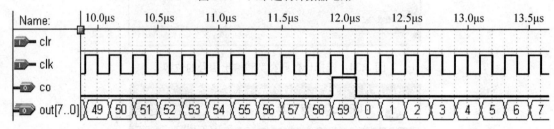

图 3.38　六十进制计数器的仿真波形

3.6.3　嵌入式存储器和锁相环模块

Quartus Ⅱ除包含了许多有用的宏功能模块外，还提供了与 Altera 特定器件有关的宏功能模块，只有使用这些宏模块才可以应用 Altera 特定器件的硬件功能，如存储器、DSP 块、LVDS 驱动器、PLL、SERDES 和 DDIO 等功能模块。定制这些与硬件有关的宏功能模块，其方法与前面介绍的自定制宏功能模块相似。下面介绍嵌入式存储器(ROM)和锁相环(PLL)模块的设置和建立。

1.　定制 ROM 元件

只读存储器 ROM 是存储器中结构较简单的一种，它的存储信息需要事先写入，在使用时只能读取，不能写入。ROM 具有掉电后信息不会丢失的特点。利用 FPGA 器件可以实现 ROM 的功能，但是它不是真正意义上的 ROM，因为掉电后，包括 ROM 单元在内的 FPGA 器件中所有信息都会丢失，再次工作时需要外部存储器重新配置。也就是说，FPGA 器件中的 ROM 数据是由外部存储器在对 FPGA 配置时一起写入的，因此需要事先建立 ROM 的初始化数据文件(*.mif)。

利用 MegaWizard 管理器来定制 ROM 宏功能模块，其具体设计步骤如下。

(1) 打开 MegaWizard 管理器。在 Quartus Ⅱ界面，选择 "Tools\MegaWizard Plug-In Manager" 命令，弹出如图 3.32 所示的对话框。选择 Create a new custom megafunction variation 选项创建一个新的自定制宏功能模块，单击 "Next" 按钮，弹出如图 3.33 所示的对话框。选择 Memory Compiler \ROM:1-PORT 选项，并填入自定制宏功能模块输出的路径和符号名称，如 E:\altera_90\90\book\count60\rom_8，单击 "Next" 按钮，弹出如图 3.39 所示的对话框。

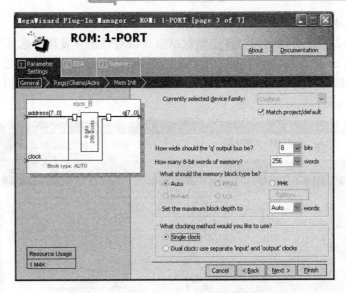

图 3.39　选择 ROM 的数据位宽和字数

(2) 选择 ROM 的控制线、地址线和数据线。在图 3.39 所示的对话框中，选择数据位宽和字数分别为 8 和 256(即地址位数为 8)。并选择单时钟控制方式。单击"Next"按钮，在弹出的对话框中，选择 ROM 的时钟使能 clken 和清零 aclr 输入控制端(可以不选)。再单击"Next"按钮，进入下一个对话框，如图 3.40 所示。

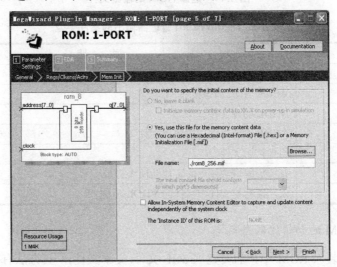

图 3.40　指定 ROM 的初始化数据文件

(3) 指定 ROM 的初始化数据文件(.mif)。在图 3.40 所示的对话框中，如果已经有初始化数据文件，只需要找到 MIF 文件；如果还没有建立 ROM 的初始化数据文件，则先指定 MIF 文件名(如 rom8_256.mif)和存放的文件夹，然后再建立初始化数据文件(其名称与前面指定的 MIF 文件名相同)。"Allow In-System Memory ..."选项表示 Quartus Ⅱ能通过 JTAG 接口对下载到 FPGA 中的 ROM 内容进行在系统测试和读写。

(4) 选择 ROM 的输出文件。在图 3.40 中，单击"Next"按钮，最后进入如图 3.41 所示的 MegaWizard 管理器输出的文件类型对话框。该对话框主要用于选择生成 ROM 的输出文件，MegaWizard 管理器输出的文件类型见表 3-8。单击"Finish"按钮，产生 ROM 的输出文件，完成了定制 ROM 元件。下面还需要建立 ROM 的初始化数据文件 (rom8_256.mif)。

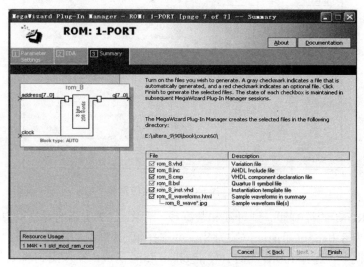

图 3.41　选择 ROM 的输出文件

表 3-8　MegaWizard 管理器输出的文件类型

文件类型	说　明
*.vhd	VHDL 的源文件
*.v	Verilog HDL 的源文件
*.tdf	AHDL 的源文件
*.inc	AHDL 设计中使用的包含文件
*.cmp	组件声明文件
*.bsf	在图形编辑中使用的宏功能模块符号
*._inst.vhd	宏功能模块文件中实体的 VHDL 示例

2. 建立 ROM 的初始化数据文件

为了将数据装入 ROM 中，需要建立 MIF 文件(文本文件)，其方法有许多种，下面主要介绍两种。

(1) 一种初始化 ROM 的方法是手工输入，适于数据量不大的情况。利用 Quartus II 自带的设计输入 Memory initization File 来建立 MIF 文件。

在 Quartus II 界面下，选择"File\New"命令，在弹出的如图 3.7 所示的设计输入文件选择对话框中，选择 Memory File\Memory initization File 项目，并单击"OK"按钮，进入 Number of Words & Word ...对话框，如图 3.42 所示。填入 ROM 需要的字数(为 256)和字长 (为 8)。单击"OK"按钮，进入如图 3.43 所示的 ROM 数据表格对话框。

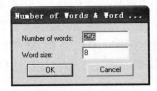

图 3.42　设定 ROM 的字数和字长　　　　图 3.43　ROM 数据表格对话框

　　在 ROM 数据表格对话框中，填入 ROM 的数据。可以右击 Addr 的某个地址，弹出
Address Radix(地址基数)和 Memory Radix(数据基数)快捷菜单，可显示如下几种基数数制
模式：Binary(二进制)、Hexadecimal(十六进制)、Octal(八进制)、Decimal(有符号或无符号
十进制)。完成对 ROM 数据表格的填入后，保存此数据文件，按照定制 ROM 元件的第三
步，将 MIF 文件保存到已指定存放的文件夹中，并且所取的文件名和指定 MIF 文件名(如
rom8_256.mif)相同。

　　MIF 文件是一个文本文件，可由任意文本编辑器打开、编辑和保存。

　　ROM 的初始化数据文件(MIF)可由任意文本编辑器打开、编辑和保存。一位十进制乘
法器的 MIF 文件如下(8 位地址线的高 4 和低 4 位分别为两个乘数，存储的数据为结果)。

```
—— 数据线宽度为 8 和存储单元数目为 256
WIDTH = 8;
DEPTH = 256;
—— 地址和存储数据采用的数制：
—— HEX(十六进制)、BIN(二进制)、OCT(八进制)、DEC(十进制)
ADDRESS_RADIX = HEX;
DATA_RADIX = HEX;
—— 存储内容数据格式：< 地址 : 数据; >
CONTENT BEGIN            —— 存储内容起始标志
    00    :    00;
    01    :    00;
    02    :    00;
        ...
    6f    :    00;
    70    :    00;
    71    :    07;
```

```
72      :     0e;
73      :     15;
74      :     1c;
75      :     23;
76      :     2a;
77      :     31;
78      :     38;
79      :     3f;
7a      :     00;
        ...
fe      :     00;
ff      :     00;
END;                    —— 存储内容结束标志
```

(2) 另一种初始化 ROM 的方法是利用计算机高级程序语言的方法，适于数据量较大的情况。由于每一个 MIF 文件都具有相同的文本格式，编写一个新的 MIF 文件可以在任意一个 MIF 文件基础上进行修改。因此可以利用高级程序语言来产生 ROM 的数据值和格式，这样可方便快速地编写出*.mif 文件。利用 C 程序语言产生正弦波数据值的 C 程序如下。

```c
#include <stdio.h>
#include "math.h"
main( )
{ int i;   float y ;
    for( i=0;i<1024;i++)
    { y = sin(atan(1)*8*i/1024);
      printf("%d : %d; \n",i ,(int)(y+1)*1023/2));
    }
}
```

把上述源程序编译后生成执行程序(如 genrommif.exe)，可在 DOS 命令下执行如下命令：genrommif > sinrom.mif。将生成的 sinrom.mif 文件按照 MIF 文件格式进行重新编辑即可。

通过以上 ROM 模块设置和 ROM 的 MIF 文件的建立完成了一个嵌入式存储器 ROM 的宏模块。在 Quartus Ⅱ 设计工程中，该宏模块可作为一个元件进行调用。但是在 FPGA 器件中实现存储器的功能，需要占用芯片的存储单元，而这资源是十分有限的。在一个数字系统设计中所需要的存储单元的数目既受存储容量的限制，又受嵌入式阵列块 EAB 数目的限制。例如，在设计中使用过多的存储单元，设计者就必须选用更大规模的器件，而此时往往导致大量的逻辑单元未被充分利用。一个功能单元可以有各种设计思路和实现方法，存储单元可以执行逻辑操作，而逻辑单元也可以完成一定的存储功能。因此设计者对于 FPGA 的存储单元和逻辑单元的使用效率应该有全面的思考，一个好的 FPGA 设计应该是速度、可靠性和资源利用率三方面的最佳结合。

3. 嵌入式锁相环

Quartus Ⅱ 提供的锁相环(PLL)宏功能模块可以实现与输入时钟信号同步，并以其作为参考信号实现锁相，从而输出一到多个同步倍频或分频的片内时钟信号。Altera 的 Cyclone 系列和 Stratix 系列器件内具有锁相环的硬件功能，所以可以在这些器件中应用 PLL 宏功能模块。片内 PLL 的输出信号比外部时钟信号的延迟时间少，波形畸变小，减少了干扰且改善时钟信号的建立和保持时间。在嵌入式系统设计中不可避免地要使用到片内 PLL。下面介绍建立嵌入式锁相环的方法。

(1) 打开 MegaWizard 管理器。与定制 ROM 宏功能模块的方法相似。按照 MegaWizard 管理器窗口的图形界面顺序，在图 3.33 所示的对话框中选择 I/O\ALTPLL 项目，并填入 PLL 模块名称和输出的路径(如 E:\altera\work\my_pll)，单击"Next"按钮，进入如图 3.44 所示的对话框。

(2) 在图 3.44 的左边显示嵌入式锁相环的元件图，元件包括外部时钟输入端 inclk0、使能输入端 pllena、复位输入端 areset，(倍频或分频)输出端 c0 和相位锁定输出端 locked。这一步主要是设置输入时钟信号的频率，其他项可选默认值。单击"Next"按钮，进入下一个对话框，如图 3.45 所示。

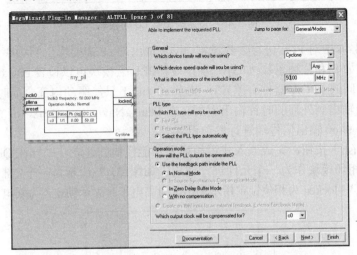

图 3.44　选择输入时钟频率

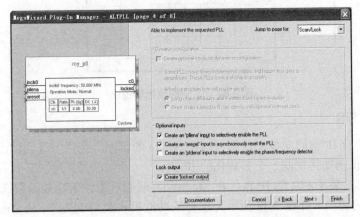

图 3.45　选择 PLL 输入和输出控制端

(3) 在图 3.45 中，主要对 PLL 输入和输出控制端进行选择。单击"Next"按钮，进入下一个对话框，如图 3.46 所示。

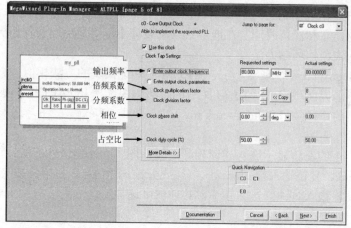

图 3.46　设定输出端 c0 的频率

(4) 在图 3.46 中对 PLL 进行参数设置，设定输出端 c0 需要输出的频率值(如 80MHz)，或者倍频系数(如 8)和分频系数(如 5)。对于一个 PLL 宏模块可以设置 c0、c1 和 e0 三个输出时钟信号(不同的 FPGA 器件有差异)，其中 c0 和 c1 只能驱动内部全局时钟网络，而输出信号 e0 只能输出到外部的时钟输出引脚。在 Quick Navigation 栏中单击"c1"或"e0"按钮，可对 c1 和 e0 输出信号端进行参数设置。

单击"Finish"按钮，完成嵌入式锁相环宏功能模块的建立。同样在 Quartus Ⅱ 设计工程中，可将锁相环模块作为一个元件进行调用。如图 3.47 所示为一个定制的锁相环模块(my_pll.bsf)，其中 locked 为相位锁定指示输出，为高电平时表示锁定，为低电平时表示失锁。

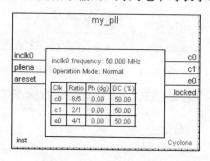

图 3.47　定制的锁相环模块

3.6.4　滤波器 FIR

Altera 的所有 IP 核的安装文件都可以在 Altera 的官网上免费下载。本节将以 Altera 的 IP 核 FIR 为例说明如何定制一个参数化的 IP 核。

(1) 如果已安装了 FIR 的 IP 核，在 MegaWizard 管理器的宏功能函数选择对话框中会出现可供选择的选项，如图 3.48 所示为选择宏功能模块类型 FIR。单击"next"按钮，会出现 Loading IP Toolbench 的状态条，随即打开 IP Toolbench 窗口，如图 3.49 所示。

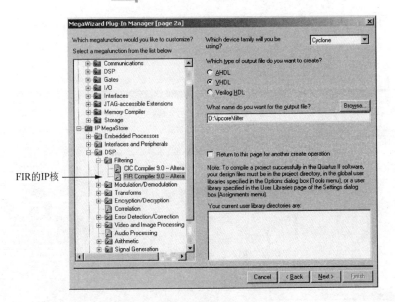

图 3.48　选择宏功能模块类型 FIR

图 3.49　IP Toolbench 窗口

（2）单击"Step1：Parameterize"按钮，进行参数化设置，其界面如图 3.50 所示，为 FIR 滤波器特性界面。单击"New Coefficient set"按钮，弹出滤波器系数生成对话框，可修改相关参数，重新设置滤波器的频率响应特性曲线，如图 3.51 所示为 FIR 滤波器系数生成对话框，可进行滤波器类型的选择(高通、低通、带通、带阻等)，设定滤波器阶数和截止频率。

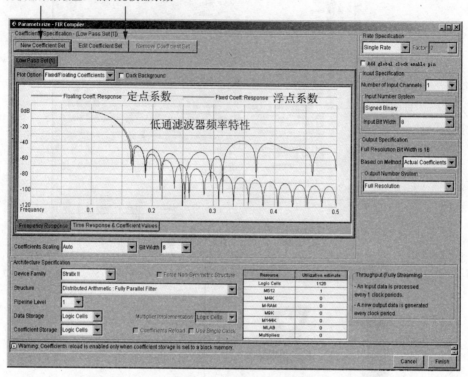

图 3.50　FIR 滤波器特性界面

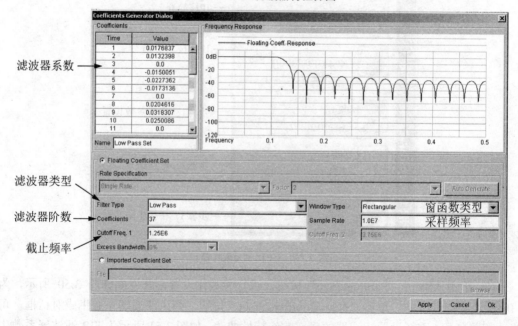

图 3.51　滤波器系数生成对话框

（3）单击图 3.49 中的"Step2：Set Up Simulation"
按钮，进行仿真模型的选择，单击 Simulation Model
选项卡，出现 FIR 仿真设置对话框如图 3.52 所示。

（4）单击图 3.49 中的"Step3：Generate"按钮，
生成 FIR 模块。如图 3.53 所示为 FIR 模块生成窗口。
最后生成的 IP 核文件包括封装文件、仿真模型和
仿真向量文件等，如表 3-9 列出 FIR 模块输出的文
件类型。如果该 IP 核支持 OpenCorePlus，那么用户
可以免费将其下载到芯片中去验证。

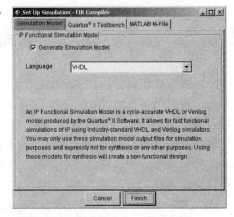

图 3.52　FIR 仿真设置对话框

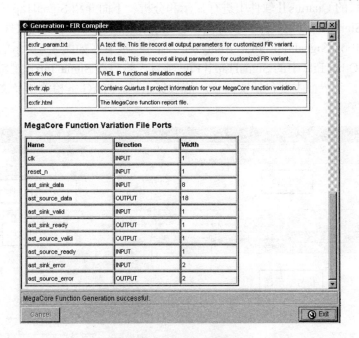

图 3.53　FIR 模块生成窗口

表 3-9　FIR 模块输出的文件类型

文件类型	说　　明
*.vhd	MegaCore 的函数文件
*.cmp	在 VHDL 中 MegaCore 模块的声明文件
*.bsf	在图形编辑中使用的功能模块符号
tb_*.vhd	Testbench 的激励文件
*.m	MATLAB 的仿真文件

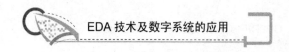

3.7 嵌入式逻辑分析仪的硬件测试

嵌入式逻辑分析仪 SignalTap II 是 Quartus II 集成的一个内部逻辑分析、调试的软件工具，使用它可以通过 JTAG 接口从运行的器件中返回需要观察的内部信号节点波形。与前面介绍的功能时序仿真分析不同，它反映了设计工程在器件内部实际信号节点的状态。SignalTap II 可以随着设计文件一同下载到目标芯片中，用以捕捉目标芯片内部设计者感兴趣的信号节点的信息，而不影响硬件系统的正常工作。这样有利于设计者对器件芯片进行分析和调试。

实际上，嵌入式逻辑分析仪 SignalTap II 是将测得的样本信号暂存于目标器件的嵌入式存储器(如 ESB、M4K)中，然后通过器件的 JTAG 端口和下载电缆线将采集的内部信息传出，送入计算机的 Quartus II 软件中进行显示和分析。下面介绍 SignalTap II 的使用方法。

(1) 启动 SignalTap II 逻辑分析仪界面。首先确认已经打开一个工程文件，在 Quartus II 界面中选择"Tools\SignalTap Logic Analyzer"命令；或者在如图 3.7 所示的设计输入文件对话框中选择 Other File 中的 SignalTap II File 项目，将启动 SignalTap II 逻辑分析仪界面，如图 3.54 所示。该界面主要包括实例栏、信号显示栏、JTAG 链检测栏及文件加载栏、层次栏、参数设置栏等。

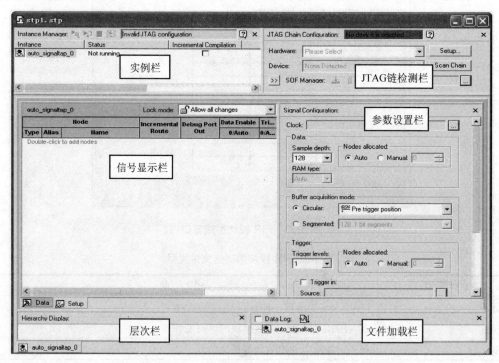

图 3.54　SignalTap II 逻辑分析仪界面

在实例栏中，可以看到系统自动建立的一个 SignalTap II 实例 auto_signaltap_0，为了管理方便，可以将其重新命名(如 seq8)。还可以通过右键快捷菜单创建多个实例，它们各自

拥有独立的参数设置。在右上角的 JTAG 链检测栏
中，SignalTap II 只有在 JTAG 电缆线连接到目标
器件的时候才能使用。

　　在 Hardware 栏中需要通过"Setup"按钮选择
JTAG 电缆类型。单击"Scan Chian"按钮，可检
测出目标芯片的型号。

　　(2) 添加待测信号，即为 SignalTap II 添加需
要观察的信号和节点。在逻辑分析仪界面信号显
示栏的空白处双击，将打开如图 3.18 所示的 Node
Finder 对话窗口。其使用与仿真波形编辑窗口中添
加信号节点的方法相同。

　　(3) SignalTap II 的参数设置，在如图 3.55 所
示参数设置栏中，主要选择采样时钟、采样深度、
使用的 RAM 类型、触发信号和触发方式等。

　　"Clock"栏用于设置采样时钟，SignalTap II
是在时钟的上升沿采样，设计者可以使用设计中
的任何信号作为采样时钟，但是为了更好地观察
信号波形，推荐使用同步系统全局时钟作为采样
时钟。

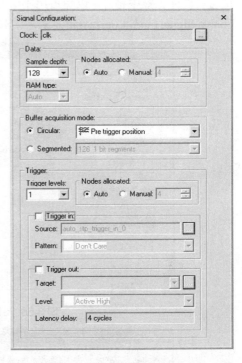

图 3.55　SignalTap II 的参数设置栏

　　"Data"区域中的选项用于设置采样深度，它
决定每个信号可存储的采样数目。采样深度的设置范围为 0～128KB。可设置的采样深度
是根据设计中剩余的 RAM 块和待测信号数量来决定的。

　　"Buffer acquisition mode"区域中的选项用于设定触发的起始位置。

　　"Trigger"区域中的 Trigger in 选项用于选择外部送入的信号作为 SignalTap II 的触发信
号。Trigger out 选项用于选择一个信号用以触发外部器件。

　　(4) 保存 SignalTap II 设置，生成逻辑分析仪文件(.stp)。SignalTap II 中的所有设置及捕
获的信号数据都保存在 STP 文件(如 stp1.stp)中。

　　(5) 重新编译包含 STP 文件的设计工程。在 STP 文件生成后，需要对设计工程进行重
新编译。首先在 Settings 对话框中的 Fitter Settings 项目下，选择"SignalTap II Logic Analyzer"
项，如图 3.56 所示。

　　Enable SignalTap II Logic Analyzer 选项表示使能 SignalTap II 逻辑分析仪。在 SignalTap
II File Name 栏中填入或调入要编译的 STP 文件名(如 stp1.stp)。设置好编译参数后，对工
程执行完全编译，并将编程下载文件配置到目标器件中。

　　(6) 观察波形和捕获数据，SignalTap II 有单步运行和连续运行两种方式。在逻辑分析
仪界面窗口的实例栏上方，单击图标 为单步运行；单击图标 为连续运行。在信号显
示栏中可观察到从运行的器件内部返回的信号节点波形，如图 3.57 所示。若要以数据的方
式显示，单击图标 即可。

　　使用嵌入式逻辑分析仪 SignalTap II 对设计工程进行逻辑分析和硬件测试完毕后，需要

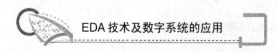

将它从设计工程中移除，以免占用不必要的芯片内部资源。其方法是在图 3.56 中不要选中 Enable SignalTapⅡLogic Analyzer 复选框即可。重新编译工程，配置目标器件。

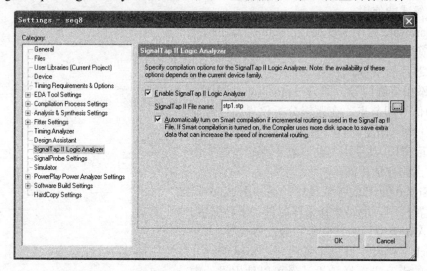

图 3.56　SignalTapⅡ的编译设置

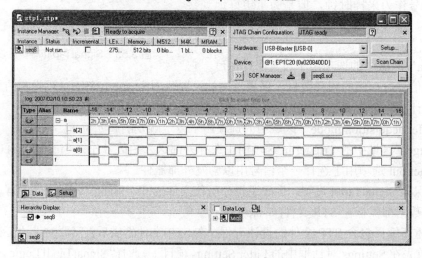

图 3.57　逻辑分析仪测试波形

3.8　嵌入式系统设计

21 世纪电子信息技术获得了飞速发展，电子产品的更新换代进一步加快，现代电子设计技术已进入一个全新的阶段，系统设计方法发生根本变化。超深亚微米(Very Deep Sub-Micron，VDSM)的半导体技术可以将一个电子系统或子系统完全集成在一个芯片之上，集成电路的设计已经进入片上系统(SOC)时代。SOC 以其低功耗、高性能、低成本和高可靠性等优点成为嵌入式系统的发展趋势。由于 CPLD/FPGA 的结构、工艺、功能、规模和工作速度的不断提高和新的 EDA 开发工具的使用，使 CPLD/FPGA 在复杂逻辑电路及数字信号处理领域中扮演着越来越重要的角色，为 SOC 提供了一种设计简单、成本低廉的实现手段。

利用 FPGA 器件来实现 SOC 的技术称为嵌入式 SOPC(可编程单芯片系统)。SOPC 技术既具有基于模板级设计的特征，又具有基于 ASIC 的系统级芯片设计的特征和可重构性，是高效自动化的设计方法。著名的现场可编程逻辑器件厂商如 Altera、Xilinx 等都在为此努力，正在开发适于系统集成的新器件和 EDA 开发工具，这又进一步促进了 SOPC 的发展。

Quartus II 支持 SOPC Builder 和 DSP Builder 嵌入式系统设计流程。设计者能够以更高级的抽象概念快速设计、评估可编程芯片系统(SOPC)的体系结构和设计。SOPC Builder 是自动的系统开发工具，可用非常简化的方式来建立高性能 SOPC 设计。此工具能够在 Quartus II 软件中使 SOPC 开发的系统定义和集成阶段完全实现自动化。SOPC Builder 允许选择系统组件、定义和定制系统，并在集成之前生成和验证系统。

Altera 的 DSP Builder 是一个系统级的 DSP(数字信号处理)开发工具，集成了高级算法和 HDL 开发功能。它结合 MathWorksMATLAB 和 Simulink 系统级设计工具的算法开发、仿真和验证功能，并且通过 VHDL 综合和仿真工具及 Quartus II 软件，来进行 DSP 模块的硬件设计。

3.8.1　用 SOPC Builder 创建 SOPC 设计

SOPC Builder 包含在 Quartus II 软件中，它为建立 SOPC 设计提供标准化的图形环境，SOPC 由 CPU、存储器接口、标准外设和用户自定义的外设等组件(或模块)组成。SOPC Builder 允许选择和自定义系统模块的各个组件和接口。SOPC Builder 将这些组件组合起来，生成对这些组件进行例化的单个模块，并自动生成必要的总线逻辑，将这些组件(或模块)连接起来。

SOPC Builder 库包括的组件和接口为处理器、知识产权(IP)和外设、存储器接口、通信外设、总线和接口(包括 Avalon 接口)、数字信号处理(DSP)内核、软件、头文件、通用的 C 驱动程序、操作系统(OS)内核等。

可以使用 SOPC Builder 构建包括 CPU(嵌入式处理器 Nios II)、存储器接口和 I/O 外设在内的嵌入式微处理器系统，将其集成到整个 Quartus II 工程中。设计者可以根据需要确定处理器模块数量(多处理器)及其参数，选择所需的外围控制电路(存储器控制器、总线控制器、I/O 控制器、定时器等)和外部设备。SOPC Builder 还可以导入或提供自定义逻辑模块的接口，并且把该模块作为定制外设连接到系统上。

SOPC Builder 通过加载 Nios II 核和外围接口的定义配置一个高集成度的 SOPC 系统的嵌入式处理器模块。SOPC 开发是包括以 Nios II 处理器为核心的嵌入式系统的硬件开发、硬件仿真、下载配置、集成开发环境(IDE)的软件设计和软件调试等过程。SOPC 的设计流程如图 3.58 所示，主要包括两方面：一方面使用 Quartus II 和 SOPC Builder 工具进行硬件开发；另一方面使用 Nios II IDE 工具进行软件开发。

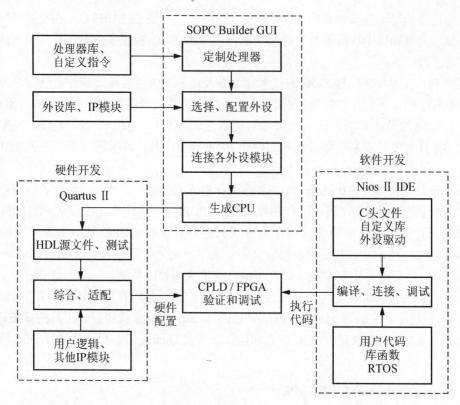

图 3.58 SOPC 设计流程

1. 嵌入式处理器 Nios II

Altera 公司在 2004 年推出了 Nios II 系列 32 位 RSIC 嵌入式软核处理器。Nios II 软核比第一代 Nios 具有更高水平的效率和性能。Nios II 核平均占用不到 50%的 FPGA 资源，而计算性能增长了 1 倍。Nios II 嵌入式处理器性能超过 200DMIPS，采用 32 位指令、32 位数据和地址、32 位通用寄存器和 32 个外部中断源；支持用户的专用指令多达 256 个，并且支持 60 多个外设选项，设计者能够选择合适的外设，获得最合适的处理器、外设和接口组合，而不必支付根本不使用的硅片功能。

Altera 推出的 Nios II 正是为设计者提供了 FPGA 优化的灵活的嵌入式处理器，以及为 SOPC 设计了一套综合解决方案。Nios II 处理器具有完善的软件开发套件，包括编译器、集成开发环境(IDE)、JTAG 调试器、实时操作系统(RTOS)和 TCP/IP 协议栈。设计者能够利用 Altera Quartus II 软件中的 SOPC Builder 系统开发工具很容易地创建用户定制的 CPU 和外设，获得恰好满足需求的处理器系统。

SOPC Builder 开发工具创建用户定制的嵌入式微处理器，需要进行 SOPC 的嵌入式处理器硬件和软件设计。

2. Nios II 的硬件和软件开发

Nios II 不同于专用的 CPU，它是一个用户定制的 CPU，可以增加新的外设、新的指令和分配外设的地址等。Nios II 的硬件开发就是由设计者通过 SOPC Builder 开发工具创建合适的 CPU 模块和外设接口，加入设计工程文件中。

　　首先在设计文件(原理图)中创建 CPU 模块。选择"Tools\SOPC Builder…"命令，打开 Quartus Ⅱ 集成环境的 SOPC 开发工具，显示如图 3.59 所示的 SOPC Builder 图形用户界面。

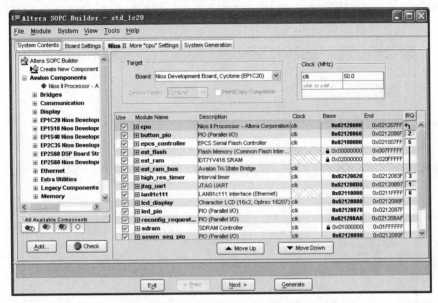

图 3.59　SOPC Builder 图形用户界面

　　SOPC Builder 图形用户界面包括四个页面(标签)：系统内容(System Contents)、目标板设置(Board Settings)、CPU 设置(Nios Ⅱ More "cpu" Settings)和系统生成(System Generation)等。系统内容标签页面如图 3.59 所示，它主要包括两部分：左侧为组件库，列出了所有可用库的组件列表；右侧为当前设计者选用的组件列表。设计者通过每个组件的图形界面进行参数或选项的设定，来完成对这些组件的选用。

　　设计者使用 SOPC Builder 创建一个嵌入式处理器模块(.bsf)时，SOPC Builder 自动生成一个以该处理器模块命名的 PTF 文件，所有的设计信息都保存在该文件(.ptf)中。PTF 文件描述嵌入式处理器模块的硬件结构，SOPC Builder IDE 就是 PTF 文件的专用编辑器，也可以使用文本编辑器来修改 PTF 文件。每当使用 SOPC Builder 重新打开已有的嵌入式处理器系统时，PTF 文件是 SOPC Builder 读取该系统设计信息的唯一来源。

　　设计嵌入式处理器硬件后，在 Quartus Ⅱ 工程文件中调用该处理器模块的符号(.bsf)，然后对该工程进行综合、适配、仿真和硬件配置。在完成系统的硬件设计的同时，还需要对嵌入式处理器进行软件设计。

　　使用 Nios Ⅱ IDE 可完成嵌入式处理器系统的所有软件开发任务。在 SOPC Builder 生成嵌入式处理器后，可以直接使用 Nios Ⅱ IDE 设计 C/C++应用程序代码。Altera 提供外设驱动程序和硬件抽象层(HAL)，设计者能够快速编写与低级硬件细节无关的 Nios Ⅱ 应用程序。在 Nios Ⅱ IDE 中创建一个应用程序时，需要指定 SOPC Builder 生成 PTF 文件的位置，用它来传递处理器系统硬件的配置信息，特别是各个组件的地址信息，这些信息将通过 system.h(自动生成)传递到应用程序中。

　　Nios Ⅱ IDE 开发工具不包括在 Quartus Ⅱ 软件中，需要单独安装。从 Windows 中的开始菜单启动 Nios Ⅱ集成开发环境，如图 3.60 所示。选择"File\New\Project…"命令，打开新建 C/C++工程向导，根据弹出的工程向导界面窗口，按照要求对参数和选项进行设定，完成应用程序新工程的建立和代码的编写。然后选择"Project\Build Project"命令，对工程进行编译连接，产生可执行的连接文件(*.elf)。可直接将 ELF 文件下载到目标板上的 RAM 中，进行硬软件的调试和运行。

图 3.60　NiosⅡ集成开发环境

3.8.2　用 DSP Builder 创建 DSP 设计

Altera 的 DSP Builder 是一个在 FPGA 上实现 DSP 算法的系统级设计工具。借助 MATLAB/Simulink 设计环境，DSP Builder 可以将 DSP 系统从算法框图转换为可实现的 HDL 设计文件和 Tcl 脚本，在 QuartusⅡ软件中编译设计，还可以选择下载设计到 DSP 开发板上。

实际上，DSP Builder 可看作一个桥梁，它将系统级的建模工具与 RTL 级的可编程逻辑设计工具连接起来。设计者在 Simulink 中进行图形化的系统建模和仿真，再通过 DSP Builder 中的 SignalCompiler 把 Simulink 模型转换为硬件描述语言，简单、快捷地构建 DSP 系统。

DSP Builder 设计工具不包括在 QuartusⅡ软件中，需要单独安装(先安装 MATLAB)。DSP Builder 的设计流程是一个多种工具协调配合的过程，如图 3.61 所示，可分为以下几个步骤。

(1) 在 MATLAB/Simulink 中利用 DSP Builder 模块搭建 DSP 系统模型。

(2) 在 MATLAB/Simulink 下进行系统级仿真，并用 Scope 模块观察仿真结果。

(3) 运行 DSP Builder 中的 Signal Compiler，生成 HDL 描述的 DSP 模块，并进行 RTL 级的仿真。

(4) 把 HDL 描述的 DSP 模块添加到 QuartusⅡ的设计工程中，进行综合、适配、仿真和配置下载，完成目标硬件的设计和验证。

如果已经安装了 DSP Builder 设计工具，就可以进入 MATLAB 环境界面，开启 MATLAB 的图形化建模仿真环境 Simulink，如图 3.62 所示为 Simulink 的库管理器(Library Browser)。在库管理器左侧是 Libraries(库)列表，其中可以看到"Altera DSP Builder Advanced Blockset"和 "Altera DSP Builder Blockset" 两个库。这两个库是由 Altera 公司提供的设计需要的各种功能模块。

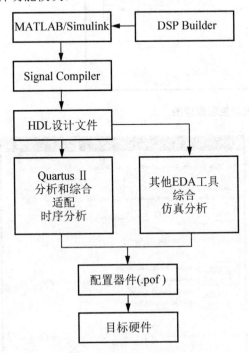

图 3.61　DSP Builder 的设计流程

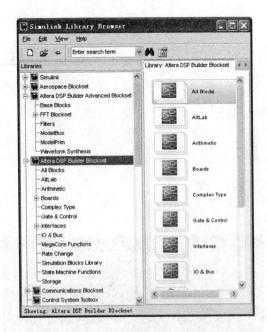

图 3.62　Simulink 的库管理器

然后建立 Simulink 的模型文件(*.mdl)，如图 3.63 所示为可控正弦波发生器原理图(模型文件名为 sin_wave.mdl)。图中 IncCount 是阶梯信号发生模块，产生一个以时钟线性递增的地址信号，送往 sinLUT。sinLUT 是正弦函数值查找表模块(存储 8 位正弦波数据)，然后经过延时模块 Delay 后，正弦波数据送往乘法模块 Product，与 sinCtrl(输入)模块相乘，由 sinOut(输出)模块输出数据。sinCtrl 通过 Product 可以控制数据的输出。以上这些模块是由 "Altera DSP Builder Blockset" 库提供的，并且每个模块还需要进行参数设置。而 Step(阶跃信号) 和 Scope1(示波器) 是 Simulink 的基本模型库中的两个模块，只参与 MATLAB/Simulink 下的系统级仿真，不能生成 HDL 描述的 DSP 模型。如图 3.64 所示为可控正弦波发生器仿真图。在图 3.64 中，上部分波形为输出信号；下部分波形为输入信号。

在图 3.63 中，双击 Signal Compiler 模块，弹出如图 3.65 所示的 Signal Compiler 对话框，这样就可以把 Simulink 建立的模型文件(可控正弦波发生器：sin_wave.mdl)转化为 VHDL，还可调用 Quartus Ⅱ对该模型进行综合和适配。关于利用 DSP Builder 创建 DSP 模型的详细内容请参考其他书籍。

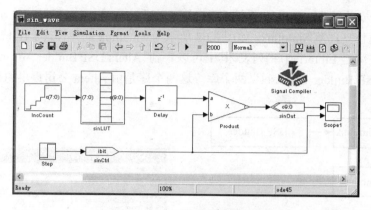

图 3.63　可控正弦波发生器原理图

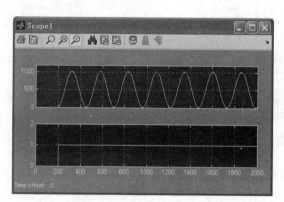

图 3.64　可控正弦波发生器仿真图

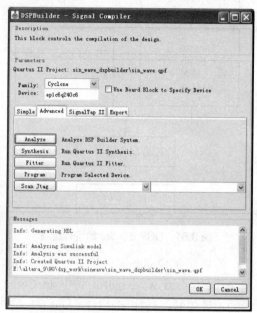

图 3.65　Signal Compiler 对话框

本 章 小 结

　　本章主要介绍 Altera 公司的 CPLD/FPGA 开发工具——Quartus Ⅱ 的使用、新工程的建立和输入设计文件等。它是一个完整的多平台设计环境，将设计、综合、布局、仿真验证和编程下载及第三方 EDA 工具集成在一个无缝的环境中。Quartus Ⅱ 支持原理图、VHDL、Verilog HDL 及 AHDL 等多种设计输入形式，内嵌自有的综合器及仿真器，可以完成从设计输入到硬件配置的完整 PLD 设计流程。

　　Quartus Ⅱ 支持 Altera 的 IP 核，包含了 LPM/MegaFunction 宏功能模块库，用户可以充分利用成熟的模块，简化了设计的复杂性，加快了设计速度。此外，Quartus Ⅱ 通过和

DSP Builder 工具与 MATLAB/Simulink 相结合，可以方便地实现各种 DSP 应用系统；还支持 Altera 的片上可编程系统(SOPC)开发，集系统级设计、嵌入式软件开发、可编程逻辑设计于一体，是一种综合性的开发平台。

　　Quartus Ⅱ 不仅仅支持丰富的器件类型和图形界面，还包含了许多诸如 SignalTap Ⅱ、Chip Editor 和 RTL Viewer 的设计辅助工具，集成了 SOPC 和 HardCopy 设计流程。Quartus Ⅱ 作为一种可编程逻辑的设计环境，由于其强大的设计能力和直观易用的接口，越来越受到数字系统设计者的欢迎。

习　题

　　3-1　填空题

　　1．EDA 工具大致可以分为_____、_____、_____、_____及_____等五个模块。

　　2．EDA 的设计输入主要包括_____、_____和_____。

　　3．文本输入是指采用_____进行电路设计的方式。

　　4．时序仿真是在设计输入完成之后，选择具体器件并完成布局布线之后进行的时序关系仿真，因此又称为_____。

　　5．功能仿真是指在设计输入完成后，选择具体器件进行编译之前进行的逻辑功能验证，又称为_____。

　　6．EDA 的设计验证包括_____、_____和_____三个过程。

　　7．在 EDA 工具中，能将硬件描述语言转化为硬件电路的重要工具软件称为_____。

　　8．在 EDA 工具中，能完成在目标系统器件上布局布线的工具称为_____。

　　9．Quartus Ⅱ 工具中支持的硬件描述语言有_____、_____、_____、_____等。

　　10．Quartus Ⅱ 工具中文件类型的扩展名为 gdf 表示_____文件；qpf 表示_____文件；vwf 表示_____文件；sof 表示_____文件；mif 表示_____文件。

　　11．在 EDA 工具中，ModelSim 软件_____(具有/不具有)逻辑综合功能；Synplify 软件_____(具有/不具有)逻辑综合功能。

　　3-2　简述 Quartus Ⅱ 的 FPGA 设计流程。

　　3-3　用 74161 设计 220 进制计数器。

　　3-4　用 74160 设计 160 进制计数器，要求 8421BCD 输出。

　　3-5　用 74161 设计的循环输出信号顺序为 0001、0010、0100、1000、1100、1110、1111、1110、1100、1000、0000。

　　3-6　设计一个周期性产生二进制序列 01001101 的序列信号发生器。

　　3-7　用 7490 设计模为 765 进制计数器，要求 8421BCD 输出。

　　3-8　设计一个 7 人表决电路，要求多数同意则表决通过。

　　3-9　利用嵌入式存储器 ROM(宏功能模块)设计一个 8 位输出的流水灯。

　　3-10　设计一个锯齿波电路，用嵌入式逻辑分析仪 SignalTap Ⅱ 对其进行逻辑分析和硬件测试。

第 **4** 章
硬件描述语言 AHDL

 学习目标和要求

❖ 了解 AHDL 的语言特点和基本结构;
❖ 熟悉 AHDL 的语言规则;
❖ 掌握 AHDL 的设计流程和语句;
❖ 掌握 AHDL 实现数字单元电路的方法。

AHDL 是一种模块化的高级语言,它集成于 QuartusⅡ的软件开发系统中,特别适合于描述复杂的组合逻辑、组运算、状态机和真值表。AHDL 文件作为一种文本文件,它既可以用 QuartusⅡ提供的文本编辑器,也可以用其他文本编辑器来建立文本设计文件(.tdf)。但是,QuartusⅡ文本编辑器更适合进行文本编辑、编译和调试等工作,尤其是在信息处理器中对错误有自动定位的功能,使调试十分方便。QuartusⅡ编译器还可以产生 AHDL 文件设计的报告文件(.tdx)和文本设计输出文件(.tdo)。

在 AHDL 文件中包含很多有特色的段和语句,并且包含许多用来在行为语句中对逻辑进行描述的元素。可以使用 AHDL 建立完整层次的工程设计项目,或者在一个层次的设计中混合使用 AHDL 文件和其他类型的设计文件。

4.1 AHDL 的基本元素

AHDL 具有计算机编程语言的一般特性,其语言元素是编程语句的基本单元,准确理解和掌握 AHDL 元素的含义和用法是十分重要的。

1. AHDL 的数值

数值被用来在逻辑表达式、真值表、状态机和等式中指定常量值。AHDL 支持十进制、二进制、八进制和十六进制数的所有组合。采用不同前缀 B(二进制)、Q 或 O(八进制)、X 或 H(十六进制数)来区分,接着用双引号把数值包括起来。

例如,以下是正确的写法:

56   B"011010"   B"0110X1X10"   Q"4671223"   H"123AECF"

以下规则也适用于 AHDL 的数值。

(1) Quaryus II 编译器器总是把逻辑表达式中的数值翻译为二进制数。

(2) 在表达式中的一个单一节点不能用数值赋值，必须用常量 VCC 和 GND(关键字)来赋值。VCC 表示信号的高电平和逻辑"1"；GND 表示信号的低电平和逻辑"0"。

(3) 字符常量可由 Constant(常量)语句定义。

2. 符号名

符号名是由一串字母或数字符号组成，与字母的大小写无关，长度不得超过 32 个字符。符号名又分为带引号和不带引号的两种，带引号的是把符号名括引在单引号内。因此应按以下规定定义符号名。

(1) 不带引号的符号名由字母 a～z、A～B、0～9、斜线(/)、下画线(_)等符号组成。但是不能是关键字、保留标识符，且不能只由数字(0～9)符号组成。

(2) 带引号的符号名由字母 a～z、A～B、0～9、斜线(/)、减号(-)、下画线(_)等符号组成。关键字可被括在单引号内作为符号名使用。但是单引号内不能是保留标识符。

例如，合法的不带引号和带引号的符号名：

a /a2 '-bar' 'table' '1221'

不合法的不带引号和带引号的符号名：

node -foo 55 'bowling4$' 'has a space'

在 AHDL 中有三种类型的符号名：

(1) 用户定义的标识符。它们在 AHDL 文件中被用来对如下部分进行命名：内部和外部节点，常量，状态机变量、状态名和状态位，实例。

(2) 子设计名：用户为下层设计文件定义的名称，其长度不得超过 8 个字符。该名称必须与相应的 TDF 文件同名。

(3) 端口名：为逻辑函数的输入和输出指定的端口名称。

3. 关键字和保留标识符

在 AHDL 语句的开始、结尾及中间过程都需要使用关键字。保留标识符是 AHDL 为一些专门用途所保留的名称，用户不能随意使用这些标识符。应避免在设计文件中使用保留标识符和关键字作为节点名、常量名和端口名。

使用保留标识符和关键字的区别是：关键字被括在单引号中可当作符号名使用，而保留标识符则不能。但它们的都可以在注释中任意使用。它们不区分大小写，Altera 建议用大写字母来写关键字，以便阅读文件。

(1) 关键字(Reserved Keywords)：

AND	FUNCTION	OUTPUT
ASSERT	GENERATE	PARAMETERS
BEGIN	GND	REPORT
BIDIR	HELP_ID	RETURNS
BITS	IF	SEGMENTS
BURIED	INCLUDE	SEVERITY
CASE	INPUT	STATES
CLIQUE	IS	SUBDESIGN

CONNECTED_PINS	LOG2	TABLE
CONSTANT	MACHINE	THEN
DEFAULTS	MOD	TITLE
DEFINE	NAND	TO
DESIGN	NODE	TRI_STATE_NODE
DEVICE	NOR	VARIABLE
DIV	NOT	VCC
ELSE	OF	WHEN
ELSIF	OPTIONS	WITH
END	OR	XNOR
FOR	OTHERS	XOR

(2) 保留标识符(Reserved Identifiers)：

CARRY   CASCADE   CEIL   DFFE   DFF   EXP   FLOOR   GLOBAL
JKFFE   JKFF   LATCH   LCELL   MCELL   MEMORY   OPENDRN
SOFT SRFF   SRFFE   TFF   TFFE   TRI   USED   WIRE   X

保留标识符包括了所有缓冲器、触发器和锁存器等基本元件的名称及预定义的逻辑级 X。

4. 节点和组

节点可以看成单个信号。组是多个节点的集合，被当作一个整体来操作。在逻辑表达式和等式中，常把相同类型的符号名和端口名称当作组来说明和应用。一个组最多可包括 256 个成员(或位)。在设计文件的逻辑段或变量段中，组可由许多节点组成，并且在表达式和等式中一个节点和常量 VCC、GND 可以被复制成一个组。

1) 单值域组

单值域组是由一个符号名或端口名后跟一个括在方括号中的整数域组成。整数域可由数字或算术表达式表示，在它们中间用两个断续点(..)隔开，并且括在方括号内。例如，a[4..1]表示 a4、a3、a2、a1 这四个节点。域一般按降序排列，如果要按升序或混合排列，必须用 Options 语句说明。

如果一个组在前面已被定义了，可利用[ ]来表示该组。例如，a[4..1](已被定义过)也可用 a[]表示。为了表示一个组里的单个符号名或某个节点，可以把单个数字放在方括号内，如 a[3]；也可在符号名后紧接一个数字，如 a3 与 a[3] 的意义相同。还有其他表示组的方式。例如：

a[2*2..2-1]、a[B"100"..B"001"]都表示一个具有 a4、a3、a2、a1 的组。

2) 双值域组

双值域组是由一个符号名或端口名后跟括在方括号中的两个整数域组成。例如，b[2..1][5..3] 表示具有成员 b[2][5]、b[2][4]、b[2][3]、b[1][5]、b[1][4]、b[1][3] 的组。也可用如下方法来表示一个组的成员：b2_5、b2_4、b2_3、b1_5、b1_4、b1_3。

3) 序列组

一个序列组是由一组符号名、端口名或数字组成，它们之间用逗号分隔，并且被括在圆括号中。例如，(a，b，c)和(a，b，c[5..1]) 都是合法的组名。这种序列组对于指定端口名是非常有用的。例如，一个 DFF(D 触发器)类型的变量 reg 的输入端口可以被写作 reg.(d, clk, clrm, prm)。序列组中的逗点还可用于保持一个未分配组成员的位置，如(a4, a1)。

a[4..1] 与 (a4, a3, a2, a1) 表示的意义完全相同。a[3..1] 和(a4, a2, a1) 表示 a[4..1] 的部分成员。

4) 给组赋值

在逻辑表达式中，一个组可以被表达式、另一个组、单个节点、常量 VCC 与 GND、数值 1 与 0 等赋值。每种情况下组的赋值是不同的。

(1) 如果一个组被设置等于 VCC 或 GND，那么该组内的每个成员(位)都被赋值为 VCC 或 GND。例如，a[2..0]=VCC，则表示 a2、a1、a0 都为 VCC。

(2) 如果一个组被设置等于一个节点，那么该组内的所有成员都与这节点相连，如 a[2..0]=b。

(3) 如果一个组被设置等于 1(十进制数)，如 a[2..0]=1，在编译时，数值 1 将被扩展为 001(二进制数)，所以只有 a0 被连到 VCC 上，其他成员为 GND。

(4) 如果一个组被设置等于另一个组，如 a[2..0]=b[5..3]，那么表示 a2=b5、a1=b4、a0=b3。如果 a[3..0]=b[4..3]，那么表示 a3=b4、a2=b3、a1=b4、a0=b3。

5. 符号

在 AHDL 中有各种预先定义的符号，包括一般符号、运算符号(算术和逻辑)和比较符号。它们在 AHDL 文件中有各种不同的含义和作用。

1) AHDL 的一般符号

AHDL 的一般符号及功能见表 4-1。

表 4-1　AHDL 一般符号及功能

符　　号	功　　能
_ (下画线) - (减号) / (正向斜线)	组成符号名的字符
-- (双减号)	注释的开始，直到这一行的结尾
% (百分号)	在两个%之间为注释
( )(左和右圆括号)	① 用于序列组的名称； ② 用于参数语句、子设计段和函数原型语句； ③ 在真值表语句中选择性括引输入和输出； ④ 括引状态机中的状态位和状态； ⑤ 在表达式中最高优先级的运算； ⑥ 选择性地括引判断语句中的条件
[ ](左和右方括号)	括引单值或双值域数组的数域
' '(单引号)	带引号的符号名
" "(双引号)	括引标题语句、参数语句和判断语句中的字符串、函数语句中的文件名及非十进制数字
.. (省略号)	用在一个区域的 MSB 和 LSB 之间
;(分号)	用在 AHDL 语句和段的末尾
,(逗号)	分隔序列组和表中的各成员
:(冒号)	在说明语句中分隔符号名和类型名

符　号	功　能
=(等号)	① 为输入端口、语句中的参数设置默认值； ② 在逻辑等式中赋值； ③ 为状态机状态赋值； ④ 在选择语句中为选择指定的设置； ⑤ 把一个信号同内部直接引用中的一个端口相连起来给端口联合起名

2) 算术运算符和比较运算符

表 4-2 列出了 AHDL 的算术运算符和比较运算符及其使用说明。它们可分为在逻辑表达式中的运算符和在算术表达式中的运算符。其形式相似，含义不完全相同。当 LOG2 的结果不是整数时，它会自动取大于该数的下一个整数，如 LOG2(258)=9。

表 4-2　AHDL 的算术运算符和比较运算符及其使用说明

运算符	例　子	使用说明
+(一元)	+1	正(一元算子)
−(一元)	−1	负(求补)
!	!a	非
^	a^2 (a^2)	乘方(a^2)
MOD	4MOD2	求模
DIV	4DIV2	除
*	a*2	乘
LOG2	LOG2(4−3)	以 2 为底的对数
+	1+1	加
−	1−1	减
==(数值)	5==5	数值相等
==(串)	"a"=="b"	串相等
!=	5!=4	不等
>	5>4	大于
>=	5>=4	大于或等于
<	a<b+2	小于
<=	a<=b+2	小于或等于
?	(5<4)? 3:4	三元算子

在逻辑表达式中的算术运算符(+与-(一元)、+、-)的用法有以下规定：

(1) 操作数必须是节点组或数值。

(2) 如果两个操作数都是节点组，那么这两个组的长度必须相同。

(3) 如果两个操作数都是数值，那么短的数值将带符号扩展至另一个操作数的长度。

(4) 如果一个操作数是数值而另一个是节点组，那么这个数值将被裁至或带符号扩展至节点组的长度。如果数值的某有效位被裁去，系统编译时会发出错误信息。

另外，如果在逻辑等式的右侧有两个节点组相加，那么可以在每个组的左边加入一个 0 来对各组的长度进行扩展。用这个方法可以给等式左侧的组提供一个附加位，用它来代表进位信号。例如，(co, s[7..0])=(0, a[7..0])+(0, b[7..0])。

比较符也分为逻辑比较符和算术比较符。逻辑比较符能够比较单独节点、节点组及不带无关项(X)的数值。如果对节点组或数值进行比较,那么节点组必须具有相同的长度。系统编译时对组是按位进行比较的。当比较结果为真,则返回 VCC;否则返回 GND。算术比较符只能用来对节点组和数值进行比较,而且组的长度必须相同。编译器对节点组做无符号值的比较,也就是说每个节点组都作为一个正二进制数与另一组进行比较。

3) 逻辑运算符

表 4-3 列出逻辑运算符及其使用说明。从表中可以看出,一个逻辑运算符有两种书写方式,使用时可任选一种。逻辑运算符在使用时其含义如下。

表 4-3 逻辑运算符及使用说明

运算符	例 子	使用说明
! NOT	!a NOT a	"非"
& AND	Bread & butter bread AND butter	"与"
!& NAND	a[3..1] ! & b[5..3] a[3..1] NAND b[5..3]	"与非"
# OR	trick # treat trick OR treat	"或"
!# NOR	c[8..5] !# d[7..4] c[8..5] NOR d[7..4]	"或非"
$ XOR	foo $ bar foo XOR bar	"异或"
!$ XNOR	x2 !$ x4 x2 XNOR x4	"异或非" (同门)

(1) 如果"非"运算符后的操作数是节点组,那么该组中的每个成员求反,如!a[3..1]被解释为(!a3, !a2, !a1);如果操作数是数值,那么对这个数值的二进制数的每位求反,如!B "1001",即为 B "0110"。

(2) 如果有相同长度的两个节点组进行逻辑运算,其运算符将对两个节点组中相对应的两个成员进行运算,也就是对两组按位运算。例如,a[3..1] & b[4..2]被解释为(a3 & b4,a2 & b3, a1 & b2),如(a, b, c) & (d, e, f)被解释为(a & d, b & e, c & f)。

(3) 如果一个操作数为单独节点或常量 VCC、GND,另一个操作数为节点组,那么它们的逻辑运算可认为是单独节点或常量对节点组中的每个成员分别进行逻辑运算,如 a & b[3..1]为(a & b3, a & b2, a & b1)。

(4) 如果两个操作数都是数值,那么短的数值将带符号扩展至另一个操作数的长度,然后按位运算。例如,3#8,先将数值变为 B "0011" #B "1000",其结果为 B "1011"。

(5) 如果一个操作数是数值而另一个是节点组,那么这个数值将被裁至或带符号扩展至节点组的长度,然后按位运算。

6. 逻辑表达式

逻辑表达式由操作数及它们之间的逻辑运算符、算术运算符、比较符和括号组成。逻辑表达式常用于逻辑等式、Case 和 IF 语句中。逻辑表达式有如下形式:

(1) 一个操作数，如 a、b[3..1]、6、VCC；

(2) 一个内部逻辑函数引用，如 out[15..0]=16dmux(q[3..0])；

(3) 在逻辑表达式前面加一个前缀运算符(!或-)；

(4) 逻辑表达式括在括号中，如(!foo & bar)；

(5) 两个表达式之间夹一个二元运算符。

逻辑表达式运算结果与它的操作数的宽度是相同的。

在逻辑表达式中，运算符的优先级按由高到低的顺序为-(一元)、!(非)、算术运算符、比较运算符、逻辑运算符。相同优先级将按从左至右运算，圆括号"( )"可改变运算顺序。

4.2　基本的 AHDL 设计结构

用 AHDL 语言编写的设计文件(源文件.tdf)是一个 ASCII 文本文件。文件结构如图 4.1 所示。AHDL 文件由许多语句和三个段组成。一个 TDF 文件必须有一个子设计段和一个逻辑段。可以有选择地包括一个变量段、选择语句、标题语句和默认语句，以及一个或多个包含语句、常量语句、定义语句和函数原型语句。子设计段、变量段和逻辑段形成了 TDF 文件的行为描述，是设计文件的主要内容。

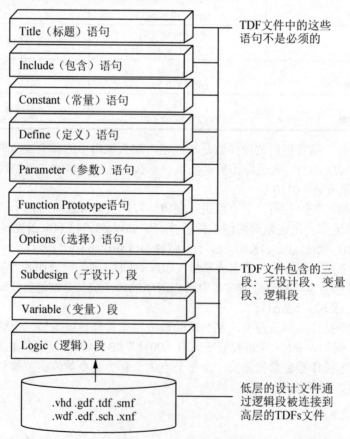

图 4.1　AHDL 的文件结构

在一个设计层次里的文件可以是 TDF 文件、VHDL 文件、GDF 文件、WDF 文件、ADF 文件、SMF 文件、EDIF 文件、ORCAD 图形文件(.sch)或 XILINX 网表格式文件。通过每个逻辑函数的输入和输出端口，可以把它们同更高层次的设计文件相连。

下面分别介绍子设计段、逻辑段和变量段，以及利用 AHDL 模板建立 TDF 文件。

4.2.1　子设计段

子设计段(Subdesign Section)用于说明逻辑设计的输入、输出和双向端口。描述该设计文件输入/输出端口的类型。端口的类型通常为以下几种：INPUT(输入)、OUTPUT(输出)、BIDIR(双向)、MACHINE INPUT(状态机输入)、MACHINE OUTPUT(状态机输出)。状态机输入/输出端口仅用于文件之间的输入和输出，不能用在顶层文件中，因为顶层文件的端口将对应器件芯片的引脚。

子设计段的格式为：

```
SUBDESIGN  子设计名
(
    输入端口：端口类型；
        …
    输出端口：端口类型；
        …
)
```

子设计段是由关键字 SUBDESIGN 开头，后跟子设计名(与 TDF 文件名相同)，然后用圆括号括引输入/输出端口的类型说明。端口的类型说明由冒号(：)把端口(多个端口用逗号分开)和端口类型分开，并用一个分号结束。下面给出一个子设计段的例子。

```
SUBDESIGN top
(   foo,bar,clkl,clk2       :INPUT=VCC;      -- 输入端口默认值为 VCC
    a0,a1,a2,a3,a4          :OUTPUT;         -- 输出端口
    b[7..0]                 :BIDIR ;         -- 双向端口
)
```

4.2.2　逻辑段

逻辑段(Logic Section)用来描述逻辑电路的功能，编写 TDF 文件的逻辑操作，它是一个 TDF 文件的主体。逻辑功能的描述用语句来表示，常用的语句有：逻辑等式、逻辑控制等式、Case(情况)语句、函数内部直接引用语句、If 语句、Defaults(默认)语句、真值表语句、For 语句。

逻辑段是由关键字 BEGIN 开头，END 结尾，紧跟一个分号(;)。中间由以上这些描述逻辑功能的语言组成。

逻辑段的格式如下：

```
BEGIN
    语句 ;
        …
END ;
```

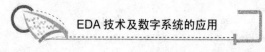

例如：

```
SUBDESIGN boole1
(   a0, a1, b      : INPUT;
    out1, out2     : OUTPUT;
)
BEGIN
    out1 = a1 & !a0 ;
    out2 = out1 # b ;
END;
```

AHDL 是一种并行语言，在一个 TDF 文件的逻辑段中定义的所有行为都在同一时间内并行运算、操作，而不顺序进行。对于同一个节点和变量多次赋值的语句之间形成逻辑连接，如果节点和变量是高电平有效(默认值为 GND)，那么这些语句之间是"或"关系；如果节点和变量是低电平有效(默认值为 VCC)，那么语句之间是"与"关系。

4.2.3 变量段

变量段(Variable Section)用于说明和产生用在逻辑段的任何变量(符号名)，AHDL 的变量类似于高级编程语言中的变量，它们用来定义内部的逻辑(表示内部节点的连接关系)。

变量段的格式如下：

```
VARIABLE
     变量名：变量类型；
  …
```

变量段由关键字 VARIABLE 开始，然后定义的各变量名之间用逗号分隔，变量名与变量类型之间以冒号分开，最后用分号结束。这样就完成了定义内部逻辑变量的一个语句。变量类型可以是节点说明、实例说明、寄存器说明或状态机说明。例如：

```
SUBDESIGN boole2
(
   a0, a1, b      : INPUT;
   out            : OUTPUT;
)
VARIABLE
   a_equals_2     : NODE;
BEGIN
   a_equals_2 = a1 &!a0;
   out = a_equals_2 # b;
END;
```

1. 节点说明

AHDL 支持两种类型的节点：NODE(节点)和 TRI_STATE_NODE(三态节点)。它们是一个全能的变量类型，用来存储在子设计段中没有被说明过的信号。因此，这个变量可以被用在一个等式的左边或右边。

节点和三态节点类似于子设计段的输入、输出和双向端口类型，也代表传输信号的一条信号线。

2. 实例说明

实例是对系统已定义的元件模块、函数模块和用户自建的功能模块的统称。它可以被一个 TDF 文件的逻辑段多次引用。在引用之前，可通过变量段中的实例说明，对要引用的元件模块、函数和功能模块指定模块名(变量名)。在逻辑段中通过模块名的引用，实现该模块的功能。

在逻辑段中，一个已被说明的实例(已定义的变量名)需要与其他逻辑信号相连，可按下列格式表示一个实例端口：

(模块) 变量名. 端口名

例如，希望把一个名为 compare 的函数调入当前的 TDF 文件中，就应该在变量段中做如下的实例说明：

```
VARIABL  b: compare;
```

变量名 b 是函数 compare 的一个实例名，它如果有以下端口：

```
a[3..0], c[4..0]          : INPUT;
out1, out2                : OUTPUT;
```

那么在逻辑段中，实例名 b 的端口可以表示为 b.a[ ]、b.c[ ]、b.out1、b.out2。这些端口可以和节点一样在任何行为语句中使用。

3. 寄存器说明

寄存器说明包括 D 触发器、T 触发器、JK 触发器、SR 触发器(即 DFF、DFFE、TFF、TFFE、JKFF、JKFFE、SRFF 和 SRFFE)和锁存器(LATCH)的说明。这些寄存器已被系统预先定义，可直接引用，其说明格式与实例说明完全相同。例如：

```
SUBDESIGN bur_reg
(
    clk, load, d[7..0]    : INPUT;
    q[7..0]               : OUTPUT;
)
VARIABLE
    ff[7..0]              : DFFE;  % ff[7..0] 定义 8 个 D 触发器名 %
BEGIN
    ff[].clk = clk;
    ff[].ena = load;
    ff[].d = d[];
    q[] = ff[].q;
END;
```

在这个例子中，实例为 D 触发器(DFFE)，用组 ff[7..0]来表示 8 个 DFFE 的变量名(寄存器说明)，其触发器端口为 ff[ ].clk、ff[ ].ena、ff[ ].d、ff[ ].q。

在 Quartus II 系统中已预先定义了触发器的端口名，在 TDF 文件中不需要说明，可直接引用端口名。通常使用的触发器的端口名列于表 4-4 中。

表 4-4　触发器的端口

端口名	说　　明
.q	一个触发器或锁存器的输出端
.d	一个 D 触发器或锁存器的数据输入端
.t	T 触发器的数据输入端
.j .k	JK 触发器的数据输入端
.s .r	SR 触发器的设置输入端 SR 触发器的清除输入端
.clk	触发器的时钟输入端
.ena	触发器、锁存器、状态机的使能输入端
.prn	触发器的低电平有效异步置 1 输入端
.clrn	触发器的低电平有效异步置 0 输入端

4. 状态机说明

要创建一个状态机，必须在变量段内说明状态机的名称、状态及状态位。下面给出一个状态机说明的例子：

```
VARIABLE
    ss : MACHINE
    OF BITS (q1，q2，q3)        % 可选 %
        WITH STATES   (
        S1 = B"000",
        S2 = B"001",
        S3 = B"001" );
```

状态机的名称为 ss，是由关键字 MACHINE 定义。状态位 q1、q2 和 q3 由关键字 OF BITS 和圆括号来指定(可选)，状态位是状态机寄存器的输出端。状态机的状态 s1、s2 和 s3 由关键字 WITH STATES 和圆括号来说明，每个状态给状态位 q1、q2 和 q3 赋予一个状态值。例如，下面是状态机的一个设计文件。

```
SUBDESIGN recover
(
    clk : INPUT;
    go  : INPUT;
    ok  : OUTPUT;
)
VARIABLE
    sequence : MACHINE
                OF BITS (q[2..0])
                WITH STATES (
                    idle,
                    one,
                    two,
                    three,
```

```
                    four,
            illegal1,
            illegal2,
            illegal3);
    BEGIN
        sequence.clk = clk;
    CASE sequence IS
        WHEN idle =>
            IF go THEN   sequence = one;
            END IF;
        WHEN one     =>  sequence = two;
        WHEN two     =>  sequence = three;
        WHEN three   =>  sequence = four;
        WHEN OTHERS  =>  sequence = idle;
    END CASE;
    ok = (sequence == four);
    END;
```

在该例中共有 8 个状态, 有 5 个有效状态(idle、one、two、three、four)和 3 个无效状态(illegal1、illegal2、illegal3), 本例中没有具体指定每个状态对应的编码值(由系统自动指定)。为了保证该设计文件能自启动(使无效状态进入有效状态), 本例采用了 Case 语句中的 WHEN OTHERS 语句把无效状态强制转换为有效状态 idle。

4.2.4　AHDL 模板

为了使设计者能方便快捷地进行设计输入, Quartus II 提供了 AHDL 模板(Template)和 AHDL 例子。AHDL 模板包括各种语句和设计结构。在文本编辑器中, 使用 AHDL 模板(选择 "Edit\Insert Template…" 命令), 可以把 AHDL 模板加入设计输入的 TDF 文件中。一旦插入一个模板(关键字是大写字母, 每个变量名以两个下画线开头), 设计者必须用自己的逻辑设计取代模块中所有的变量或表达式, 这样可加速 TDF 文件的设计输入。

4.3　函数模块及其引用

在设计 AHDL 文件时, 可利用系统已定义的基本元件、函数模块和已设计的模块建立源文件。每一个 TDF 文件都可以作为一个函数模块, 供其他 TDF 文件来调用。在 TDF 文件的逻辑段中进行逻辑设计调用前, 还需对这些基本元件和函数模块进行说明, 即函数原型说明和变量名定义(变量段)。

1. 函数原型语句

函数原型语句(Function Prototype Statement)与原理图设计文件中的符号具有相同的功能, 二者都作为功能模块使用, 为一个逻辑函数关系提供简略的描述, 并且包括它的名称、输入/输出端口和双向端口等。

为了在逻辑段中能调用函数模块, 首先必须保证该函数已经在它自己的文件中定义了相应的逻辑功能, 然后使用函数原型语句来说明该函数的输入/输出端口, 并且可以采用内部直接引用或者实例说明的方式来调用该函数模块。

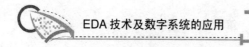

函数原型说明语句必须被放在子设计段的外面。以关键字 FUNCTION 开始，后跟函数名和一组输入信号的端口名(用逗号分开)，然后在关键字 RETURNS 后列出该函数的一组输出信号端口或双向端口，最后以分号结尾。注意这些输入/输出端口名一定要与已定义的函数模块中所用的端口名相同。如果函数提供的输入/输出端口为状态机端口，那么一定要用关键字 MACHINE(状态机)进行说明。

函数原型语句分为带参数和不带参数的两种格式。

(1) 带参数格式：

```
FUNCTION  函数名(一组输入端口)
WITH  (参数表)
RETURNS  (输出端口或双向端口);
```

(2) 不带参数格式：

```
FUNCTION 函数名(一组输入端口)
RETURNS  (输出端口或双向端口);
```

例如：

```
FUNCTION  bus_reg2 (clk, oe)   RETURNS (io) ;
SUBDESIGN bidir1
(
    clk, oe:    INPUT;
    io[3..0]:   BIDIR;
    )
BEGIN
    io0 = bus_reg2(clk, oe);
    io1 = bus_reg2(clk, oe);
    io2 = bus_reg2(clk, oe);
    io3 = bus_reg2(clk, oe);
END;
```

在上述 TDF 文件中，首先用函数原型语句对 bus_reg2 模块进行了输入(clk、oe)和输出(io)的说明，然后在逻辑段内使用 4 条内部直接引用语句。bidir1 文本文件直接调用 bus_reg2 的模块，以实现 4 位双向、三态输出总线寄存器的功能。bus_reg2 函数模块的电路图如图 4.2 所示，而对应的 AHDL 源文件如下：

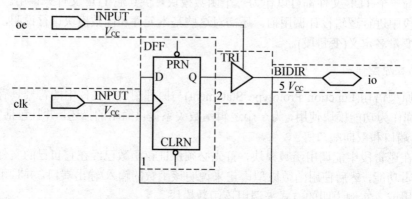

图 4.2 bus_reg2 函数模块的电路

```
SUBDESIGN bus_reg2
(
    clk     : INPUT;
    oe      : INPUT;
    io      : BIDIR;
)
BEGIN
    io = TRI(DFF(io, clk, , ), oe);
END;
```

由于触发器(DFF)和三态缓冲器(TRI)是被系统预先定义好的函数模块(默认函数)，设计者可以直接引用，而不必在设计文件中进行函数原型语句说明。但使用的端口与函数模块端口名的位置应该一一对应。

在一个 TDF 文件中，使用函数原型说明语句的另一个方法是：用一个 Include(包含)语句代替。

2. 包含语句

包含语句(Include Statement)允许设计者从一个包含文件(.inc)向当前文件引入文本。编译器在对设计文件进行处理时，将包含文件(.inc)中的文本内容替代为调用此文件的包含语句。包含文件内容可以是函数原型语句、定义语句、参数和常量语句，但不能包含子设计段。

包含语句的格式如下：

```
INCLUDE "文件名";
```

例如，INCLUDE"4count";打开包含文件 4count.inc 的内容如下：

```
FUNCTION 4count (clk, clrn, setn, ldn, cin, dnup, d, c, b, a)
    RETURNS (qd, qc, qb, qa, cout) ;
```

4count 模块是一个 4 位二进制计数器，在包含文件 4count.inc 中用函数原型语句说明了一组输入信号端口(clk, clrn, setn, ldn, cin, dnup, d, c, b, a)和一组输出信号端口(qd, qc, qb, qa, cout)。在编译时，包含文件 const.inc 将取代该包含语句(INCLUDE "const.inc";)。

系统编译器将按照下列顺序查找包含文件所在的目录：

(1) 设计文件的当前目录；

(2) 使用 User Libraries 指定用户库；

(3) 在系统安装时建立的\quartus\libraries 目录。

Quartus Ⅱ提供了 AHDL Include File 命令(菜单 File\New…)，用该命令可以为任何设计文件(图形文件、波形文件、文本文件)自动建立一个包含文件(.inc)。

3. 基本元件

Quartus Ⅱ为原理图设计提供了各种基本元件(在\quartus\libraries\other 目录中)，AHDL 语言所使用的基本元件(primitive 原语)只是电路设计中的一部分。原理图设计中的某些基本元件在 AHDL 文件中被一些运算符、关键字和语句代替。

AHDL 文件中的基本元件主要是缓冲器、触发器和锁存器。TDF 文件在调用基本元件模块时，无需进行函数原型语句说明或用 Include 语句说明要调用的这些模块，因为这些基本元件已被系统预先定义和默认(用保留标识符表示)。

1) 触发器和锁存器

表 4-5 列出了触发器和锁存器的函数原型。所有触发器都是上升沿触发，而锁存器是电平触发。当锁存器使能或触发器时钟使能(ena)输入信号为高电平时，触发器或锁存器会把数据输入端的信号传到输出端(q)。当使能端为低电平时，输出端状态将保持，数据输入端无法输入信号。

由于所有触发器和锁存器都只有一个输出端口，因此要使用其输出端口，可以直接在等式右边使用该模块的变量而不必带上端口名。同样对于只有一个输入端的函数模块(如 DFF、DFFE、TFF、TFFE)，可以在等式左边直接使用该函数模块名。例如，文件中有如下逻辑段。

```
VARIABLE
    a,b : DFF;
BEGIN
    a=b;
END;
```

这里的逻辑段中 a=b(不带端口名)与 a.d=b.q 的含义相同。

表 4-5 触发器和锁存器的函数原型语

触发器/锁存器	AHDL 函数原型语句	
LATCH	FUNCTION latch (d, ena)	RETURNS (q);
DFF	FUNCTION dff (d, clk, clrn, prn)	RETURNS (q);
DFFE	FUNCTION dffe (d, clk, clrn, prn, ena)	RETURNS (q);
JKFF	FUNCTION jkff (j, k, clk, clrn, prn)	RETURNS (q);
JKFFE	FUNCTION jkffe (j, k, clk, clrn, prn, ena)	RETURNS (q);
TFF	FUNCTION tff (t, clk, clrn, prn)	RETURNS (q);
TFFE	FUNCTION tffe (t, clk, clrn, prn, ena)	RETURNS (q);
SRFF	FUNCTION srff (s, r, clk, clrn, prn)	RETURNS (q);
SRFFE	FUNCTION srffe (s, r, clk, clrn, prn, ena)	RETURNS (q);

2) 缓冲器

AHDL 提供的缓冲器有 CARRY(进位缓冲器)、CASCADE(级联缓冲器)、EXP(扩展缓冲器)、GLOBAL(全局缓冲器)、LCELL(逻辑单元缓冲器)、MCELL(宏单元缓冲器)、OPENDRN(漏极开路缓冲器)、SCLK(同步时钟缓冲器)、SOFT(放缓冲器)、TRI(三态缓冲器)。

由于缓冲器元件仅用于对逻辑综合过程进行控制(有效地利用硬件资源)，而不用于逻辑设计。因此在多数情况下，不需要使用这些缓冲器元件(TRI 除外)，尤其初学者不必花费时间去理解和使用这些元件。但是如果编译器提示所做的设计太复杂而无法处理时，那么设计者可以试着在设计中插入上述某些缓冲器，以引导逻辑综合器产生所期望的结果。

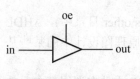

图 4.3 TRI 三态缓冲器

重点介绍三态缓冲器 TRI，逻辑符号如图 4.3 所示，其函数原型如下：

```
FUNCTION tri (in, oe)
    RETURNS (out);
```

当 oe=1 时，TRI 允许输入信号直接从输出端输出，即 out=in；

当 oe=0 时，TRI 的输入信号无论为何值，输出端呈现高阻态。

在使用 TRI 三态缓冲器时，应遵守以下规则：

(1) 一个 TRI 缓冲器只能驱动一个双向引脚(BIDIR 或 BIDIRC)，但可以驱动多个输出引脚(OUTPUT 或 OUTPUTC)。

(2) 如果在 TRI 输出端有自反馈，那么 TRI 输出端必须连接一个双向引脚(BIDIR 或 BIDIRC)。

(3) 在输出使能信号端(oe)不恒为高电平(VCC)时，TRI 输出一定要连接到输出引脚端或双向引脚端上，因为内部信号不可以为高阻状态。

4. 参数化宏单元和宏功能模块

AHDL 文本设计与原理图设计方法相同，除了能调用基本元件模块外，也能调用功能更强大的函数模块：宏函数和参数化宏单元。这些函数模块是已设计好的实例，见表 3-6 和表 3-7 所列。在调用这些模块时，应先进行函数原型语句说明或 Include 语句说明。

1) 宏功能模块

宏功能模块(Macrofunction)是具有一定功能的函数模块，其中包括 74 系列数字集成电路的逻辑功能，可在 AHDL 文本文件中引用。它被系统自动地安装在\quartus\libraries\megafunctions 目录及其子目录中。宏功能模块的函数原型语句(不带参数)的包含文件(.inc)被系统安装在\quartus\libraries 目录中。设计者在使用这些宏功能模块时，需要用函数原型语句或包含语句进行说明，然后可采用内部直接引用或者一种实例说明。例如，一个 macro1 TDF 文件如下。

```
INCLUDE "4count";        -- 4 位二进制计数器
INCLUDE "16dmux";        -- 4 位二进制译码器(4 线-16 线)
SUBDESIGN macro1
(   clk          : INPUT;
    out[15..0]   : OUTPUT;
)
VARIABLE                 -- 实例说明
    counter      : 4count;
    decoder      : 16dmux;
BEGIN
    counter.clk  = clk;
    counter.dnup = GND;
    decoder.(d,c,b,a) = counter.(qd,qc,qb,qa);
    out[15..0] = decoder.q[15..0];
END;
```

这个文件使用 INCLUDE 语句调用两个宏模块：4count 和 16dmux。在变量段(VARIABLE)变量 counter 被定义为 4count 的一个实例，变量 decoder 被定义为 16dmux 功能的实例。在逻辑段中，通过实例端口的赋值方式实现信号的传递。包含文件 16dmux.inc 的内容如下：

```
FUNCTION 16dmux (d, c, b, a)   RETURNS (q[15..0]);
```

下面 macro2 TDF 文件与 macro1 TDF 文件的功能相同，但 macro2 使用了内部直接引用和节点 q[3..0]创建了两个功能实例。macro2 TDF 文件如下：

```
INCLUDE "4count";
INCLUDE "16dmux";
SUBDESIGN macro2
(   clk        : INPUT;
    out[15..0] : OUTPUT;
)
VARIABLE
    q[3..0]    : NODE;
BEGIN
    ( q[3..0], ) = 4count (clk, , , , , GND, , , , );
    out[15..0]   = 16dmux (q[3..0]);
END;
```

在上述 TDF 文件的逻辑段中，对 4count 和 16dmux 的调用采用了内部直接引用方式。4count 的内部直接引用由位置端口关联来实现，而 16dmux 的内部直接引用是通过命名端口来实现的。在内部直接引用中，等号右边的端口可以用位置或命名端口来关联，等号左边的端口总是使用位置端口来关联。当使用位置端口来关联时，端口的顺序非常重要，因为宏函数模块的端口顺序(已定义)与逻辑段中端口的顺序是一一对应的。4count 的内部直接引用中，"," 被用作占位符，用来说明没有明确连接的端口。

2) 参数化宏单元

参数化宏单元(LPM)库包括参数设置模式的库函数，可在逻辑设计中引用。LPM 包括了具有每种 LPM 的函数原型语句(带参数)的包含文件(.inc)、TDF 文件(带参数)和原理图设计的符号文件(.bsf)。例如，参数化加法/减法器(lpm_add_sub)的包含文件 lpm_add_sub.inc 的内容如下：

```
FUNCTION lpm_add_sub (cin, dataa[LPM_WIDTH-1..0], datab[LPM_WIDTH-1..0],
                      add_sub, clock, aclr, clken)
WITH ( LPM_WIDTH, LPM_REPRESENTATION, LPM_DIRECTION, ONE_INPUT_IS_CONSTANT,
      LPM_PIPELINE, MAXIMIZE_SPEED )
RETURNS (result[LPM_WIDTH-1..0], cout, overflow);
```

参数化加法/减法器的输入、输出端口和各参数的设置参见 lpm_add_sub.tdf 源文件。下面 add8 文件调用 lpm_add_sub 模块进行实例说明来实现 8 位加法器的功能，其 TDF 文件如下：

```
INCLUDE "lpm_add_sub.inc";
SUBDESIGN add8
(   a[8..1],b[8..1]  : INPUT;    -- 两个加数
    c[8..1]          : OUTPUT;   -- 加数和
    carry_out        : OUTPUT;   -- 进位
)
VARIABLE             -- 实例说明
  8adder: lpm_add_sub WITH(LPM_WIDTH=8, LPM_REPRESENTATION="unsigned");
BEGIN
```

```
   8adder.cin=GND;
   8adder.dataa[]=a[];
   8adder.datab[]=b[];
   8adder.add_sub=GND;
   c[]=8adder.result[];
   carry_out=8adder.cout;
END;
```

在上述 TDF 文件的变量段中，参数化模块 lpm_add_sub 的实例只定义 LPM_WIDTH 和 LPM_REPRESENTATION 的参数值，变量 8adder 被定义为 lpm_add_sub 的一个实例。

4.4　AHDL 的描述语句

从 AHDL 的设计结构可以看出，一个 TDF 文件必须包括一个子设计段和一个逻辑段，其他段和语句都是可选的，而不是必需的。为便于叙述，把 AHDL 的描述语句分为用于文本编辑的语句(文本编辑语句)和用于逻辑段的设计语句(逻辑设计语句)。

4.4.1　文本编辑语句

文本编辑语句主要包括标题(TITLE)语句、常量(CONSTANT)语句、参数(PARAMETERS)语句、选择(OPTIONS)语句、定义(DEFINE)语句、包含(INCLUDE)语句和函数原型(Function Prototype)语句。包含语句和函数原型语句已在 4.3 节介绍过。

1. 标题语句

标题语句为编译器产生报告文件(.rpt)，提供文档注释。其格式如下：

```
   TITLE "字符串 ";
```

使用标题语句时应遵守以下规则：

(1) 如果在标题内需用双引号标记，则必须使用两个双引号，如

```
TITLE " ""EPM5130"" Display Controller";
```

(2) 标题语句在一个 TDF 文件中只能使用一次；
(3) 标题语句必须放在所有段之外。

2. 常量语句

常量语句的作用是用一个有意义的符号名来代替一个数值或一个算术表达式(常数)。其格式如下：

```
CONSTANT   符号名= 数值或表达式 ;
```

常量语句是由关键字 CISTANT 开始，后跟符号名、等号和数值。常量语句必须放在所有 AHDL 段的外边。例如：

```
CONSTANT IO_ADDRESS = H"0370" ;
SUBDESIGN decode2
(   a[15..0]    : INPUT ;
    ce          : OUTPUT ;
```

```
)
BEGIN
    ce = (a[15..0] == IO_ADDRESS);
END;
```

此例中用符号名 **IO_ADDRESS** 代表十六进制数 H"0370"。用符号名代替数值的方式有利于设计文件的可读性，同时易于修改。

3. 参数语句

参数语句用来说明一个或多个参数，这些参数控制一个参数化的强函数或宏函数的执行。也可为每一个参数指定一个默认值(参数值)。其格式如下：

```
PARAMETERS
(
    参数名 = 参数值,
    参数名,
    参数名
) ;
```

参数语句用关键字 **PARAMETERS** 开始，随后列出一个或多个参数，用逗号 "," 分开，并且这些参数括在圆括号中，句末用一个分号。在使用参数前，必须用参数语句进行说明，参数可被赋予参数值(用等式表示)，参数值可为字符串和数值。例如：

```
PARAMETERS
(   FILENAME = "myfile.mif",
    WIDTH,
    AD_WIDTH = 8,
    NUMWORDS = 2^AD_WIDTH
);
```

4. 选择语句

选择语句用来为整个文件中的组设定位的默认顺序。一般组内的成员按降序排列，如 a[4..1] 的最左边 a4 为最高有效位(MSB)，a1 为最低有效位(LSB)。为了按升序排列，必须用 Options 语句对最右位(BIT0)进行指定，如 OPTIONS BIT0 = MSB; 书写格式可为 a[1..4]，否则编译时会产生警告信息。

其格式如下：

OPTIONS   BIT0 = 有效位 ;

其中有效位可设置为 MSB(最高有效位)、LSB(最低有效位)和 ANY。选择语句位于 TDF 文件的子设计段前，如果该 TDF 文件是顶层文件，那么选择语句将作用于整个文件。

5. 定义语句

定义语句允许设计者定义一个运算函数，这个运算函数是根据选择的自变量产生一个值的数学函数。其格式如下：

DEFINE 函数名(变量，变量) = 表达式 ;

例如：

```
DEFINE  MAX(a,b)=(a>b)  ?  a : b ;
```

使用定义语句时，应遵守以下规则：

(1) 定义语句由 DEFINE 开始，随后是一个函数名和括在圆括号内的一个或多个自变量的表。

(2) 在自变量表中的自变量用逗号","分开，等号把自变量表和运算表达式分开。

(3) 如果没有列出自变量，那么运算函数的行为如同一个常量。

(4) 定义语句用一个分号";"结束。

4.4.2　逻辑设计语句

逻辑设计语句一般在逻辑段中使用，用来描述设计电路的逻辑功能。逻辑设计语句包括赋值语句、TRUTH TABLE 语句、IF THEN 语句、CASE 语句、IF GENERATE 语句、FOR GENERATE 语句和 DEFAULTS 语句。

1. 赋值语句(布尔等式)

在 TDF 文件逻辑段中，逻辑等式用来表示节点之间的连接及输入/输出引脚、函数模块和状态机的输入信号流和输出信号流。

在逻辑等式中，用一个等号"="来表示等式右边逻辑表达式的结果将赋给左边的符号(变量)节点或组。等式左边可以是一个符号(变量)、端口或组名，还可以用 NOT(即!)运算符对左边任何项求反。逻辑等式在使用时应符合以下规则：

(1) 同一个变量的多次赋值之间在逻辑上是"或"的关系，除非该变量的默认值为 VCC。

(2) 如果等式两边组的长度相同，那么两边组的节点一一对应赋值。如果两边组的长度不相同，那么左边组的位数一定要能被右边组的位数整除。

(3) 如果一个单独的节点、VCC 或 GND 被赋予一个组，那么把这节点或常量赋值给这组中的每个成员。

(4) 在逻辑等式中，逗号(,)可以用来保留没有被赋值的成员位置。例如，(a,,c,)=B"1011"; 表示 a 和 b 被赋值为 1。

(5) 每个等式都以分号(;)结束。

2. TRUTH TABLE(真值表)语句

真值表语句格式如下：

```
TABLE
    节点名, 节点名  => 节点名, 节点名;
    输入值, 输入值  => 输出值, 输出值;
             . . .
    输入值, 输入值 => 输出值, 输出值;
END TABLE ;
```

真值表表头由关键字 TABLE、一组由逗号和箭头符号(=>)分开的真值表输入和输出的节点名组成，并由一个分号(;)结束。表中的每项含输入值的一种组合形式及所产生的逻辑输出值。输入和输出值对应表头的输入、输出节点。输入和输出值可以是数值、常量 VCC

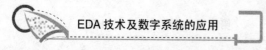
或 GND、符号常量，输入值还可以是 X(无关项)。例如：

```
TABLE
   a0,      f[4..1].q  =>  f[4..1].d ,    control;
   0,       B"0000"    =>  B"0001" ,      1;
   0,       B"0100"    =>  B"0010" ,      0;
   1,       B"0XXX"    =>  B"0100" ,      0;
   X,       B"1111"    =>  B"0101" ,      1;
END TABLE;
```

3. IF THEN 语句

IF THEN 语句流程图如图 4.4 所示。

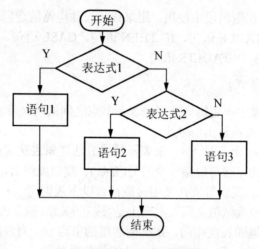

图 4.4　IF THEN 语句流程图

IF THEN 语句格式如下：

```
IF 表达式 1 THEN
       语句 1;
ELSIF 表达式 2 THEN
       语句 2;
ELSE
       语句 3;
END IF;
```

在 IF THEN 语句中可以有一个或多个表达式。如果其中某表达式结果为真，那么该表达式后面的行为语言将被执行。如果所有表达式结果都不为真，那么就执行 ELSE 后面的语句(可选)。例如，下面是用 AHDL 语言构成的 16 位二进制计数器(清零、并入)源文件：

```
SUBDESIGN ahdlcnt
(  clk, load, ena, clr, d[15..0]  : INPUT;
   q[15..0]                       : OUTPUT;
)
VARIABLE
   count[15..0]     : DFF;
BEGIN
```

```
    count[].clk = clk;
    count[].clrn = !clr;
  IF load THEN                        -- load 为高电平时，数据同步并入
    count[].d = d[];
  ELSIF ena THEN                      -- ena 使能端
    count[].d = count[].q + 1;
  ELSE
    count[].d = count[].q;            -- ena 为低电平时，保持
  END IF;
    q[ ] = count[];
END;
```

该计数器输入端口有时钟 clk、并入控制 load、使能端 ena、异步清零 clr、16 位数据输入 d[15..0]，输出端口为 q[15..0]。其实现的功能见表 4-6(功能表)。

表 4-6 16 位二进制计数器功能表

输 入				输 出
clk	clr	load	ena	q[15..0]
×	1	×	×	0...0
↑	0	1	×	d15...d0
↑	0	0	1	加 1 计数
↑	0	0	0	q15...q0

4. CASE 语句

CASE 语句列出了几种可能执行的操作，实际执行何种操作，取决于关键字 CASE 后面的变量、组或表达式的值。CASE 语句格式如下：

```
CASE    变量、组或表达式    IS
    WHEN 常数值 =>
         语句;
    WHEN 常数值 =>
         语句;
    WHEN OTHERS =>
         语句;
END CASE ;
```

CASE 语句是逻辑段中一个经常使用的语句。它以关键字 CASE 开始，以 END CASE 结束。关键字 WHEN 后跟的常数值为变量、组或表达式的可能取值，当变量、组或表达式满足这个常数值时，就执行后面的语句。如果变量、组或表达式都不满足所有 WHEN 后跟的常数值，那么就执行关键字 WHEN OTHERS 后跟的语句或者跳出 CASE 语句。例如：

```
SUBDESIGN 4p
(
    a[3..0]: INPUT ;
    out    : OUTPUT;
)
BEGIN
```

```
    CASE a[] IS
        WHEN B"x111" =>     out=VCC;
        WHEN B"1x11" =>     out=VCC;
        WHEN B"11x1" =>     out=VCC;
        WHEN B"111x" =>     out=VCC;
        WHEN OTHERS  =>     out=GND;
    END CASE;
END;
```

5. IF GENERATE 语句

IF GENERATE 语句与 IF THEN 语句相似，列出的一系列行为语句在确认运算表达式的运算之后执行。其格式如下：

```
IF    表达式    Generate
      语句 1;
      语句 2;
ELSE GENERATE
      语句 3;
      语句 4;
END   GENERATE;
```

当运算表达式为"真"时，则执行语句 1 和语句 2；当运算表达式为"假"时，则执行语句 3 和语句 4。IF GENERATE 语句与 IF THEN 语句的不同之处有以下几点：

(1) IF THEN 语句只能计算逻辑表达式，而 IF GENERATE 语句可以计算算术表达式的 Superset；

(2) IF GENERATE 语句可以用在逻辑段或变量段中；

(3) IF GENERATE 语句同 FOR GENERATE 语句特别有助于以不同方式处理特殊情况。

6. FOR GENERATE 语句

FOR GENERATE 语句可重复运行其后的执行语句。其格式如下：

```
FOR 变量名 IN 表达式 1 TO 表达式 2   GENERATE
                    语句;
END GENERATE;
```

在 FOR 和 GENERATE 之间的表达式表示变量名在重复执行语句时的取值范围(表达式 1 到表达式 2)。该变量名是临时的，只用于 FOR GENERATE 语句的范围内，在编译器处理这种语句之后该变量名中止存在，所以该变量名可以不先说明。例如：

```
CONSTANT NUM_OF_ADDERS = 8;
SUBDESIGN 4gentst
( a[NUM_OF_ADDERS..1], b[NUM_OF_ADDERS..1], cin : INPUT;
  c[NUM_OF_ADDERS..1], cout                      : OUTPUT;
  )
VARIABLE
  carry_out[(NUM_OF_ADDERS+1)..1] : NODE;
BEGIN
carry_out[1]= cin;
```

```
FOR i IN 1 TO NUM_OF_ADDERS GENERATE
    c[i]=a[i]$b[i]$carry_out[i];          % Full Adder %
    carry_out[i+1]=a[i]&b[i]#carry_out[i]&(a[i]$b[i]);
END GENERATE;
    cout=carry_out[NUM_OF_ADDERS+1];
END;
```

7. DEFAULTS 语句

DEFAULTS 语句(默认语句)用来给 IF 语句、CASE 语句和真值表语句中的变量设定默认值。对于高电平有效的信号，自动被系统设定默认值为 GND(低电平)，所以只有对低电平有效的信号需要用 DEFAULTS 语句设定默认值(高电平 VCC)。

DEFAULTS 语句格式如下：

```
DEFAULTS
    节点名(变量)= 常数值 ;
END DEFAULTS ;
```

DEFAULTS 语句是以关键字 DEFAULTS 开始，以 END DEFAULTS 结束，夹在中间的是逻辑等式，用来为节点、组和变量设定默认值数值(高或低电平)。例如：

```
SUBDESIGN default1
(   i[3..0]                 : INPUT;
    ascii_code[7..0]        : OUTPUT;
)
BEGIN
DEFAULTS
        ascii_code[] = B"00111111";    % "?" %
END DEFAULTS;
    TABLE
        i[3..0]     =>    ascii_code[];
        B"1000"     =>    B"01100001";      % "a" %
        B"0100"     =>    B"01100010";      % "b" %
        B"0010"     =>    B"01100011";      % "c" %
        B"0001"     =>    B"01100100";      % "d" %
    END TABLE;
END;
```

在此例中，如果输入端 i[3..0] 的信号不是真值表中的四个输入组合(B "1000"、B "0100"、B "0010"、B "0001")，那么输出端 Ascii_code[]的信号就是默认语句中设定的常数值(B "00111111")。

在使用 DEFAULTS 语句时应遵守以下规则：

(1) 在逻辑段中只能有一个 DEFAULTS 语句，并且它是逻辑段关键字 BEGIN 之后的第一个语句；

(2) 在默认语句中为一个变量多次赋值，那么只有最后一次赋值有效；

(3) 默认语句不能给变量设置一个带 x(无关)位的默认值。

(4) 对于多次赋值为低电平有效的变量应该被赋以默认值 VCC。

4.5 数字单元电路的设计实例

现在可利用前面章节介绍的 Quartus II 开发软件工具,进行数字电路的设计。设计输入方式可采用图形(原理图)和文本(AHDL 语言)输入方式。在许多开发软件工具中提供了大量常用的数字电路部件,以便设计中调用。下面介绍常用数字单元电路的设计。

4.5.1 组合逻辑电路

1. 编码器和译码器

例 4.5.1 设计一个 8 线-3 线优先编码器。其功能表见表 4-7。

表 4-7 8 线-3 线优先编码器功能表

输 入								输 出		
D7	D6	D5	D4	D3	D2	D1	D0	Y2	Y1	Y0
1	×	×	×	×	×	×	×	1	1	1
0	1	×	×	×	×	×	×	1	1	0
0	0	1	×	×	×	×	×	1	0	1
0	0	0	1	×	×	×	×	1	0	0
0	0	0	0	1	×	×	×	0	1	1
0	0	0	0	0	1	×	×	0	1	0
0	0	0	0	0	0	1	×	0	0	1
0	0	0	0	0	0	0	1	0	0	0

设计步骤如下。

(1) 建立原理图(顶层文件),如图 4.5 所示。

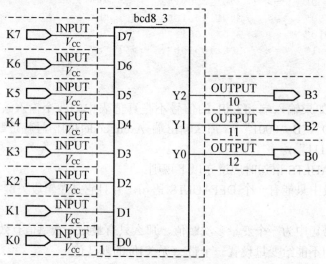

图 4.5 优先编码器原理图

(2) 用 AHDL 语言描述优先编码器 bcd8_3 的功能，其源文件如下：

```
SUBDESIGN bcd8_3
(   D7, D6, D5, D4, D3, D2, D1, D0   : INPUT ;
    Y[2..0]                          : OUTPUT ;
)
BEGIN
  IF  D7  ' THEN
    Y[]=7;
  ELSIF D6 THEN
    Y[]=6;
    ELSIF D5 THEN
        Y[]=5;
      ELSIF D4 THEN
          Y[]=4;
        ELSIF D3 THEN
          Y[]=3;
          ELSIF D2 THEN
            Y[]=2;
            ELSIF D1 THEN
              Y[]=1;
            ELSE
              Y[]=0;
    END IF;
END;
```

(3) 指定器件、分配管脚、进行编译，然后下载数据，进行器件编程或配置。

例 4.5.2 设计 3 线-8 线译码器。其设计方法与编码器相似，首先建立顶层文件(原理图)如图 4.6 所示。然后用 AHDL 语言编写 bcd3_8 模块的源文件即可。

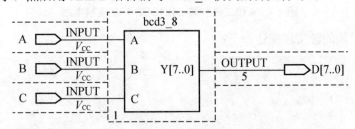

图 4.6 3 线-8 线译码器原理图

bcd3_8 模块的源文件描述如下：

```
SUBDESIGN bcd3_8
(   a, b, c  : INPUT ;
    Y[7..0]  : OUTPUT;
  )
BEGIN
  CASE  (a, b, c) IS
```

```
    WHEN 0 => Y[7..0]=1;
    WHEN 1 => Y[7..0]=2;
    WHEN 2 => Y[7..0]=4;
    WHEN 3 => Y[7..0]=8;
    WHEN 4 => Y[7..0]=16;
    WHEN 5 => Y[7..0]=32;
    WHEN 6 => Y[7..0]=64;
    WHEN OTHERS => Y[7..0]=128;
  END CASE;
END;
```

2. 码变换电路

例 4.5.3 设计 4 位二进制数/8421BCD 码的变换电路。要求将 4 位二进制数(0~F)表示为十进制数(0~15)，因此需要输出的变量为 5 位(D_{10}、D_{03}、D_{02}、D_{01}、D_{00})。其顶层文件(原理图)如图 4.7 所示。

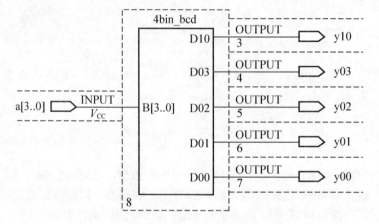

图 4.7   4 位二进制数/8421BCD 码的变换电路

4bin_bcd 模块的源文件描述如下：

```
SUBDESIGN 4bin_bcd
(   b[3..0]               : INPUT ;
    d10,d03,d02,d01,d00   : OUTPUT ;
)
BEGIN
  TABLE                   --真值表描述
    b[3..0]  => d10, d0[3..0];
    B"0000" => 0 , B"0000" ;
    B"0001" => 0 , B"0001" ;
    B"0010" => 0 , B"0010" ;
    B"0011" => 0 , B"0011" ;
    B"0100" => 0 , B"0100" ;
    B"0101" => 0 , B"0101" ;
    B"0110" => 0 , B"0110" ;
```

```
   B"0111" =>  0 , B"0111" ;
   B"1000" =>  0 , B"1000" ;
   B"1001" =>  0 , B"1001" ;
   B"1010" =>  1 , B"0000" ;
   B"1011" =>  1 , B"0001" ;
   B"1100" =>  1 , B"0010" ;
   B"1101" =>  1 , B"0011" ;
   B"1110" =>  1 , B"0100" ;
   B"1111" =>  1 , B"0101" ;
  END TABLE ;
END ;
```

3. 数码显示电路

例 4.5.4 设计一个七段数码显示译码器。首先建立原理图，如图 4.8 所示。

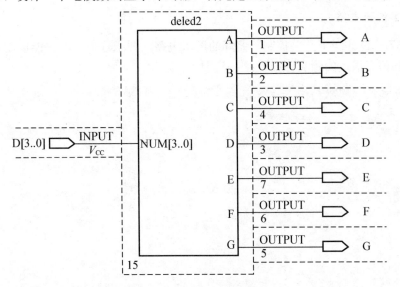

图 4.8　七段数码显示译码器

Deled1 模块的源文件描述如下：

```
SUBDESIGN deled1
(  num[3..0 ]        : INPUT;
   a,b,c,d,e,f,g : OUTPUT ;      --七段输出
)
BEGIN
    TABLE
    num[3..0]  =>  a,b,c,d,e,f,g ;
     H"0"    =>  1,1,1,1,1,1,0;     -- 显示 0
     H"1"    =>  0,1,1,0,0,0,0;     -- 显示 1
     H"2"    =>  1,1,0,1,1,0,1;     -- 显示 2
     H"3"    =>  1,1,1,1,0,0,1;     -- 显示 3
```

```
        H"4"      =>  0,1,1,0,0,1,1;      -- 显示 4
        H"5"      =>  1,0,1,1,0,1,1;      -- 显示 5
        H"6"      =>  1,0,1,1,1,1,1;      -- 显示 6
        H"7"      =>  1,1,1,0,0,0,0;      -- 显示 7
        H"8"      =>  1,1,1,1,1,1,1;      -- 显示 8
        H"9"      =>  1,1,1,1,0,1,1;      -- 显示 9
        H"A"      =>  1,1,1,0,1,1,1;      -- 显示 A
        H"B"      =>  0,0,1,1,1,1,1;      -- 显示 B
        H"C"      =>  1,0,0,1,1,1,0;      -- 显示 C
        H"D"      =>  0,1,1,1,1,0,1;      -- 显示 D
        H"E"      =>  1,0,0,1,1,1,1;      -- 显示 E
        H"F"      =>  1,0,0,0,1,1,1;      -- 显示 F
    END TABLE;
END;
```

4. 简单组合电路

例 4.5.5　设计四个开关控制一盏灯的逻辑电路，要求任何一开关能控制灯亮和灭。采用 AHDL 语言描述的源文件如下：

```
SUBDESIGN kanguan
( K2, K1, K0   :  INPUT ;
      OUT      :  OUTPUT ;
)
BEGIN
  TABLE
    K2, K1, K0   =>  OUT  ;
    B"000"       =>  0 ;
    B"001"       =>  1 ;
    B"010"       =>  1 ;
    B"100"       =>  1 ;
    B"101"       =>  0 ;
    B"110"       =>  0 ;
    B"011"       =>  0 ;
    B"111"       =>  1 ;
  END TABLE;
END;
```

其电路原理图如图 4.9 所示。

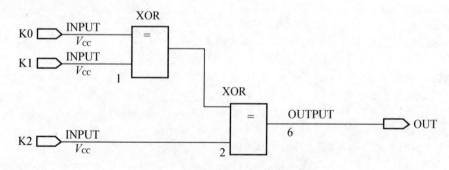

图 4.9　开关控制灯的逻辑电路

例 4.5.6   设计函数发生器，实现下列函数：

$$F_1 = A\overline{B} + \overline{B}C + AC$$

$$F_2 = \overline{AB} + \overline{B}C + ABC$$

$$F_3 = \overline{A}C + BC + A\overline{C}$$

由于这是一组 3 输入变量的多输出逻辑函数，因此可以采用 3 线-8 线译码器设计。这里直接调用元件函数模块(元件库)中的 3 线-8 线译码器 74138 和 "与非" 门，通过电路原理图来实现。首先将多输出逻辑函数写成最小项表达式：

$$F_1 = A\overline{B} + \overline{B}C + AC = m_1 + m_4 + m_5 + m_7 = \overline{\overline{Y_1}\,\overline{Y_4}\,\overline{Y_5}\,\overline{Y_7}}$$

$$F_2 = \overline{AB} + \overline{B}C + ABC = m_0 + m_1 + m_2 + m_6 + m_7 = \overline{\overline{Y_0}\,\overline{Y_1}\,\overline{Y_2}\,\overline{Y_6}\,\overline{Y_7}}$$

$$F_3 = \overline{A}C + BC + A\overline{C} = m_1 + m_3 + m_4 + m_6 + m_7 = \overline{\overline{Y_1}\,\overline{Y_3}\,\overline{Y_4}\,\overline{Y_6}\,\overline{Y_7}}$$

实现 F_1、F_2、F_3 函数的逻辑电路如图 4.10 所示。

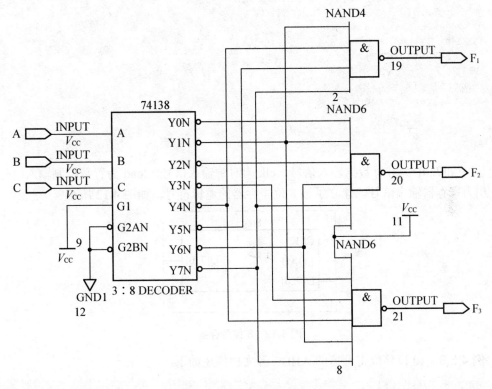

图 4.10   函数发生器

4.5.2   寄存器和计数器

在时序逻辑电路图中，通过触发器的连接，实现寄存器和计数器。软件工具中的每种触发器有两类，如 D 触发器分为 DFF 和 DFFE，如图 4.11 所示。

其中 DFF 是通常的 D 触发器。它有时钟端、数据输入端(D)、输出端(Q)、异步置位端(PRN 低电平有效)和异步清零端(CLRN 低电平有效)。而 DFFE 触发器增加了一个时钟使能端 ENA。当 ENA=1 时，DFFE 功能与 DFF 相同；当 ENA=0 时，即使有时钟作用，触发器仍维持原来的状态。对于寄存器和计数器的设计，可采用原理图和文本输入方式描述，这里使用文本输入方式(AHDL 语言)来设计。

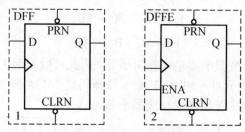

图 4.11　两类 D 触发器

例 4.5.7　一个 8 位寄存器的 AHDL 源文件描述如下：

```
SUBDESIGN 8reg
(   clk, load, d[7..0]  : INPUT  ;
    q[7..0]             : OUTPUT ;
)
VARIABLE
    ff[7..0]:DFFE;
BEGIN
    ff[].clk = clk;
    ff[].ena = load;
    ff[].d = d[];
    q[] = ff[].q;
END;
```

其中 d[7..0] 为并行数据输入信号，clk 为时钟输入信号，load 为置数控制输入信号，q[7..0]为寄存器输出信号。建立了该 8 位寄存器的逻辑符号，如图 4.12 所示。

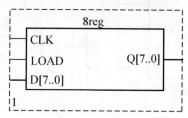

图 4.12　8 位寄存器

例 4.5.8　10 位移位寄存器的 AHDL 源文件描述如下：

```
SUBDESIGN shift10
(   in, clock    : INPUT ;
    out, q[9..0] : OUTPUT;
)
VARIABLE
    ff[9..0]     : DFF;
BEGIN
    ff[].clk = clock;
    q[] = ff[].q;
    ff[9..1].d = ff[8..0].q;          -- 触发器向下移位
    ff0.d = in;
```

```
    out = ff9.q;
END;
```

其中 in 为串行数据输入，out 为串行数据输出，q[9..0] 为状态的 10 位并行输出。

例 4.5.9　设计一个模可变的 6 位二进制加法计数器，可通过计数模式 M[1..0]选择输入，实现最多为 4 种不同模式的计数方式。假设可构成六进制、十二进制、二十四进制和六十进制共 4 种计数模式。此计数器 6_12_24_60count 的 AHDL 源文件描述如下：

```
SUBDESIGN  6_12_24_60count
(   clk, clr, m[1..0]    : INPUT;
    q[5..0], co          : OUTPUT;
)
VARIABLE
    ss,count[5..0]      : DFF;
BEGIN
    count[].clk = clk;
    count[].clrn = !co&!clr;
    ss.clk = !clk;
    ss.clrn = !clr;
    co = ss.q&clk;                       -- co 进位输出
    q[ ] = count[];
CASE m[1..0] IS                          -- m[1..0]=00 时，6 进制计数器
  WHEN 0 =>
    IF count[].q<5 THEN
        count[].d = count[].q + 1;
        ss.d=GND;
    ELSE
        ss.d=VCC;
    END IF;
  WHEN 1=>
    IF count[].q<11 THEN                  -- m[1..0]=01 时，12 进制计数器
        count[].d = count[].q + 1;
        ss.d=GND;
    ELSE
        ss.d=VCC;
    END IF;
  WHEN 2=>                                -- m[1..0]=10 时，24 进制计数器
    IF count[].q<23 THEN
        count[].d = count[].q + 1;
        ss.d=GND;
    ELSE
        ss.d=VCC;
    END IF;
  WHEN 3=>                                -- m[1..0]=11 时，60 进制计数器
    IF count[].q<59 THEN
        count[].d = count[].q + 1;
        ss.d=GND;
    ELSE
        ss.d=VCC;
    END IF;
    WHEN OTHERS =>
    count[].d = 0 ;
  END CASE;
END;
```

其中 clk 为时钟输入信号，clr 为异步清零输入(高电平有效)，q[5..0] 为状态输出，co 为进位输出。图 4.13 所示为此可变模计数器的仿真波形。

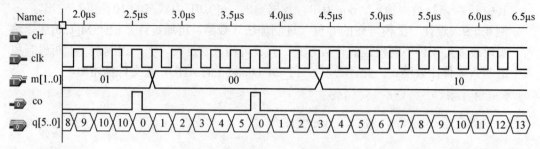

图 4.13　可变模计数器的仿真波形

例 4.5.10　设计一个模为 100 的十进制加法计数器(BCD 码输出)，需要用两位数码管同时顺序显示十进制数 00～99。

首先用两个十进制计数器 74160 模块组成 100 进制计数器，输出高 4 位 BCD 码(DA7、DA6、DA5、DA4)和低 4 位 BCD 码(DA3、DA2、DA1、DA0)。然后采用扫描显出方式，动态显示两位数码管，因此使用一片七段显示译码器，通过数码管的片选端(公共端为阴极)，轮流显示两位数码管。该计数器的顶层文件(原理图)描述如图 4.14 所示。

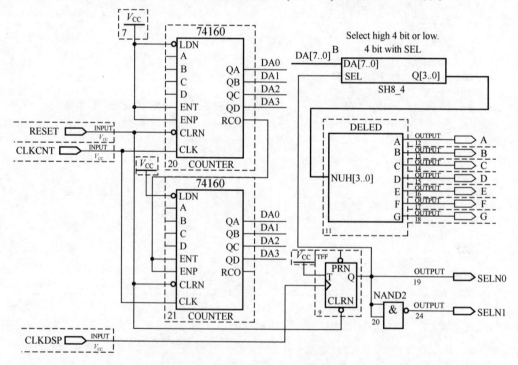

图 4.14　100 进制计数器原理图

图中输入时钟信号 CLKCNT 为计数时钟(频率<4Hz)，CLKDSP 为扫描时钟(频率>100Hz)。输出信号 SELN0 和 SELN1 为扫描地址，分别选择各对应数码管的显示。DELED 模块为七段显示译码器。模块 SH8_4 完成高 4 位 BCD 码和低 4 位 BCD 码数据的切换，当 SEL=0 时，Q[3..0]=DA[3..0](低 4 位 BCD 码)；当 SEL=1 时，Q[3..0]=DA[7..4] (高 4 位 BCD 码)。SH8_4 模块的 AHDL 源文件描述如下：

```
SUBDESIGN sh8_4
(   sel,da[7..0]: input;
    q[3..0]      : output;
)
BEGIN
    IF ! sel  THEN          -- SEL=0 时，低 4 位 BCD 码输出
        q[]=da[3..0];
    ELSE
        q[]=da[7..4];       -- SEL=1 时，高 4 位 BCD 码输出
    END IF;
END;
```

4.5.3 有限状态机设计

状态机就是一组触发器的输出状态随着时钟和输入信号(一个或多个)按照一定规律变化的过程，一般用来实现时序逻辑电路的描述，反映触发器、计数器、状态机的状态位数和状态，常用状态转移图(或表)来表示。在 AHDL 中实现状态机是很容易的，只需要设置状态或状态值及对状态转移进行描述，余下工作由 MAX+PLUSⅡ的编译器完成。

在 AHDL 中进行状态机设计，必须在 TDF 文件中包含以下内容：

(1) 状态机定义，在变量段中定义状态机名及其状态，或定义状态位。

(2) 在逻辑段中描述状态的逻辑控制，设置状态的时钟、复位和使能信号；

(3) 用真值表语句或 Case 语句描述状态的转换。

AHDL 的状态机实际是 QuartusⅡ工具中预先设计好的函数模块，它有一个时钟输入端 clk、一个使能控制端 ena、一个复位输入端 reset，以及由参数定义的状态位和状态。

例 4.5.11　一个双向步进电动机控制电路的状态转移图，如图 4.15 所示。该控制电路的输入信号有 3 个：时钟 clk、复位 reset、方向控制 RL。输出信号为 Y[3..0]，用来控制电动机的动作，每个状态对应一组不同的输出信号。当方向控制信号 RL=1 时，状态机随时钟按 $s_0 \rightarrow s_1 \rightarrow s_2 \rightarrow s_3 \rightarrow s_0$ 正向循环。当 RL=0 时，状态机随时钟按 $s_0 \rightarrow s_3 \rightarrow s_2 \rightarrow s_1 \rightarrow s_0$ 反向循环。

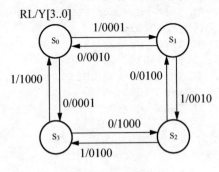

图 4.15　状态转移图

以下是双向步进电动机控制电路的 AHDL 源文件描述：

```
SUBDESIGN stepper
(  clk,reset,RL   : INPUT ;
```

```
     Y[3..0]              : OUTPUT;
)
VARIABLE              -- ss 定义为状态
ss  :  MACHINE  WITH  STATES (s0, s1, s2, s3);
BEGIN                 -- 设置状态的时钟和复位信号
    ss.clk = clk ;
    ss.reset = reset ;
    TABLE
        ss, RL  => ss, Y[3..0];
        s0, 0   => s3 , B"0001";
        s0, 1   => s1 , B"0001";
        s1, 0   => s0 , B"0010";
        s1, 1   => s2 , B"0010";
        s2, 0   => s1 , B"0100";
        s2, 1   => s3 , B"0100";
        s3, 0   => s2 , B"1000";
        s3, 1   => s0 , B"1000";
    END TABLE;
END;
```

以上 TDF 文件中，采用真值表语句来描述状态的转换，也可以对状态转换采用 Case 语句描述。Case 语句描述的 AHDL 源文件描述如下：

```
SUBDESIGN stepper
(   clk,reset,RL   : INPUT ;
    Y[3..0]        : OUTPUT;
)
VARIABLE
    ss : MACHINE  WITH  STATES (s0, s1, s2, s3) ;
BEGIN
    ss.clk = clk;
    ss.reset = reset;
    CASE ss IS
        WHEN s0=> Y[3..0]=B "0001" ;
                  IF RL THEN  ss=s1; ELSE  s=s3; END IF;
        WHEN s1=> Y[3..0]=B "0010" ;
                  IF RL THEN  ss=s2; ELSE  ss=s0; END IF;
        WHEN s2=> Y[3..0]=B "0100" ;
                  IF RL THEN  ss=s3; ELSE  ss=s1; END IF;
        WHEN s3=> Y[3..0]=B "1000" ;
                  IF RL THEN  ss=s0; ELSE  ss=s2; END IF;
    END CASE;
END;
```

4.5.4　综合逻辑电路

1. 汽车尾灯控制电路

汽车尾灯电路控制汽车尾部左右两侧各 3 个指示灯，其要求如下：

(1) 汽车正常运行时两侧指示灯全灭，当刹车时，尾部两侧指示灯全亮。

(2) 右转弯时，右侧 3 个指示灯按 000→100→010→001→000 循环顺序点亮，左侧灯全灭。左转弯时，左侧 3 个指示灯也按同样循环顺序点亮，右侧灯全灭。

(3) 在转弯刹车时，向转弯这侧的三个尾部灯按同样循环顺序点亮，另一侧的灯全亮。

首先，输入信号分为三个：R 为右转弯控制，L 为左转弯控制，c 为刹车输入。其电路系统的原理图如图 4.16 所示(即顶层文件)。电路系统分为转弯控制模块和循环灯显示模块。转弯控制模块的控制输出有左侧灯按循环顺序点亮控制 M_L 和全亮控制 Z_L；右侧灯按循环顺序点亮控制 M_R 和全亮控制 Z_R。循环灯显示模块由两个元件库函数 74195 分别组成左、右两侧尾灯显示电路。其中转弯控制模块的源文件(AHDL)描述如下：

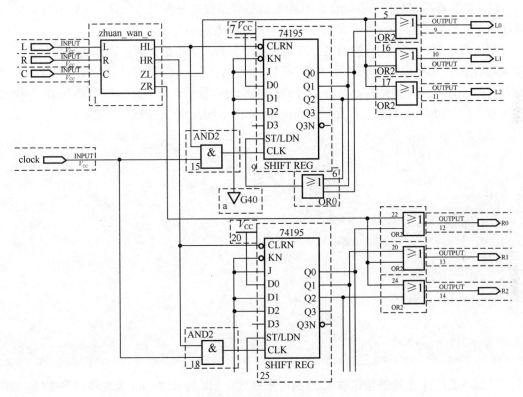

图 4.16　汽车尾灯显示电路

```
SUBDESIGN  zhuan_wan_c
(   L,R,C    : INPUT ;
    ML,MR,ZL,ZR : OUTPUT;
)
BEGIN
  TABLE
      L,R,C  => ML, MR, ZL, ZR ;
   0,0,0 =>  0,0,0,0;
      0,0,1 =>  0,0,1,1;
   0,1,0 =>  0,1,0,0;
   0,1,1 =>  0,1,1,0;
   1,0,0 =>  1,0,0,0;
   1,0,1 =>  1,0,0,1;
```

```
    1,1,0 =>  x,x,x,x;
    1,1,1 =>  x,x,x,x;
  END TABLE;
END;
```

2. 竞赛抢答器电路

竞赛抢答器系统设计要求如下。

(1) 有若干队参加竞赛(设 7 队)，每队对应一个抢答按钮，还有一个按钮给主持人用来清零。

(2) 抢答器具有数据锁存功能，对输入信号有很强的分辨能力，只显示先抢答队的号数(用 LED 数码管显示)，并且发出声响，直到主持人清零为止。

根据设计要求，进行方案确定。该系统电路分为两大模块，即控制模块和显示模块。图 4.17 给出了竞赛抢答器电路的原理图。控制模块(qan_da_C)需完成输入信号的分辨、数据锁存的功能，采用硬件描述语言进行该模块描述。显示模块主要由编码器(bcd8_3)和七段显示译码器(deled1)组成。控制模块(qan_da_c)的 AHDL 源文件描述如下：

```
SUBDESIGN qan_da_c
(
    d[7..1], clk, clr  : INPUT ;
    q[7..1], c         : OUTPUT;
)
VARIABLE
    ff[7..1]  : DFFE;

BEGIN
    ff[].clk=clk;
    ff[].clrn=!clr;
    ff[].d=d[];
    q[]=ff[].q;
    c=ff1#ff2#ff3#ff4#ff5#ff6#ff7;
    ff[].ena=!c;
END;
```

其中，d[7..1] 是抢答按钮输入端(高电平有效)；clk 为时钟；clr 为异步清零端(高电平有效)，有信号输入时，输出信号 c 为逻辑 "1"；无信号输入或清零后，输出信号 c 为逻辑 "0"。编码器(bcd8_3)和七段显示译码器(deled1)已在前面介绍过。

3. 数字钟

数字钟设计要求(数字钟功能)如下：

(1) 具有时、分、秒计数显示功能，以小时循环计时；

(2) 具有清零，调节小时、分钟功能；

(3) 具有整点报时功能，并且伴随 LED 灯花样显示。

该系统的原理图(顶层文件)如图 4.18 所示，共有六个模块。其中模块 second、minute 和 hour 分别为秒、分、时的计数模块；模块 alert 为彩灯和扬声器编码模块；seltime 为扫描数据(BCD 码)的切换模块；deled 为七段显示译码器。

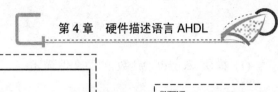

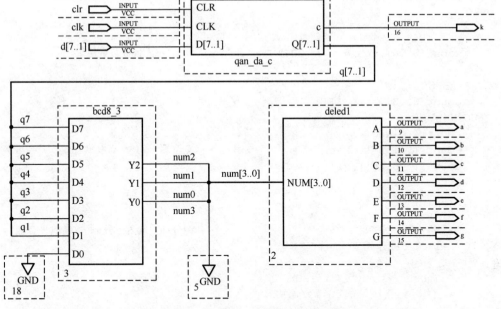

图 4.17　竞赛抢答器电路的原理图

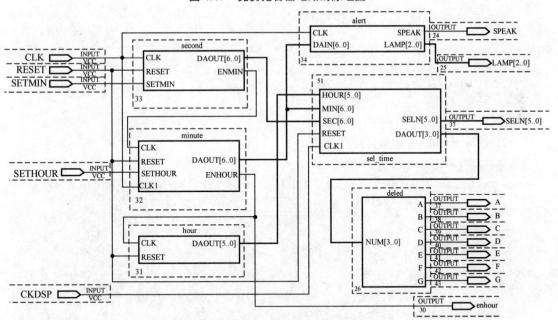

图 4.18　数字钟的原理图(顶层文件)

　　其中输入端 clk 为计数时钟(1Hz)，CKDSP 为扫描时钟(>100Hz)；RESET、SETHOUR 和 SETMIN 分别为清零、调时和调分输入信号。输出信号有数码管的驱动信号 A~G 和片选信号 SETN[5..0](轮流显示六位数码管)；在整点报时的输出信号(持续 1 分钟)为：扬声器驱动信号 SPEAK(0.5Hz)、花样 LED 灯显示信号 LAMP[2..0] 和整点脉冲信号 enhour。以下是用 AHDL 语言对这些模块的功能描述。

(1) 模块 second(秒计数)的源文件描述：

```
SUBDESIGN second1
(   clk,reset,setmin   :  INPUT;          -- 计数时钟 clk 为 1Hz
    daout[6..0],enmin  :  OUTPUT;         -- enmin 为秒计数进位输出
)
VARIABLE
    count[6..0],s:    DFF;
BEGIN
    count[].clk=clk;
    count[].clrn=!reset;                  -- 复位端 reset 高电平有效
    daout[]=count[].q;
    s.clk=clk;
    s.clrn=!reset;
    enmin=s.q;
    IF setmin THEN                        -- 调分计数输入 setmin(高电平有效)
      enmin=clk;
    END IF;
    IF (count[].q<H"59") THEN             -- 六十进制计数
      IF(count[3..0].q>=9) THEN
          count[].d=count[].q+7;          -- 二进制数转换为 BCD 码
      ELSE
          count[].d=count[].q+1;
      END IF;
    ELSE
        count[].d=0;
        s.d=VCC;
    END IF;
END;
```

(2) 模块 minute(分计数)的源文件描述：

```
SUBDESIGN minute
(   clk,reset,sethour,clk1 : INPUT ;      -- clk 连接秒计数进位输出 enmin
    daout[6..0],  enhour    : OUTPUT;     -- enhour 为分计数进位输出
)
VARIABLE
    count[6..0], s        :   DFF;
BEGIN
    count[].clk=clk;
    count[].clrn=!reset;                  -- 复位端 reset 高电平有效
    daout[]=count[].q;
    s.clk=clk;
    s.clrn=!reset;
    enhour=s.q;
  IF sethour THEN                         -- 调时计数输入 sethour(高电平有效)
    enhour=clk1
    --  ELSE
    --  enhour=s.q;
END IF;
```

```
    IF(count[].q<H"59") THEN            -- 六十进制计数
        IF (count[3..0].q>=9) THEN
            count[].d=count[].q+7;      -- 二进制数转换为 BCD 码
        ELSE
            count[].d=count[].q+1;
        END IF;
    ELSE
        count[].d=0;
        s.d=VCC;
    END IF;
END;
```

(3) 模块 hour(时计数)的源文件描述：

```
SUBDESIGN hour
(   clk,  reset      : INPUT;           -- clk 连接分计数进位输出 enhour
    aout[5..0]        : OUTPUT;
)
VARIABLE
    count[5..0]    : DFF;
BEGIN
    count[].clk=clk;
    count[].clrn=!reset;
    daout[]=count[].q;
IF (count[].q<H"23") THEN               -- 二十四进制计数
    IF (count[3..0].q==9) THEN
        count[].d=count[].q+7;          -- 二进制数转换为 BCD 码
    ELSE
        count[].d=count[].q+1;
    end if;
 ELSE
    count[].d=0;
 END IF;
END;
```

(4) 模块 alert 的源文件描述：

```
SUBDESIGN alert
(   clk, dain[6..0]        : INPUT;
    speak, lamp[2..0]      : OUTPUT;
)
VARIABLE
    s   :    DFF;
    ss  :    MACHINE OF BITS (lamp[2..0])
               WITH  STATES (
                    s0=B"000",         -- 输出信号 lamp[2..0]= 000
                    s1=B"001",         -- 输出信号 lamp[2..0]= 001
                    s2=B"010",         -- 输出信号 lamp[2..0]= 010
                    s3=B"100"  ) ;     -- 输出信号 lamp[2..0]= 100
BEGIN
    ss.clk=clk;
```

```
    IF(dain[]==0) THEN
       s.clk=clk;
       s.d=!s.q;
       speak=s.q;                         -- 输出信号 speak 是时钟 clk 的二分频
     CASE ss IS
       WHEN s0 =>    ss=s1;
       WHEN s1 =>    ss=s2;
       WHEN s2 =>    ss=s3;
       WHEN s3 =>    ss=s1;
       WHEN OTHERS =>ss=s0;
     END CASE;
    ELSE
       ss=s0;
       speak=GND;              --
    END IF;
END;
```

(5) 模块 sel_time 的源文件描述：

```
SUBDESIGN sel_time
(   clk1,reset,sec[6..0],min[6..0],hour[5..0]  :  INPUT;
    daout[3..0],  seln[5..0]                   :  OUTPUT;
)
VARIABLE
        count[2..0]    : DFF;

BEGIN
        count[].clk=clk1;
        count[].clrn=reset;
        IF(count[].q>=5) THEN               -- 六进制计数
          count[].d=0;
        ELSE
          count[].d=count[].q+1;
        END IF;
        TABLE
        count[].q   =>  seln[]   ;
          0         =>  B"111110" ;
          1         =>  B"111101" ;
          2         =>  B"111011" ;
          3         =>  B"110111" ;
          4         =>  B"101111" ;
          5         =>  B"011111" ;
          6         =>  B"xxxxxx" ;
          7         =>  B"xxxxxx" ;
        END TABLE;
        CASE count[] IS
          WHEN 0    =>  daout[]=sec[3..0];      -- 秒的低 4 位 BCD 码(个位)
          WHEN 1    =>  daout3=GND;
                        daout[2..0]=sec[6..4];  -- 秒的高 4 位 BCD 码(十位)
          WHEN 2    =>  daout[]=min[3..0];      -- 分的低 4 位 BCD 码(个位)
```

```
        WHEN  3       =>  daout3=GND;
                          daout[2..0]=min[6..4];    -- 分的高 4 位 BCD 码(十位)
        WHEN  4       =>  daout[]=hour[3..0];       -- 小时的低 4 位 BCD 码(个位)
        WHEN OTHERS => daout[3..2]=0;
                          daout[1..0]=hour[5..4];   -- 小时的高 4 位 BCD 码(十位)
    END CASE;
END;
```

本 章 小 结

　　AHDL 语言是 Altera 公司设计开发的一种硬件描述语言，在 Altera 的 Quartus II 设计软件中使用，比其他 HDL 更有效。它是一种模块化的高级语言，完全集成于 Quartus II 系统中,它将用户的设计以各种设计文件(文本设计文件 TDF、图形设计文件 BDF 等)形式保存，并可对其进行编译、调试、检错、模拟、下载等操作。AHDL 语言还特别适合于描述复杂的组合逻辑、组(Group)运算、状态机、真值表和时序逻辑。

习　　题

　　4-1　用 AHDL 编写的设计文件的基本结构由哪几部分组成？各部分的作用是什么？

　　4-2　用 AHDL 设计一个 BCD 码输出的 185 进制计数器。

　　4-3　用 AHDL 设计一个七人表决器，多数同意则通过。

　　4-4　用 AHDL 设计一个双向步进电动机控制电路。该控制电路的输入信号有 3 个：时钟 clk，复位 reset，方向控制 R_L，用来控制电动机的动作，每个状态对应一组不同输出信号 F[3..0]。当方向控制信号 R_L=1 时，状态机随时钟按 $s_0 \rightarrow s_1 \rightarrow s_2 \rightarrow s_3 \rightarrow s_0$ 正向循环；当 R_L=0 时，状态机随时钟按 $s_0 \rightarrow s_3 \rightarrow s_2 \rightarrow s_1 \rightarrow s_0$ 反向循环。

　　4-5　用 AHDL 设计一个汽车尾灯电路，控制汽车尾部左右两侧各 3 个指示灯，其要求如下：

　　(1) 汽车正常运行时两侧指示灯全灭，当刹车时，尾部两侧指示灯全亮。

　　(2) 右转弯时，右侧 3 个指示灯按 $000 \rightarrow 100 \rightarrow 010 \rightarrow 001 \rightarrow 000$ 循环顺序点亮，左侧灯全灭。左转弯时，左侧 3 个指示灯也按同样循环顺序点亮，右侧灯全灭。

　　(3) 在转弯刹车时，转弯这侧的三个尾部灯按同样循环顺序点亮，另一侧的灯全亮。

　　(4) 当应急开关打开时，尾部两侧指示灯都闪烁。

第5章
硬件描述语言 VHDL

 学习目标和要求

◇ 了解 VHDL 的语言特点和基本结构;
◇ 熟悉 VHDL 的语言规则;
◇ 掌握 VHDL 设计流程和语句;
◇ 掌握 VHDL 实现各种类型数字电路的方法。

本章首先介绍 VHDL 语言的基本结构和语言要素,使读者初步掌握 VHDL 的基本知识;然后介绍 VHDL 语言的描述方法;最后通过大量设计实例的介绍,使读者进一步掌握 VHDL 语言的数字系统设计方法。

5.1 VHDL 基本结构

一个完整的 VHDL 设计文件,或者说设计实体,通常要求能为 VHDL 综合器所支持,并能作为一个独立的设计单元(模块),即以元件的形式而存在的 VHDL 描述。这里的所谓元件,既可以被高层次的系统所调用,成为该系统的一部分;也可以作为一个电路功能块而独立存在和独立运行。在 VHDL 源文件中,通常包含实体(Entity)、结构体(Architecture)、配置(Configuration)和库(Library)程序包(Package)四个部分,其中实体和结构体这两个基本结构是必需的。

对 VHDL 语言来讲,字母的大小写是不加区分的。本书为了阅读方便,对于 VHDL 文件中使用的关键字用大写字母来表示,小写字母表示设计者自己定义的部分。下面以 VHDL 语言描述的简单示例来详细说明 VHDL 结构、语句描述、数据规则和语法特点等。

5.1.1 多路选择器的 VHDL 描述

2 选 1 的多路选择器逻辑图如图 5.1 所示,A 和 B 分别是两个数据输入端的端口名,S 为通道选择控制信号输入端的端口名,Y 为输出端的端口名。其逻辑功能可表述为:若 S=0,则 Y=A;若 S=1,则 Y=B。

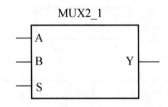

图 5.1　2 选 1 的多路选择器逻辑图

例 5.1.1 用 VHDL 语言描述 2 选 1 的多路选择器如下：

```
-- 实体：实体名为 MUX2_1
ENTITY  mux2_1 IS
   PORT (  A ,B : IN   BIT ;
              S : IN   BIT ;
              Y : OUT  BIT ) ;
END  ENTITY MUX2_1;
-- 结构体：描述选择器的功能
ARCHITECTURE one OF mux2_1  IS
   BEGIN
      Y<= A  WHEN S='0'  ELSE
           b ;
END ARCHITECTURE  one;
```

这是一个完整的 2 选 1 的多路选择器的 VHDL 描述，VHDL 编译器和综合器可以独立地对它进行编译、综合和时序仿真，也可以对目标芯片 CPLD/FPGA 进行适配。此多路选择器的 VHDL 描述由两部分组成。

(1) 以关键字 ENTITY 引导，END ENTITY MUX2_1 结尾的语句部分，称为实体。它描述电路器件的外部情况及信号断口的基本性质(如输入和输出)。实体的电路意义相当于器件，在电路原理图上相当于元件符号。图 5.1 可以认为是实体的图形表达。

(2) 由关键字 ARCHITECTURE 引导，END ARCHITECTURE one 结尾的语句部分，称为结构体。它描述电路器件的内部逻辑功能或电路结构。

VHDL 结构的一个显著特点就是，任何一个完整的设计实体都可以分成内外两个部分，外面的部分称为可视部分，由实体名和端口组成；里面的部分称为不可视部分，由实际的功能描述组成。一个完整的 VHDL 设计文件应具有如图 5.2 所示的比较固定的四个基本部分。其中库、程序包使用说明用于打开(调用)该设计实体将要用到的库、程序包；实体说明用于描述该设计电路与外界的接口信号，是可视部分；结构体说明用于描述该设计电路内部工作的逻辑功能关系，是不可视部分。在一个实体中可以含有一个或一个以上的结构体，而在每个结构体中又可以含有一个或多个进程及其他语句。根据需要，实体还可以有配置说明语句，用于层次化中对特定的设计实体进行元件例化，或是为实体选定某个特定的结构体。

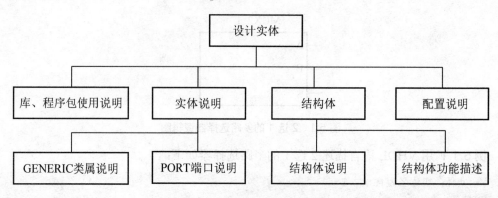

图 5.2　VHDL 设计文件基本结构

5.1.2　实体

VHDL 语言描述的对象称为实体(Entity)。实体代表几乎没有限制，可以将任意复杂的系统抽象成一个实体，也可以将一块电路板、一个芯片、一个电路单元甚至一个门电路看作一个实体。如果设计时，对系统自顶向下分层、划分模块，那么各层的设计模块都可以看作实体。顶层的系统模块是顶级实体，低层次的设计模块是低级实体。描述时，高级实体可将低级实体当作元件来调用。至于该元件内部的具体结构或功能可在低一级实体的描述中再详细给出。

1. 实体语句结构

实体说明单元语句的书写格式如下：

```
ENTITY  实体名   IS
    [ GENERIC(类属表);]
      PORT(端口表)  ;
END  ENTITY  实体名;
```

实体说明单元必须以语句"ENTITY　实体名　IS"开始，以语句"END　ENTITY　实体名；"结束。其中的实体名由设计者自己定义，用来表示被设计电路实体的名称，也可作为其他设计调用该实体时的名称。在 MAX+PLUS Ⅱ 和 QUARTUS Ⅱ 开发工具中实体名与保存该实体的 VHDL 源文件名必须是一样的。

2. 类属参数说明语句

类属参数说明语句(可选项)必须放在端口说明语句之前，用以设定实体或元件的内部电路结构和规模，常用来规定端口的大小、实体中子元件的数目及实体的定时特性等。其书写格式如下：

```
GENERIC (  常数名：数据类型[:=设定值 ];
          :     :
          常数名：数据类型[:=设定值 ]  )  ;
```

类属参数说明语句以关键字 GENERIC 引导一个类属参量表，在表中提供时间参数或总线宽度等静态信息。类属参量是一种端口界面常数，它和常数不同，常数只能从设计实体的内部得到赋值且不能改变，而类属参量的值可由设计实体的外部提供。因此设计者可以从外面通过类属参量的重新设定而改变一个设计实体或一个元件的内部电路结构和规模。

例如：

```
ENTITY  mux1  IS
    GENERIC(addwidth : integer; =16);
    PORT( add_bus : OUT STD_LOGIC_VECTOR( addwidth-1 DOWNTO 0));
…
```

在这里，GENERIC 语句对实体 MUX1 作为地址总线的端口 add_bus 的数据类型和宽度做了定义，即定义 add_bus 为一个 16 位的位矢量，其中常数名 addwidth 定义为 16。

3. 端口说明语句

在电路图上，端口(PORT)对应于元件符号的外部引脚。端口说明语句是对基本设计实体(单元)与外部接口的描述，也可以说是对外部引脚信号的名称、数据类型和输入/输出方向的描述。端口说明语句的书写格式如下：

```
PORT ( 端口名 : 端口模式　数据类型 ;
       端口名 : 端口模式　数据类型 ;
       …        …              ) ;
```

(1) 端口名是设计者为实体的每一个对外通道所取的名称，端口模式是指这些通道上的数据流动方式，如输入或输出等。一个实体通常有一个或多个端口。端口类似于原理图部件符号上的管脚。实体与外界交流的信息必须通过端口通道流入或流出。

(2) 端口模式。在 IEEE 1076 标准包中定义了 4 种常用的端口模式：输入(IN)、输出(OUT)、双向(INOUT)和输出缓冲(BUFFER)。端口模式可用图 5.3 来说明，图中方框代表一个设计实体或模块。

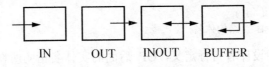

IN　　　OUT　　INOUT　　BUFFER

图 5.3　端口模式示意图

"IN"模式定义的通道确定为输入端口，并规定为单向只读模式，可以通过此端口将变量信息或信号信息读入设计实体中。

"OUT"模式定义的通道确定为输出端口，并规定为单向输出模式，可以通过此端口将信号输出设计实体，或者说可以将设计实体中的信号向此端口赋值。注意：输出模式不能用于被设计实体的内部反馈，因为输出端口在实体内不能看作可读的。

"INOUT"模式定义的通道确定为输入、输出双向端口，即可以对此端口赋值，也可以通过此端口读入数据。双向模式端口允许引入内部反馈。

"BUFFER"模式定义的通道确定为具有数据读入功能的输出端口，既允许信号输出到实体外部，同时又可以在实体内部引用该端口的信号。缓冲端口既能用于输出，也能用于反馈。

(3) 数据类型。数据类型是指端口上流动的数据的表达格式。VHDL 是一种强类型语言，它对语句中的所有操作数的数据类型有严格的规定。即对传输或存储的数据类型做出明确的界定。在 VHDL 中常见的数据类型有多种，如整数数据类型(INTEGER)、布尔数据类型(BOOLEAN)、位矢量数据类型(STD_LOGIC)和位数据类型(BIT)等。

5.1.3 结构体

结构体(Architecture)也称构造体，结构体描述了基本设计单元(实体)的结构、行为、元件及内部连接关系，也就是说它定义了设计实体的功能，规定了设计实体的数据流程，制定了实体内部元件的连接关系。一个完整的结构体一般由两大部分组成：说明语句(可选项)和功能描述语句，可以用图 5.4 来说明。

(1) 说明语句。对数据类型、常数、信号、子程序和元件等因素进行说明的部分。

(2) 功能描述语句。描述实体的逻辑行为及以各种不同的描述风格表达的功能描述语句，包括各种顺序语句和并行语句。

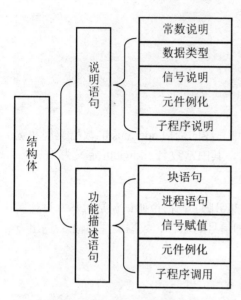

图 5.4　结构体的基本组成

1. 结构体语句

结构体语句的书写格式如下：

```
ARCHITECTURE  结构体名  OF  实体名  IS
        [ 说明语句 ]
BEGIN
        功能描述语句 ;
END  ARCHITECTURE    结构体名;
```

其中，结构体名由设计者自行定义，OF 后面的实体名指明所在设计实体的名称。但是当一个实体具有多个结构体时，结构体的名称不可重复。结构体的说明语句部分必须放在关键字"ARCHITECTURE"和"BEGIN"之间，结构体必须以"END　ARCHITECTURE 结构体名;"作为结束句。

2. 结构体的说明语句

结构体的说明语句是对结构体的功能描述语句中将要用到的信号(SIGNAL)、数据类型(TYPE)、常数(CONSTANT)、元件(COMPONENT)、函数(FUNCTION)和过程(PROCEDURE)等加以说明的语句。需要注意的是，在一个结构体中，说明和定义的数据类型、常数、元件、函数和过程只能用于这个结构体。如果希望这些定义也能用于其他的实体或结构体，则需要将其作为程序包来处理。

3. 功能描述语句

如图 5.4 所示的功能描述语句可以含有五种不同类型的语句，它们之间是以并行方式工作的。在每一类型语句结构的内部可能含有并行运行的逻辑描述语句或顺序运行的逻辑描述语句。这就是说，这五种类型语句本身是并行语句。但它们内部所包含的语句并不一定是并行语句，如进程语句内包含顺序语句。这五种类型语句的基本组成和功能如下。

(1) 块语句是由一系列并行执行语句构成的组合体，它的功能是将结构体中的并行语句组成一个或多个子模块。

(2) 进程语句定义顺序语句模块，用以将从外部获得的信号值，或内部的运算数据向其他的信号进行赋值。

(3) 信号赋值语句将设计实体内的处理结果向定义的信号或界面端口进行赋值。

(4) 元件例化语句对其他的设计实体做元件调用说明，并将此元件的端口与其他的元件、信号或高层次实体的界面端口进行连接。

(5) 子程序调用语句用以调用过程或函数，并将获得的结果赋值于信号。

例如，一个 D 触发器功能的 VHDL 描述，其元件模块如图 5.5 所示。D 触发器的 VHDL 描述方式如下：

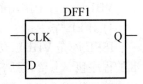

图 5.5　D 触发器模块

```
IEEE 库       ⎧ LIBRARY IEEE ;
使用说明      ⎨ USE IEEE.STD_LOGIC_1164.ALL ;
实体：D 触    ⎧ ENTITY   dff1  IS                      -- 实体名为 dff1
发器外部      ⎪     PORT ( CLK : IN   STD_LOGIC ;
接口信号      ⎨           D   : IN   STD_LOGIC ;
说明          ⎪           Q   : OUT  STD_LOGIC ) ;
              ⎩ END ENTITY dff1;
                ARCHITECTURE  a  OF dff1  IS
                    SIGNAL Q1 : STD_LOGIC;          -- 信号说明语句
                BEGIN
                    PROCESS ( CLK )                 -- 进程语句
结构体：        ⎨     BEGIN
描述 D 触       ⎪       IF (CLK'EVENT AND CLK ='1')   -- 上升沿触发
发器功能        ⎪          THEN  Q1<= D;
                ⎪       END IF ;
                ⎪       Q<=Q1;                      -- 赋值语句
                ⎪     END PROCESS;
                ⎩ END  ARCHITECTURE  a ;
```

5.1.4　库、程序包及配置

一个可综合的 VHDL 描述的设计文件中，一般不可缺少的三个部分是库的说明、实体和结构体。根据 VHDL 语法规则，在 VHDL 语言中使用的文字、数据对象、数据类型都需要预先定义。可以将预先定义好的数据类型、元件调用声明及一些常用子程序汇集在一起，形成程序包，供 VHDL 设计实体共享和调用，若干个程序包则构成库。配置用来从库中选取所需要的各个模块，从而完成硬件电路的描述。

1. 库(Library)

在利用 VHDL 语言进行工程设计时，需要把一些有用的信息汇集在一个或几个库中以供调用。这些信息可以是预先定义好的数据类型、子程序等设计单元的集合体(程序包)，或预先设计好的各种设计实体(元件库程序包)。因此，可以把库看成一种用来存储预先完成的程序包和数据集合体的仓库。库可由用户生成或由 ASIC 芯片制造商提供，以便在设计中为大家所共享。

在 VHDL 语言中，库的说明语句与 C 语言中的头文件一样，总是放在设计文件的最前面。使用库的方法是在设计项目的开头声明选用的库名，用 use 语句声明选中的程序包。例如，一个库的说明语句"LIBRARY　IEEE;"表示打开了 IEEE 库，即为其后的设计实体打开了以此库名命名的库，以便可以利用此库的程序包。

VHDL 语言中常用的库有 IEEE 库、STD 库和 WORK 库。

1) IEEE 库

IEEE 库是 VHDL 设计中最常见的库，包含 IEEE 标准的程序包和其他一些支持工业标准的程序包。主要包括 STD_LOGIC_1164、NUMERIC_BIT、NUMERIC_STD 和 Synopsys 公司的 STD_LOGIC_ARITH、STD_LOGIC_SIGNED、STD_LOGIC_UNSIGNED 等程序包。其中 STD_LOGIC_1164 是最重要的程序包，大部分基于数字系统设计的程序包都以此程序包设定的标准为基础。在 IEEE 库中符合 IEEE 标准的程序包并非符合 VHDL 语言标准，因此需要用 LIBRARY 和 USE 语句声明，USE 语句有两种常用格式：

```
USE 库名.程序包名.项目名;
USE 库名.程序包名.ALL;
```

第一行语句格式的作用是，向本设计实体开放指定库中的特定程序包内所选定的项目。第二行语句格式的作用是，向本设计实体开放指定库中的特定程序包内所有的内容。例如，语句

```
USE IEEE.STD_LOGIC_1164.ALL ;
```

表明打开 IEEE 库中的 STD_LOGIC_1164 程序包，并使程序包中所有的公共资源对于本语句后面的设计实体全部可用。这里关键字"ALL"代表程序包中所有资源。

2) STD 库

VHDL 语言标准定义的两个程序包，即 STANDARD 和 TEXTIO，它们被收入 STD 库中。由于 STD 库符合 VHDL 语言标准，因此无需用 LIBRARY 和 USE 语句声明，在 VHDL 编译和综合过程中，也可随时调用这两个程序包中的所有内容。

3) WORK 库

WORK 库是用户 VHDL 设计的现行工作库，用于存放用户设计和定义的一些设计单元和程序包，因而是用户自己的仓库，用户设计的实体、模块及已设计好的元件都放在其中。WORK 库自动满足 VHDL 语言标准，因此不必在 VHDL 程序中预先说明。

2. 程序包(Package)

在设计实体中声明的数据类型、子程序或数据对象只能用于本实体和构造体内部，不能被其他实体和构造体使用，就像高级语言中的局部变量一样。为了使数据类型、元件、子程序等能被多个设计实体调用或共享，VHDL 提供了程序包的机制。程序包就像公用的工具箱，各个设计实体都可使用其中定义的工具。程序包的一般语句格式如下：

```
PACKAGE      程序包名 IS                    -- 程序包首
    程序包首说明部分
END    程序包名;
PACKAGE  BODY 程序包名 IS                   -- 程序包体
    程序包体说明部分及包体内容
END    程序包名;
```

　　程序包的结构由程序包的说明部分，即程序包首和程序包的内容(即程序包体)两部分组成。一个完整的程序包中，程序包首的程序包名与程序包体的程序包名是同一个名称。程序包首为程序包定义接口，其方式与实体定义模块接口非常类似；程序包体规定程序包的实际功能，其方式与模块的结构体语句描述方法相同。

　　如果仅仅是定义数据类型或定义数据对象等内容，程序包体是不必要的，程序包首是可以独立使用的。但是在程序包中若有子程序说明时，则必须有对应的子程序包体，这时子程序内容必须放在程序包体中。

　　例 5.1.2 下面是 max_pac 程序包对求最大值函数 max 进行的描述：

```
LIBRARY IEEE;
USE IEEE.STD_LOGIC_1164.ALL
PACKAGE max_pac IS                          --程序包首
    FUNCTION max(a, b: STD_LOGIC_VECTIOR)
          RETURN STD_LOGIC_VECTOR ;
    END max;
END max_pac ;
PACKAGE BODY max_pkc IS                     --程序包体
    FUNCTION max(a, b: STD_LOGIC_VECTIOR)
       RETURN STD_LOGIC_VECTOR  IS
       BEGIN
         IF (a>b) THEN  RETURN  a;
         ELSE           RETURN  b;
         END IF;
    END max:
END max_pac;
```

　　上述 max_pac 程序包也是用 VHDL 语言编写的，所以其源文件也需要以.vhd 文件类型保存，即以 max_pac.vhd 源文件名保存。max_pkc 程序包声明了一个检查最大值的函数 max，并在程序包体中对这个函数进行了具体实现。

　　3. 配置(Configuration)

　　配置语句描述层与层之间的连接关系及实体与结构体之间的连接关系。设计者可以利用这种配置语句来选择不同的结构体，使其与要设计的实体相对应。目前配置语句不被综合所支持，主要在前期仿真中使用。在仿真某一个实体时，可以利用配置来选择各种不同的结构体，进行性能对比试验以得到性能最佳的结构体。配置语句的基本书写格式如下：

```
Configuration  配置名 OF  实体名  IS
      FOR  选配结构体名
      END FOR;
END  配置名 ;
```

其中，配置名是该默认配置语句的标志，实体名是要配置的实体的名称，选配结构体名就是用来组成设计实体的结构体名。

5.2 VHDL 语法规则

VHDL 具有计算机编程语言的一般特性，其语法规则是编程语句的基本要求，反映了 VHDL 语言的特征。准确理解和掌握 VHDL 语言的语法规则的含义和用法，对于正确地完成 VHDL 描述的设计文件十分重要。VHDL 的语言规则主要有 VHDL 文字规则、数据对象、数据类型和各类操作数及运算操作符。

5.2.1 文字规则

VHDL 语言与其他计算机高级语言一样，也有自己的文字规则和表达方法，在编写中需要认真遵循。

1. 数字

数字型文字可以有多种表达方式：可以是十进制数，也可以表示为以二进制、八进制或十六进制等为基数的数；可以是整数，也可以是含有小数点的浮点数。

(1) 十进制整数表示法，如 012, 5, 78_456 (=78456), 156E3 (=156000)。

注意：在相邻数字之间插入下画线，对十进制数值不产生影响，仅仅是为了提高文字的可读性。允许在数字之前冠以若干个 0，但不允许在数字之间存在空格。

(2) 以数制基数表示的数由五个部分组成。第一部分，用十进制数标明数值进位的基数；第二部分，数值隔离符号"#"；第三部分，表达的文字；第四部分，指数隔离符号"#"；第五部分，用十进制表示的指数部分，这一部分的数如果为 0 可以省去不写。例如，2#111_1011#，8#1473#，16#A8#E1，16#F.01#E+4。

对以基数表示的数而言，相邻数字间插入下画线不影响数值。基数中的最小数为 2，最大数为 16，表示的数中允许出现 A 至 F 的字母，大小写字母意义无区别。

(3) 实数：实数必须带有小数点，如 12.0, 0.0, 3.14, 6_741_113.666, 52.6 E-2。

(4) 物理量文字(目前 VHDL 综合器不支持物理量文字的综合)，如 60 s(秒), 150m (米), 187A(安培)。

2. 字符和字符串

字符是用单引号引起来的 ASCII 字符，可以是数值，也可以是符号或字母，如'E', 'e', '$', '23', 'A'。字符串是一维的字符数组，需放在双引号中。VHDL 中有两种类型的字符串：文字字符串和数位字符串。

(1) 文字字符串是用双引号引起来的一串文字，如"FALSE", "X", "THIS IS END", "BB$CC"。

(2) 数位字符串又称为位矢量字符串，是被双引号引起来的扩展的数字序列，数字序列前冠以基数说明符。基数符有 "B"、"O"、"X"，它们的含义如下。

B：二进制基数符号，表示二进制位 0 或 1，在字符串中每一个位表示一个 BIT。

O：八进制基数符号，在字符串中每一个数代表一个八进制数，即代表一个 3 位(BIT)的二进制数。

X：十六进制基数符号，代表一个十六进制数，即代表一个 4 位二进制数。

例如，数字字符串：B"1011_1111"，O"152"，X"F821"。

3．标识符

标识符是最常用的操作符，在 VHDL 语言中是各种成分的名称，可以是常数、变量、信号、端口、子程序或参数的名称。定义标识符需要遵循以下书写规则：

(1) 标识符必须以英文字母开头；

(2) 英文字母、数字(0～9)和下画线都是有效的字符；

(3) 标识符中的英文字母不区分大小写；

(4) VHDL 的关键字不能作为标识符使用；

(5) 必须是单一下画线"_"，其前后都必须有英文字母或数字。

一些合法的标识符：S_MACHINE，present_state，sig32_1。

不合法的标识符：present-state(符号"-"不能作为标识符)，3states(起始为数字)，cons__now(双下画线)，Begin(关键字)。

VHDL'93 标准版的 VHDL 语言支持扩展标识符。扩展标识符的识别和书写规则是用两个反斜杠来界定扩展标识符。以上不合法的标识符如果是扩展标识符就是合法的，如 \Begin\、\present-state\、\3states\、\cons__now\。目前许多 VHDL 工具还不支持扩展标识符。

4．关键字

VHDL 定义的关键字(又称保留字)不能作为标识符，关键字在 VHDL 中有特殊的含义，不能用作 VHDL 语言中的其他用途。VHDL 常用关键字如下：

ABS	DOWNTO	LIBRARY	POSTPONED	SRL
ACCESS	ELSE	LINKAGE	PROCEDURE	SUBTYPE
AFTER	ELSIF	LITERAL	PROCESS	THEN
ALIAS	END	LOOP	PURE	TO
ALL	ENTITY	MAP	RANGE	TRANSPORT
AND	EXIT	MOD	RECORD	TYPE
ARCHITECTURE	FILE	NAND	REGISTER	UNAFFECTED
ARRAY	FOR	NEW	REJECT	UNITS
ASSERT	FUNCTION	NEXT	REM	UNTIL
ATTRIBUTE	GENERATE	NOR	REPORT	USE
BEGIN	GENERIC	NOT	RETUEN	VARIABLE
BLOCK	GROUP	NULL	ROL	WAIT
BODY	GUARDED	OF	ROR	WHEN
BUFFER	IF	ON	SELECT	WHILE
BUS	IMPURE	OPEN	SEVERITY	WITH
CASE	IN	OR	SIGNAL	XNOR
COMPONENT	INERTIAL	OTHERS	SHARED	XOR

CONFIGURATION INOUT   OUT   SLA   CONSTANT
IS   PACKAGE SLL   DISCONNECT   LABEL
PORT   SRA

一般在书写 VHDL 语言时，应将 VHDL 的关键字大写或设置为黑体，设计者自己定义的字符应小写，以使得设计文件便于阅读和检查。尽管 VHDL 仿真综合时不区分大小写，但一个优秀的设计者应该养成良好的习惯。

5．下标名及下标段名

下标名用于指示数组型变量或信号的某一元素，而下标段名用于指示数组型变量或信号的某一段元素(数组)，其书写格式如下：

信号名或变量名（ 表达式 1 TO/DOWNTO 表达式 2 ）；

表达式的数值必须在数组元素下标范围以内，并且必须是可计算的。如果是不可计算的，则只能在特定的情况下综合，且耗费资源较大。TO 表示数组下标序列由低到高，DOWNTO 表示数组下标序列由高到低。下面是下标名和下标段名使用示例。

```
SIGNAL a, b, c: BIT _VECTOR(0 TO 7);
SIGNAL s       : INTEGER RANGE 0 TO 3;
SIGNAL x, y    : BIT;
x <= a (s);
y <= b (3);
c(0 TO 3)<= a(2 TO 5);          -- 以段的方式进行赋值
c(4 TO 7)<= b(7 DOWNTO 4);      -- 以段的方式进行赋值
```

上例中，a (s)为下标语句，s 是不可计算的下标名，只能在特定情况下进行综合；b (3)的下标为 3，可以进行综合。c(0 TO 3)、a(2 TO 5)、c(4 TO 7)和 b(7 DOWNTO 4)为下标段语句。

5.2.2 数据对象

在 VHDL 中，数据对象(Data Objects)类似于一种容器，它接受不同数据类型的赋值。VHDL 的数据对象有三种，即常量(Constant)、变量(Variable)和信号(Signal)。前两种数据对象可以从传统的计算机高级语言中找到对应的数据类型，其语言行为与高级语言中的变量和常量十分相似。但信号这一数据对象比较特殊，它具有更多的硬件特征，是 VHDL 中最有特色的语言要素之一。

1．常量

常量是指在设计实体中不会发生变化的值，并且可以是任何数据类型。常数的定义和设置主要是为了使设计实体中的常量更容易阅读和修改。常量是一个恒定不变的值，一旦做了数据类型和赋值定义后，在设计实体中不能再改变，因而具有全局性意义。常量的定义格式如下：

CONSTANT   常量名：数据类型:=表达式；

例如：

```
CONSTANT  ffbus : STD_LOGIC_VECTOR:="00110111";    -- 标准位矢类型
CONSTANT  vcc  : REAL:=5.0;                         -- 实数类型
```

```
CONSTANT  dely  : TIME:=30ns;                          -- 时间类型
```

VHDL 要求所定义的常量数据类型必须与表达式的数据类型一致。常量定义语句所允许的设计单元有实体、结构体、程序包、块、进程和子程序。在程序包中定义的常量可以暂不设定具体数值，可以在程序包体中设定。

常量的可视性，即常量的使用范围取决于它被定义的位置。在程序包中定义的常量具有最大的全局化特征，可以用在调用此程序包的所有设计实体中；定义在设计实体中的常量，其有效范围为这个实体定义的所有结构体；如果常量定义在设计实体的某一结构体中，则只能用于此结构体；定义在结构体的某一单元的常量，如一个进程中，则这个常量只能用于这一进程。这就是常量的可视性规则。

2. 变量

在 VHDL 语法规则中，变量是一个局部量，只能在进程和子程序中使用。变量不能将信息带出定义它的当前结构体。变量的赋值是一种理想化的数据传输，是立即发生、不存在任何延时的行为。变量常用在实现某种算法的赋值语句中，主要作用是在进程中作为临时的数据存储单元，不具有实际电路的物理意义。变量的定义格式如下：

```
VARIABLE  变量名：数据类型  [:=初始值]；
```

例如，变量的定义语句：

```
VARIABLE   a   : INTEGER   RANGE 0 TO 31 ;
VARIABLE   b, c : INTEGER:= 5 ;
VARIABLE   d   : STD_LOGIC;
```

分别定义 a 的取值范围是从 0 到 31 的整数型变量；b 和 c 为初始值为 5 的整数型变量；d 为标准位类型的变量。

变量定义语句中的初始值可以是一个与变量具有相同数据类型的常数值，也可以是一个全局静态表达式，这个表达式的数据类型必须与所赋值变量一致。此初始值不是必需的，VHDL 综合过程中将略去所有的初始值，因此 VHDL 综合器不支持设置初始值。

变量作为局部量，其适用范围仅限于定义了变量的进程或子程序。变量的值将随变量赋值语句的运算而改变。变量赋值语句的书写格式如下：

```
目标变量名:= 表达式；
```

变量赋值符号是"：="，变量数值的改变是通过变量赋值来实现的。赋值语句右边的表达式必须是一个与目标变量具有相同数据类型的数值，这个表达式可以是一个运算表达式，也可以是一个数值。通过赋值操作，新的变量值的获得是立刻发生的。变量赋值语句左边的目标变量可以是单值变量，也可以是一个变量的集合，即数组型变量。例如：

```
VARIABLE   x, y : REAL ;
VARIABLE   a, b : STD_LOGIC_VECTOR(7 DOWNTO 0);
X:= 100.0;                     -- 实数赋值
y:= x+2.5;                     -- 运算表达式赋值
a:="10011100";                 -- 位矢量赋值
a(0 TO 3):=b(4 TO 7);          -- 段赋值
a(4 TO 7):=('1','0','0','1');
```

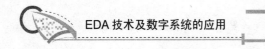

3. 信号

信号是描述硬件系统的基本数据对象,它类似于电子电路内部的连接线。信号可以作为设计实体中并行语句模块间的信息交流通道。在 VHDL 中,信号及其相关的信号赋值语句、决断函数、延时语句等很好地描述了硬件系统的许多基本特征,如硬件系统运行的并行性;信号传输过程中的惯性延迟特性;多驱动源的总线行为等。

信号作为一种数值容器,不但可以容纳当前值,也可以保持历史值。这一属性与触发器的记忆功能有很好的对应关系,因此它十分类似于 AHDL 语言中节点 NODE 的功能,只是不必注明信号上数据流动的方向。信号定义的语句格式与变量非常相似,信号定义也可以设置初始值,信号定义语句的书写格式如下:

```
SIGNAL  信号名:数据类型[:=初始值];
```

信号初始值的设置不是必需的,而且初始值仅在 VHDL 的行为仿真中有效。与变量相比,信号的硬件特征更为明显,它具有全局性特征。例如,在程序包中定义的信号,对于所有调用此程序包的设计实体都是可见的;在实体中定义的信号,在其对应的结构体中都是可见的。

事实上,除了没有方向说明以外,信号与实体的端口(Port)概念是一致的。对于端口来说,其区别只是输出端口不能读入数据,输入端口不能被赋值。信号可以看成实体内部的端口,既可以读数据,也可以被赋值。反之,实体的端口只是一种隐形的信号,端口的定义实质上是做了隐式的信号定义,并附加了数据流动的方向。信号本身的定义是一种显式的定义,因此在实体中定义的端口,在其结构体中都可以看成一个信号,并加以使用而不必另作定义。信号的定义示例如下:

```
SIGNAL  a : STD_LOGIC:='0';              -- 定义 a 的初始值为低电平
SIGNAL  b : BIT ;
SIGNAL  data : STD_LOGIC_VECTOR(7 DOWNTO 0) ;
```

信号的使用和定义范围是实体、结构体和程序包。在进程和子程序中不允许定义信号。在进程中,只能将信号列入敏感表,而不能将变量列入敏感表。可见,进程只对信号敏感,而对变量不敏感。当信号定义了数据类型后,在 VHDL 设计中就能对信号进行赋值了。信号的赋值语句做书写格式如下:

```
目标信号名 <= 表达式;
```

信号赋值符号是"<=",即将数据信息传入。表达式可以是一个运算表达式,也可以是数据对象(变量、信号或常量),并且信号赋值可以设置延时量。因此,目标信号获得传入的数据并不是即时的,这与实际器件的传播延迟特性十分吻合,显然与变量的赋值过程有很大差别。但是,目前 VHDL 综合器还不能支持信号延时赋值语句。

信号的赋值可以出现在一个进程中,也可以直接出现在结构体中,但它们运行的含义是不一样的。前者属于顺序信号的赋值,这时的信号赋值操作要视进程是否已被启动;后者属于并行信号的赋值,其赋值操作是各自独立并行地发生的。

在进程中,可以允许同一信号有多个驱动源(赋值源),即在进程中同一信号被多个驱动源赋值,其结果只有最后的赋值语句被启动,并进行赋值操作。例如:

```
SIGNAL a, b, c, x, y : INTEGER;
    …               …
PROCESS (a, b, c)
    BEGIN
    y <= a * b;
    x <= c - a;
    y <= b;
END PROCESS;
```

此例的进程中，信号 a、b、c 被列入进程敏感表，当进程启动后，信号赋值将自上而下顺序执行，但第一项赋值操作并不会发生，这是因为 y 的最后一项驱动源是 b，因此 y 被赋值为 b。在并行赋值语句中，不允许同一信号有多个驱动源。

4. 信号和变量的区别

从硬件电路系统来看，变量和信号相当于组合电路系统中门与门间的连线及其连线上的信号值；常量相当于电路中的恒定电平，如 GND 或 VCC。从行为仿真和 VHDL 语句功能上看，信号与变量具有比较明显的区别，其差异主要表现在接受和保持信号的方式和信息保持与转递的区域大小上，变量只能作为局部的信息载体，而信号则可作为模块间的信息载体。变量的设置有时只是一种过渡，最后的信息传输和界面间的通信都靠信号来完成。综合后的 VHDL 文件中信号将对应更多的硬件结构。在许多情况下，综合后所对应的硬件电路结构中的信号和变量并没有什么区别，它们都具有能够接受赋值这一重要的共性，人们使用时常常将两者混淆，下面列出两者之间存在的区别：

(1) 信号赋值至少要有 δ 延时；而变量赋值没有延时。

(2) 信号除当前值外有许多相关的信息，如历史信息和投影波形；而变量只有当前值。

(3) 进程对信号敏感而对变量不敏感。

(4) 信号可以是多个进程的全局信号；而变量只在定义它们的顺序域可见。

(5) 信号是硬件中连线的抽象描述，它们的功能是保存变化的数据值和连接子元件，信号在元件的端口连接元件。变量在硬件中没有类似的对应关系，它们用于硬件特性的高层次建模所需要的计算。

5.2.3　数据类型

VHDL 是一种强类型语言。VHDL 对每一个常数、变量、信号、函数及设定的各种参量的数据类型都有严格要求，相同数据类型的量才能互相传递和作用。VHDL 作为强类型语言的好处是使 VHDL 编译或综合工具很容易找出设计中的各种常见错误。VHDL 的数据类型可以分为四大类。

(1) 标量类型(Scalar Type)：属于单元素的最基本的数据类型，常用于描述一个单值数据对象。包括实数类型、整数类型、枚举类型和物理类型。

(2) 复合类型(Composite Type)：可以由小的数据类型复合而成，如可由标量类型复合而成。复合类型主要有数组型和记录型。

(3) 存取类型(Access Type)：为给定的数据类型的数据对象提供存取方式。

(4) 文件类型(Files Type)：用于提供多值存取类型。

这些数据类型已被定义在预定义数据类型和用户自定义数据类型两大类别的程序包

中。预定义的 VHDL 数据类型是 VHDL 最常用、最基本的数据类型。这些数据类型都已在 VHDL 的标准程序包 STANDARD 和 STD_LOGIC_1164 及其他的标准程序包中做了定义，并可在设计中随时调用。

1. VHDL 的预定义数据类型

VHDL 的预定义数据类型都在 VHDL 标准程序包 STANDARD 中定义了，在实际使用中，自动包含进 VHDL 的源文件。因此不需要再用 USE 语句显式说明。

1) 整数(INTEGER)

整数与数学中整数的定义相似，可以使用预定义运算操作符，如加 "+"、减 "−"、乘 "×"、除 "÷" 进行算术运算。在 VHDL 语言中，整数的表示范围为 −2147483647～+2147483647，即 −(2^{31}−1)到+(2^{31}−1)，可用 32 位有符号的二进制数表示。在实际应用中，VHDL 仿真器通常将 INTEGER 类型作为有符号数处理，而 VHDL 综合器则将 INTEGER 作为无符号数处理。在使用整数时，VHDL 综合器要求用 RANGE 子句为所定义的数限定范围，然后根据所限定的范围来确定表示此信号或变量的二进制数的位数，因为 VHDL 综合器无法综合未限定范围的整数数据类型的信号和变量。例如，下面语句：

```
SIGNAL data1 : INTEGER RANGE 0 TO 15 ;
```

规定信号 data1 为整数，其取值范围是 0～15 共 16 个值，可用 4 位二进制数来表示，可被综合成四条信号线。

2) 实数(REAL)

VHDL 的实数类型也类似于数学上的实数，或称浮点数。实数的取值范围为 −1.0E+38～+1.0E+38。实数有正负数，书写时一定要有小数点。通常情况下，实数类型仅能在 VHDL 仿真器中使用，VHDL 综合器则不支持实数，因为实数类型的实现相当复杂，目前在电路规模上难以承受。

3) 位(BIT)

位用来表示数字系统中的信号值。位值只能用字符'0'或者'1' (将值放在引号中)表示。与整数中的 1 和 0 不同，'1'和'0'仅仅表示一个位的两种取值。位数据可以参与逻辑运算，其结果仍是位的数据类型。位数据不同于布尔数据，可以用转换函数进行转换。

4) 布尔量(BOOLEAN)

一个布尔量具有两种状态，即 "TRUE(真)" 或者 "FALSE(假)"。布尔量是二值枚举量，但它和位类型不同，没有数值的含义，也不能进行算术运算，但能进行关系运算。例如，它可以在 IF 语句中被测试，测试结果产生一个布尔量 "TRUE" 或者 "FALSE"，综合器将其变为 "1" 或 "0" 信号值。

5) 位矢量(BIT_VECTOR)

位矢量是用双引号括起来的一组数据，如"001100"，X"00bb"。在这里位矢量前面的 X 表示十六进制。用位矢量数据表示总线状态是最形象也最方便的，在 VHDL 语言中会经常遇到。使用位矢量时必须注明位宽，即数组中的元素个数和排列，如：

```
SIGNAL a : BIT_VECTOR(7 DOWNTO 0);    -- 表示信号 a 中有 8 个元素
```

6) 字符(CHARACTER)

字符也是一种数据类型,所定义的字符量通常用单引号括起来,如'a'。一般情况下VHDL 对大小写不敏感,但对字符量中的大小写则认为是不一样的,如'B'不同于'b'。字符量中的字符可以是从 a 到 z 的任意字母,从 0 到 9 中的任一个数及空格或者特殊字符,如$、@、%等。程序包 STANDARD 中给出了预定义的 128 个 ASCII 码字符,不能打印的用标识符给出。

7) 字符串(STRING)

字符串是由双引号括起来的一个字符序列,也称字符矢量或字符串组。字符串常用于程序的提示和说明。字符串举例如下:

```
VATIABLE string_1 : STRING (0  TO 3);
    …
string_1:="a b c d";
```

8) 自然数(NATURAL)和正整数(POSITIVE)

这两种数据是整数的子类,NATURAL 类数据取 0 和 0 以上的正整数;而 POSITIVE 则只能为正整数。

9) 时间(TIME)

时间是一个物理量数据。完整的时间量数据应包含整数和单位两部分,而且整数和单位之间至少应留一个空格的位置。在程序包 STANDARD 中给出了时间的预定义,其单位为 fs(飞秒)、ps(皮秒)、ns(纳秒)、μs(微秒)、ms(毫秒)、sec(秒)、min(分)和 hr(时)。

在系统仿真时,时间数据特别有用,用它可以表示信号延时,从而使模型系统更逼近实际系统的运行环境。

10) 错误等级(SEVERITY LEVEL)

错误等级类型数据用来表征系统的状态,共有 4 种:note(注意)、warning(警告)、error(出错)、failure(失败)。在系统仿真过程中,可以用这 4 种状态来提示系统当前的工作情况,从而使设计人员随时了解当前系统工作的情况,并根据系统的不同状态采取相应的对策。

11) 综合器不支持的数据类型

下面这些数据类型虽然仿真器支持,但是综合器目前是不支持的。

(1) 物理类型:综合器不支持的物理类型的数据,这些类型只能用于仿真过程。

(2) 浮点型:如 REAL 型。

(3) Access 型:综合器不支持存取型结构,因为不存在这样对应的硬件结构。

(4) File 型:综合器不支持磁盘文件型,硬件对应的文件仅为 RAM 和 ROM。

2. IEEE 预定义标准逻辑位与矢量

在 IEEE 库的程序包 STD_LOGIC_1164 中,定义了两个非常重要的数据类型,即标准逻辑位 STD_LOGIC 和标准逻辑矢量 STD_LOGIC_VECTOR。

1) 标准逻辑位 STD_LOGIC

在 IEEE 库程序包 STD_LOGIC_1164 中的 STD_LOGIC 数据类型定义如下:

```
TYPE std_logic IS ( 'U','X','0','1','Z','W','L','H', '-');
```

其含义依次为：未初始化的、强未知的、强 0、强 1、高阻态、弱未知的、弱 0、弱 1、忽略等。

有定义可见，STD_LOGIC 是标准 BIT 数据类型的扩展，共定义了 9 种值。这意味着，对于定义为数据类型是标准逻辑位 STD_LOGIC 的数据对象，其可能的取值已非传统的 BIT 那样只有逻辑 0 和逻辑 1 两种取值，而是如上定义的那样有 9 种可能的取值。目前在设计中一般只使用 IEEE 的 STD_LOGIC 标准逻辑位数据类型，BIT 数据类型则很少使用。

在仿真和综合中，STD_LOGIC 值是非常重要的，它可以使设计者精确地模拟一些未知的和高阻态的线路情况。对于综合器，高阻态和"–"忽略态可用于三态的描述。但就综合而言，STD_LOGIC 型数据能够在数字器件中实现的只有其中的四种值，即—、0、1 和 Z。当然这并不表明其余的 5 种值不存在。这 9 种值对于 VHDL 的行为仿真都有重要意义。

2) 标准逻辑矢量 STD_LOGIC_VECTOR

STD_LOGIC_VECTOR 是定义在 STD_LOGIC_1164 程序包中的标准一维数组，数组中的每一个元素的数据类型都是以上定义的标准逻辑位 STD_LOGIC。

在使用中，向标准逻辑矢量 STD_LOGIC_VECTOR 数据类型的数据对象赋值的方式与普通的一维数组 ARRAY 是一样的，即必须严格考虑位矢量的宽度。同位宽、同数据类型的矢量间才能进行赋值。

3. 其他预定义标准数据类型

VHDL 综合工具内置的扩展程序包中，定义了一些有用的类型。例如，Synopsys 公司在 IEEE 库中加入的程序包 STD_LOGIC_ARITH 中定义的数据类型有：无符号型 (UNSIGNED)、有符号型(SIGNED)、小整型(SMALL_INT)等。

UNSIGNED 类型和 SIGNED 类型是用来设计可综合的数学运算程序的重要类型，UNSIGNED 用于无符号数的运算，SIGNED 用于有符号数的运算。在实际应用中，大多数运算都需要用到它们。

在 IEEE 程序包中，NUMERIC_STD 和 NUMERIC_BIT 程序包中也定义了 UNSIGNED 类型及 SIGNED 类型，NUMERIC_STD 是针对于 STD_LOGIC 类型定义的，而 NUMERIC_BIT 是针对于 BIT 类型定义的，在程序包中还定义了相应的运算符重载函数。有些综合器没有附带 STD_LOGIC_ARITH 程序包，此时只能使用 NUMERIC_STD 和 NUMERIC_BIT 程序包。在 STANDARD 程序包中没有定义 STD_LOGIC_VECTOR 的运算符，而整数类型一般只在仿真的时候用来描述算法或作为数组下标运算，因此 UNSIGNED 类型和 SIGNED 类型的使用率是很高的。例如：

```
UNSIGNED'("1000")        -- 表示十进制数 8
SIGNED'("0101")          -- 表示+5
SIGNED'("1011")          -- 表示-5
```

SIGNED 数据类型表示一个有符号的数值时，综合器将其解释为补码，此数的最高位是符号位。

4. 用户自定义数据类型

除了上述一些标准的预定义数据类型外，VHDL 还允许用户自行定义新的数据类型。由用户定义的数据类型有：枚举(Enumeration)类型、整数(Integer)类型、数组(Array)类型、记录(Record)类型、时间(Time)类型、实数(Real)类型等。用户自定义的数据类型是用类型定义语句 **TYPE** 来实现的。类型定义语句的书写格式如下：

```
TYPE  数据类型名  IS  数据类型定义  OF  基本数据类型;
```

或

```
TYPE  数据类型名  IS  数据类型定义;
```

利用 **TYPE** 语句进行数据类型自定义有两种不同的格式，但方式是相同的。其中，数据类型名由设计者自定，此名将作为数据类型定义之用。数据类型定义部分用来描述所定义的数据类型的表达方式和表达内容；关键词 **OF** 后的基本数据类型是指数据类型定义中所定义的元素的基本数据类型，一般都是取已有的预定义数据类型，如 BIT、SDT_LOGIC 或 INTEGER 等。下面将对枚举、数组和记录数据类型进行具体介绍。

1) 枚举(Enumeration)类型

VHDL 中的枚举数据类型是一种特殊的数据类别，它们是用文字符号来表示的一组实际的二进制数。例如，状态机的每一状态在实际电路中是以一组触发器的当前二进制数数位的组合来表示的，但设计者在状态机的设计中，为了更利于阅读、编译和 VHDL 综合器的优化，将表征每一状态的二进制数组用文字符号来代表，即所谓状态符号化。枚举类型数据的定义格式如下：

```
TYPE  枚举数据类型名  IS (元素1, 元素2,…);
```

例如，定义状态机的状态：

```
TYPE  st  IS (s1,s2,s3,s4,s5);
SIGNAL present_s , next_s : st;
```

信号 present_s 和 next_s 的数据类型定义为 st，它们的取值范围是可枚举的，即从 s1 至 s5 共 5 个状态，而这些状态可由三位二进制数进行编码。

在 VHDL 综合过程中，枚举类型文字元素的编码通常是自动的，编码顺序是默认的，一般将元素 1 编码为 0，后面元素的编码依次加 1。综合器在编码过程中自动将每一枚举元素转变成位矢量，位矢量的长度将根据元素情况决定。为了某些特殊的需要，编码顺序也可以人为设置。

2) 数组(Array)类型

数组类型是将一组具有相同数据类型的元素集合在一起，作为一个数据对象来处理的数据类型。数组可以是每个元素只有一个下标的一维数组，也可以是每个元素有多个下标的多维数组。VHDL 仿真器支持多维数组，但 VHDL 综合器只支持一维数组，故在此只讨论一维数组。数组的定义格式如下：

```
TYPE  数组名  IS  ARRAY  约束范围  OF  数据类型;
```

VHDL 允许定义两种方式的数组，即限定性数组和非限定性数组。它们的区别是：限定性数组下标的取值范围在数组定义时就被确定了，而非限定性数组下标的取值范围需留待随后确定。例如，限定性数组的定义如下：

```
TYPE  a  IS  ARRAY ( 7 DOWNTO 0 ) OF STD_LOGIC;
```

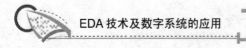

这个数组类型的名称是 a，它有 8 个元素，数组元素的数据类型是 STD_LOGIC，各元素的排序是 a(7)、a(6)、…、a(0)。

下面是非限定性数组的示例：

```
TYPE  word  IS  ARRAY ( NATURAL RANGE<> ) OF  STD_LOGIC;
SIGNAL a : word( 0 TO 7);          -- 将数组下标取值范围设为0～7
a<= "01001111" ;
```

其中 word 为非限制性数组名，数据类型为 STD_LOGIC。数组下标是以自然数类型设定的，符号"<>"是下标范围的待定符号，用到该数组类型时，再填入具体的数值范围。第二条语句是对信号 a 的数据类型定义为 word 数组类型，其宽度为 8 位。第三条语句是对信号 a 赋值为 "01001111"，即各元素 a(0)=0、a(1)=1、a(2)=0、a(3)=0、a(4)=1、a(5)=1、a(6)=1 和 a(7)=1。

3) 记录(Record)类型

记录类型与数组类型都属数组，由相同数据类型的对象元素构成的数组称为数组类型的对象，由不同数据类型的对象元素构成的数组称为记录类型的对象。记录是一种异构复合类型，也就是说，记录中的元素可以是不同的数据类型。构成记录类型的各种不同的数据类型可以是任何一种已定义过的数据类型，也包括数组类型和已定义的记录类型。显然具有记录类型的数据对象的数值是一个复合值，这些复合值是由记录类型的元素决定的。

记录类型定义语句的格式如下：

```
TYPE  记录名  IS  RECORD
      元素名1 :  数据类型;
      元素名2 :  数据类型;
             …
END  RECORD  [记录名] ;
```

一个记录的每一元素要用它的记录元素名来进行访问。对于记录类型的数据对象赋值方式与数组相似，可以对记录类型的对象整体赋值，也可以对它的记录元素进行分别赋值。

5. 数据类型转换

由于 VHDL 是一种强类型语言，在 VHDL 程序设计中，不同的数据类型的对象之间不能代入和运算，即使数据类型相同，位长不同也不能直接代入。若数据类型不一致，则需要转换一致后才能进行赋值或运算。VHDL 综合器的 IEEE 标准库的程序包中定义了一些类型转换函数，见表 5-1。

表 5-1 IEEE 库中类型转换函数

程序包	函数名	功　能
STD_LOGIC_1164	to_stdlogicvector(A)	将 bit_vector 转为 std_logic_vector
	to_bitvector(A)	将 std_logic_vector 转为 bit_vector
	to_stdlogic(A)	将 bit 转为 std_logic
	to_bit(A)	将 std_logic 转为 bit

续表

程序包	函数名	功　　能
STD_LOGIC_ARITH	conv_std_logic_vector(A，位长)	将整数 A 转为 std_logic_vector
	conv_integer(A)	将 std_logic_vector 转为 integer
STD_LOGIC_UNSIGNED	conv_integer(A)	将 std_logic_vector 转为 integer

VHDL 语言中，通过调用程序包中提供的类型转换函数，使相互操作的数据对象的类型一致，从而完成相互操作。

例 5.2.1 实现 P=(b+1)/2 运算的 VHDL 代码如下：

```
LIBRARY IEEE;
USE IEEE.std_logic_1164.all;
USE IEEE.std_logic_arith.all;
USE IEEE.std_logic_unsigned.all;
ENTITY cnt4 IS
    port( clk : in std_logic;
            p : out std_logic_vector(4 downto 0));
END cnt4;
ARCHITECTURE behv OF cnt4 IS
SIGNAL b: std_logic_vector(4 downto 0);
BEGIN
    PROCESS(clk)
    BEGIN
        IF clk'event and clk='1' THEN
            b<=b+1;
        END IF;
        p<=conv_std_logic_vector(conv_integer(b)/2,5);
    END PROCESS;
END behv;
```

上例中利用 STD_LOGIC_ARITH 和 STD_LOGIC_UNSIGNED 程序包中的两个数据类型转换函数：conv_std_logic_vector( )和 conv_integer( )。通过这两个转换函数能保证最后的加法结果是 std_logic_vector 数据类型。例 5.2.1 的仿真波形如图 5.6 所示。

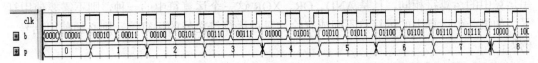

图 5.6　例 5.2.1 的仿真波形

5.2.4　VHDL 操作符

VHDL 的各种表达式由操作数和操作符组成，其中操作数是各种运算的对象，而操作符则规定运算的方式。在 VHDL 语言中共有 4 类操作符，可以分别进行逻辑运算(LOGICAL)、关系运算(RELATIONAL)、算术运算(ARITHMETIC)和并置运算(CONCATENATION)。需要指出的是，操作符操作的对象是操作数，且操作数的类型应该和操作符所要求的类型相一致。另外，运算操作符也是有优先级的。各种 VHDL 操作符见表 5-2。其运算优先级由上至下变低。

表 5-2　VHDL 操作符

运算类型	运算符	功能	操作数数据类型	运算类型	运算符	功能	操作数数据类型
逻辑运算	NOT	非	BIT、BOOLEAN、STD_LOGIC	关系运算	=	等于	任何数据类型
算术运算	ABS	绝对值	整数		/=	不等于	任何数据类型
	**	乘方	整数		>	大于	枚举、整数、一维数组
	REM	取余	整数		<	小于	
	MOD	求模	整数		>=	大于等于	
	/	除法	整数和实数		<=	小于等于	
	*	乘法	整数和实数	逻辑运算	AND	与	BIT、BOOLEAN、STD_LOGIC
	−	减法	整数		OR	或	
	+	加法	整数		NAND	与非	
并置运算	&	位连接	一维数组		NOR	或非	
算术运算	−	负号	整数		XOR	异或	
	+	正号	整数		XNOR	异或非	

注：其中<= 运算符也用于表示信号的赋值操作。

逻辑运算符可以对"STD_LOGIC"和"BIT"等逻辑型数据、"STD_LOGIC _VECTOR"逻辑型数组及布尔数据进行逻辑运算。VHDL 综合器将逻辑运算直接生成组合逻辑电路。

关系运算符的作用是将相同数据类型的数据对象进行比较或关系排序判断，并将结果以 BOOLEAN 类型的数据表示出来，即 TRUE 或 FALSE 两种。

算术运算符中只有加、减、乘运算符在 VHDL 综合时才生成逻辑电路，对于较长数据位的数据应慎重使用乘法运算，以免综合时电路规模过于庞大。

并置运算符"&"用于将位或一维数组组合起来，形成新的数组。例如，"VH" & "DL"的结果为"VHDL"；"10" & "01"的结果是"1001"。

通常在一个表达式中有两个以上的运算符时，需要使用括号将这些运算分组。如果一串运算中的运算符相同，且是 AND、OR、XOR 这三个运算符中的一种，则不需要使用括号；如果一串运算中的运算符不同或有除这三种运算符之外的运算符，则必须使用括号。例如：

```
A and B and C and D
(A or B)and(C or D)
```

5.2.5　VHDL 属性描述

属性描述可用于对信号或其他项目的多种属性检测或统计。VHDL 中具有属性的项目有：类型、子类型、过程、函数、信号、变量、常量、实体、结构体、配置、程序包、元件和语句标号等。属性是各类项目的特性，某一项目的特定属性或特征通常可以用一个值或一个表达式来表示，通过 VHDL 的预定义属性描述就可以加以访问。

属性的值与对象(信号、变量和常量)的值完全不同，在任一给定的时刻，一个对象只能有一个值，但却可以具有多个属性。VHDL 还允许设计者自己定义属性(即用户定义的属性)。

VHDL 综合器支持的属性有：LEFT、RIGHT、HIGH、LOW、RANGE、REVERS_RANGE、LENGTH、EVENT 及 STABLE 等。

预定义属性描述实际上是一个内部预定义函数，其格式如下：

属性测试项目名'属性标记符

属性测试项目名即属性对象，可由相应的标识符表示。属性标识符即属性名，以下仅就可综合的属性名使用方法进行说明。

1. 信号类属性

信号类属性中，最常用的当属 EVENT。例如，表达式"clock'EVENT"就是对以 clock 为标识符的信号在当前的一个极小的时间段内发生事件的情况进行检测。所谓发生事件，就是电平发生变化，从一种电平方式转变到另一种电平方式。如果在此时间段内，clock 由 0 变成 1 或由 1 变成 0，都认为发生了事件，于是此表达式将输出一个布尔值 TRUE，否则为 FALSH。例如，有一表达式：clock'EVENT AND clock='1'，则表示对 clock 信号上升沿的检测。即一旦"clock'EVENT"在一个极小的时间段内测到 clock 有一个跳变，而在极小的时间段后又测得 clock 为高电平 1，由此便可以从当前的"clock='1'"推断出此前一个极小的时间段内，clock 必为低电平 0。

例 5.2.2　一个 D 触发器的 VHDL 语言的描述如下：

```
LIBRARY IEEE;
USE IEEE.STD_LOGIC_1164.ALL;
ENTITY dff1 IS
  PORT(   clk,d : IN  STD_LOGIC;
          q : OUT STD_LOGIC );
END dff1;
ARCHITECTURE a OF dff1 IS
  SIGNAL q1 : STD_LOGIC;
  BEGIN
    PROCESS (clk)                        -- clk 为敏感信号
      BEGIN
        IF clk'EVENT AND clk='1'  THEN   -- clk 上跳沿触发
            q1<=d;
        END IF;
      q<=q1;
    END PROCESS ;
END a;
```

同理，表示对信号 clock 下降沿检测的表达式为：clock'EVENT AND clock='0'。

属性 STABLE 的测试功能恰与 EVENT 相反，即信号在一个极小的时间段内无事件发生(变化)，则返还 TRUE 值。"NOT clk' STABLE AND clk='1'"与"clk' EVENT AND clk='1'"两表达式的功能是一样的，表示 clk 上跳沿触发。

在实际使用中，EVENT 比 STABLE 更常用，就目前常用的 VHDL 综合器来说，EVENT 只能用于 IF 和 WAIT 语句中。

2. 数据区间类属性

数据区间类属性有'RANGE[(n)]和'REVERSE_RANGE[(n)]，这类属性函数主要是对属性项目取值区间进行测试，返还的内容不是一个具体值，而是一个区间次序，前者与原项目次序相同，后者相反。示例如下：

```
…
SIGNAL q : IN STD_LOGIC_VECTOR( 0 TO 7 );
…
FOR i IN  q' RANGE   LOOP
…
```

其中 FOR_LOOP 语句与语句"FOR i IN 0 TO 7 LOOP"的功能是一样的。q' RANGE 返回的区间即为 q 定义的元素范围，如果用 q' REVERSE_RANGE，则返回的区间正好相反，即为(7 DOWNTO 0)。

3. 数值类属性

在 VHDL 中的数值类属性测试函数主要有 LEFT、RIGHT、HIGH 和 LOW，这些属性主要用于对属性目标一些数值特性进行测试，即返回类型或者数组的边界值，它们分别为左边界、右边界、上限值和下限值。示例如下：

```
…
PROCESS(clock, a, b);
  TYPE data IS ARRAY( 0 TO 15) OF  BIT;
  SIGNAL s1,s2,s3,s4:INTEGER;
  BEGIN
    s1<=data' RIGNT ;     -- 返回数组的左边界值
    s2<=data' LEFR ;      -- 返回数组的右边界值
    s3<=data' HIGH ;      -- 返回数组的上限值
    s4<=data' LOW ;       -- 返回数组的下限值
  …
```

信号 s1、s2、s3 和 s4 获得的赋值分别为 0、15、0 和 15。

4. 数组属性

数组属性(LENGTH)的用法与上述相同，只是对数组的宽度或元素的个数进行测定。例如：

```
…
TYPE s1  ARRAY(0TO 7)  OF  BIT;
VARIABLE b : INTEGER;
…
   b:=s1' LENGTH;          -- 返回数组宽度 b=8
…
```

5.3　VHDL 中的顺序语句

VHDL 的描述语句分为并行语句和顺序语句两大类。并行语句是指语句的执行顺序与语句的书写顺序无关，所有语句都是并发执行的；顺序语句是指语句的执行(指仿真执行)顺序是按照语句的书写顺序依次执行的。抽象地说，并行语句就是用于表示算法模块间的连接关系的语句；而顺序语句则是用于实现模型的算法部分的语句。

顺序语句只能出现在进程、块语句和子程序(函数和过程)内部，顺序语句的特点从仿真的角度来看是，每一条语句的执行按书写顺序进行，但其相应的硬件逻辑工作方式未必如此。

VHDL 有六类基本顺序语句：赋值语句、流程控制语句、等待语句、子程序调用语句、返回语句、空操作语句。其中主要包括：WAIT 语句、IF 语句、CASE 语句、LOOP 语句、NEXT 语句、EXIT 语句、RETURN 语句、NULL 语句、REPORT 语句等。

5.3.1　赋值语句

赋值语句的功能就是将一个值或一个表达式的运算结果传递给某一数据对象，如信号或变量，或由此组成的数组。VHDL 设计实体内的数据传递及对端口界面外部数据的读写都必须通过赋值语句来实现。

赋值语句有两种，即信号赋值语句和变量赋值语句。每一种赋值语句都由三个基本部分组成，它们是赋值目标、赋值符号和赋值源。赋值目标是所赋值的受体，它的基本元素只能是信号或变量，但表现形式可以有多种，如文字、标识符、数组等。赋值符号只有两种，信号赋值符号是"<="；变量赋值符号是":="。赋值源是赋值的主体，它可以是一个数值，也可以是一个逻辑或运算表达式。VHDL 规定，赋值目标与赋值源的数据类型必须严格一致。

信号赋值语句和变量赋值语句的格式如下：

```
信号赋值目标 <=  赋值源；
变量赋值目标 :=  赋值源；
```

变量赋值与信号赋值的区别在于，变量具有局部特征，它的有效性只局限于所定义的一个进程，或一个子程序，它是一个局部的、暂时性数据对象。对于它的赋值是立即发生的(假设进程已启动)，即是一种时间延迟为零的赋值行为。

信号则不同，信号具有全局性特征，它不但可以作为一个设计实体内部各单元之间数据传送的载体，而且可通过信号与其他的实体进行通信(端口本质上也是一种信号)，信号的赋值并不是立即发生的，它发生在一个进程结束时。赋值过程总是有某种延时的，它反映了硬件系统的重要特性，经综合后可以形成与信号对应的硬件结构，如一根传输导线、一个输入/输出端口或一个 D 触发器等。

在信号赋值中需要注意，当在同一进程中，同一信号赋值目标有多个赋值源时，信号赋值目标获得的是最后一个赋值源的赋值。

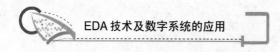

5.3.2 流程控制语句

流程控制语句通过条件控制开关决定是否执行一条或几条语句，或重复执行一条或几条语句，或跳过一条或几条语句。流程控制语句共有五种：IF 语句、CASE 语句、LOOP 语句、NEXT 语句和 EXIT 语句。

1. IF 语句

IF 语句根据所指定的条件来确定执行哪些语句，条件应为布尔表达式。如果规定的条件判断为"1"(TRUE)，则执行 THEN 后的语句；如果为"0"(false)，则执行 ELSE 后的语句。其语句格式如下：

```
IF      条件 1     THEN
        顺序语句 1;
ELSIF  条件 2   THEN
        顺序语句 2 ;
    ELSE
        顺序语句 3 ;
END  IF;
```

ELSIF 可允许在一个语句中出现多重条件，每一个 IF 语句都必须有一个对应的 END IF 语句。IF 语句可嵌套使用，但嵌套层数不宜过多。与 C 语言程序中的 IF 语句是相似的。在含有多个互不相关信号的条件时，采用 CASE_WHEN 语句，则程序的可读性比较好。

2. CASE 语句

CASE 语句用来描述总线或编码、译码的行为。CASE...WHEN 语句根据满足的条件，直接选择多项顺序语句中的一项执行，它也只能在进程中使用。要注意的是，表达式的所有值都应列出或使用 WHEN OTHERS 来代替未列出的取值。其语句格式如下：

```
CASE   表达式   IS
    WHEN   条件选择值 1    = >  顺序语句 1;
    WHEN   条件选择值 2    = >  顺序语句 2;
    WHEN   条件选择值 3    = >  顺序语句 3;
    …       …            …
    WHEN   OTHERS        = >  顺序语句 n;
END  CASE;
```

使用 CASE 语句需注意以下几点：

(1) CASE 语句中每一条语句的选择值只能出现一次，即不能有相同选择值的条件语句出现。

(2) CASE 语句执行中必须选中、且只能选中所列条件语句中的一条，即 CASE 语句至少包含一个条件语句。

(3) 并非所有条件语句中的选择值都能完全覆盖 CASE 语句中表达式的取值，否则最末一个条件语句中的选择必须用 OTHERS 表示，它代表已给出的所有条件语句中未能列出的其他可能的取值。关键词 OTHERS 只能出现一次，且只能作为最后一种条件取值。使用 OTHERS 是为了使条件语句中的所有选择值能覆盖表达式的所有取值，以免综合过程中插入不必要的锁存器。这一点对于定义为 STD_LOGIC 和 STD_LOGIC_VECTOR 数据类型的值尤为重要，因为这些数据对象的取值除了"1"、"0"之外，还可能出现输入高阻态"Z"、不定态"X"等取值。关键字 NULL 表示不做任何操作。

例 5.3.1 用 CASE 语句描述的 4 选 1 多路选择器如下：

```
LIBRARY IEEE;
USE IEEE.STD_LOGIC_1164.ALL;
ENTITY mux4_1 is
    PORT( a, b, c, d: IN  STD_LOGIC;
          s1,s2      : IN  STD_LOGIC;
          y          : OUT STD_LOGIC );
END  ENTITY  mux4_1;
ARCHITECTURE  one OF mux4_1 IS
SIGNAL s : STD_LOGIC_VECTOR(1 DOWNTO 0);
  BEGIN
    s=s1&s2;
      PROCESS (a, b, c, d)
        CASE s  IS
          WHEN "00" => y<=a;
          WHEN "00" => y<=b;
          WHEN "00" => y<=c;
          WHEN "00" => y<=d;
          WHEN OTHERS => NULL;        --无效
        END CASE;
    END process ;
END architecture  one ;
```

注意：上例中的 WHEN OTHERS 语句是必需的，因为对于定义为 STD_LOGIC_VECTOR 数据类型的 s，在 VHDL 综合过程中，它可能的选择值除了 00、01、10 和 11 外，还可以有其他定义于 STD_LOGIC 的选择值。

在 CASE 语句中，WHEN 条件选择值可以有四种表达方式：

(1) 单个普通数值：WHEN 选择值 => 顺序语句；

(2) 并列数值：WHEN 值/值/值 => 顺序语句；

(3) 数值选择范围：WHEN 值 TO 值 => 顺序语句；

(4) WHEN OTHERS =>顺序语句。

例如，CASE 语句使用方式如下：

```
CASE sel IS
  WHEN 1 TO 9 =>  c <= 1;
  WHEN 11/12 =>   c <= 2;
  WHEN OTHERS => c <= 3;
END CASE;
```

其中第一个 WHEN 语句是当 sel 的值是从 1 到 9 中任意一个数值(整数)时，信号 c 的值取 1；第二个 WHEN 语句是当 sel 的值为 11 或 12 两者之一时，信号 c 的取值为 2；第三个 WHEN 语句是当 sel 的值不为前面两种情况时，信号 c 的取值为 3。

3. LOOP 语句

LOOP 语句是循环语句，LOOP 语句中包含了重复顺序执行的一组语句，其执行的次数受迭代算法控制。在 VHDL 中常用来描述迭代电路的行为。

1) 单个 LOOP 语句

其语句的书写格式如下：

```
[标号:] LOOP
    顺序语句
  END LOOP [标号];
```

这种循环语句需引入其他控制语句(如 EXIT)后才能确定，否则为无限循环。其中的标号是可选的。例如：

```
loop1: LOOP
    WAIT  UNTIL  clk='1';
    q <= d AFTER 2 ns;
END LOOP loop1;
```

2) FOR_LOOP 语句

其语句的书写格式如下：

```
[标号: ] FOR 循环变量 IN  循环次数范围  LOOP
    顺序处理语句
  END LOOP [标号];
```

例 5.3.2 8 位奇偶校验电路的 FOR_LOOP 设计形式如下：

```
LIBRARY IEEE;
USE IEEE. STD_LOGIC_1164.ALL;
ENTITY check8 IS
  PORT( a : IN  STD_LOGIC_VECTOR (7 DOWNTO 0);
        Y : OUT STD_LOGIC);
END check8 ;
ARCHITECTURE one OF check8 IS
  BEGIN
  PROCESS(a)
    VARIABLE tmp: STD_LOGIC ;
    BEGIN
     tmp: ='0';
     FOR i IN 0 TO 7  LOOP        -- FOR 循环语句
       tmp: = tmp XOR a(i);
     END LOOP;
    y <= tmp;                     -- a 为奇数个 1 时, y=1; a 为偶数个 1 时, y=0
  END PROCESS;
END  one ;
```

在 FOR_LOOP 语句中的循环变量 i 不需要进行任何数据类型说明，它可以是整数变量，也可以是其他类型，只要保证数值是离散的即可。

(3) WHILE...LOOP 语句

其语句的书写格式如下：

```
[标号：] WHILE 条件 LOOP
    顺序处理语句
  END LOOP [标号];
```

在该 LOOP 语句中，没有给出循环次数的范围，而是给出了循环执行顺序语句的条件；没有自动递增循环变量的功能，而是在顺序处理语句中增加了一条循环次数计算语句，用于循环语句的控制。循环控制条件为布尔表达式，如果条件为"真"，则进行循环；如果条件为"假"，则结束循环。

例 5.3.3 8 位奇偶校验电路的 WHILE...LOOP 设计形式如下：

```
ARCHITECTURE one OF check8  IS
  BEGIN
  PROCESS(a)
    VARIABLE tmp : STD_LOGIC ;
    VARIABLE   i : INTEGER :=0;      -- 循环变量说明，初始赋值为 0
    BEGIN
      tmp := '0';
      WHILE (i < 8)LOOP              -- WHILE 循环语句
        tmp := tmp XOR a(i);
          i := i+1;
      END LOOP;
      y <= tmp;
  END PROCESS;
END one ;
```

在 WHILE...LOOP 语句中需要有附加的说明、初始化和递增循环变量的操作。一般的综合工具支持 FOR...LOOP 语句，而一些综合工具不支持 WHILE...LOOP 语句。

4. NEXT 语句

VHDL 语言提供了两种跳出循环操作的语句：一种是 NEXT 语句；另一种是 EXIT 语句。NEXT 语句主要用在 LOOP 语句执行中进行有条件的或无条件的转向控制。它的语句格式有以下三种：

```
(1) NEXT ;
(2) NEXT 标号;
(3) NEXT [标号] WHEN 条件表达式;
```

对于第一种语句格式，当 LOOP 内的顺序语句执行到 NEXT 语句时，无条件终止当前的循环，跳回到本次循环 LOOP 语句处，开始下一次循环。

对于第二种语句格式，即执行到 NEXT 语句时，无条件跳到"标号"后的语句处，与第一种语句的功能是基本相同的。只是当有多重 LOOP 语句嵌套时，前者可以转跳到指定标号的 LOOP 语句处，重新开始执行循环操作。

第三种语句格式中，分句"WHEN 条件表达式"是执行 NEXT 语句的条件，如果条件表达式的值为 TRUE，则执行 NEXT 语句，进入转跳操作，否则继续向下执行。但当只有单层 LOOP 循环语句时，关键字 NEXT 与 WHEN 之间的"标号"可以省去。

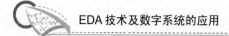
例如，NEXT 语句的示例如下：

```
    …
    WHILE data >1  LOOP
       data :=  data+1;
    NEXT WHEN data=3                -- 无标号,当条件成立时跳出循环
       data := data* data;
    END LOOP;
-- 多重循环中 NEXT 语句的示例
L1: FOR i IN 10 DOWNTO 1 LOOP
  L2: FOR j IN 0 TO i LOOP
    NEXT N1 WHEN  i=j;              -- 条件成立,跳到 L1 处
       matrix(i, j):= j*i+1;       -- 条件不成立,继续内层循环 L2
    END LOOP L2;
END LOOP L1;
```

5. EXIT 语句

EXIT 语句与 NEXT 语句具有十分相似的语句格式和转跳功能，它们都是 LOOP 语句的内部循环控制语句。其语句格式如下：

```
EXIT  [标号]  WHEN   条件表达式;
```

EXIT 语句也是用来控制 LOOP 的内部循环，与 NEXT 语句不同的是，EXIT 语句跳向 LOOP 终点，结束 LOOP 语句；而 NEXT 语句跳向 LOOP 语句的起始点，结束本次循环，开始下一次循环。当 EXIT 语句中含有标号时，表明跳到标号处继续执行；含[WHEN]条件时，如果条件为"真"，跳出 LOOP 语句；如果条件为"假"，则继续执行 LOOP 循环。

EXIT 语句不含标号和条件时，表明无条件结束 LOOP 语句的执行，因此，它为程序需要处理保护、出错和警告状态，提供了一种快捷、简便的调试方法。

例如。两个位矢量 a、b 进行比较，当发现 a 与 b 不同时，跳出循环比较程序，并报告比较结果。其 EXIT 语句的示例如下：

```
SIGNAL a,b:STD_LOGIC_VECTOR (0 TO 1);
SIGNAL a_less_than_b:BOOLEAN;
    …
 a_less_than_b <= FALSE;
 FOR i IN  1 DOWNTO 0 LOOP
    IF( a(i)='1' AND b(i)='0') THEN
        a_less_than_b <= FALSE;
      EXIT;
    ELSEIF(a(i)='0' AND b(i)='1')THEN
        a_less_than_b <= TRUE;
        EXIT;
      ELSE
        NULL
    END IF;
END LOOP;
```

NULL 为空操作语句，是为了满足 ELSE 的转换。此示例中先比较 a 和 b 的高位，高位是 1 者为大，输出判断结果 TRUE 或 FALSE 后，中断比较操作：当高位相等时，继续比较低位，这里假设 a 不等于 b。

5.3.3　WAIT 语句

在进程中(包括过程中)，当执行到 WAIT 语句时，运行程序将被挂起，暂停执行，直到满足此语句设置的结束挂起条件后，将重新开始执行进程或过程中的程序。WAIT 语句在进程中起到与敏感信号一样重要的作用，敏感信号触发进程的执行，WAIT 语句同步进程的执行，同步条件由 WAIT 语句指明。进程在仿真运行中处于执行或挂起两种状态之一。WAIT 语句可以设置 4 种不同的条件：无限等待、时间到、条件满足及敏感信号量变化。WAIT 语句的书写格式如下：

```
WAIT [ON 信号表 ] [UNTIL 条件表达式 ] [FOR 时间表达式];
```

WAIT 等待语句有以下几种形式。

```
1) WAIT                    -- 无限等待语句
```

这种形式的 WAIT 语句在关键字"**WAIT**"后面不带任何信息，是无限等待的情况。

```
2) WAIT ON  信号表         -- 敏感信号等待语句
```

这种形式的 WAIT 语句使进程暂停，直到敏感信号表中某个信号值发生变化。WAIT ON 语句后面跟着的信号表，在敏感信号表中列出等待语句的敏感信号。当进程处于等待状态时，其中敏感信号发生任何变化都将结束挂起，再次启动进程。例如：

```
PROCESS
  BEGIN
    y <= a AND b;
    WAIT ON a,b;
END PROCESS;
```

进程将在 WAIT 语句处被挂起，直到 a 或 b 中任何一个信号发生变化，进程才重新开始。与下面的进程表现形式是等价的。

```
PROCESS(a,b)
  BEGIN
    y <= a AND b;
END PROCESS;
```

应该注意，在使用 WAIT…ON 语句的进程中，敏感信号量应写在进程中的 WAIT ON 语句后面；而在不使用 WAIT…ON 语句的进程中，敏感信号量应在开头的关键字 PROCESS 后面的敏感信号表中列出。VHDL 规定，已列出敏感信号表的进程中不能使用任何形式的 WAIT 语句。

```
3) WAIT UNTIL 条件         -- 条件等待语句
```

这种形式的 WAIT 语句使进程暂停，直到预期的条件为真。WAIT UNTIL 后面跟的是布尔表达式，在布尔表达式中隐式地建立一个敏感信号量表，当表中任何一个信号量发生变化，并且条件表达式返回一个"真"值时，进程脱离挂起状态，继续执行下面的语句。

例如，下面这几条语句是等价的(硬件结果一样)，当条件满足时钟(CLK)发生变化，并且变化后为 1(高电平)，即时钟上跳沿时，进程脱离挂起状态。

```
WAIT UNTIL clock = "1";
WAIT UNTIL clk ='1'AND clk' EVENT;
WAIT UNTIL NOT clk'STABLE AND clk= "1";
```

一般地，在一个进程中使用了 WAIT 语句后，综合器会综合产生时序逻辑电路。时序逻辑电路的运行依赖于 WAIT...UNTIL 表达式的条件，同时还具有数据存储的功能。

```
4) WAIT FOR  时间表达式        -- 超时等待语句
```

例如：WAIT FOR 40 ns；在该语句中，时间表达式为常数 40ns，当进程执行到该语句时，将等待 40ns，经过 40ns 之后，进程执行 WAIT FOR 的后继语句。综合器不支持WAIT...FOR 超时等待语句。

5.3.4 断言语句

断言语句(ASSERT)分为顺序断言语句和并行断言语句，顺序断言语句主要用于进程、函数和过程的仿真、调试中的人机对话，它可以给出一个文字串作为警告和错误信息。断言语句的书写格式如下：

```
ASSERT 条件 [REPORT 报告信息] [SEVERITY 出错级别];
```

在执行过程中，断言语句对条件(布尔表达式)的真假进行判断，如果条件为"TURE"，则向下执行另外一条语句；如果条件为"FALSE"，则输出错误信息和错误严重程度的级别。在 REPORT 后面跟着的是设计者写的字符串，通常是说明错误的原因，字符串要用双引号括起来。SEVERITY 后面跟着的是错误严重程度的级别，它们分别是：NOTE(注意)、WARNING(警告)、ERROR(错误)、FAILURE(失败)。

若 REPORT 子句省略，则默认消息为"Assertion violation"；若 SEVERITY 子句省略，则出错级别的默认值为"ERROR"。例如，对于具有异步清零和置位(低电平有效)的触发器，清零和置位端不能同时为低电平 0，否则出错。用断言语句描述如下：

```
ASSERT(s ='1' OR r ='1')                 -- 检测清零和置位
REPORT "Both s and r equal to '0'."      -- 清零和置位同时为低电平 0
SEVERITY  ERROR;                         -- 指示 ERROR
```

5.4 VHDL 中的并行语句

相对于传统的软件语言，并行语句结构是最具 VHDL 特色的。在 VHDL 中，并行语句在结构体中的执行是同时并发执行的，其书写次序与其执行顺序无关，并行语句的执行顺序是由它们的触发事件来决定的。并行语句之间可以有信息往来，也可以是互为独立、互不相关、异步运行的(如多时钟情况)。每一并行语句内部的语句运行可以有两种不同的方式，即并行执行方式(如块语句)和顺序执行方式(如进程语句)。

VHDL 中的并行运行概念有多层含义，即模块间的运行方式可以有同时运行、同步运行、非同步运行等方式；从电路的工作方式上讲，可以包括组合逻辑运行方式、同步逻辑运行方式和异步逻辑运行方式等。并行语句主要有：进程语句、并行信号赋值语句、块语句、元件例化语句、生成语句、并行过程调用语句等。

5.4.1　进程语句

进程(PROCESS)语句是最主要的并行语句，它在 VHDL 设计中使用频率最高，也是最能体现硬件描述语言特点的一种语句。进程语句的内部是顺序语句，而进程语句本身是一种并行语句。一个结构体中可以有多个并行运行的进程结构，进程语句与结构体中的其余部分进行信息交流是靠信号完成的。进程语句的书写格式如下：

```
[标号：] PROCESS [(敏感信号参数表)] [IS]
        [进程说明语句]
      BEGIN
        顺序描述语句
    END  PROCESS  [标号] ;
```

敏感信号参数表需列出用于启动本进程的信号名。进程语句结构中至少需要一个敏感信号量，否则除了初始化阶段，进程永远不会被再次激活。这个敏感量一般是一个同步控制信号，同步控制信号用在同步语句中，同步语句可以是敏感信号表、WAIT…UNTIL 语句或是 WAIT…ON 语句。如果进程中包含 WAIT 语句，就不能再设置进程的敏感信号参数表。

进程说明部分主要定义一些局部量，可包括数据类型、变量、常数、属性、子程序等。但必须注意，在进程说明语句中不允许定义信号和公共变量。

例 5.4.1 具有异步清零十进制加法计数器的 VHDL 描述如下。其时序仿真如图 5.7 所示。

```
LIBRARY IEEE;
USE IEEE.STD_LOGIC_1164.ALL;
ENTITY cnt10 IS
  PORT ( clk, clrn : IN  STD_LOGIC;          -- 时钟和清零输入
         co : OUT STD_LOGIC;                  -- 进位输出
          q : OUT INTEGER RANGE 0 TO 10 );
END cnt10;
ARCHITECTURE one OF cnt10 IS
BEGIN
  PROCESS( clk, clrn )
    VARIABLE cnt : INTEGER RANGE 0 TO 10 ;
    BEGIN
    IF clrn= '0' THEN                        -- 为低电平时清零
      cnt := 0;
    ELSIF clk'EVENT AND clk='1' THEN
      IF cnt=9   THEN  co<='1';              -- 计数为 9, 下一个时钟来时
        cnt:=0;                              -- co=1, cnt=0
      ELSE  co<='0';
          cnt := cnt+1;
      END IF;
    END IF;
  q<=cnt;
  END PROCESS;
END one;
```

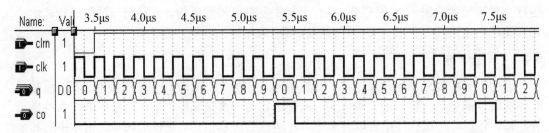

图 5.7　十进制加法计数器时序仿真图

对于一些 VHDL 综合器，在综合后，对应进程的硬件系统对进程中的所有输入端都是敏感的，为了使 VHDL 的仿真与综合后的硬件仿真对应起来，应当将进程中的所有输入端都列入敏感表中。

进程语句的综合是比较复杂的，主要涉及这样一些问题：综合后的进程是用组合逻辑电路还是用时序逻辑电路来实现？进程中的对象是否有必要用寄存器、触发器、锁存器或是 RAM 等存储器件来实现。例如，在一个进程中，一般的 IF 语句，综合出的多为组合逻辑电路(一定条件下)；若出现 WAIT 语句，在一定条件下，综合器将引入时序元件，如触发器。

5.4.2　并行信号赋值语句

并行信号赋值语句有三种形式：简单信号赋值语句、条件信号赋值语句和选择信号赋值语句。这三种信号赋值语句的共同点是赋值目标必须都是信号，所有赋值语句与其他并行语句一样，在结构体内的执行是同时发生的，与它们的书写顺序没有关系。每一信号赋值语句都相当于一条缩写的进程语句，而这条语句的所有输入(或读入)信号都被隐性地列入此缩写进程的敏感信号表中。任何信号的变化都将启动相关并行语句的赋值操作，而这种启动完全是独立于其他语句的，它们都可以直接出现在结构体中。

1. 简单信号赋值语句

并行简单信号赋值语句是 VHDL 并行语句结构的最基本的单元，它的语句格式如下：

```
赋值目标 <=表达式 ;
```

式中赋值目标的数据对象必须是信号，它的数据类型必须与赋值符号右边表达式的数据类型一致。与进程中的信号赋值语句相同。

2. 条件信号赋值语句

条件信号赋值语句的语句格式如下：

```
赋值目标 <= 表达式 1  WHEN 赋值条件 1  ELSE
           表达式 2  WHEN 赋值条件 2  ELSE
                    ...
           表达式 n ;
```

此条件信号赋值语句的功能与在进程中的 IF 语句相同。在执行条件信号语句时，每一赋值条件是按书写的先后关系逐项测定的，一旦发现某一赋值条件为 TRUE，立即将对应表达式的值赋给赋值目标。从这个意义上讲，条件赋值语句与 IF 语句具有十分相似的顺序性(注意，条件赋值语句中的 ELSE 不可省)。这里的赋值条件的数据类型是布尔量，当它为 TRUE 时，表示满足赋值条件。最后一项表达式可以不跟条件子句，用于表示以上各条件都不满足时，则将此表达式赋给赋值目标信号。由此可知，条件信号赋值语句允许有重叠现象，这与 CASE 语句有很大的不同。

例 5.4.2　条件信号赋值语句的示例如下：

```
ENTITY mux3 IS
   PORT(a, b, c : IN  BIT;
        s1, s2 : IN  BIT;
             y : OUT BIT );
END mux3;
ARCHITECTURE  one  OF  mux3  IS
  BEGIN
  Y<= a WHEN s1='1' ELSE
      b WHEN s2='1' ELSE
      c ;
END one ;
```

在条件信号赋值语句中，由于条件测试的顺序性，上述例子的第一句具有最高赋值优先级，第二句其次，第三句最后。这就是说，如果当 s1 和 s2 同时为 1 时，y 获得的赋值是 a。

3. 选择信号赋值语句

选择信号赋值语句的语句格式如下：

```
WITH   选择表达式 SELECT
赋值目标 <=  表达式 1  WHEN   选择值 1,
            表达式 2  WHEN   选择值 2,
               …
            表达式 n  WHEN   选择值 n;
```

选择信号赋值语句的功能与进程中的 CASE 语句的功能相似。CASE 语句的执行依赖于进程中敏感信号的变化而启动进程，而且要求 CASE 语句中各子句的条件不能有重叠，必须包含所有的条件。

选择信号赋值语句中也有敏感量，即关键字 WITH 旁的选择表达式。每当选择表达式的值发生变化时，就将启动此语句对各子句的选择值进行测试对比，当发现有满足条件的子句时，就将此子句表达式中的值赋给赋值目标信号。与 CASE 语句相类似，选择赋值语句对子句各选择值的测试具有同步性，不像以上的条件信号赋值语句那样是按照子句的书写顺序从上至下逐条测试的。因此，选择赋值语句不允许选择值有重叠的现象，也不允许存在选择值涵盖不全的情况。

例 5.4.3　一个采用选择信号赋值语句描述的选通 8 位总线的四选一多路选择器如下：

```
LIBRARY IEEE;
USE IEEE. STD_LOGIC_1164.ALL;
ENTITY mux4 IS
  PORT(d0: IN  STD_LOGIC_VECTOR (7 DOWNTO 0);
       d1: IN  STD_LOGIC_VECTOR (7 DOWNTO 0);
```

```
        d2: IN  STD_LOGIC_VECTOR (7 DOWNTO 0);
        d3: IN  STD_LOGIC_VECTOR (7 DOWNTO 0);
        s0: IN  STD_LOGIC;
        s1: IN  STD_LOGIC;
         q: OUT STD_LOGIC_VECTOR (7 DOWNTO 0) );
END mux4;
ARCHITECTURE a OF mux4 IS
  SIGNAL comb: STD_LOGIC_VECTOR (1 DOWNTO 0);
BEGIN
  comb <= s1 & s0;
  WITH comb SELECT              -- 用 comb 进行选择
    q <= d0 WHEN "00",          -- 下面 4 条语句是并行执行的
         d1 WHEN "01",
         d2 WHEN "10",
         d3 WHEN OTHERS ;
END a ;
```

5.4.3 块语句

块(BLOCK)语句可以看作结构体中的子模块和功能块。实际上，结构体本身就等价于一个功能块。块是 VHDL 语言中具有的一种划分机制，允许设计者合理地将一个系统划分为数个模块(功能块)，每个块都能对其局部信号、数据类型和常量加以描述和定义。

块语句是把许多并行语句(包括进程)组合在一起形成一个功能块，而它本身也是一个并行语句。与其他的并行语句相比，块语句本身并没有独特的功能，它只是一种并行语句的组合方式，利用它可以使结构体层次更加清晰、结构明确，方便 VHDL 语言的编写、调试和差错。因此，对于一组并行语句，是否将它们纳入块语句中，都不会影响原来的电路功能。

块语句的语句格式如下：

```
块标号:   BLOCK [(保护表达式)]
     块说明部分
BEGIN
     并行语句
       …
END BLOCK 块标号;
```

块说明部分有点类似于实体的定义部分，它可包括类属说明语句和端口说明语句，由关键字 **PORT**、**GENERIC**、**PORT MAP** 和 **GENERIC MAP** 引导的接口说明等语句，对 BLOCK 的接口设置及与外界信号的连接状况加以说明。

在块的使用中需特别注意的是，块中定义的所有的数据类型、数据对象(信号、变量、常量)、子程序等都是局部的；对于多层嵌套的块结构，这些局部定义量只适用于当前块，以及嵌套于本层块的所有层次的内部块，而对此块的外部来说是不可见的。因此，如果在内层的块结构中定义了一个与外层块同名的数据对象，那么内层的数据对象将与外层的同名数据对象互不干扰。

从综合的角度看，BLOCK 语句的存在也是毫无意义的，因为无论是否存在 BLOCK 语句结构，对于同一设计实体，综合后的逻辑功能是不会有任何变化的。在综合过程中，

VHDL 综合器将略去所有的块语句。基于实用的观点，结构体中功能语句的划分最好使用元件例化(Component Instantiation)的方式来完成。

5.4.4　元件例化语句

元件例化就是引入一种连接关系，将预先设计好的实体定义为一个元件(模块)，将此元件引入当前的设计实体中与指定端口相连接，从而为当前设计实体引入一个新的低一级的设计层次(模块)。对于一个例化元件，它可以以不同的形式出现，这个元件可以是已设计好的一个 VHDL 设计实体；也可以是来自 FPGA 元件库中的元件；也可能是以别的硬件描述语言，如 Verilog 设计的实体；元件还可以是软的 IP 核，或者是 PPGA 中的嵌入式硬 IP 核。元件例化是使 VHDL 设计实体构成"自上而下"或"自下而上"层次化设计的一种重要途径。

元件例化语句由两部分组成，前一部分为元件定义语句，将一个设计实体定义或声明为一个元件，第二部分为元件例化语句，对元件与当前的设计实体连接进行说明。完整的元件例化语句的语句格式如下：

```
-- 元件说明语句(第一部分)
COMPONENT  元件名
    [ GENERIC(类属表);]
    PORT  (端口表);
END COMPONENT [元件名] ;
-- 元件例化语句(第二部分)
标号名：  元件名 PORT MAP(
          [端口名 =>]  连接端口名,…  );
```

以上两部分语句在元件例化中都是必须存在的。第一部分语句是元件定义语句，相当于对一个现成的设计实体进行封装，使其只留出对外的接口界面。关键字 COMPONENT 后面的"元件名"用来指定要在结构体中例化的元件，该元件必须已经存在于调用的工作库中；如果在结构体中要进行参数传递，在 COMPONENT 语句中，就要有传递参数的说明，传递参数的说明语句以关键字 GENERIC 开始；然后是端口说明，用来对引用元件的端口进行说明；最后以关键字 END COMPONENT 来结束元件定义语句部分。

元件例化的第二部分语句即为元件例化语句，其中的标号名是此元件例化的唯一标志。在结构体中标号名应该是唯一的，否则编译时将会给出错误信息。PORT MAP 是端口映射的意思，映射就是把元件的参数和端口与实际连接的信号对应起来，以进行元件的引用。元件例化语句中所定义的元件的端口名与当前系统的连接端口名的接口表达有以下两种方式。

(1) 名称映射方式，就是在 PORT MAP 语句中将引用的元件的端口信号名称赋给结构体中要使用的例化元件的信号。在这种映射方式下，例化元件的端口名和映射符号"=>"两者都是必须存在的，这时，端口名与连接端口名的对应式，在 PORT MAP 语句中的位置可以是任意的。

(2) 位置映射方式。就是 PORT MAP 语句中实际信号的书写顺序与 COMPONENT 语句中端口说明中的信号书写顺序保持一致。若使用这种方式，端口名和映射连接符号都可省去。

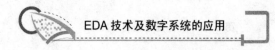

例 5.4.4 以下是一个元件例化的示例,首先完成了一个 D 触发器的设计实体(见 5.2.5 节例 5.2.2 触发器 dff1),然后利用元件例化语句来实现由 4 个相同的触发器 dff1 连接而成的 4 位移位寄存器,其功能与如图 5.8 所示电路相同。

```
LIBRARY IEEE;
USE IEEE.STD_LOGIC_1164.ALL;
ENTITY shift_reg4 IS
    PORT (din ,clock : IN STD_LOGIC;
                co : OUT STD_LOGIC );
END shift_reg4 ;
ARCHITECTURE one OF shift_reg4 IS
    COMPONENT dff1                                  -- 元件定义语句
      PORT( clk ,d : IN  STD_LOGIC;
                q : OUT STD_LOGIC );
    END COMPONENT;
    SIGNAL  b: STD_LOGIC_VECTOR(0 TO 4);            -- 信号 b
    BEGIN
      b(0)<=din;                                    -- 赋值语句
      U0: dff1 PORT MAP(clock, b(0),b(1));          -- 位置映射方式
      U1: dff1 PORT MAP(clock, b(1),b(2));
      U2: dff1 PORT MAP(clk=>clock, d=>b(2),q=>b(3));  -- 名称映射方式
      U3: dff1 PORT MAP(clk=>clock, d=>b(3),q=>b(4));
      co<=b(4);                                     -- 赋值语句
END one ;
```

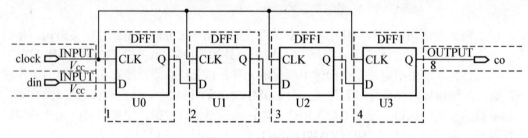

图 5.8 4 位移位寄存器

5.4.5 生成语句

生成(GENERATE)语句是一种可以建立重复结构或者是在多个模块的表示形式之间进行选择的语句。生成语句具有一种复制作用,设定好某一元件或设计单元,就可以利用生成语句复制一组完全相同的并行元件或设计单元电路结构。生成语句的语句格式有两种形式:FOR_GENERATE 模式和 IF_GENERATE 模式。

FOR_GENERATE 模式生成语句的书写格式如下:

```
标号: FOR 循环变量  IN  取值范围  GENERATE
        说明部分
      BEGIN
      并行语句
      END GENERATE [标号];
```

IF_GENERATE 模式生成语句的书写格式为:

```
标号: IF 条件  GENERATE
     说明部分
   BEGIN
     并行语句
   END GENERATE [标号];
```

在这两种模式中都有说明部分、并行语句和标号等部分。说明部分是对元件数据类型、子程序、数据对象做一些局部说明。生成语句结构中的并行语句用来对被复制元件的结构和行为进行描述,主要包括元件、进程语句、块语句、并行过程调用语句、并行信号赋值语句,甚至生成语句。标号并不是必需的,但如果在嵌套式生成语句结构中就是十分重要的。

1. FOR GENERATE 模式的生成语句

对于 FOR 模式的生成语句结构,主要用来描述设计中的一些有规律的单元结构,其循环变量及其取值范围的含义和运行方式与 LOOP 语句十分相似。但需要注意,从软件运行的角度上看,FOR 模式的生成语句循环变量的递增方式具有顺序的性质,但最后生成的设计结构却是完全并行的,这就是为什么必须用并行语句来作为生成设计单元的缘故。

循环变量不需要进行任何数据类型说明,可以是整数变量,并且是一个局部变量,根据取值范围自动递增或递减。取值范围的语句格式与 LOOP 语句是相同的,有两种形式:

```
表达式  TO  表达式;              -- 递增方式,如 1 To 5
表达式 DOWNTO 表达式;            -- 递减方式,如 5 DOWNTO 1
```

生成语句的典型应用是存储器阵列和寄存器。为了实现如图 5.8 所示的功能电路,同样可以利用 FOR 模式生成语句来实现 4 位移位寄存器,

例 5.4.5 用 FOR 模式生成语句来实现的 4 位移位寄存器。

```
LIBRARY IEEE;
USE IEEE. STD_LOGIC_1164.ALL;
ENTITY shift_for4 IS
   PORT (din ,clock : IN STD_LOGIC;
                 co : OUT STD_LOGIC );
END shift_for4 ;
ARCHITECTURE one OF shift_for4  IS
   COMPONENT dff1
      PORT( clk ,d : IN  STD_LOGIC;
                  q : OUT STD_LOGIC );
   END COMPONENT;
   SIGNAL   b: STD_LOGIC_VECTOR(0 TO 4);
   BEGIN
   b(0)<=din;                              -- 赋值语句
   U0: FOR i IN 0 TO 3 GENERATE            -- FOR 模式生成语句
     UX: dff1  PORT MAP( clock, b(i), b(i+1)) ;
   END GENERATE  ;
   co<=b(4);                               -- 赋值语句
END one ;
```

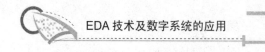

可以看出用 FOR 模式生成语句替代例 5.4.4 中的 4 条元件例化语句，一条 FOR 模式生成语句用来产生具有相同结构的 4 个触发器，使 VHDL 描述变得更加简洁明了。

2. IF GENERATE 模式的生成语句

IF 模式生成语句主要用来描述产生例外的情况。当执行到该语句时，首先进行条件判断，如果条件为"TRUE"才会执行生成语句中的并行处理语句；如果条件为"FALSE"，则不执行该语句。

IF 模式生成语句与一般的 IF 语句有很大不同，一般的 IF 语句中是顺序执行语句，而 IF 模式生成语句中是并行语句。并且 IF 模式生成语句中是不能出现 ELSE 语句的。

例 5.4.6 用 IF 模式生成语句实现图 5.8 所示的 4 位移位寄存器，其仿真波形如图 5.9 所示。

```
LIBRARY IEEE;
USE IEEE. STD_LOGIC_1164.ALL;
ENTITY shift4 IS
    PORT (din ,clock : IN STD_LOGIC;
                 co  : OUT STD_LOGIC );
END shift4 ;
ARCHITECTURE one OF shift4  IS
    COMPONENT dff1
       PORT( clk ,d : IN  STD_LOGIC;
                  q : OUT STD_LOGIC );
    END COMPONENT;
SIGNAL  b: STD_LOGIC_VECTOR( 1 TO 3 );            -- 信号 b
BEGIN
U0: FOR  i  IN  0  TO  3  GENERATE                -- FOR 模式生成语句
   U1: IF (i=0) GENERATE                          -- IF 模式生成语句
     A1: dff1  PORT MAP( clock, din, b(i+1));     -- 第一级触发器
   END GENERATE ;
   U2: IF (i=3) GENERATE                          -- 最后级触发器
     A2: dff1  PORT MAP( clock, b(i), co );
   END GENERATE ;
   U3: IF (i/=0)AND(i/=3)  GENERATE
     A3: dff1  PORT MAP( clock, b(i), b(i+1));
   END GENERATE ;
  END GENERATE  ;
END one ;
```

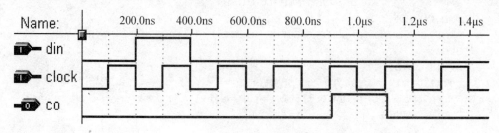

图 5.9　4 位移位寄存器仿真波形

在上例的结构体中，FOR 模式生成语句中使用了 IF 模式生成语句。IF 模式生成语句首先进行条件 i = 0 和 i = 3 的判断，即判断所产生的 D 触发器是移位寄存器的第一级还是最后一级；如果是第一级触发器，就将寄存器的输入信号 din 代入 PORT MAP 语句；如果是最后一级触发器，就将寄存器的输出信号 co 代入 PORT MAP 语句。这样就解决了硬件电路中输入和输出端口具有不规则性所带来的问题。

在实际应用中，可以用 FOR…GENERATE 语句和 IF…GENERATE 语句共同描述。设计中，可以根据电路两端的不规则部分形成的条件 IF…GENERATE 语句来描述，而用 FOR…GENERATE 语句描述电路内部的规则部分。使用这种描述方法的好处是，使设计文件具有更好的通用性、可移植性和易改性。只要改变几个参数，就能得到任意规模的电路结构，有利于电路结构的扩展。

5.5　子　程　序

子程序是一个 VHDL 程序模块，这个模块是利用顺序语句来定义和完成算法的，与进程十分相似。但是子程序不能像进程那样可以从所在结构体的其他块或进程结构中直接读取信号值或者向信号赋值。只能通过子程序调用及与子程序的界面端门进行通信。此外，VHDL 子程序与其他软件语言程序中的子程序的应用目的是相似的，即能更有效地完成重复性的设计工作。

子程序有两种类型，即过程(PROCEDURE)和函数(FUNCTION)。其区别是：过程的调用可通过其界面获得多个返回值，而函数只能返回一个值；在函数入口中，所有参数都默认为输入，而过程有输入参数、输出参数和双向参数；过程一般被看作一种语句结构，而函数通常是表达式的一部分；过程可以单独存在，其行为类似于进程，而函数通常作为语句的一部分被调用。

子程序可以在 VHDL 语言中的三个不同位置进行定义，即在程序包、结构体和进程中定义。在程序包中定义的子程序可以被其他不同的设计所调用。综合后的子程序将映射于目标芯片中的一个相应的电路模块，且每一次调用都将在硬件结构中产生具有相向结构的不同模块，这一点与在普通的软件中调用子程序有很大的不同。在实际应用中，要密切关注和严格控制子程序的调用次数，每调用一次子程序都意味着增加了一个硬件电路模块。

5.5.1　函数

在 VHDL 中有多种函数形式，如在库中现存的具有专用功能的预定义函数和用于不同目的的用户自定义函数。一般的函数定义由两部分组成，即函数首和函数体。函数的表达式如下：

```
FUNCTION  函数名(参数表)  RETURN  数据类型;          -- 函数首
  FUNCTION  函数名(参数表)  RETURN  数据类型  IS    -- 函数体
    [说明部分]
  BEGIN
      顺序语句;
  END FUNCTION  函数名;
```

1. 函数首

函数首是由函数名、参数表和返回值的数据类型三部分组成的，函数首的名称即为函数的名称，它可以是普通的标识符，也可以是运算符，这时运算符必须加上双引号，这就是所谓的运算符重载。运算符重载就是对 VHDL 中现存的运算符进行重新定义，以获得新的功能，新功能的定义是靠函数体来完成的。函数参数表中参量可以是变量、信号和常数，所以不必显式表示参数的方向(默认为"输入")，参数名需放在关键字 CONSTANT 或 SIGNAL 之后，如果没有特别说明，则参数默认为常数。

如果要将一个已编制好的函数并入程序包，函数首必须放在程序包的说明部分，而函数体需放在程序包的包体内。如果只是在一个结构体中定义并调用函数，则仅需函数体即可。由此可见，函数首的作用只是作为程序包的有关此函数的一个接口界面。下面是四个不同的函数首放在一个程序包的说明部分中。

```
FUNCTION max( a , b : IN STD_LOGIC_VECTOR )
   RETURN  STD_LOGIC_VECTOR ;
FUNCTION fun( a ,b , c : REAL )
   RETURN  REAL ;
FUNCTION "*" (a ,b : INTEGER )
   RETURN  INTEGER ;
FUNCTION ss(SIGNAL in1 ,in2 : REAL )
   RETURN  REAL;
```

2. 函数体

函数体包含一个对数据类型、常数、变量等的局部说明，以及用以完成规定算法或转换的顺序语句部分。一旦函数被调用，就将执行这部分语句。

例 5.5.1 函数的应用(函数 sam 无函数首)。

```
LIBRARY IEEE;
USE IEEE. STD_LOGIC_1164.ALL;
ENTITY fun  Is
PORT ( a : IN  BIT_VECTOR (0 TO 2) ;
       m : OUT BIT_VECTOR(0 TO 2 ) );
END  Entity fun ;
ARCHITECTURE  demo OF fun IS
  FUNCTION sam( x, y, z : BIT ) RETURN  BIT IS      -- 定义函数 sam
    BEGIN
      RETURN (x AND y) OR z
  END FUNCTION sam;
BEGIN
  PROCESS (a)
    BEGIN                                           -- 将函数的返回值赋予 m
      m(0)<=sam(a(0), a(1), a(2));
      m(1)<=sam(a(2), a(0), a(1));
      m(2)<=sam(a(1), a(2), a(0));
  END PROCESS;
END  demo;
```

3. 函数调用语句

函数调用语句可出现在程序包、结构体和进程中。通过函数的调用可完成某些数据的运算或转换。函数调用语句的格式如下：

函数名(关联参数表)；

例如，在例 5.5.1 的进程中调用了函数 sam。输入端口 a 被列为敏感信号，当 a 的 3 个位输入元素 a(0)、a(1)和 a(2)中的任意一位有变化时，将启动对函数 sam 的调用，并将函数的返回值赋给 m 输出。

5.5.2　过程

过程与函数一样，过程也由两部分组成，即由过程首和过程体构成，过程首也不是必需的，过程体可以独立存在和使用。过程的语句格式如下：

```
PROCEDURE   过程名(参数表)              -- 过程首
  PROCEDURE   过程名(参数表) IS          -- 过程体
    [说明部分]
  BEGIN
    顺序语句；
  END PROCEDURE   过程名；
```

1. 过程首

过程首由过程名和参数表组成。参数表可用于常数、变量和信号三类数据对象目标的说明，并用关键字 IN、OUT 和 INOUT 定义这些参数的工作模式，即信息的流向。如果没有指定模式，则默认为 IN(输入)。

一般地，可在参量表中定义三种流向模式，即 IN、OUT 和 INOUT。如果只定义了 IN 模式而未定义目标参量类型，则默认为常量；若只定义了 INOUT 或 OUT，则默认目标参量类型是变量。

2. 过程体

过程体是由顺序语句组成的，过程的调用即启动了对过程体的顺序语句的执行。过程体的说明部分只是局部的，其中的各种定义只能适用于过程体内部，过程体的顺序语句部分可以包含任何顺序执行的语句，包括 WAIT 语句。但需注意，如果一个过程是在进程中调用的，且这个进程已列出了敏感参量表，则不能在此过程中使用 WAIT 语句。例如，一个过程体如下：

```
PROCEDURE PRG1 (VARIABLE data : INOUT BIT_VECTOR( 0 to 3) )
  BEGIN
    CASE  data IS
      WHEN "0000"    => RETURN "1100";
      WHEN "0101"    => RETURN "0000";
      WHEN  Others  => RETURN "1111";
    END CASE;
END  PROCEDURE PRG1;
```

此过程名为 PRG1，在参数表中定义 data 为变量，工作模式为 INOUT。在过程体中，采用 CASE 顺序语句，RETURN 语句是结束子程序返回主程序的控制语句。它只能用于函数与过程体内，并用来结束当前最内层函数或过程体的执行。在调用即启动过程中，当变量 data 为 "1100" 或 "0101" 时，过程将分别返回 "1100" 或 "0000"，否则将返回 "1111"。

3. 过程调用语句

过程调用语句在进程内部执行时，它是一种顺序语句；过程调用语句在结构体的进程之外出现时，它作为并发语句出现。作为并行过程调用语句，在结构体中它们是并行执行的，其执行顺序与书写顺序无关。过程与函数一样可以重复调用或嵌套式调用。过程调用语句的书写格式如下：

过程名(关联参数表);

例 5.5.2 用 VHDL 语言描述对三个输入的数求最大数。

```
LIBRARY IEEE;
USE IEEE. STD_LOGIC_1164.ALL;
USE IEEE. STD_LOGIC_UNSIGNED.ALL;
ENTITY max IS
  PORT( in1: IN  STD_LOGIC_VECTOR (7 DOWNTO 0);
        in2: IN  STD_LOGIC_VECTOR (7 DOWNTO 0);
        in3: IN  STD_LOGIC_VECTOR (7 DOWNTO 0);
          q: OUT STD_LOGIC_VECTOR (7 DOWNTO 0));
END max;
ARCHITECTURE one OF max IS
  PROCEDURE maximun(a, b: IN STD_LOGIC_VECTOR ;      -- 过程为两个数的比较
            SIGNAL c: OUT STD_LOGIC_VECTOR)IS
    VARIABLE temp: STD_LOGIC_VECTOR (a'RANGE);        -- temp 长度与 a 相同
  BEGIN
      IF (a > b) THEN
        temp := a;
      ELSE
        temp := b;
      END IF;
      c <= temp;                                     -- 比较结果最大数赋给信号 c
  END maximum;
  SIGNAL tmp1, tmp2: OUT STD_LOGIC_VECTOR(7 DOWNTO 0);
BEGIN
  maximun(in1, in2, tmp1);                           -- 过程调用
  maximun(tmp1, in3, tmp2);
  q <= tmp2;
END one;
```

5.5.3　子程序重载

在 VHDL 语言中，子程序重载的特性使得能够声明多个相同名称但参数不同的函数和过程，即可定义多个相同的函数名或过程名。

定义多个相同的函数名时，要求函数中定义的操作数具有不同的数据类列，以便调用

时用以分辨不同功能的同名函数。在具有不同数据类型操作数构成的同名函数中，以运算符重载函数最为常用，它为不同数据类型间的运算带来极大的方便。

例 5.5.3　一个比较数大小的重载函数 max 的定义及调用示例如下：

```
LIBRARY IEEE ;
USE IEEE.STD_LOGIC_1164.ALL ;
PACKAGE  packmax IS                           -- 程序包首
   FUNCTION  max( a,b : IN STD_LOGIC_VECTOR )  -- 定义函数首 1
      RETURN STD_LOGIC_VECTOR ;
   FUNCTION  max( a,b : IN BIT_VECTOR )        -- 定义函数首 2
      RETURN BIT_VECTOR ;
   FUNCTION  max( a,b : IN INTEGER )           -- 定义函数首 3
      RETURN INTEGER ;
END ;
PACKAGE BODY packmax IS                        -- 程序包体
   FUNCTION  max( a,b : IN STD_LOGIC_VECTOR)   -- 定义函数体 1
      RETURN STD_LOGIC_VECTOR IS
    BEGIN
     IF a > b THEN RETURN a;
        ELSE  RETURN  b;  END IF;
   END FUNCTION  max;
   FUNCTION  max( a,b : IN INTEGER)            -- 定义函数体 2
      RETURN INTEGER IS
   BEGIN
     IF a > b THEN RETURN  a;
        ELSE  RETURN  b;  END IF;
   END FUNCTION max;
   FUNCTION  max( a,b : IN BIT_VECTOR)         -- 定义函数体 3
      RETURN BIT_VECTOR IS
    BEGIN
     IF a > b THEN RETURN  a;
        ELSE  RETURN  b;  END IF;
   END FUNCTION max;
END;                                           -- 结束 PACKAGE BODY 语句
-- 以下是调用重载函数 max 的 VHDL 描述 :
LIBRARY IEEE ;
USE IEEE.STD_LOGIC_1164.ALL ;
USE WORK.packmax.ALL;
ENTITY  expmax IS
   PORT( a1,b1 : IN  STD_LOGIC_VECTOR(3 DOWNTO 0 );
         a2,b2 : IN  BIT_VECTOR(4 DOWNTO 0 );
         a3,b3 : IN  INTEGER RANGE 0 TO 15;
            c1 : OUT STD_LOGIC_VECTOR(3 DOWNTO 0 );
            c2 : OUT BIT_VECTOR(4 DOWNTO 0 );
            c3 : OUT INTEGER RANGE 0 TO 15 );
END expmax ;
ARCHITECTURE one OF expmax IS
   BEGIN
   c1 <=  max(a1,b1);    -- 对函数 max( a,b : IN STD_LOGIC_VECTOR)的调用
   c2 <=  max(a2,b2);    -- 对函数 max( a,b : IN BIT_VECTOR)的调用
   c3 <=  max(a3,b3);    -- 对函数 max( a,b : IN INTEGER)的调用
END  one ;
```

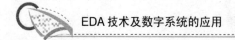

在上面例子中，先在程序包进行函数的定义，对于同名称的函数 max 用了三种数据类型(STD_LOGIC_VECTOR、BIT_VECTOR 和 INTEGER)作为此函数的参数定义多次。在对函数的调用过程中，以操作数具有的数据类型来调用相对应功能的同名函数。

VHDL 不允许不同数据类型的操作数之间进行直接操作或运算。为此，在具有不同数据类型操作数构成的同名函数中，可定义运算符重载式的重载函数。VHDL 的 IEEE 库中的程序包 STD_LOGIC_UNSIGNED 中预定义的操作符如+、-、*、=、>=、<=、>、<、/=、AND 和 MOD 等，对相应的数据类型 STD_LOGIC_VECTOR、STD_LOGIC 和 INTEGER 的操作做了重载，赋予了新的数据类型操作功能，即允许被重载的运算符能够对新的数据类型进行操作，或者允许不同的数据类型之间用此运算符进行运算。

同样，重载过程也与重载函数十分类似，VHDL 语言允许有两个或两个以上相同的过程名和互不相同的参数数量及数据类型的过程。对于重载过程，也是靠参量类型来辨别究竟调用哪一个过程。例如：

```
PROCEDURE ccc ( a1, a2 : IN REAL ;
                SIGNAL y1 : INOUT INTEGER) ;
PROCEDURE ccc ( a1, a2 : IN INTEGER ;
                SIGNAL y1 : INOUT REAL) ;
 …
ccc( 20.15, 1.42, out1 ) ;          -- 调用第一个重载过程 ccc
ccc( 23, 320, out2 ) ;              -- 调用第二个重载过程 ccc
 …
```

此例中定义了两个重载过程，它们的过程名、参量数目及各参量的模式是相同的，但参量的数据类型是不同的。第一个过程中定义的两个输入参量 a1 和 a2 为实数型常数，y1 为 INOUT 模式的整数信号；而第二个过程中 a1、a2 为整数常数，y1 为实数信号。在过程调用时，根据参量的数据类型来调用对应的过程。

5.6 状态机的 VHDL 设计

有限状态机及其设计技术是现代数字系统设计中不可缺少的部分，是实现高效率、高可靠逻辑控制的重要途径。随着先进的 EDA 工具和大规模集成电路技术的发展，以及强大的 VHDL 等硬件描述语言，有限状态机在其具体的设计技术和实现方法上有了许多新内容。在逻辑控制系统中，有许多是可以利用有限状态机的设计方案来描述和实现的，并且 VHDL 描述的状态机有其独特的优越性，主要表现在以下几方面。

(1) 有限状态机克服了纯硬件数字系统顺序方式控制不灵活的缺点。状态机的工作方式是根据控制信号按照预先设定的状态顺序运行。利用 VHDL 语言描述的状态机是纯硬件数字系统中的顺序控制电路，因此状态机在其运行方式上类似于一般的程序控制的微处理器，而在运行速度和可靠性方面优于程序控制的微处理器。

(2) 状态机的结构模式相对简单，用 VHDL 语言描述的状态机层次分明，结构清晰，易读易懂；在排除、修改和模块移植方面也有其独到的特点。

(3) 状态机容易构成性能良好的同步时序逻辑模块，有利于消除电路中的毛刺现象。

（4）状态机具有在高速运算和控制方面的巨大优势。由于 VHDL 描述的状态机可以由多个进程构成，一个结构体中可以包含多个状态机，而一个单独的状态机(或多个并行运行的状态机)以顺序方式所能完成的运算和控制方面的工作与一个微处理器的功能类似。因此一个设计实体的功能便类似于含有并行运行的多个微处理器的功能。

5.6.1　状态机的基本结构

状态机是时序逻辑电路的逻辑描述形式之一，是逻辑控制器设计的有效方法，具有与时序逻辑电路相同的结构。状态机可以认为是组合逻辑电路和存储器或寄存器的组合。状态机的状态不仅和输入信号有关，而且还与存储器的当前状态有关。存储器用于存储状态机的状态，组合逻辑电路实现状态译码和输出控制信号。如图 5.10 所示为状态机构成的时序电路。

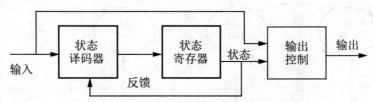

图 5.10　状态机构成的时序电路

在图 5.10 中，状态寄存器又称为当前状态寄存器(Current State，CS)，用来保存状态机内部的当前状态。当前状态的产生是在时钟信号 clk 的作用下，通过对状态寄存器的赋值来实现的。状态寄存器的输入信号取自状态译码器的输出，而寄存器的输出分别作为输出控制模块的输入和状态译码器的反馈输入。状态译码器的任务是根据输入信号和当前状态确定下一状态。因此，状态译码器又称为次态组合逻辑电路(Next State，NS)。输出控制模块又称为输出组合逻辑电路(Output Logic，OL)，主要用来确定状态机对外的输出信号。实际中，状态机的状态数是有限的，因此又称为有限状态机(Finite State Machine，FSM)，本书中的状态机即指有限状态机。

从状态机的输出方式上，可分为 Mealy(米里)型和 Moore(莫尔)型两种状态机。在 Mealy 型状态机中，输出不仅与当前状态有关，还与输入有关。其输出是当前状态和所有输入信号的函数。它的输出是在输入变化后立即发生的，不依赖时钟的同步。而 Moore 型状态机中，输出只与当前状态有关，这类状态机在输入发生变化后还必须等待时钟的到来，即时钟使状态发生变化时才导致输出变化。

状态机的分类只是概念上的划分，并且实际的状态机中往往是两种类型状态机的混合体，因此实际上在状态机的设计和实现过程中并不是很关心其类别。设计和实现状态机最关键的步骤还是从实际问题中抽象出状态机，并确定状态的个数和状态间的转移条件。状态转移图和算法状态机图(ASM，详见第 7 章)是设计和实现状态机的常用方法。

5.6.2　状态转移图

状态机设计的关键是掌握状态转移图的画法。状态转移图是状态机的一种最自然的表示方法，它能够清晰地说明状态机的所有关键要素，包括状态、状态转移的条件(输入)、各状态下的输出等。可以说状态转移图表达了状态机的几乎所有信息。

例 5.6.1 一个序列信号检测器，能够从输入的串行码流 x 中检测出码组 1100100，输出 y 为高电平 1，否则为低电平 0。

由于输入信号为连续的单比特信号(串行输入)，而需要检测的序列有 7 位，因此有必要在电路中引入记忆元件，记录当前检测到的序列状态。记忆元件的数据宽度为 3 位，因此共有 2^3 种取值(状态个数为 8)。输入信号从高位到低位依次输入序列"1100100"，每串行输入一位比特信号，定义为一个状态。这 8 个状态分别为 s0(起始状态，输入"0xxxxxx")、s1(输入"1xxxxxx")、s2(输入"11xxxxx")、s3(输入"110xxxx")、s4(输入"1100xxx")、s5(输入"11001xx")、s6(输入"110010x")、s7(输入"1100100")。其状态转移图如图 5.11 所示。

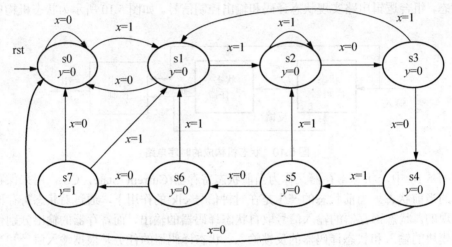

图 5.11　"1100100"检测器的状态转移图

图 5.11 中，每个状态用一个圆圈表示，并标明状态名。状态机在开始时处于起始状态 s0，各状态间根据输入信号的不同按照图 5.11 所示进行状态转移。当状态转移到 s7 时，输出高电平 1，否则输出低电平 0。由状态转移图可知，该状态机为 Moore 型，其输出只由当前状态决定，因此可将输出写到对应的状态中。若为 Mealy 型状态机，即输出与输入也有关系，就不能把输出与状态写到一起了。Mealy 型状态机需要将输出信息也写到表示状态转移条件的连线上，并用"/"与输入隔开。

状态转移图是状态机的一种重要表示方式之一，也是设计状态机的关键。但要在硬件中实现状态机的逻辑功能，在 Quartus II 开发工具中可以用两种方法来描述状态转移图：一种是用 HDL 语句描述；另一种是用图形方式的编辑设计。

5.6.3　状态机的 VHDL 描述

用 VHDL 描述的状态机有多种形式，从结构上分为单进程状态机和多进程状态机；从状态表达方式上，分为有符号化状态机和确定状态编码的状态机；从编码方式上，分为顺序编码状态机、一位热码编码状态机或其他编码方式状态机。VHDL 描述的状态机通常使用两进程方式来描述状态机的内部逻辑。主要有三部分组成：说明部分、描述时序逻辑的进程和描述组合逻辑的进程。

1. 说明部分

说明部分中使用 TYPE 语句定义一个新的数据类型,此数据类型为枚举型。其元素通常用状态机的状态名来定义。状态变量(如现态和次态)应定义为信号,便于信息传递。说明部分一般应放在结构体的 ARCHITECTURE 和 BEGIN 之间,如定义状态机的状态如下:

```
TYPE ss IS (s0,s1,s2,s3,s4);
SIGNAL present_s , next_s : ss ;
```

其中新定义的数据类型名即状态机名为 ss,其类型的元素分别为 s0、s1、s2、s3、s4。表示状态机 ss 中的 5 个状态。定义为信号的状态变量是 present_s 和 next_s,它们的数据类型被定义为 ss。因此状态变量 present_s 和 next_s 的取值范围是在数据类型 ss 所限定的这 5 个元素中。此外,由于状态变量的取值是文字符号,所以以上语句定义的状态机属于符号化状态机。

2. 时序逻辑进程

时序逻辑进程是指在时钟驱动下负责状态转换的进程,这部分进程的 VHDL 描述一般比较固定、单一和简单。状态机中必须包含一个对工作时钟信号敏感的进程,当时钟发生有效跳变时,状态机的状态才会变化。一般地,时序逻辑进程可以不负责下一状态的具体状态取值,如 s0、s1、s2、s3、s4 中的某一状态。当时钟的有效跳变到来时,时序逻辑进程只表示次态信号 next_s 与现态信号 present_s 的关系,而具体的状态转移完全由其他的进程根据实际情况来决定。在此进程中也可以放置一些同步或异步清零或置位方面的控制信号。状态机的 VHDL 描述模型如图 5.12 所示。

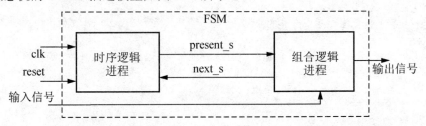

图 5.12　状态机的 VHDL 描述模型

3. 组合逻辑进程

组合逻辑进程的任务是根据外部输入的控制信号,包括来自状态机外部的信号和来自状态机内部其他的组合或时序进程的信号,或(和)当前状态的状态值确定下一状态(next_s)的取向,即次态 next_s 的取值内容,以及确定对外输出或对内部其他组合或时序进程输出控制信号的内容。

此进程根据实际情况决定状态的转移及输出控制信号。一般用 CASE 语句和 IF 语句来描述状态机中的状态转移。

4. 多进程的状态机

在 VHDL 描述的多进程状态机中,至少应包括两个进程:时序逻辑进程和组合逻辑进程。

例 5.6.2 为实现状态转移图 5.13 所示的功能，两个进程状态机的 VHDL 描述如下：

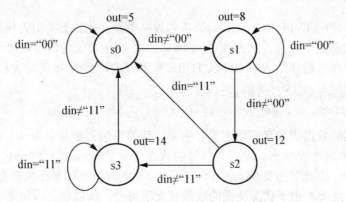

图 5.13　状态转移图

```
LIBRARY IEEE;
USE IEEE.STD_LOGIC_1164.ALL;
ENTITY machine1 IS
  PORT ( clk, reset : IN STD_LOGIC;
              din : IN STD_LOGIC_VECTOR (0 TO 1);
               co : OUT INTEGER RANGE 0 TO 15 );
END machine1 ;
ARCHITECTURE one  OF machine1 IS
  TYPE ss  IS (s0, s1, s2, s3);              -- 定义状态机
    SIGNAL current_s, next_s : ss ;          -- 定义状态变量为信号
BEGIN
  REG: PROCESS ( reset, clk )                -- 时序逻辑进程
      BEGIN
        IF reset = '1' THEN  current_s <= s0; -- 高电平时为初始态
          ELSIF clk='1' AND clk'EVENT THEN
            current_s <= next_s;
          END IF;
  END PROCESS;
  COM: PROCESS(current_s, din )              -- 组合逻辑进程
      BEGIN
        CASE current_s IS                    -- 用 CASE 语句和 IF 语句
          WHEN s0 => co<= 5;                 -- 来实现状态转移
            IF din = "00" THEN  next_s <=s0;
              ELSE  next_state<=s1;
            END IF;
          WHEN s1 =>  co<= 8;
            IF din = "00" THEN  next_s <=s1;
              ELSE  next_s<=s2;
            END IF;
          WHEN s2 =>   co<= 12;
            IF din = "11" THEN  next_s <=s0;
              ELSE  next_s <= s3;
            END IF;
```

```
        WHEN s3 =>   co<= 14;
          IF din = "11" THEN  next_s <= s3;
             ELSE  next_s <= s0;
           END IF;
      END case;
    END PROCESS;
END one ;
```

在上例的结构体说明部分中，定义了含 4 个状态符号的数据类型 ss，然后将现态 current_s 和次态 next_s 两个状态变量的数据类型定义为 ss，数据对象为 SIGNAL(信号)。

时序逻辑进程和组合逻辑进程这两个进程是并行运行的，用于进程间信息传递的信号 current_s 和 next_s，在状态机设计中称为状态反馈。在状态机运行中状态反馈的作用是实现状态的转移，即存储当前状态和确定下一状态。时序逻辑进程 REG 只负责将当前状态转换为下一状态，而不管所转换的状态究竟处于哪一个状态(s0、s1、s2、s3)。组合逻辑进程将根据当前状态 current_s 的值和外部的输入信号 din 来决定下一状态和输出信号 out。

例 5.6.3 为实现"1100100"序列检测器的状态转移图 5.11 所示的功能，两个进程状态机的 VHDL 描述如下，其仿真波形如图 5.14 所示。

```
library IEEE;
use IEEE.STD_LOGIC_1164.ALL;
entity detect_fsm is
    Port( rst,clk: in STD_LOGIC;
             x: in STD_LOGIC;
             y: out STD_LOGIC );
end detect_fsm;
ARCHITECTURE behavioral of detect_fsm IS
    type istate is( s0,s1,s2,s3,s4,s5,s6,s7 );
   SIGNAL STATE_CURRENT, STATE_NEXT: istate;
 begin
  process(rst, clk)               -- 时序逻辑进程
   begin                          -- 状态更新进程
        if(rst='1')then
           state_current<=s0;
        elsif(clk'event and clk='1')then
           state_current<=state_next;
        end if;
   end process;
  process(state_current,x)        -- 组合逻辑进程
   begin                          -- 下一状态产生和输出信号产生
        case(state_current)is
        when s0=>  y<='0';
          if(x='0')  then  state_next<=s0;
          else             state_next<=s1;
          end if;
        when s1=>  y<='0';
          if(x='0')  then  state_next<=s0;
          else             state_next<=s2;
          end if;
        when s2=>  y<='0';
          if(x='0')  then  state_next<=s3;
```

```
else            state_next<=s2;
        end if;
    when s3=> y<='0';
        if(x='0')  then   state_next<=s4;
        else            state_next<=s1;
        end if;
    when s4=> y<='0';
        if(x='0')then    state_next<=s0;
        else            state_next<=s5;
        end if;
    when s5=> y<='0';
        if(x='0')then    state_next<=s6;
        else            state_next<=s2;
        end if;
    when s6=> y<='0';
        if(x='0')then    state_next<=s7;
        else            state_next<=s1;
        end if;
    when s7=> y<='1';
        if(x='0')then    state_next<=s0;
        else            state_next<=s1;
        end if;
    when  others=>  null ;
    end case;
  end process;
end behavioral;
```

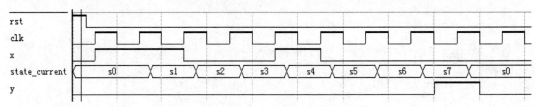

图 5.14　序列检测器 "1100100" 的仿真波形

5. 单进程的状态机

在两进程的状态机中，输出信号是由组合逻辑进程发出的。在一些特定情况下难免出现毛刺现象，如果这些输出信号用于时钟信号，则极易产生错误操作。为了避免出现毛刺现象的状态机，可以采用两种方式：一种是希望输出信号具有寄存器锁存功能，在两进程状态机的基础上，增加一个输出信号的锁存进程，与时钟信号同步输出；另一种是采用单进程状态机，将时序逻辑进程和组合逻辑进程放在同一个进程中，此进程可以认为是混合进程。在混合进程中，CASE 语句处于测试时钟跳变的 ELSIF 语句中，在综合时对状态的赋值操作必然能引进对输出信号的锁存。

混合进程的输出信号要等到进入下一状态的时钟信号的跳变才能进行锁存，即状态机的输出信号在当前状态中由组合电路产生，而在稳定了一个时钟周期后在次态由锁存器输出。因此要比多进程状态机的输出晚一个时钟周期。

例 5.6.4 为实现状态转移图 5.13 所示的功能，单进程状态机的 VHDL 描述如下：

```
LIBRARY IEEE;
USE IEEE.STD_LOGIC_1164.ALL;
ENTITY machine2 IS
   PORT ( clk, reset : IN STD_LOGIC;
                 din : IN STD_LOGIC_VECTOR (0 TO 1);
                  co : OUT INTEGER RANGE 0 TO 15 );
END machine2 ;
ARCHITECTURE one  OF machine2 IS
      TYPE ss IS ( s0, s1, s2, s3 );          -- 定义状态机
      SIGNAL st : ss ;                        -- 定义状态变量 st
BEGIN
    PROCESS ( reset, clk )                    -- 混合进程
      BEGIN
      IF reset = '1' THEN   st <= s0;         -- 高电平时为初始态
        ELSIF clk='1' AND clk'EVENT  THEN
          CASE st IS                          -- 用 CASE 语句和 IF 语句
            WHEN s0 =>  co <= 5;              -- 来实现状态转移
              IF din = "00" THEN st <=s0;
                 ELSE st <=s1;   END IF;
            WHEN s1 =>  co <= 8;
              IF din = "00" THEN  st <=s1;
                 ELSE st <=s2;  END IF;
            WHEN s2 =>   co <= 12;
              IF din = "11" THEN  st <=s0;
                 ELSE  st <= s3;  END IF;
            WHEN s3 =>  co <= 14;
              IF din = "11" THEN  st <= s3;
                 ELSE  st <= s0;  END IF;
            WHEN  OTHERS =>  st<=s0;
          END case;
        END IF;
    END PROCESS;
END one ;
```

图 5.15 所示为例 5.13 的仿真时序图，从图中可以看出，输出信号 co[3..0]的波形没有任何毛刺现象。但是 co[3..0]是在下一个时钟周期后的次态输出的。

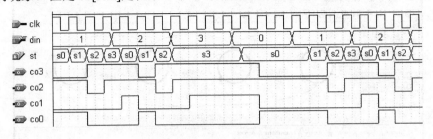

图 5.15　例 5.6.4 的仿真时序图

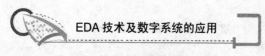

5.6.4　状态机的图形编辑设计

状态机除了可以直接用 VHDL 描述外，还可以用图形的方式编辑设计，在 Quartus II 中其设计步骤通过下面示例进行介绍。

例 5.6.5　用图形编辑设计如图 5.16 所示的状态机的功能。

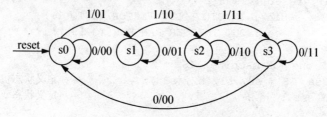

图 5.16　例 5.6.5 的状态转移图

步骤一：设计输入方式选择。与原理图和 HDL 设计时的步骤相似，选择 File\New 命令，弹出设计输入文件选择对话框，在"Design File(设计文件)"栏中，选中"State Machine File"项目，然后单击"OK"按钮，将在工程工作区弹出一个名称为 SM1.smf 的编辑窗口，便可进行状态机的设计输入。

步骤二：利用状态机编辑工具栏(图 5.17)，在 SM1.smf 的状态机编辑窗口中画出状态和状态转移线，如图 5.18 所示。

步骤三：状态的设置。包括状态名修改、状态转移条件的设置(输入信号)和输出操作等。在 SM1.smf 的状态机编辑窗口中双击状态圈(如状态 s0)，弹出状态 s0 的属性对话框，如图 5.19 所示。如图 5.20 所示为状态 s0 的输出操作对话框($z1z2$ 设为 00)。在完成状态机的设计输入后，进行保存。

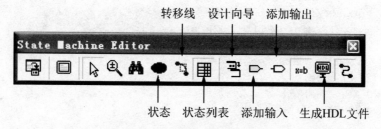

图 5.17　状态机编辑工具栏

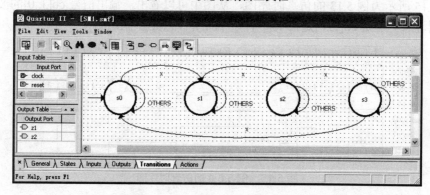

图 5.18　SM1.smf 的状态机编辑窗口

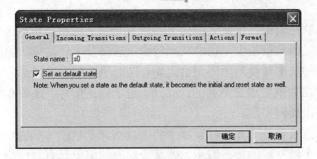

图 5.19 状态属性对话框

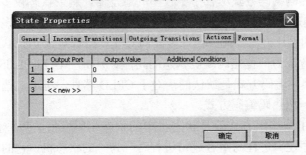

图 5.20 状态 s0 的输出操作对话框

从图 5.17 所示的状态机编辑工具栏中可以看到，对已建立好的有限状态机可以生成 HDL 文件(.vhd、.v、.sv)和其他文件(如*.bsf)，也可以被其他设计模块调用。

5.6.5 状态编码与状态分配

在状态机的设计中，用文字符号定义各状态变量的状态机称为符号化状态机，其状态变量的具体编码由 VHDL 综合器根据具体情况确定。状态编码又称为状态分配，是指如何用二进制数 0 和 1 来表示状态机的各状态。由于有限状态机中输出信号通常是通过状态的组合逻辑电路驱动的，因此有可能由于状态跳转时比特率变化的不同步而引入毛刺。因此，状态编码不仅要考虑节省编码位宽，还要考虑状态转移时可能存在的毛刺现象。状态编码的具体方式对综合后电路的面积和速度也都会有重要的影响。

目前有多种状态编码方式，可以由设计者控制，也可以由综合器自动对编码方式进行选择。对状态的编码主要分为顺序编码(自然二进制编码)、一位热码编码(One-hot encoding)和状态位直接输出型编码方式。顺序编码和一位热码编码见表 5-3 所列。

表 5-3 编码方式

状　态	顺序编码	一位热码编码
s0	000	100000
s1	001	010000
s2	010	001000
s3	011	000100
s4	100	000010
S5	101	000001

顺序编码方式就是采用二进制数编码来实现 n 个状态的状态机。这种编码方式最为简单，并且使用的触发器数量最少，剩余状态较少，容错技术较简单。但是这种编码增加了从一种状态向另一种状态转换的译码组合逻辑，这对于在触发器资源丰富而组合逻辑资源相对较少的 FPGA 器件中实现是不利的。此外，对于输出信号，还要在状态机中再设置一个组合进程作为输出译码控制。

一位热码编码方式就是用 n 个触发器来实现具有 n 个状态的状态机。状态机中的每一个状态都由其中一个触发器的状态表示，即某个状态的编码只有对应的某一位为"1"，其余位为"0"。一位热码编码方式尽管用了较多的触发器，剩余状态较多，但其简单的编码方式大大简化了状态译码逻辑，提高了状态转换速度，这对于含有较多的时序逻辑资源的 FPGA 器件是较好的设计方案。此外，许多面向 CPLD/FPGA 的 VHDL 综合器都有符号化状态机自动优化设置成为一位热码编码状态的功能。例如，MAX+PLUS Ⅱ 开发工具，对于 FPGA 器件，一位热码编码方式是默认的；对于 CPLD 器件，可通过选择菜单项决定使用顺序编码方式还是一位热码编码方式。

状态位直接输出型编码方式就是状态机中的状态编码取值的每一位也作为输出信号的值。其本质是时序逻辑进程与组合逻辑进程合二为一的状态机，它的输出信号就是各状态的状态码。

例 5.6.6 状态位直接输出型编码方式 VHDL 描述的状态机如下：

```
LIBRARY IEEE;
USE IEEE.STD_LOGIC_1164.ALL;
ENTITY machine3 is
    PORT( clk, rst :  IN STD_LOGIC;
                    id: IN STD_LOGIC_VECTOR(3 DOWNTO 0 );
                    y : OUT STD_LOGIC_VECTOR(2 DOWNTO 0 ) );
END machine3;

ARCHITECTURE one OF machine3 IS
    SIGNAL state: STD_LOGIC_VECTOR(2 DOWNTO 0);
    -- 对状态机中的状态进行编码取值，并作为输出信号
    CONSTANT st0: STD_LOGIC_VECTOR(2 DOWNTO 0) := "000";
    CONSTANT st1: STD_LOGIC_VECTOR(2 DOWNTO 0) := "010";
    CONSTANT st2: STD_LOGIC_VECTOR(2 DOWNTO 0) := "011";
    CONSTANT st3: STD_LOGIC_VECTOR(2 DOWNTO 0) := "110";
    CONSTANT st4: STD_LOGIC_VECTOR(2 DOWNTO 0) := "111";
BEGIN
  PROCESS (clk, rst)
    BEGIN
     IF rst='1' THEN  state <= st0;              -- rst 为高电平时，状态为初态
       ELSIF (clk'EVENT AND clk='1') then
         CASE state IS
           WHEN st0 =>  IF id = x"3" THEN  state <= st1;
             ELSE  state <= state0;  END IF;
```

```
          WHEN st1 =>  state <= st2;
          WHEN st2 =>  IF id = x"7" THEN  state <= st3;
             ELSE  state <= st2;  END IF;
          WHEN st3 =>  IF id < x"7" THEN  state <= st0;
             ELSIF id = x"9" THEN  state <= st4;
                ELSE    state <= st3;
                END IF;
          WHEN st4 =>  IF id = x"6" THEN  state <= st0;
             ELSE  state <= st4;  END IF;
          WHEN OTHERS =>  state <= st0;           -- 剩余状态转为初态
         END CASE;
      END IF;
   END PROCESS;
  y <= state(1 DOWNTO 0);                         -- 状态的取值作为输出信号
END one ;
```

上例完成了图 5.21 所示的状态转换图的逻辑功能,对状态编码的取值也作为输出信号,其仿真时序图如图 5.22 所示。

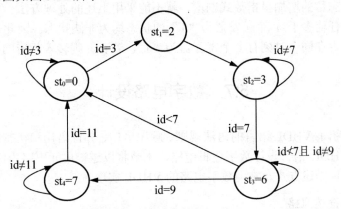

图 5.21　例 5.6.6 的状态转换图

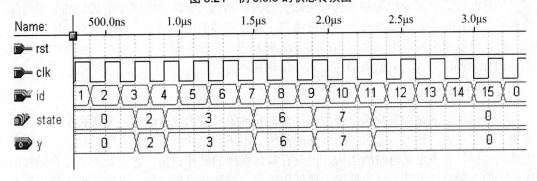

图 5.22　例 5.6.6 的仿真时序图

这种状态位直接输出型编码方式状态机的优点是输出速度快,没有毛刺现象;缺点是设计的实体可读性差,用于状态译码的组合逻辑资源比其他以相同触发器数量构成的状态机多,而且难以有效地控制非法状态的出现。

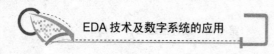

5.6.6　剩余状态与容错技术

在状态机设计中，不可避免地会出现大量剩余状态。若不对剩余状态进行合理的处理，状态机可能进入不可预测的状态，后果是对外界出现短暂失控或者始终无法摆脱剩余状态而失去正常功能。因此，对剩余状态的处理，即容错技术的应用是必须慎重考虑的问题。但是，剩余状态的处理要不同程度地耗用逻辑资源，因此设计者在选用状态机结构、状态编码方式、容错技术及系统的工作速度与资源利用率方面需要做权衡比较，以适应自己的设计要求。

剩余状态的转移去向大致有如下几种：

(1) 转入空闲状态，等待下一个工作任务的到来；

(2) 转入指定的状态，去执行特定任务；

(3) 转入预定义的专门处理错误的状态，如预警状态。

对于前两种编码方式可以将多余状态做出定义，在以后的语句中加以处理。处理的方法有两种：一种方法是在语句中对每一个非法状态都做出明确的状态转换指示；另一种方法是利用 OTHERS 语句对未提到的状态做统一处理。对于一位热码编码方式，其剩余状态数将随有效状态数的增加呈指数式剧增，就不能采用上述的处理方法。鉴于一位热码编码方式的特点，任何多于 1 个触发器为 "1" 的状态均为非法状态。因此，可编写一个检错程序，判断是否在同一时刻有多个寄存器为 "1"，若有，则转入相应的处理程序。

5.7　数字电路设计

前面已经介绍了 VHDL 语言的语法规则、顺序语句、并行语句和状态机等，为了更好地理解和使用 VHDL 语言设计数字逻辑电路，本节将以逻辑单元电路为例，讲述 VHDL 语言结构体的三种描述方式及常用数字电路的 VHDL 实现。

5.7.1　VHDL 的描述风格

VHDL 语言能形象化地抽象表示电路的行为和结构，支持电路描述由高层到低层的综合转换。VHDL 语言通过结构体具体描述整个设计实体的逻辑功能。对于逻辑功能相同的结构体，可以用不同的语句类型和描述方法来表达。通常结构体有三种不同风格的描述方式，即行为描述方式、数据流描述方式和结构描述方式。

1. 行为描述

行为描述方式是对系统数学模型的描述，其抽象程度比数据流描述方式和结构描述方式更高。它只表示输入与输出之间转换的行为，不需要包含任何结构方面的信息；只定义电路的功能，并不定义电路的结构，也没有具体实现的硬件结构，它只是为了综合的目的而使用的一种描述方法。行为描述主要使用函数、过程和进程语句，以算法形式描述数据的变换和传递。行为描述有利于自顶向下的设计方式。

例 5.7.1　八位二进制全加器行为描述如下：

```
LIBRARY IEEE;
USE IEEE.STD_LOGIC_1164.ALL;
```

```
USE IEEE.STD_LOGIC_UNSIGNED.ALL;
ENTITY adder8 IS
    PORT( A  : IN  STD_LOGIC_VECTOR(7 DOWNTO 0);
          B  : IN  STD_LOGIC_VECTOR(7 DOWNTO 0);
          Cin: IN  STD_LOGIC;
          Co : OUT STD_LOGIC;
          Sum: OUT STD_LOGIC_VECTOR(7 DOWNTO 0) );
END adder8;
ARCHITECTURE behave OF adder8 IS
    SIGNAL Sint  : STD_LOGIC_VECTOR( 8 DOWNTO 0 );
    SIGNAL AA,BB : STD_LOGIC_VECTOR( 8 DOWNTO 0 );
BEGIN
    AA <='0'& A(7 DOWNTO 0);    -- 将 8 位加数矢量扩展为 9 位，为进位提供空间
    BB <='0'& B(7 DOWNTO 0);    -- 将 8 位被加数矢量扩展为 9 位，为进位提供空间
    Sint <= AA + BB + Cin;
    Sum <= Sint(7 DOWNTO 0);
    Co <= Sint(8);
END behave;
```

　　由此例可以看出，设计者只需要描述设计的功能，而挑选电路方案的工作则由 VHDL 开发工具自动完成。最终选取的电路方案的优化程度，往往取决于 VHDL 综合软件的技术水平和器件的支持能力。如图 5.23 所示为 8 位二进制全加器仿真时序图。

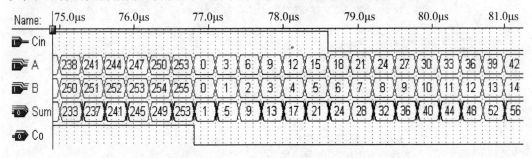

图 5.23　8 位二进制全加器仿真时序图

2. 数据流描述

　　数据流描述方式也称为 RTL(Register Transfer Level，寄存器传输级)描述方式，既表示行为，也隐含表示结构，它描述了数据流的运动路线、运动方向和运动结果。通常用并行语句来进行描述。

　　例 5.7.2 采用数据流描述方式的一位全加器如下：

```
LIBRARY IEEE;
USE IEEE.STD_LOGIC_1164.ALL;
ENTITY adder1 IS
    PORT(x, y, cin : IN  STD_LOGIC;
         sum, co : OUT STD_LOGIC );
END adder1;
ARCHITECTURE dataflow OF adder1 IS
```

```
  BEGIN
    sum <=  x XOR y XOR cin  ;
    co  <= (x AND y) OR( x AND cin) OR( y AND cin);
END dataflow;
```

由此例可以看出，结构体的数据流描述方式就是按照一位全加器的逻辑表达式来进行描述的，这要求设计者对全加器的电路实现要有清楚的认识。实例中采用了并行执行的赋值语句，与结构体中语句的书写顺序无关。

3. 结构描述

结构描述用于描述设计系统的硬件结构，即硬件是如何构成的。它主要用于描述系统的功能和结构。在层次设计中，它是通过由顶层的设计模块对底层模块的调用来实现的。经常使用元件例化语句和配置语句来描述元件的类型及元件的互连关系。下面仍以一位全加器为例，一位全加器可由两个半加器和一个或门组成的。假设半加器和或门已经是设计好的模块，像原理图设计一样，只要将现成的设计单元或模块进行调用，然后建立各模块之间的连接关系即可。

例 5.7.3 采用结构描述方式的一位全加器如下：

```
LIBRARY IEEE;
USE IEEE.STD_LOGIC_1164.ALL;
ENTITY full_adder1 IS
  PORT( x, y, cin: IN STD_LOGIC;
         sum, co: OUT STD_LOGIC);
END full_adder1;
ARCHITECTURE structural OF full_adder IS
  COMPONENT half_adder                    -- 元件 half_adder 说明
    PORT( in1, in2 : IN STD_LOGIC;
           s, c : OUT STD_LOGIC );
  END COMPONENT;
  COMPONENT or_gate                        -- 元件 or_gate 说明
    PORT( in1, in2: IN STD_LOGIC;
           out1: OUT STD_LOGIC);
  END COMPONENT;
  SIGNAL a, b, c : STD_LOGIC;
BEGIN
    u1: half_adder PORT MAP (x, y, b, a);     -- 调用半加器
    u2: half_adder PORT MAP (cin, b, sum, c); -- 调用半加器
    u3: or_gate PORT MAP (c, a, co);          -- 调用或门
END structural;
```

由上例可见，一位全加器的设计可通过调用两个半加器和一个或门来实现。其电路原理图结构如图 5.24 所示。

对于一个复杂的电子系统，可以将其分解为若干个子系统，每个子系统再分解成模块，形成多层次设计。在多层次设计中，每个层次都可以作为一个元件，再构成一个模块或系统，可以先分别仿真每个元件，然后再整体调试。所以说结构化描述不仅是一种设计方法，而且是一种设计思想，能大大提高设计效率，是大型电子系统高层次设计的重要手段。在

实际应用中为了兼顾整个设计的功能、资源、性能等方面的因素，通常混合使用这三种描述方式。

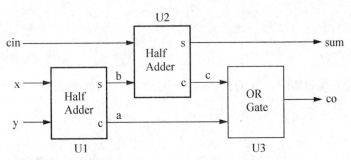

图 5.24 一位全加器电路原理图

5.7.2 组合逻辑电路

组合逻辑电路是一种在任何时刻的输出仅决定于当时刻输入信号的逻辑电路。组合逻辑电路的 VHDL 实现与传统电路设计实现是不同的，在 VHDL 实现中真值表和逻辑表达式都可以使用，而且逻辑化简和综合的工作由 EDA 工具来实现，从而使设计者主要考虑电路功能的描述，即 VHDL 语言来描述逻辑问题。用 VHDL 语言描述组合逻辑电路常采用 CASE 语句、IF 语句和 ROM 模型。

常用的组合电路包括编码器、译码器、三态门、数据选择器、多路分配器和运算电路等。

1. 编码器

编码器分为普通编码器和优先编码器两类。在普通编码器中某一时刻只允许对一个输入信号进行编码，而优先编码器是将所有的输入信号按优先顺序排队，某一时刻只对其中优先级高的一个输入信号进行编码。

例 5.7.4 8 线-3 线优先编码器的 VHDL 描述如下：

```
LIBRARY IEEE;
USE IEEE.STD_LOGIC_1164.ALL;
ENTITY coder8_3 IS
  PORT ( I  : IN STD_LOGIC_VECTOR(7 DOWNTO 0);
         EI : IN STD_LOGIC;                    -- EI 为使能端，低电平有效
         A  : OUT STD_LOGIC_VECTOR(2 DOWNTO 0) );
END coder8_3;
ARCHITECTURE one OF coder8_3 IS
  BEGIN
  PROCESS(EI,I)
    BEGIN
      IF( EI='1')  THEN  A <= "000";
      ELSIF (I="11111111" AND EI='0') THEN  A <= "000";
      ELSIF (I(7)='1' AND EI='0')     THEN  A <= "111";
      ELSIF (I(6)='1' AND EI='0')     THEN  A <= "110";
      ELSIF (I(5)='1' AND EI='0')     THEN  A <= "101";
      ELSIF (I(4)='1' AND EI='0')     THEN  A <= "100";
```

```
        ELSIF (I(3)='1' AND EI='0')      THEN  A <= "011";
        ELSIF (I(2)='1' AND EI='0')      THEN  A <= "010";
        ELSIF (I(1)='1' AND EI='0')      THEN  A <= "001";
        ELSIF (I(0)='1' AND EI='0')      THEN  A <= "000";
        END IF;
    END PROCESS;
END one;
```

在上例的优先编码器中，EI 为使能端，低电平有效，I(7)输入端优先级最高，I(0)输入端优先级最低。

2. 译码器

在数字系统中，能将二进制代码翻译成所表示信息的电路称为译码器。常用的译码器有二进制译码器和七段显示译码器。

例 5.7.5 3 线-8 线译码器的 VHDL 描述如下：

```
LIBRARY IEEE;
USE IEEE.STD_LOGIC_1164.ALL;
ENTITY decoder3_8 IS
  PORT( G : IN STD_LOGIC;                          -- 使能端, 低电平有效
        A : IN STD_LOGIC_VECTOR(2 DOWNTO 0);
        Y : OUT STD_LOGIC_VECTOR(7 DOWNTO 0));
END decoder3_8;
ARCHITECTURE dataflow OF decoder3_8 IS
  BEGIN
  PROCESS (G , A)
    BEGIN
      IF(G ='0')THEN
        CASE A IS
          WHEN "000" =>  Y <="11111110";
          WHEN "001" =>  Y <="11111101";
          WHEN "010" =>  Y <="11111011";
          WHEN "011" =>  Y <="11110111";
          WHEN "100" =>  Y <="11101111";
          WHEN "101" =>  Y <="11011111";
          WHEN "110" =>  Y <="10111111";
          WHEN OTHERS => Y <="01111111";
        END CASE;
      ELSE    Y <="11111111";
      END IF;
  END PROCESS;
END dataflow;
```

例 5.7.6 七段显示译码器的 VHDL 描述如下：

```
LIBRARY IEEE;
USE IEEE.STD_LOGIC_1164.ALL;
ENTITY bin2_7seg IS
  PORT ( data_in : in STD_LOGIC_VECTOR (3 DOWNTO 0);
         EN    : in STD_LOGIC;
         data_out : out STD_LOGIC_VECTOR (6 DOWNTO 0));
```

```
END bin2_7seg;
ARCHITECTURE one of bin2_7seg IS
BEGIN
  PROCESS(data_in, EN)
    BEGIN
      data_out <= (others => '1');
    IF EN='1' THEN
      CASE data_in IS
        WHEN "0000" => data_out <= "1000000"; -- 0
        WHEN "0001" => data_out <= "1111001"; -- 1
        WHEN "0010" => data_out <= "0100100"; -- 2
        WHEN "0011" => data_out <= "0110000"; -- 3
        WHEN "0100" => data_out <= "0011001"; -- 4
        WHEN "0101" => data_out <= "0010010"; -- 5
        WHEN "0110" => data_out <= "0000011"; -- 6
        WHEN "0111" => data_out <= "1111000"; -- 7
        WHEN "1000" => data_out <= "0000000"; -- 8
        WHEN "1001" => data_out <= "0011000"; -- 9
        WHEN "1010" => data_out <= "0001000"; -- A
        WHEN "1011" => data_out <= "0000011"; -- b
        WHEN "1100" => data_out <= "0100111"; -- c
        WHEN "1101" => data_out <= "0100001"; -- d
        WHEN "1110" => data_out <= "0000110"; -- E
        WHEN "1111" => data_out <= "0001110"; -- F
        WHEN OTHERS => NULL;
        END CASE;
      END IF;
    END PROCESS;
END one ;
```

3. 三态门

三态门有许多实际的应用，常用于接口电路和总线驱动电路。在 VHDL 语言设计中，如用 STD_LOGIC 数据类型的'Z' (必须大写)对一个变量赋值，即会引入三态门。对于目标器件 CPLD/FPGA 三态门是否能被适配进去，则必须根据具体器件系列来确定，因为有的器件结构不支持三态门。

例 5.7.7 单向 8 位三态总线缓冲器，其仿真波形如图 5.25 所示。

```
LIBRARY IEEE ;
USE IEEE.STD_LOGIC_1164.ALL;
ENTITY tri_buf8 IS
PORT(  oe : IN STD_LOGIC;
      din : IN STD_LOGIC_VECTOR( 7 DOWNTO 0 );
     dout : OUT STD_LOGIC_VECTOR( 7 DOWNTO 0 ) );
END ENTITY tri_buf8;
ARCHITECTURE one OF tri_buf8 IS
  BEGIN
    PROCESS( oe ,din )
      BEGIN
        IF( oe = '1') THEN dout <= din;
```

```
        ELSE    dout <= "ZZZZZZZZ";          -- 字母 Z 必须大写
          END IF;
      END PROCESS;
END ARCHITECTURE one;
```

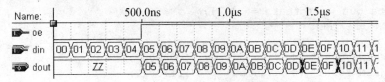

图 5.25   8 位三态总线缓冲器仿真波形图

4. 数据选择器

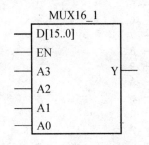

图 5.26   16 选 1 数据选择器的元件符号图

从多路输入数据中选出其中某一路输入数据传输到输出端的电路称为数据选择器。常用的数据选择器有 4 选 1、8 选 1 和 16 选 1 等类型。

例 5.7.8 16 选 1 数据选择器的元件符号如图 5.26 所示。EN 为使能输入端，当 EN=1 时，数据选择器不能工作，输出 Y=0；当 EN=0 时，数据选择器处于工作状态。D[15..0]为数据输入端，A3、A2、A1 和 A0 为数据选择控制端。

```
LIBRARY IEEE;
USE IEEE.STD_LOGIC_1164.ALL;
ENTITY mux16_1 IS
  PORT( EN: IN STD_LOGIC;
        A3,A2 ,A1, A0 : IN STD_LOGIC;
        d : IN STD_LOGIC_VECTOR ( 15 DOWNTO 0 );
        y : OUT STD_LOGIC   );
END mux16_1 ;
ARCHITECTURE one of mux16_1   IS
  SIGNAL sel : STD_LOGIC_VECTOR ( 3 DOWNTO 0 );
  BEGIN
    sel<= A3&A2&A1&A0;
    PROCESS( A3,A2 ,A1, A0, EN )
      BEGIN
        IF EN='1' THEN  y<='0';
        ELSE
          CASE sel IS
            WHEN "0000" => y <=d(0);
            WHEN "0001" => y <=d(1);
            WHEN "0010" => y <=d(2);
            WHEN "0011" => y <=d(3);
            WHEN "0100" => y <=d(4);
            WHEN "0101" => y <=d(5);
            WHEN "0110" => y <=d(6);
            WHEN "0111" => y <=d(7);
```

```
            WHEN "1000" => y <=d(8);
            WHEN "1001" => y <=d(9);
            WHEN "1010" => y <=d(10);
            WHEN "1011" => y <=d(11);
            WHEN "1100" => y <=d(12);
            WHEN "1101" => y <=d(13);
            WHEN "1110" => y <=d(14);
            WHEN "1111" => y <=d(15);
            WHEN OTHERS => NULL;
          END CASE;
       END IF;
    END PROCESS;
END one ;
```

5. 多路分配器

多路分配器是从一路输入数据传输到多路输出信号中的某一个输出端的电路，它与数据选择器是相反的过程。

例 5.7.9 8 路分配器设计代码如下，其仿真波形如图 5.27 所示。

```
LIBRARY IEEE;
USE IEEE.STD_LOGIC_1164.ALL;
ENTITY assign8  IS
  PORT( d : IN STD_LOGIC  ;                     -- 输入端
        A : IN STD_LOGIC_VECTOR ( 2 DOWNTO 0 );    -- 三位控制端
        y : OUT STD_LOGIC_VECTOR ( 7 DOWNTO 0 ));  -- 8 路输出端
  END assign8 ;
ARCHITECTURE one OF assign8   IS
  BEGIN
    PROCESS( A )
      BEGIN
        y <=  x"00";
        CASE A IS
          WHEN "000" => y(0)<=d;
          WHEN "001" => y(1)<=d;
          WHEN "010" => y(2)<=d;
          WHEN "011" => y(3)<=d;
          WHEN "100" => y(4)<=d;
          WHEN "101" => y(5)<=d;
          WHEN "110" => y(6)<=d;
          WHEN "111" => y(7)<=d;
          WHEN OTHERS => y<=x"00";
        END CASE;
    END PROCESS;
END one ;
```

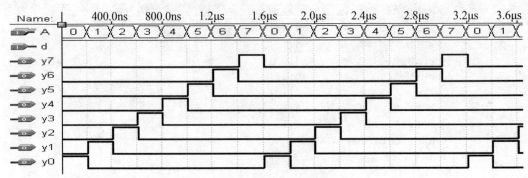

图 5.27　8 路分配器仿真波形图

6. 运算电路

常用的运算电路有加法器、减法器、乘法器和除法器等。以下以 8 位乘法器为例进行 VHDL 的描述。

例 5.7.10　8 位乘法器代码如下，其仿真波形如图 5.28 所示。

```
LIBRARY IEEE;
USE IEEE.STD_LOGIC_1164.ALL;
USE IEEE.STD_LOGIC_ARITH.ALL;              -- 此程序包定义无(或有)符号数
ENTITY mult8 IS
   GENERIC( datawidth : INTEGER:= 8 );   -- 参数定义
   PORT( A, B : IN   STD_LOGIC_VECTOR( datawidth-1 DOWNTO 0 );
         Y   : OUT STD_LOGIC_VECTOR( datawidth*2-1 DOWNTO 0 ));
END mult8;
ARCHITECTURE a OF mult8 IS
  BEGIN
    Y<=UNSIGNED(A)*UNSIGNED(B);
END a;
```

上述例子实现了 8 位无符号数乘法器，输入数据 A 和 B 通过数据类型转换变成无符号数数据类型。如果采用 SIGNED 数据类型，可以实现有符号数乘法器。由 Quartus II 工具进行综合后，生成的该乘法器的最大延迟时间为 35ns 左右，占用了器件 EPF10K10LC84 的逻辑单元(LC)的 23%，即 135 个 LC。可见由此方法(VHDL 的行为描述)设计的乘法器速度是很高的，但占用的硬件资源较多。如果增加输入数据位数，那么占用的资源就会成倍的增加。

图 5.28　8 位乘法器仿真波形图

5.7.3　时序逻辑电路

时序逻辑电路的任一时刻输出信号不仅取决于当时刻的输入信号，而且还取决于电路的原来状态。它由组合逻辑电路和存储电路两部分组成，存储电路一般由触发器构成。

时序逻辑电路只有在时钟脉冲的上升沿或下降沿的控制下，才能发生状态变化。VHDL语言提供了测试时钟脉冲敏感边沿的语句和函数，为时序逻辑电路的设计带来很大的方便。

1.　触发器

触发器的数据只有在时钟的上升沿或下降沿才可能被存储。描述触发器的关键在于对时钟的描述，或者更为准确地说是对时钟边沿的描述。

例 5.7.11　带异步置位清零和同步置位清零的 D 触发器代码如下：

```
LIBRARY IEEE;
USE IEEE.STD_LOGIC_1164.ALL;
ENTITY dff_full IS
  PORT( d, clk     : IN   STD_LOGIC;        -- d 数据输入，clk 时钟
        clrna,setna : IN   STD_LOGIC;        -- clrna 异步清零，setna 异步置位
        clrn,setn  : IN   STD_LOGIC;        -- clrn 同步清零，setn 同步置位
             q      : OUT STD_LOGIC );
END dff_full;
ARCHITECTURE a  OF dff_full IS
BEGIN
  PROCESS( clk,clrna,setna )
    BEGIN
      IF clrna ='0'    THEN  q<='0';        -- 异步清零
      ELSIF setna ='0' THEN  q<='1';        -- 异步置位
      ELSIF clk'EVENT AND clk='1'  THEN
        IF clrn='0'    THEN  q<='0';        -- 同步清零
        ELSIF setn ='0' THEN  q<='1';        -- 同步置位
        ELSE     q<=d;
        END IF;
      END IF;
    END PROCESS;
END a;
```

2.　移位寄存器

移位寄存器除了具有存储数据的功能以外，还有移位的功能，因此分为左移移位寄存器、右移移位寄存器和双向移位寄存器。

例 5.7.12　8 位双向移位寄存器，其仿真时序图如图 5.29 所示。

```
LIBRARY IEEE;
USE IEEE.STD_LOGIC_1164.ALL;
ENTITY shift_rl8 IS
PORT ( clk,clr,lod : IN STD_LOGIC;           -- 时钟、清零、置数
       m, dir,dil : IN STD_LOGIC;           -- 左右移控制、右移输入、左移输入
            din  : IN STD_LOGIC_VECTOR( 7 DOWNTO 0 );    -- 并入
              q : BUFFER STD_LOGIC_VECTOR( 7 DOWNTO 0 ) );
```

```
END shift_rl8 ;
ARCHITECTURE one OF shift_rl8 IS
  SIGNAL q_temp : STD_LOGIC_VECTOR( 7 DOWNTO 0 );
BEGIN
  PROCESS (clk,clr,lod,m,dir,dil )
    BEGIN
      IF clr='0'  THEN  q_temp<=x"00";
      ELSIF clk'EVENT AND clk='1' THEN
        IF lod='1'   THEN  q_temp<=din;     -- 置入数据
        ELSIF  m='1' THEN
          FOR i IN 7 DOWNTO 1  LOOP         -- 实现右移
              q_temp(i-1)<=q(i);
          END LOOP;
              q_temp(7)<=dir;
        ELSE
          FOR i IN  0 TO 6  LOOP            -- 实现左移
              q_temp(i+1)<=q(i);
          END LOOP;
              q_temp(0)<=dil;
        END IF;
       END IF;
     q<=q_temp;
   END PROCESS ;
 END one;
```

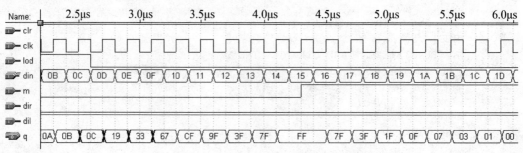

图 5.29　8 位双向移位寄存器仿真时序图

3. 计数器

在数字系统中，计数器可以统计输入脉冲的个数，实现计数、计时、分频、定时、产生节拍脉冲和序列脉冲。常用的计数器包括二进制计数器、十进制计数器和十进制加/减计数器等。

例 5.7.13 具有异步清零、计数使能和置数的十进制加/减计数器。

```
ENTITY counter10_updown IS
PORT( clk, clr, ena : IN  BIT;                    -- 时钟、清零、计数使能
     load, up_down : IN  BIT;                     -- 置数控制、加减控制
       d  : IN  INTEGER RANGE 0 TO 9 ;
       q  : OUT  INTEGER RANGE 0 TO 9 ;
       cout: OUT  BIT );                          -- 进位/借位输出
```

```
END counter10_updown;
ARCHITECTURE a OF counter10_updown IS
BEGIN
  PROCESS (clk,clr)
    VARIABLE  cnt              : INTEGER RANGE 0 TO 9;
    VARIABLE   direction : INTEGER;                     -- 加减标志变量
  BEGIN
   IF (up_down = '1') THEN   direction := 1;
     ELSE    direction := -1;
    END IF;
   IF clr = '1' THEN    cnt:=0;                          -- 异步清零
    ELSIF (clk'EVENT AND clk = '1') THEN
       IF ena = '1' THEN
         IF load = '1' THEN cnt := d;                    -- 并行置数
          ELSIF cnt=9 AND up_down='1' THEN cnt:=0;  cout<='1';
            ELSIF cnt=0 AND up_down='0' THEN cnt:=9;  cout<='1';
              ELSE cnt := cnt + direction;   cout<='0';
          END IF;
       END IF;
    END IF;
    q<=cnt;
  END PROCESS;
END a;
```

上述的十进制加减计数器功能包括异步清零(clr)、置数控制(load)、计数使能(ena)、同步加载数据(d)、计数方向(up_down)设定。当 up_down 为 1 时，计数器为加法计数；当 up_down 为 0 时，计数器为减法计数。输出信号 cout 的上升沿为进位或借位信号。该十进制加/减计数器的仿真时序图如图 5.30 所示。

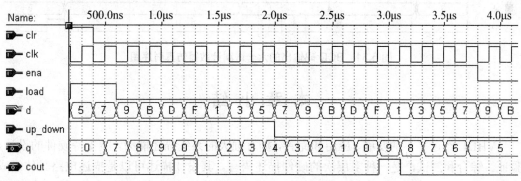

图 5.30　十进制加减计数器仿真时序图

例 5.7.14　设计一个 BCD 码输出的六十进制计数器。

```
LIBRARY IEEE;
USE IEEE.STD_LOGIC_1164.ALL;
USE IEEE.STD_LOGIC_UNSIGNED.ALL;
ENTITY cnt60 IS
  PORT( nreset:IN STD_LOGIC;
        clk:IN STD_LOGIC;
```

```
        co:OUT STD_LOGIC;
        qh:BUFFER STD_LOGIC_VECTOR(3 DOWNTO 0);
        ql:BUFFER STD_LOGIC_VECTOR(3 DOWNTO 0));
END cnt60;
ARCHITECTURE behave OF cnt60 IS
    signal temp: STD_LOGIC;
BEGIN
  PROCESS(clk,nreset)
    BEGIN
      IF(nreset='0') THEN                          -- 异步清零
         qh<="0000";  ql<="0000";
      ELSIF (clk'EVENT and clk='1') THEN
        IF(ql=9)THEN    ql<="0000";                -- 低 4 位清零
          IF(qh=5) THEN   qh<="0000"; temp<='1';   -- 高 4 位清零
          ELSE        qh<=qh+1; temp<='0';         -- 计数功能的实现
          END IF;
        ELSE   ql<=ql+1;    temp<='0';             -- 低 4 位加 1
        END IF;
      END IF;
      co<=temp;
    END PROCESS;
END behave;
```

上述 VHDL 描述的六十进制计数器中，qh[3..0]和 ql[3..0]输出为两位 BCD 码，为数码显示提供了方便。进位输出 co 在计数状态为 0 时产生输出(高电平)。BCD 码输出的六十进制计数器仿真时序图如图 5.31 所示。

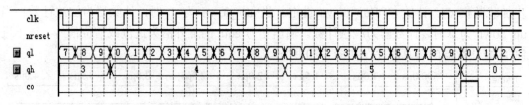

图 5.31　BCD 码输出的六十进制计数器仿真时序图

本 章 小 结

VHDL 经过多年的发展、应用和完善，拥有强大的系统描述能力，能支持硬件的设计、验证、综合和测试，是一种多层次的硬件描述语言。其设计描述可以是描述电路具体组成的结构描述，也可以是描述电路功能的行为描述。这些描述可以从最抽象的系统级直到最精确的逻辑级，甚至门级。

VHDL 语言设计数字系统一般采用自顶向下分层设计的方法，首先从系统级功能设计开始，对系统高层模块进行行为描述和功能仿真。系统的功能验证完成后，将抽象的高层设计自顶向下逐级细化，直到与所用可编程逻辑器件相对应的逻辑描述。

目前流行的 EDA 工具软件全部支持 VHDL，它是现代电子设计师必须掌握的硬件设计语言之一。

习　　题

5-1　填空题

1．VHDL 设计的源文件基本结构由_____、_____、_____、_____和_____组成。_____和_____可以构成最基本的 VHDL 设计文件。VHDL 源文件名应与_____相同，否则无法通过编译。

2．VHDL 的实体声明部分指定了设计单元的_____，它是设计实体对外的一个通信界面，是外界可以看到的部分。VHDL 的结构体用来描述实体的_____和_____，它由 VHDL 语句构成，是外界看不到的部分。

3．在 VHDL 的端口声明语句中，端口方向包括_____、_____、_____和_____。

4．VHDL 的标识符名必须以_____开始，后跟若干字母、数字或单个下画线构成，但最后不能为_____。

5．VHDL 的数据对象包括_____、_____和_____，它们是用来存放各种类型数据的容器。

6．信号赋值语句在进程外做_____语句，并发执行；信号赋值语句在进程内或子程序内做_____语句，与语句所处的位置有关。

7．在 VHDL 中，为信号赋初值的符号是_____，为变量赋值的符号是_____，为信号赋值的符号是_____。

8．变量是一个局部量，只能在_____和_____中使用，不能将信息带出定义它的设计单元。

9．进程 process 本身是_____语句，但进程内部语句是_____执行语句。

10．在 VHDL 中，用 clock' EVENT 表示 clock 的_____；用 clock' EVENT AND clock= '1'表示 clock 的_____。

5-2　一个模为 24 的 8421BCD 码加法计数器 VHDL 描述如下，请补充完整。

```
_____;
USE IEEE.STD_LOGIC_1164.ALL;
ENTITY tb IS
PORT ( CLK : IN STD_LOGIC ;
     SHI, GE : OUT _____ RANGE 0 TO 9 ) ;
END ;
ARCHITECTURE bhv OF tb IS
SIGNAL SHI1,GE1 : _____;
  BEGIN
 PROCESS (CLK)
   BEGIN
     IF _____ then
       IF GE1 = 9 THEN
```

```
        GE1  <=  0 ;
              _____;
     ELSIF _____ THEN
          SHI1<=0;
          GE1<=0;
       ELSE
          _____;
          _____;
       END IF;
   END PROCESS ;
       _____;
       SHI <=SHI1;
END bhv;
```

5-3　什么是标识符？VHDL 的基本标识符是怎样规定的？

5-4　VHDL 语言有哪几种描述风格？

5-5　简述信号与变量在源程序中使用有哪些主要区别。

5-6　什么是进程？怎样理解进程语句的双重特性？

5-7　简述 VHDL 语言的顺序语句和并行语句各有哪些特点。

5-8　设计一个 8421BCD 码输出的一百五十进制计数器。

5-9　用 VHDL 设计一个 10 人表决器，多数同意则通过。

5-10　用 VHDL 设计一个汽车尾灯控制电路，汽车尾部左右两侧各 3 个指示灯，其要求如下：

(1) 汽车正常运行时两侧指示灯全灭，当刹车时，尾部两侧指示灯全亮。

(2) 当应急开关打开时，尾部两侧指示灯都闪烁。

(3) 右转弯时，右侧 3 个指示灯按 000→100→010→001→000 循环顺序点亮，左侧灯全灭。左转弯时，左侧 3 个指示灯也按同样循环顺序点亮，右侧灯全灭。

(4) 在转弯刹车时，向转弯这侧的三个尾部灯按同样循环顺序点亮，另一侧的灯全亮。

5-11　用 VHDL 设计一个竞赛抢答器，要求如下：

(1) 有若干队参加竞赛(设 10 队)，每队对应一个抢答按钮，还有按钮给主持人用来清零。

(2) 抢答器具有数据锁存功能，对输入信号有很强的分辨能力，只显示先抢答队的号数(用 LED 数码管显示)，并且发出声响，直到主持人清零为止。

第 6 章
硬件描述语言 Verilog HDL

 学习目标和要求

✧ 熟悉 Verilog HDL 的语言特点和语言规则;
✧ 掌握 Verilog HDL 的设计流程和语句;
✧ 掌握 Verilog HDL 实现各种类型数字电路的方法。

本章将介绍 Verilog HDL 设计的基础知识,包括 Verilog HDL 语言规则、不同抽象级别的 Verilog HDL 模型、Verilog HDL 的语法,以及利用实例说明 Verilog HDL 进行数字电路设计的过程。

6.1 Verilog HDL 概述

Verilog HDL 是硬件描述语言的一种,用于数字电子系统设计。设计者可以用它来进行各种级别的逻辑设计,也可以用它来进行数字逻辑系统的仿真验证、时序分析和逻辑综合。在已出现的各种硬件描述语言中,Verilog HDL 和 VHDL 使用得最为广泛。与 VHDL 相比,Verilog HDL 拥有更广泛的设计群体,成熟的资源也远比 VHDL 丰富。Verilog HDL 是一种易学易用的硬件描述语言,由于它的语法与 C 语言类似,对于具有 C 语言编程基础的设计者来说,很容易学习和掌握。

Verilog HDL 于 1983 年源自 Gateway Design Automation(简称 GDA)公司,最初作为一种专用硬件建模语言,用于该公司模拟器产品的开发。由于 GDA 公司的模拟、仿真器产品的广泛使用,Verilog HDL 易于使用且实用性强,所以设计人员很快认可了这种硬件描述语言。而 Verilog HDL 于 1995 年实现标准化(IEEE 1364-1995),最近公布的 IEEE 1364-2005 标准是对现行标准的改进,解决了一些定义不清的问题并纠正了一些错误。

6.1.1 不同抽象级别的 Verilog HDL 模型

用 Verilog HDL 描述的电路称为该设计电路的 Verilog HDL 模型。Verilog HDL 可以实现电路不同级别的抽象,包括系统级(System)、算法级(Algorithm)、寄存器传输级(Register

Transfer Level，RTL)、门级(Gate-Level)和开关级(Switch-Level)。目前版本的 Verilog HDL 和 VHDL 均能进行五个层次的电路建模，但层次建模的覆盖范围有所不同，一般认为 Verilog HDL 在系统级抽象方面比 VHDL 略差一些，而在门级开关级电路描述方面比 VHDL 强得多。

系统级：最高抽象层次模型，设计者只注重设计模块外部性能实现的算法，而不关心具体的硬件实现细节。

算法级：用高级语言结构实现设计算法的模型。

寄存器传输级：描述设计模块数据流程的模型，即描述数据如何在各个寄存器之间流动及如何处理这些数据。

门级：描述设计电路的逻辑门及其相互之间互连关系的模型。

开关级：最低抽象层次模型，描述设计电路中三极管、存储节点及其互连关系。

其中，开关级和门级是对设计电路的元件及元件之间连接关系进行描述，属于结构描述形式，本书将在 6.3 节对其相关语法和实例进行介绍；寄存器传输级是对线型变量进行操作，属于数据流描述形式，本书将在 6.4 节对其相关语法和实例进行介绍；系统级和算法级是从设计电路的逻辑功能和行为的角度来描述一个实际电路，属于行为级描述形式，本书将在 6.5 节对其相关语法和实例进行介绍。

根据设计需要，Verilog HDL 允许在同一个电路模型内混合不同抽象层次的描述。假设一个设计中包含多个模块，设计者可以分别使用不同的抽象层次对各个模块进行描述，模块对外显示的功能仅与外部端口设计有关，而与抽象层次无关。即模块内部结构对外部应用来讲是透明的，对模块内部抽象层次的更改不会影响外部应用，这种混合使用增强了设计的灵活性。

6.1.2 Verilog HDL 模型的基本单元——模块

模块是 Verilog HDL 模型的基本单位，用于描述某个设计的功能或结构及其与其他模块通信的外部端口。一般来说，一个 Verilog HDL 文件就是一个模块，但并非绝对如此。一个模块由两部分组成，一部分描述内部逻辑功能，一部分描述端口。一个模块可以是一个元件，也可以是低层次模块的组合。模块可以通过端口被高层模块调用，这称为模块调用，也称为模块的实例化。常用的设计方法是使用模块定义构建在设计中多个地方使用的功能块，再进行模块调用，以便进行代码重用。下面举例说明(本节的目的是说明 Verilog 语言设计的流程，不必关注示例中的语法细节)：

例 6.1.1 一位全加器的 Verilog HDL 描述如下，其模块图如图 6.1 所示。

```
module fulladd(sum, c_out, a, b, c_in); //定义一位全加器
    // 输入/输出端口声明
output sum, c_out;
input a, b, c_in;
    // 内部线网声明
wire s1, c1, c2;
    //调用(实例化)逻辑门级原语
xor (s1, a, b);
and (c1, a, b);
xor (sum, s1, c_in);
```

```
and (c2, s1, c_in);
xor (c_out, c2, c1);
endmodule
```

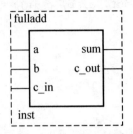

图 6.1　一位全加器的模块图

1. 模块定义

由上例可知，模块定义由关键字 module 开始，以 endmodule 结束。Verilog HDL 结构完全嵌在 module 和 endmodule 定义语句之间。每个模块必须具有一个模块名，唯一地标识这个模块，上例中模块的名称是 fulladd。模块的端口列表则描述这个模块的输入和输出端口，上例中模块有 5 个端口：三个输入端口 a、b 和 c_in，两个输出端口 sum 和 c_out。

模块定义的结构：

```
module  模块名称 (端口列表)
    //声明变量和信号:
    reg, wire, parameter,
    input, output, inout,
    function task,
    //语句:
    initial 语句
    always 语句
    module 实例化
    门实例化
    用户定义原语 (UDP) 实例化
    连续赋值 (Continuous assignment)
endmodule
```

声明部分用于定义在 module 内部的参数和信号，如模块中使用的端口的方向(input、output 和 inout)和位宽、模块内部使用的 reg(寄存器类型中的一种)、wire(线网类型中的一种)、参数、函数及任务等。语句用于定义设计中的功能和结构。

需要注意的是，声明部分可以分散于模块的任何地方，但是变量、寄存器、线网和参数等声明必须在使用前出现，通常集中在模块前端一起声明，这样可增强程序的可读性。以上语句中如果多种语句出现在同一个 module 中，其相互之间没有任何顺序关系，则它们在 module 中出现顺序的改变不会改变 module 的功能，这正是硬件的一大特点。可以想象一下绘制原理图的过程，先画哪个器件，后画哪个器件根本没有任何关系。

2. 模块调用(实例化)

模块定义类似于一个模板，使用这个模板就可以创建实际的对象。从模板创建对象的过程称为实例化，创建的对象称为实例。

例 6.1.2 4 位全加器的 Verilog HDL 描述如下，其模块图如图 6.2 所示。

```
module  fulladd4 (sum, c_out, a, b, c_in);     //定义 4 位全加器
    //输入/输出端口声明
    output [3:0] sum;
    output c_out;
    input [3:0] a, b;
    input c_in;
    //内部线网声明
    wire c1, c2, c3;
    //调用(实例化)四个一位全加器
    fulladd fa0(sum[0], c1, a[0], b[0], c_in);
    fulladd fa1(sum[1], c2, a[1], b[1], c1);
    fulladd fa2(sum[2], c3, a[2], b[2], c2);
    fulladd fa3(sum[3], c_out, a[3], b[3], c3);
endmodule
```

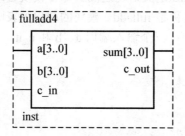

图 6.2 4 位全加器的模块图

例 6.1.2 中的模块调用是通过例 6.1.1 中的 fulladd 模块来定义 4 位全加器的。在这个例子中，fa0、fa1、fa2 和 fa3 是四个一位全加器的实例名。Verilog 中，对门级原语(由 Verilog 语言预定义提供的)实例化时，可以不指定具体实例的名称(见例 6.1.1)，而对用户自定义的模块实例化时，必须指定具体实例的名称，并且每个实例的名称必须是唯一的。

需要注意的是，在 Verilog 中，不允许在模块定义中嵌套模块定义。不要将模块定义和模块实例化相混淆。模块定义只说明了模块如何工作、其内部结构和外部接口，对模块的调用必须通过对其实例化来完成。

6.1.3 逻辑仿真

在设计完成之后，还必须对设计的正确性进行测试，即对设计模块施加激励，通过检查其输出来检验功能的正确性。描述测试过程的模块称为测试平台(Testbench)，测试平台的设计有两种不同的模式。一种模式是在激励块中调用(实例化)并直接驱动设计块。如图 6.3 所示，图中激励块为顶层块，由它控制输入激励信号，检查并显示输出信号。

另一种模式是在一个顶层模块中调用(实例化)激励块和设计块。如图 6.4 所示，顶层模块的作用是调用(实例化)激励块和设计块。激励块驱动激励信号连接到设计块的输入端口，同时设计块的输出端口连接到激励块的显示信号。

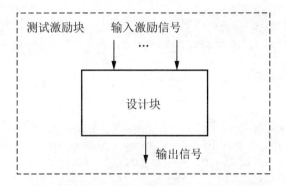

图 6.3　激励块调用设计块

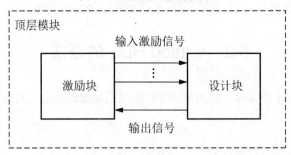

图 6.4　在顶层模块中调用激励块和设计块

下面以 4 位全加器为例，以第一种模式进行完整的仿真。4 位全加器的设计块见例 6.1.1 和例 6.1.2，在例 6.1.3 中，名为 stimulus 的激励模块使用输入信号对 4 位全加器进行仿真，并且对其输出进行监视。

例 6.1.3　4 位全加器的激励模块。

```
module stimulus;    //定义激励(顶层模块)
    //设置变量
    reg [3:0] A, B;
    reg C_IN;
    wire [3:0] SUM;
    wire C_OUT;
    //调用(实例化)4位全加器，把它命名为FA_4
    fulladd4 FA_4(SUM, C_OUT, A, B, C_IN);
    //设置信号值的监视
    initial
      begin
        $monitor($time," A=%b, B=%b, C_IN= %b, --- C_OUT= %b, SUM= %b\n",
        A, B, C_IN, C_OUT, SUM);
      end
    //激励信号的输入
    initial
      begin
          A=4'd0; B=4'd0; C_IN=1'b0;
          #5 A=4'd3; B=4'd4;
          #5 A=4'd2; B=4'd5;
```

```
        #5 A=4'd9;  B=4'd9;
        #5 A=4'd10; B=4'd15;
        #5 A=4'd10; B=4'd5; C_IN=1'b1;
    end
endmodule
```

仿真结果如下：

```
 0 A=0000, B=0000, C_IN= 0, --- C_OUT= 0, SUM= 0000
 5 A=0011, B=0100, C_IN= 0, --- C_OUT= 0, SUM= 0111
10 A=0010, B=0101, C_IN= 0, --- C_OUT= 0, SUM= 0111
15 A=1001, B=1001, C_IN= 0, --- C_OUT= 1, SUM= 0010
20 A=1010, B=1111, C_IN= 0, --- C_OUT= 1, SUM= 1001
25 A=1010, B=0101, C_IN= 1, --- C_OUT= 1, SUM= 0000
```

6.2　Verilog HDL 的语法

本节介绍 Verilog 中的基本语法结构和约定，包括语法约定、数据类型和模块端口等。

6.2.1　语法约定

Verilog 中的基本语法约定与 C 语言类似。

1. 注释

为增加程序的可读性，程序中应加入注释。Verilog 中有两种注释的方法：单行注释和多行注释。单行注释以"//"标注；多行注释以"/*"开始，结束于"*/"。Verilog 将忽略注释中的内容。

2. 标志符和关键字

Verilog 中的标志符由字母、数字、下画线(_)和美元符($)组成。Verilog 是区分大小写的。标志符的第一个字符必须是字母或下画线。

Verilog 定义了一系列用于语言结构的保留标志符，称为关键字，具体资料可查阅 Verilog HDL 标准。其关键字全部为小写。所以在实际开发中，建议将不确定是否是关键字的标志符首字母大写，避免混淆。例如，reg value_1 // reg 是关键字，value_1 是标志符。

3. 字符串

字符串是由双引号括起来的一个字符队列。一个字符串必须在一行中书写完，即不能包含回车符。例如，"Hello Verilog" // 是一个字符串，字符串保存在 reg 型(见 6.2.2 节)的变量中，每个字符占用 8 位(一个字节)。

4. 数字

(1) Verilog 中数字的表示形式为：$<长度>'<基数><数值>$。

长度用于指明数字的位长。基数格式包括十进制('d 或'D)、二进制('b 或'B)、八进制('o 或'O)和十六进制('h 或'H)。数值是基于基数的数字序列，且数值不能为负数。对于负数的表示，可以在表示长度的数字前面增加一个减号。例如：

```
4'b1111        //是一个 4 位的二进制数
12'habc        //是一个 12 位的十六进制数
-16'd232       //是一个 16 位的十进制负数
```

(2) 如果在数字声明中没有指明基数，则默认为十进制数。如果没有指明长度，则默认的位长与仿真器和使用的计算机有关(最小为 32 位)。

(3) x 和 z

Verilog 使用 x 表示不确定值，使用 z 表示高阻值。例如：

```
12'h15x        // 是一个 12 位的十六进制数，四个最低位不确定
8'bx           // 是一个 8 位的二进制数，所有位都不确定
16'bz          // 是一个 16 位高阻值
```

如果某数字的最高位为 0、x 或 z，Verilog 语言将分别使用 0、x 或 z 自动对这个数进行扩展，以填满余下的更高位；如果某数字的最高位为 1，则使用 0 来扩展余下的更高位。

5. 语言专用标记

(1) 系统任务及函数：$<identifier>。

"$"符号表示这是系统任务和函数。系统函数有很多，如：

返回当前仿真时间：$time。

显示/监视信号值：$display, $monitor。

停止仿真：$stop。

结束仿真：$finish。

例如，$monitor($time, "a = %b, b = %h", a, b);　当信号 a 或 b 值发生变化时，系统任务$monitor 显示当前仿真时间、信号 a 值(二进制格式)和信号 b 值(十六进制格式)。

(2) 延时说明：#(延迟值)。

"#"用于说明过程语句和门的实例的延时，但不能用于模块的实例化。例如，and #(5) a1(out, i1, i2);与门的实例 a1 延迟值为 5。

6.2.2　数据类型

Verilog 语言提供了多种数据类型来对实际的硬件电路建模。

1. 电平值的种类

(1) 四种电平逻辑：0、1、x 和 z，见表 6-1。

表 6-1　四种电平逻辑

电平逻辑值	硬件电路中的情况
0	逻辑 0，条件为假
1	逻辑 1，条件为真
x	逻辑值不确定
z	高阻值，浮动状态

(2) 逻辑值 0 和 1 可以拥有的 8 种电平强度值，Verilog 语言用其来解决数字电路中不同强度的驱动源之间的赋值冲突。表 6-2 中强度由上至下逐渐减弱，supply 为最强，highz 为最弱。如果两个具有不同强度的信号驱动同一个线网，则竞争结果值为高强度的信号的值；如果两个强度相同的信号之间发生竞争，则结果为不确定值 x。

表 6-2　强度等级

强度等级	类　型
supply	驱动
strong	驱动
pull	驱动
large	存储
weak	驱动
medium	存储
small	存储
highz	高阻

2. 线网 wire 型

线网表示硬件单元之间的连接。Verilog 程序中线网一般用关键字 wire 进行声明(其余不常用的还有 wand、wor、tri、triand、trior 及 trireg 等，可查阅 Verilog HDL 标准)，模块中输入、输出信号类型无声明时，默认为 wire 型。线网的值由其驱动源确定，如果没有驱动源，则线网的值为 z。例如：

```
wire [7:0] a, b;      // a 和 b 都是位宽为 8 的连线
wire d = 1'b0;        // 连线 d 在声明时被赋值为逻辑值 0
```

3. 寄存器

1) reg 型
寄存器是对数据存储单元的抽象，与线网不同，寄存器不需要驱动源。寄存器数据类型一般通过使用关键字 reg 来声明，默认值为 x，通过赋值语句可以改变寄存器的值。例如：

```
reg reset;          //声明能存储数值的变量 reset，默认为 1 位标量
reg [255:0] data1;  //声明 256 位的寄存器 data1
```

2) integer 型
整数是一种用于对数量进行操作的寄存器数据类型，使用关键字 integer 进行声明。整数的默认宽度为宿主机的字的位数，但最小应为 32 位，整数类型的变量为有符号数。例如：

```
integer counter;    //一般用途的变量，作为计数器
initial
counter = -1;       //把-1 存储到计数器中
```

3) 实数
实常数和实数寄存器数据类型使用关键字 real 来声明，可以用十进制或科学记数法来表示。实数声明不能带有范围，实数默认值为 0。如果将一个实数赋给一个整数，则实数会被取整为最接近的整数。例如：

```
real delta;              //定义一个名为 delta 的实型变量
```

4) 时间寄存器

时间寄存器用关键字 time 来声明，通常用于保存仿真时间。通过调用系统函数$time 可以得到当前的仿真时间。例如：

```
time sim_time;           //定义时间变量
initial
sim_time = $time;        //记录当前的仿真时间
```

4. 向量和数组

1) 向量

如前所述，线网和寄存器类型的数据均可以声明为向量，如果声明时没有显式地说明向量宽度，则默认为标量(位宽为 1)。Verilog 中的向量通过[high#：low#]或[low#：high#]进行说明，方括号中左边的数代表向量的最高位有效位。例如：

```
reg [255:0] data1;  // 声明 256 位的寄存器 data1，data1[255]是最高有效位
data1 [2:0]         // 指定向量 data1 的最低 3 位
```

2) 数组

Verilog 语言允许声明线网和寄存器类型的数组。数组维数没有限制，数组中的每个元素都可以作为一个标量或向量，以<数组名>[<下标>]的方式来使用。注意，不要将数组和向量混淆，向量是一个单独的元件，而数组由多个元件组成。例如：

```
integer count[0:7]; //由 8 个计数变量组成的数组，数组中每个元素为位宽 32 位的整数
count [5] = 0;      //把 count 数组中的第 5 个整数型单元(32 位)复位
reg [7:0] array_2 [15:0] [7:0];    //二维 8 位寄存器数组
array_2 [1] [0] [3:0] = 0;  //把二维数组中第 1 行第 0 列的寄存器型单元的 0~3 位都置 0
```

5. 存储器

在数字电路仿真中，人们常常需要对存储器元件 RAM 和 ROM 建模。在 Verilog 中，用寄存器的一维数组来表示存储器。如上例所示，数组中的每一个单元通过一个整数索引进行寻址。其定义的格式如下：

```
reg [<n-1:0>] 存储器名 [m-1:0];
```

其中，[<n-1:0>]定义了存储器中每一个存储单元的大小，即该存储单元是一个 n 位位宽的寄存器；存储器名后面的[m-1:0]则定义了存储器的大小。例如：

```
reg [7:0] membyte [0:1023];       //1K 的字节(8 位)存储器 membyte
reg membit[0:1023];               //1K 的 1 位存储器 membit
membyte [233]                     //指定存储器 membyte 中地址为 233 处的字节
```

6. 常量参数

关键字 parameter 在模块内用来定义常数，参数代表常量，不能像变量那样通过赋值修改，但是每个模块实例的参数值可以在编译阶段被重载(通过关键字 defparam 来修改)。

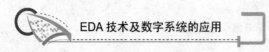

Verilog 中的局部参数使用关键字 localparam 来定义，其作用等同于参数定义，区别在于它的值不能改变。例如：

```
parameter signed [15:0] WIDTH;   //定义参数 WIDTH，该参数为有符号数，宽度为 16 位
localparam state1 = 4'b0001;     //定义局部参数 state1，它的值为 0001
```

6.2.3 模块端口

在 6.1.2 节中介绍了模块是 Verilog 程序的基本单位，在模块定义中包括一个可选的端口列表(如例 6.1.2 中的模块 fulladd4)。如果模块和外部环境没有交换任何信号，则可以没有端口列表(如例 6.1.3 中的模块 stimulus)。

端口列表中的所有端口必须在模块中进行声明，端口具有以下三种类型：

Input (输入端口)：模块从外界读取数据的接口，在模块内部不可写；

Ouput (输出端口)：模块往外界送出数据的接口，在模块内部不可读；

Inout (输入/输出双向端口)：可读取数据也可以送出数据，数据可双向流动。

6.3 结构描述形式

当前的数字电路设计，绝大多数都建立在门级或更高的抽象层次上。在本节中，将讨论如何在低级抽象层次(即门级)上进行设计。这种设计方法对于具有数字逻辑设计基础知识的设计者来说是很直观的，即在 Verilog 结构描述和电路的逻辑图之间存在着一一对应的关系。

Verilog 语言通过提供预定义的逻辑门原语来支持用户进行结构化描述。Verilog HDL 中定义了 26 个有关门级的关键字，常用的有 8 个：and(与门)、nand(与非门)、or(或门)、nor(或非门)、xor(异或门)、xnor(同或门)、buf(缓冲器)和 not(非门)。

门级原语可以直接使用而无需声明，调用(实例化)这些门级原语与调用(实例化)用户自定义的模块相同。在门级原语实例化的时候，可以不指定具体实例的名称，这一点为设计者编写需要几百个门的模块提供了方便。前面例 6.1.1 中一位全加器的设计采用的就是结构描述形式中的门级描述，下面再举一个例子来说明结构描述设计方法。

例 6.3.1 四选一多路选择器设计，设计一个四选一多路选择器，其输入/输出图和真值表如图 6.5 所示。可以用基本的逻辑门来实现多路选择器，其逻辑图如图 6.6 所示。

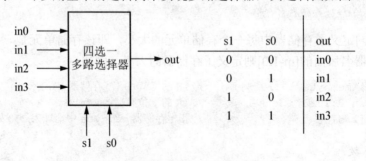

s1	s0	out
0	0	in0
0	1	in1
1	0	in2
1	1	in3

图 6.5 四选一多路选择器

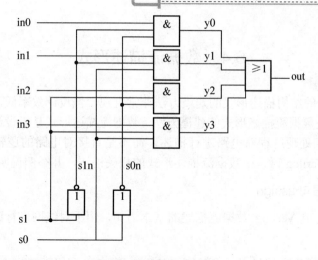

图 6.6 四选一选择器电路

上述多路选择器的 Verilog HDL 门级描述程序如下：

```
//四选一多路选择器模块与其逻辑图对应，如图 6.7 所示
module mux4_to_1 (out, in0, in1, in2, in3, s1, s0);
  // 输入/输出端口声明
  output out;
  input in0, in1, in2, in3;
  input s1, s0;
  // 内部线网声明
  wire s1n, s0n;
  wire y0, y1, y2, y3;
  // 门级调用(实例化)
  not (s1n, s1);
  not (s0n, s0);
  and (y0, in0, s1n, s0n);
  and (y1, in1, s1n, s0);
  and (y2, in2, s1, s0n);
  and (y3, in3, s1, s0);
  or (out, y0, y1, y2, y3);
endmodule
```

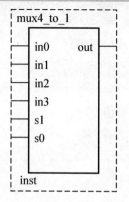

图 6.7 四选一选择器模块

6.4　数据流描述形式

在 6.3 节所述的结构描述形式的建模方法非常直观，但设计效率低，目前设计者普遍采用的设计方法是数据流描述形式的建模方法。数据流描述形式是指设计者根据数据在寄存器之间的流动和处理过程对电路进行描述，而不是直接对电路的逻辑门进行实例化设计。本节将介绍 Verilog 语言中数据流描述形式的相关语法，并举例说明。

6.4.1　连续赋值语句 assign

连续赋值语句是 Verilog 数据流描述的基本语句，用于对线网进行赋值。其基本的语法格式如下：

```
线网型变量 [<线网型变量位宽>] 线网型变量名;        // 线网型变量声明
assign <# 延时量> 线网型变量名 = 赋值表达式;       // 赋值语句
```

例如：

```
wire out;   assign out = in1 & in2;
```

一个线网型变量一旦被连续赋值语句赋值之后，赋值语句右端表达式的任一操作数的值发生变化，都会立即触发对被赋值变量的更新操作。在实际的设计中，连续赋值语句有以下几种使用方法：

(1) 对标量线网型变量赋值：

```
wire a, b;
assign a = b;
```

(2) 对矢量线网型变量赋值：

```
wire [7:0] A, B;
assign A = B;
```

(3) 对矢量线网型变量中的某一位赋值：

```
wire [7:0] A, B;
assign A[3] = B[0];
```

(4) 对矢量线网型变量中的某几位赋值：

```
wire [7:0] A, B;
assign A[3:0] = B[3:0];
```

(5) 对任意拼接的线网型变量赋值：

```
wire a, b;   wire [1:0] c;
assign c = {a, b};
```

6.4.2　表达式和运算符

Verilog 表达式由运算符和操作数构成，目的是根据运算符的意义计算出一个结果值，从而可以进行赋值操作。操作数可以是 6.2.2 节中定义的任何数据类型，但是某些运算符要求使用特定类型的操作数。Verilog 提供了多种类型的运算符，包括算术、逻辑、关系、按位、缩减、移位、拼接和条件运算符。这些运算符中的一部分与 C 语言中的运算符类似。

(1) 算术运算符：算术运算符见表 6-3。需要注意的是，如果操作数的任意一位为 x，则运算结果的全部位为 x。其中 "+" 和 "−" 运算符也可以作为单目运算符来使用，这时它们表示操作数的正负。

表 6-3　算术运算符

操作符	执行的操作	操作数的个数
*	乘	2
/	除	2
+	加	2
−	减	2
%	取模	2
**	求幂	2

(2) 逻辑运算符：逻辑运算符见表 6-4。逻辑运算符执行逻辑运算，运算的结果是一个逻辑值 0(表示假)，1(表示真)或 x(表示不确定)。"&&" 和 "||" 的优先级高于算术运算符。

表 6-4　逻辑运算符

操作符	执行的操作	操作数的个数
!	逻辑求反	1
&&	逻辑与	2
||	逻辑或	2

(3) 关系运算符：关系运算符见表 6-5。如果将关系运算符用于一个表达式，则如果表达式为真，结果为 1；如果表达式为假，则结果为 0；如果操作数中某一位为未知或高阻抗 z，则结果为 x。但是其中 "===" 和 "!==" 运算符必须包括 x 和 z 进行逐位的精确比较，只有两个操作数完全相等的情况下结果才会为 1，否则为 0。

表 6-5　关系运算符

操作符	执行的操作	操作数的个数
>	大于	2
<	小于	2
>=	大于等于	2
<=	小于等于	2
==	相等	2
!=	不等	2
===	实例相等	2
!==	实例不等	2

(4) 按位运算符：见表 6-6。按位运算符对两个操作数中的每一位进行按位操作。如果两个操作数的位宽不相等，则使用 0 来向左扩展较短的操作数。

表 6-6　按位运算符

操作符	执行的操作	操作数的个数
~	按位求反	1
&	按位与	2
|	按位或	2
^	按位异或	2
^~ 或 ~^	按位同或	2

(5) 一元约简运算符：见表 6-7。一元约简运算符是单目运算符，其运算规则类似位运算符，但运算过程不同。约简运算符只有一个操作数，它对操作数逐位地从左至右进行运算，最后产生一个一位的结果。

表 6-7　一元约简运算符

操作符	执行的操作	操作数的个数
&	约简与	1
~&	约简与非	1
|	约简或	1
~|	约简或非	1
^	约简异或	1
^~或~^	约简同或	1

(6) 移位运算符：见表 6-8。移位运算符使用格式：x>>N，即它的两个操作数分别是要进行移位的向量(操作符左侧)和移位的位数(操作符右侧)。当向量被移位之后，所产生的空余位使用 0 来填充。算术操作符用于负整数右移时，产生空位用 1 填充。

表 6-8　移位运算符

操作符	执行的操作	操作数的个数
>>	右移	2
<<	左移	2
>>>	算术右移	2
<<<	算术左移	2

(7) 拼接运算符：见表 6-9。拼接运算符可以将两个或多个信号的某些位拼接起来，其使用格式：{s1,s2,…,sn}。

表 6-9　拼接运算符

操作符	执行的操作	操作数的个数
{　　}	拼接	任意个数

(8) 条件运算符：见表 6-10。

表 6-10　条件运算符

操作符	执行的操作	操作数的个数
? :	条件	3

条件运算符的格式如下：

```
y = x ? a : b;
```

条件运算符有三个操作数，若第一个操作数 y=x 为真，则算式返回第二个操作数 a，否则返回第三个操作数 b。

数据流描述形式主要用于实现组合逻辑电路，下面将从数据流的角度来重新设计 6.3 节中给出的四选一多路选择器。

例 6.4.1 用逻辑方程描述四选一多路选择器。其代码如下：

```
module mux4_to_1 (out, in0, in1, in2, in3, s1, s0);
 //输入/输出端口声明
 output out;
 input in0, in1, in2, in3;
 input s1, s0;
 //产生输出 out 的逻辑方程
 assign out = (~s1 & ~s0 & i0)|(~s1 & ~s0 & i1)|(s1 & ~s0 & i2)|(s1 & s0 & i3);
endmodule
```

例 6.4.2 用条件运算符描述四选一多路选择器。其代码如下：

```
module mux4_to_1 (out, in0, in1, in2, in3, s1, s0);
 //输入/输出端口声明
 output out;
 input in0, in1, in2, in3;
 input s1, s0;
 //采用嵌套的条件运算符
 assign out = s1 ? ( s0 ? i3 : i2) : (s0 ? i1 : i0);
endmodule
```

6.5　行为描述形式

如前所述，行为描述形式包括系统级和算法级建模，即从电路外部行为的角度对其进行描述，在这个层次上设计数字电路类似于用 C 语言编程。但与 C 语言编程不同的是：Verilog 本质上是并发而不是顺序执行的。Verilog 的行为描述提供了多种语法结构，包括

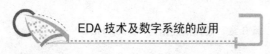

过程结构、时序控制、流控制三个方面，为设计者提供了很大的灵活性。

6.5.1　过程结构

过程结构是行为描述模型的基础，其他所有的行为语句只能出现在这两种结构化过程语句中。过程结构有四种：

```
initial 语句:      // 只能执行一次
always 语句:       // 循环执行
任务(task)
函数(function)
```

一个 Verilog 程序可以有多个上述语句。其中 initial 语句和 always 语句都是同时并行执行的，initial 语句只执行一次，而 always 语句则是不断重复运行，这两种语句不能嵌套使用。任务和函数能被多次调用，其详细介绍见 6.5.5 节。

过程结构中主要包括下列部件：

● 过程赋值语句：描述过程结构中的数据流。

● 时序控制：控制过程结构的执行及结构中的语句。

● 流控制(循环，条件语句)：描述过程结构的功能。

1. initial 语句

所有在 initial 语句内的语句构成了一个 initial 块。initial 块是面向仿真的，是不可综合的，通常描述测试模块的初始化、监视、波形生成等功能。在进行仿真时，一个 initial 块从仿真 0 时刻开始执行，且在仿真过程中只执行一次。如果一个模块中包括了多个 initial 块，则这些 initial 块同时从 0 时刻开始并行执行。其格式如下：

```
initial
begin / fork        //如果只有一条语句, 可省略 begin…end/ fork…join
块内变量说明
  #<delay> 行为语名1;
  ……
  #<delay> 行为语名n;
end/join
```

其中，begin … end 块定义语句中的语句是串行执行的，称为串行块；而 fork … join 块语句中的语句是并行执行的，称为并行块。#<delay>表示指定的延迟时间。如果在语句前面存在#<delay>，那么对这条语句的仿真会停顿，经过指定的延迟时间之后再继续执行。

2. always 语句

所有在 always 语句内的语句构成了一个 always 块。always 语句通常用于对数字电路中一组反复执行的活动进行仿真。always 块从仿真 0 时刻开始顺序执行其中的行为语句；在最后一条执行完后，再次开始执行其中的第一条语句，循环往复，直至整个仿真结束。其格式与 initial 块类似：

```
always @ (敏感事件列表)
begin / fork        //如果只有一条语句, 可省略 begin … end/ fork … join
块内变量说明
```

```
   #<delay> 行为语名1;
   ......
   #<delay> 行为语名n;
 end/join
```

其中敏感事件列表是可选项，由一个或多个事件表达式构成，该事件表达式就是 always 块启动的条件。Verilog 提供了 3 种类型的事件控制：基于延迟的时序控制、基于事件的时序控制和电平敏感的时序控制(见 6.5.3 节)。

always 语句主要是对硬件功能的行为进行描述，可以实现锁存器和触发器等。例如，例 6.5.1 使用 always 语句来实现一个时钟信号发生器。

例 6.5.1 时钟信号发生器。

```
module clock_gen (output reg clock); //类似C语言风格的变量声明
  //在 0 时刻把clock变量初始化
  initial
    clock = 1'b0;
  //每半个周期把clock信号的值翻转一次(假设周期为10)
  always
    #5 clock = ~clock;
  initial
    #1000 $finish;
endmodule
```

在上例中，使用 always 语句从仿真 0 时刻起，每隔 5 个时间单位执行一次对 clock 信号的取反操作。使用 initial 语句进行初始化和停止仿真。

3. 语句块

对 initial 或 always 语句中位于 begin … end/ fork … join 之间的语句块可以进行命名，写在 begin/ fork 之后，可以唯一地标识该语句块。如果有了块名称，则该语句块称为一个有名块。例如：

```
always @ (a or b)
begin: adder
 c = a + b;
end
```

该例中定义了一个名为 adder 的语句块，实现输入数据的相加。

命名块定义了一个新的范围，在命名块中可以声明局部变量，可以使用关键词 disable 禁止一个命名块。disable 不可综合，只用于仿真文件。

6.5.2 过程赋值语句

在过程结构中的赋值称为过程赋值。过程赋值语句中表达式左边的信号必须是寄存器类型(如 reg 类型)，这些类型的变量在赋值后，其值将保持不变，直到被其他过程赋值语句赋予新值。如果一个信号没有声明则默认为 wire 类型，使用过程赋值语句给 wire 赋值会产生错误。过程赋值语句等式右边可以是任何有效的表达式，数据类型也没有限制。

Verilog 包括两种类型的过程赋值语句：阻塞赋值和非阻塞赋值语句。

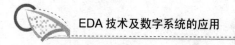

阻塞赋值语句执行完成后再执行串行块内下一条语句，但它不会阻塞其后并行块中语句的执行。阻塞赋值语句使用 "=" 作为赋值符。

非阻塞赋值语句不阻塞过程流，即它不会阻塞位于同一串行块中其后语句的执行。非阻塞赋值语句使用 "<=" 作为赋值符。非阻塞赋值可以被用来为常见的硬件电路行为建立模型，如当某一事件发生后，多个数据并发传输的行为。

例 6.5.2 阻塞赋值与非阻塞赋值语句行为差别举例。

```
module non_block;
  reg a, b, c, d, e, f;
  initial begin        //阻塞赋值
    a = #10 1;         //在仿真时刻 10 执行标量赋值
    b = #2 0;          //在仿真时刻 12 执行标量赋值
    c = #4 1;          //在仿真时刻 16 执行标量赋值
  end
initial begin          //非阻塞赋值
    d <= #10 1;        //在仿真时刻 10 执行标量赋值
    e <= #2 0;         //在仿真时刻 2 执行标量赋值
    f <= #4 1;         //在仿真时刻 4 执行标量赋值
  end
  initial begin
    $monitor($time, "a= %b b= %b c= %b d= %b e= %b f= %b", a, b, c, d, e, f);
    #100 $finish;
  end
endmodule
```

在这个例子中，从 a = #10 1 到 c = #4 1 之间的语句是在仿真 0 时刻顺序执行的，而从 d <= #10 1 到 f <= #4 1 语句是在仿真 0 时刻并行执行的。其输出结果如下：

```
0    a= x b= x c= x d= x e= x f= x
2    a= x b= x c= x d= x e= 0 f= x
4    a= x b= x c= x d= x e= 0 f= 1
10   a= 1 b= x c= x d= 1 e= 0 f= 1
12   a= 1 b= 0 c= x d= 1 e= 0 f= 1
16   a= 1 b= 0 c= 1 d= 1 e= 0 f= 1
```

6.5.3 时序控制

Verilog 提供了多种类型的时序控制方法：基于延迟的时序控制、基于事件的时序控制和电平敏感的时序控制。

1. 基于延迟的时序控制

基于延迟的时序控制出现在表达式中，在前面章节里我们已经介绍过(见 6.2.1 节)。在延迟赋值语句中，时序控制延迟的是赋值而不是右边表达式的计算，该语句中右边表达式的值有一个隐含的临时存储。

2. 基于事件的时序控制

1) 常规事件控制

常规事件控制语句继续执行的条件是信号的值发生变化(正向跳变或负向跳变)，关键

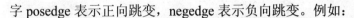
字 posedge 表示正向跳变，negedge 表示负向跳变。例如：

```
@(clock) a = b;            //当信号clock的值发生改变，就执行a = b语句
@(posedge clock) a = b;    //当信号clock的值发生正向跳变，就执行a = b语句
@(negedge clock) a = b;    //当信号clock的值发生负向跳变，就执行a = b语句
```

2) 命名事件控制

在命名事件控制机制中，用户可以首先在程序中声明 event(事件)类型的变量，然后触发该变量，通过识别该事件是否已经发生来控制语句的执行。

3) or 事件控制(敏感列表)

可以使用 or 表达式来表示多个信号或事件中发生任意一个变化都能够触发语句或语句块的执行。关键字 or 也可以使用"，"来代替，如：

```
always @( reset or clock or a) //等待复位信号reset、时钟信号clock或输入信号a的改变
```

3. 电平敏感的时序控制

电平敏感的时序控制用关键字 wait 来表示等待电平敏感的条件为真，即后面的语句和语句块需要等待某个条件为真才能执行。如

```
always wait (count_enable) #20 count = count + 1;
```

在上例中，仿真器连续监视 count_enable 的值，如果其值为 0，则不执行后面的语句；如果其值为 1，则在 20 个单位之后将 count 加 1。

6.5.4 流控制

流控制语句包括三类，即条件、多路分支和循环语句。

1. 条件语句

条件语句包括 if 和 if-else 语句，描述方式如下：

```
if (表达式)
  begin
    ......
  end
else
  begin
    ......
  end
```

条件语句的执行过程为：计算条件表达式，如果结果为真，则执行 if 后的语句块；如果条件为假，则执行 else 后的语句块。条件语句可以多层嵌套。在嵌套 if 序列中，else 和前面最近的 if 相关。为提高可读性及确保正确关联，使用 begin … end 语句块指定其作用域。

例 6.5.3 条件语句举例。

```
always #20
  if (enable)
```

```
out<= in;
  else
    $display ("Invalid control signal");
```

2. 多路分支语句

可以使用嵌套 if 序列从多个选项中确定一个结果，如果选项的数目很多，使用起来会很不方便，可读性也不强，而使用 case 语句来进行多路分支选择则非常简便。

case 语句的描述方式如下：

```
case (表达式)
    候选项1: 语句1;
    候选项2: 语句2;
    ……
    default : 语句;
endcase
```

case 语句的行为类似于多路选择器。在执行时，首先计算条件表达式的值，然后按顺序将它和各个候选项进行比较，如果等于其中一个候选项，则执行对应的语句。case 语句可以嵌套使用。

例 6.5.4 case 语句实现四选一多路选择器(与 6.3 节和 6.4 节中设计方法比较)。

```
module mux4_to_1 (out, i0, i1, i2, i3, s1, s0);
  output out;
  input i0, i1, i2, i3;
  input s1, s0;
  reg out;
  always @(s1 or s0 or i0 or i1 or i2 or i3)
  case ({s1, s0})            //控制信号由两个变量拼接而成
    2'd0 : out = i0;
    2'd1 : out = i1;
    2'd2 : out = i2;
    2'd3 : out = i3;
    Default : $display("Invalid control signals");
  Endcase
endmodule
```

3. 循环语句

Verilog 中有四种类型的循环语句：repeat、while、forever 和 for。这些循环语句的语法与 C 语言中的循环相类似。

repeat：将块语句循环执行确定的次数。

```
repeat (次数表达式) <语句>
```

while：在条件表达式为真时一直循环执行。

```
while (条件表达式) <语句>
```

forever：重复执行直到仿真结束。

```
forever < 语句 >
```

for：在执行过程中对变量进行计算和判断，在条件满足时执行。

for(赋初值：条件表达式：计算) <语句>

上述四类循环语句，前三类综合工具还不支持，只用于测试平台。

例 6.5.5 用 forever 循环实现时钟发生器。

```
module clock_gen (output reg clock);
  initial
    begin
      clock = 1'b0;
      forever #5 clock = ~clock; //时钟周期为 10
    end
  initial
    #1000 $finish;
Endmodule
```

6.5.5　任务与函数

在行为描述形式中，设计者经常需要在程序的多个不同地方实现同样的功能。任务和函数可以将较大的行为级设计划分为较小的代码段，使多次使用的语句便于理解和调试，使程序代码简洁和易懂。对于熟悉 C 语言的设计者，可以简单地把任务理解成返回类型为 void 的子程序，把函数理解为带有返回值的子程序来帮助理解。

1. 任务

任务(task)使用关键字 task 和 endtask 进行声明。任务通常用于调试，当然也可以对硬件进行行为描述。任务可以包含时序控制(#延迟，@，Wait)，可以有输入参数(Input)、输出参数(Output)和输入输出参数(Inout)。任务可以调用其他任务或函数。要禁止任务，可使用关键字 disable。

任务的语法格式如下：

```
task <任务名>;
    <端口与类型说明>
    <局部变量说明>
    begin
        <语句>
    end
endtask
```

如果想使任务或函数能从另一个模块调用，则所有在任务或函数内部用到的变量都必须列在端口列表中。

任务的调用格式为：

<任务名> (端口1，端口2，… 端口n);

任务调用只能在过程块中进行，当被调用的任务具有输入或输出端口时，任务调用语句的端口列表顺序应该和任务定义时的顺序一致。在程序代码中多处调用任务时要小心，因为任务的局部变量只有一个拷贝，并行调用任务可能导致错误的结果，在任务中使用时序控制时这种情况时常会发生。

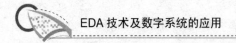

例 6.5.6 任务的定义和调用。

```
module mult (clk, a, b, out, en_mult);
  input clk, en_mult;
  input [3:0] a, b;
  output [7:0] out;
  reg [7:0] out;
  always @(posedge clk)
    multitask (a, b, out);        //任务调用
  task multitask;                 //任务定义
    input [3:0] x, y;
    output [7:0] result;
    wait (en_mult)                //引用了一个 module 的变量
      result = x*y;
  endtask
endmodule
```

2. 函数

函数(function)使用关键字 function 和 endfunction 进行声明。函数通常用于计算，或用于描述组合逻辑。函数不能包含任何延迟，但调用它的过程可以有时序控制。函数的仿真时间为 0。函数只含有输入参数(Input)并由函数名返回一个结果。函数可以调用其他函数，但不能调用任务。

函数定义的语法格式如下：

```
function <返回值的类型和位宽> ( )
  <端口与类型说明>
  <局部变量说明>
  begin
    <语句>
  end
endfunction
```

其中<返回值的类型和位宽>是可选项，如果省略将返回一位寄存器类型数据，也可以只写位宽。函数定义中隐式地声明了与函数同名的寄存器，函数的返回值将通过这个寄存器类型变量传递回来。

函数的调用格式如下：

```
<函数名> (<输入表达式 1>, <输入表达式 2>, …, <输入表达式 n>);
```

其中 n 个表达式要与函数定义结构中说明的各个端口一一对应，表达式结果为各个输入端口的输入数据。需要注意的是，函数的调用不能单独作为一条语句出现，它只能作为一个操作出现在赋值语句内。

例 6.5.7 函数的定义和调用。

```
module checksub(neg, a, b);
  output neg;
  reg neg;
```

248

```
input a, b;
function integer subtr;
  input[7:0] in_a, in_b;
  subtr = in_a - in_b; //结果可能为负
endfunction
always @(a or b)
  if (subtr(a,b)<0)
    neg=1;
  else
    neg=0;
endmodule
```

6.6　数字电路设计实例

上述各节主要介绍了 Verilog 的基本结构、基本语法和三种不同的设计形式，在介绍过程中列举了全加器、多路选择器和时钟发生器的设计实例，本节将补充一些常见的组合逻辑数字电路设计实例和时序逻辑电路设计实例，并重点介绍有限状态机的 Verilog 设计要点。

6.6.1　组合逻辑电路设计

例 6.6.1　3 线-8 线译码器设计的源代码如下：

```
module decoder(Data, Code);
  output [7:0] Data;
  input [2:0] Code;
  reg [7:0] Data;
  always @(Code)
    begin
      if (Code == 0) Data=8'b00000001; else
      if (Code == 1) Data=8'b00000010; else
      if (Code == 2) Data=8'b00000100; else
      if (Code == 3) Data=8'b00001000; else
      if (Code == 4) Data=8'b00010000; else
      if (Code == 5) Data=8'b00100000; else
      if (Code == 6) Data=8'b01000000; else
      if (Code == 7) Data=8'b10000000; else
                     Data=8'bx;
    end
endmodule
```

例 6.6.2　8 线-3 线优先编码器的源代码如下：

```
module priority(Code, valid_data, Data);
  output [2:0] Code;
  input [7:0] Data;
  reg [2:0] Code;
  always @(Data)
```

```
    begin
      if (Data[7]) Code = 7; else
      if (Data[6]) Code = 6; else
      if (Data[5]) Code = 5; else
      if (Data[4]) Code = 4; else
      if (Data[3]) Code = 3; else
      if (Data[2]) Code = 2; else
      if (Data[1]) Code = 1; else
      if (Data[0]) Code = 0; else
                   Code = 3'bx;
end
endmodule
```

例 6.6.3 8 位二进制数据比较器的设计，其源代码如下：

```
module comp8(a, b, fa, fb, fe);
  input[7:0] a, b;
  output fa, fb, fe;
  reg[7:0] fa, fb, fe;
  always
    begin
      if (a>b) begin fa=1; fb=0; fe=0; end
      else if (a<b) begin fa=0; fb=1; fe=0; end
      else if (a==b) begin fa=0; fb=0; fe=1; end
    end
  endmodule
```

例 6.6.4 8×8 位 ROM 的设计，其源代码如下：

```
module from_rom(addr, ena, q);
  input[7:0] addr;
  input ena;
  output[7:0] q;
  reg[7:0] q;
  always @(ena or addr)
    begin
    if(ena) q='bzzzzzzzz; else
      case(addr)
      0: q='b01000001;
      1: q='b01000010;
      2: q='b01000011;
      3: q='b01000100;
      4: q='b01000101;
      5: q='b01000110;
      6: q='b01000111;
      7: q='b01001000;
      default : q='zzzzzzzz ;
      endcase
    end
  endmodule
```

6.6.2 时序逻辑电路设计

例 6.6.5 4 位串行移位寄存器的设计。

```
module shiftreg (E, A, B, C, D, clk, rst);
  output A;
  input E;
  input clk, rst;
  reg A, B, C, D;
  always @(posedge clk or posedge rst)
begin
if (rst) begin A=0; B=0; C=0; D=0; end
else begin
  A=B;
  B=C;
  C=D;
  D=E;
end
  end
endmodule
```

例 6.6.6 JK 触发器的设计实例。

```
module myjkff(j, k, clr, clk, q, qn);
  input j,k,clr,clk;
  output q,qn;
  reg q,qn;
  always @(negedge clr or negedge clk)
    begin
      if(~clr) begin q=0; qn=1; end
      else
        case({j,k})
          'b00: begin q=q; qn=qn; end
          'b01: begin q=0; qn=1; end
          'b10: begin q=1; qn=0; end
          'b11: begin q=~q; qn=~ qn ; end
        endcase
    end
endmodule
```

例 6.6.7 8 位 D 锁存器的设计实例。

```
moduel latch8(clk, clr, ena, oe, q, d);
  input[7:0] d;
  input clk,clr,ena,oe;
  output[7:0] q;
  reg[7:0] q,q_temp;
  always @(posedge clk)
    begin
      if(~clr) q_temp=0 ;
      else if(ena) q_temp=d ;
```

```
        else q_temp=q ;
        if(oe) q=8'bzzzzzzzz; else q=q_temp;
    end
endmodule
```

6.6.3 有限状态机设计

如前所述，利用有限状态机(FSM)可有效完成具有逻辑顺序或时序规律的电路设计。FSM 的组成要素有输入(包括输出)、状态(包括当前状态和下一状态)、状态转移条件和状态的输出条件。FSM 的设计方法主要有两种：第一种是将整个状态机写到一个模块里，即将状态转移、状态的操作和判断写在一起，称为一段式 FSM 描述方法。另一种是将状态转移单独写成一个模块，将状态的操作和判断等写在另一个模块中，称为两段式 FSM 描述方法。在实际应用中，为了调试方便，还常常把一个输出开关写成一个个独立的组合块。一般而言，后一种描述方法更好。因为在两段式描述方法中，一个模块采用同步时序方式描述 FSM 的状态转移，另一个模块采用组合逻辑方式判断 FSM 的状态转移条件和描述状态转移规律。这样的描述方法使程序更便于阅读、理解和维护，更利于综合器优化代码，利于用户添加时序约束条件，利于布局布线器实现设计。

在 Verilog 中可以用多种方法来描述有限状态机，最常用的是用 always 语句和 case 语句完成有限状态机设计。

(1) 通常采用两个 always 模块，一个是时序模块，一个是组合逻辑。

同步复位：

```
always @ (posedge clk)  begin
    if (!reset)
    ......
end
```

或异步复位：

```
always @ (posedge clk or negedge reset)  begin
    if (!reset)
    ......
end
```

(2) case 语句用于描述 FSM 的状态转移或者输出。

```
case (表达式)
    候选项 1: 语句 1;
    候选项 2: 语句 2;
    ......
    default: 语句;
endcase
```

其中，表达式在 FSM 描述中一般为当前状态寄存器；每个候选项为 FSM 中所有状态的罗列；语句为进入每个状态的对应操作，包括状态转移或者输出；default 用来描述 FSM 所需状态的补集状态下的操作。

下面通过实例来说明 Verilog 中有限状态机的描述方法。

例 6.6.8　状态转移图如图 6.8 所示，用 Verilog 描述的源代码如下：

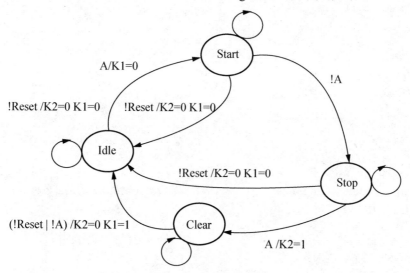

图 6.8　状态转移图

```
module fsm (Clk, Reset, A, K2, K1);      //定义模块名和输入/输出端口
    input Clk, Reset, A;                 //定义时钟和复位信号，定义输入信号
    output K2, K1;                       //定义输出变量和输出寄存器
    reg K2, K1;                          //定义输出寄存器
    reg[1:0] CS, NS;                     //定义状态变量和状态寄存器
  parameter                              //状态编码定义
    Idle =2'b00,
    Start =2'b01,
    Stop =2'b10,
    Clear =2'b11;
  always @(posedge Clk)                  //每一个时钟沿产生一次可能的状态变化
    begin
      if (!Reset)
        CS<= Idle;
      else
        CS<= NS;
    end
  always @(CS or A)                      //产生下一状态的组合逻辑
    case (CS)
      Idle: if (A)
        NS = Start;
        else NS = Idle;
      Start: if (!A)
        NS = Stop;
        else NS = Start;
      Stop: if (A)
        NS = Clear;
```

```
        else NS = Stop;
    Clear: if (!A)
        NS = Idle;
        else NS = Clear;
    Default: NS = 21bxx;
    endcase
  always @(state or or A)              //产生输出 K1 的组合逻辑
    if (!Reset) K1=0;
    else
      if (state == Clear && !A)        //从 Clear 转向 Idle
        K1=1;
      else K1=0;
  always @(state or or A)              //产生输出 K2 的组合逻辑
    if (!Reset) K2=0;
    else
      if (state == Stop && A)          //从 Stop 转向 Clear
        K2=1;
      else K2=0;
endmodule
```

在设计过程中应注意以下几点。

(1) FSM 初始化(reset)状态。当芯片加电或者复位后，状态机应该能够自动将所有判断条件复位，并进入初始化状态。大多数 FPGA 有 GSR 信号，当 FPGA 加电后，GSR 信号默认对所有的寄存器、RAM 等单元置位或复位，这时配置于 FPGA 的逻辑并未生效，所以不能保证正确地进入初始化状态。所以一般简单方便的做法是采用异步复位信号来解决这个问题。或者采用另一种方法将默认的初始状态的编码设为全零，这样当 GSR 复位后，状态机将自动进入初始状态。

(2) FSM 默认(default)状态。状态机应该有一个默认(default)状态，当转移条件不满足，或者状态发生了突变时，要能保证逻辑不会陷入死锁。这是对状态机健壮性的一个要求，也就是要具备自恢复功能。Verilog 中，使用"case/endcase"语句时要用"default"建立默认状态。

(3) FSM 状态编码定义。状态编码的定义应采用 parameter，而不推荐使用 define 宏定义的方法。因为 define 宏定义在编译时自动替换整个设计中所定义的宏，而 parameter 只定义模块内部的参数，定义的参数不会与模块外的其他状态机混淆。

(4) 使用"<="非阻塞赋值方式。采用非阻塞赋值方式可以消除很多竞争冒险的隐患。

例 6.6.9 设计一个电路接口，把并行的 4 位数据逐个转变为串行数据。要求串行数据符合如图 6.9 所示的协议(I^2C 协议详见第 8 章)：在时钟线 SCL 高电平期间，数据线 SDA 的状态表示要传送的数据。在数据传送时，SDA 上数据的改变在时钟线为低电平时完成，而 SCL 为高电平时 SDA 必须保持稳定，若 SDA 有变化会被当作起始或停止信号而致使数据传输停止。SCL 线为高电平期间，SDA 线由高电平向低电平的变化表示起始信号；SCL 线为高电平期间，SDA 线由低电平向高电平的变化表示停止信号。本例题按照设计要求把输入的 4 位平行数据转换为协议要求的串行数据流由串行输出时钟 scl 和串行数据信号 sda 配合输出。其源代码如下：

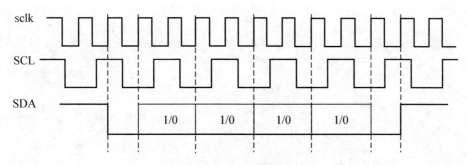

图 6.9 串行数据传输协议

```verilog
module  exp_scl_sda (sclk, ack,scl,sda,rst,data);
    input sclk, rst, ;
    input [3:0] data;
    output scl, ack;
    inout sda;                          //定义 sda 为双向的串行总线
    reg scl, link_sda, sdabuf, ack;
    reg [3:0] databuf;
    reg [7:0] state;
    assign  sda = link_sda? sdabuf :1'bz; //link_sda 控制 sdabuf 输出到串行总线上
  parameter  ready   = 8'b0000_0000,
             start   = 8'b0000_0001,
             bit1    = 8'b0000_0010,
             bit2    = 8'b0000_0100,
             bit3    = 8'b0000_1000,
             bit4    = 8'b0001_0000,
             bit5    = 8'b0010_0000,
             stop    = 8'b0100_0000,
             IDLE    = 8'b1000_0000;
always @(posedge sclk or negedge rst)    //由输入的sclk时钟信号产生串行输出时钟scl
    begin
        if (!rst)   scl <= 1;
        else       scl <= ~scl;  end
 always @(posedge ack)                   //从并行data端口接收数据到databuf保存
    begin  databuf <= data;
    end
//主状态机:产生控制信号,根据 databuf 中保存的数据,按照协议产生 sda 串行信号
always @(negedge sclk or negedge rst)
 if (!rst)
    begin
     link_sda<=0;                        //把 sdabuf 与 sda 串行总线断开
     state <= ready;
     sdabuf<= 1;   ack <=0;
    end
else
   begin
     case(state)
        ready: if ( !scl && !ack)        //请求新的并行数据
              begin  link_sda<=1;        // 把 sdabuf 与 sda 串行总线连接
              state <= start;   ack <= 1;   //发出请求新数据
```

```
                    end
              else                        //并行数据尚未到达
                begin  link_sda<=0;       //把 sda 总线让出,此时 sda 可作为输入
                     state <= ready;
                end
         start :  if ( scl && ack)        //产生 sda 的开始信号
                begin
                  sdabuf<=0;              //在 sda 连接的前提下,输出开始信号
                   state <= bit1;
                end
            else  state <= start;
        bit1:   if (!scl)                 //在 scl 为低电平时送出最高位 databuf[3]
               begin  sdabuf<=databuf[3];
                   state <= bit2;
               end
            else   state <= bit1;
        bit2:   if (!scl)                 //在 scl 为低电平时送出次高位 databuf[2]
               begin  sdabuf<=databuf[2];
                   state <= bit3;
               end
            else state <= bit2;
        bit3:   if (!scl)                 //在 scl 为低电平时送出次低位 databuf[1]
               begin sdabuf<=databuf[1];
                   state <= bit4;
               end
            else state <= bit3;
        bit4:  if (!scl)                  //在 scl 为低电平时送出最低位 databuf[0]
               begin   sdabuf<=databuf[0];
                    state <= bit5;
               end
           else state <= bit4;
        bit5:  if (!scl)                  //为产生结束信号做准备,先把 sda 变为低
               begin  sdabuf<=0;
                    state <= stop;    ack<=0;
               end
            else state <= bit5;
         stop:  if (scl)                  //在 scl 为高时把 sda 由低变高产生结束信号
                begin  sdabuf<=1;
                    state <= IDLE;
                end
            else state <= stop;
        IDLE:   begin   link_sda <= 0;    // 把 sdabuf 与 sda 串行总线脱开
                   state <= ready;
               end
        default: begin   link_sda <= 0;
                    sdabuf<=1;
                    state <= ready;
                end
     endcase
  end
endmodule
```

例 6.6.9 设计电路的仿真波形如图 6.10 所示。从仿真波形可以看到，每串行时钟 scl 输出对应串行数据信号 sda 输出一位数据。输出信号 ack 为低电平时表示请求新的并行数据；为高电平时表示并行数据开始转变为串行数据输出。在数据传送过程中，首先 sda 输出一位起始信号(在 scl 为高电平期间，sda 输出一个由高电平向低电平变化的信号)，接着输出 4 位数据，最后输出一位停止信号(在 scl 为高电平期间，sda 输出一个由低电平向高电平变化的信号)，这样完成一次并行数据转变为串行数据输出。

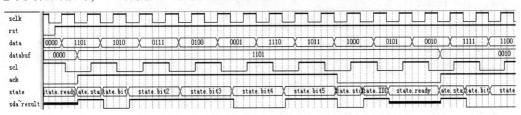

图 6.10　例 6.6.9 设计电路的仿真波形

本 章 小 结

本章对 Verilog HDL 设计做了基础地介绍，并以实例说明了利用 Verilog HDL 进行数字电路设计的过程。重点介绍了 Verilog 的基本程序结构、基本语法和三种不同的设计形式。在模型设计中，三种设计形式：结构描述、数据流描述和行为描述可以自由混合。通常设计工程师在不同的设计阶段采用不同的抽象级，首先用行为描述形式描述各功能块，以降低描述难度，提高仿真速度；在综合前将各功能模块进行数据流级描述；用于综合的模块则大多采用结构级描述。本章所举实例结构简单，便于读者理解 Verilog HDL 的基础知识，更复杂的设计实例见后续章节。

习　　题

6-1　填空题

1. Verilog HDL 中有两类数据类型：线网数据类型和寄存器数据类型。_____类型表示构件间的物理连线，而_____类型表示抽象的数据存储元件。

2. Verilog 的基本设计单元是_____，它由两部分组成，一部分描述_____；另一部分描述逻辑_____。它的定义从关键字_____开始，到关键字_____结束。

3. 某一纯组合电路输入为 in1、in2 和 in3，输出为 out，则该电路描述中 always 的事件表达式应写为_____；若某一时序电路由时钟 clk 信号上升沿触发，同步高电平复位信号 rst 清零，则该电路描述中 always 的事件表达式应该写为_____。

4. 用 assign 描述的语句一般称为_____逻辑，并且它们属于_____语句，即与语句的书写次序无关。而用 always 描述的语句一般称为_____逻辑或_____逻辑，并且它们属于_____语句。

5. 在 case 语句中，至少要有一条_____语句。

6. 两个进程之间是_____语句。而在 always 中的语句则是_____语句。

7. 完整的条件语句将产生_____电路，不完整的条件语句将产生_____电路。

8. 阻塞性赋值符号为_____；非阻塞性赋值符号为_____。

9. Verilog HDL 中的 integer 类型数据是_____位二进制数。

6-2 module 怎样与其他模块通信？

6-3 在源代码中插入注释有哪两种方法？

6-4 整数常数的长度如何指定？默认的长度及基数是多少？

6-5 net 类型和 register 类型的主要区别是什么？

6-6 什么是 Verilog 中的结构化描述？

6-7 操作符~和!有什么不同？&&和&有什么不同？

6-8 在 Verilog 中，什么结构能产生一个新的"范围"？

6-9 设计一个 8421BCD 码输出的 270 进制计数器。

6-10 用 Verilog HDL 设计一个 20 人表决器，多数同意则通过。

6-11 用 Verilog HDL 设计一个双向步进电动机控制电路。该控制电路的输入信号有 3 个：时钟 clk，复位 reset，方向控制 R_L 用来控制电动机的动作，每个状态对应一组不同输出信号 F[3..0]。当方向控制信号 R_L=1 时，状态机随时钟按 s0→s1→s2→s3→s0 正向循环；当 R_L=0 时，状态机随时钟按 s0→s3→s2→s1→s0 反向循环。

第7章
数字系统设计及实例

 学习目标和要求

◇ 了解数字系统的基本结构；
◇ 理解系统的层次结构化和模块化技术；
◇ 掌握数字系统的自顶向下的设计方法；
◇ 掌握算法状态机图(ASM)的描述和设计；
◇ 理解 FPGA 设计中的资源优化和速度优化；
◇ 掌握移位相加硬件乘法器设计；
◇ 掌握十字路口交通信号的控制系统的设计；
◇ 掌握多功能函数信号发生器的设计。

7.1 数字系统概述

在 21 世纪，集成电路(IC)设计制造技术和电子设计自动化(EDA)技术的发展，使得数字系统设计的理论和方法也发生了很大变化和发展，传统的设计方法逐步被基于 EDA 技术的芯片设计方法所替代。设计过程的自动化程度得到很大提高，改变过去传统搭积木式的设计方式(自底向上)变成一种自顶向下的设计方法。

数字电子产品的核心应该归功于基于半导体技术高度发展的专用集成电路(ASCI)和系统级的单芯片集成技术，在半导体技术的推动下，数字系统的性能、功能、体积和功耗不仅得到显著改善，而且价格不断降低。IC 产业技术发展经历了电路集成、功能集成、技术集成，直到今天基于计算机软硬件的知识集成，其目标就是将电子产品系统电路不断集成到芯片中去，实现其片上系统(SOC)。

7.1.1 数字系统的概念

数字系统是对信息进行采集、转换、传输、存储、加工处理和利用的一组相互联系、相互作用的部件所组成的一个有机整体。尽管信息具有各种各样的形态和特征，如离散的、

连续的、机械运动的速度与位移、商品行情的经济信息、图文信息等。所有这些信息经过变换，转换成数字系统所能接收的数字信息，加以存储和处理。反过来，数字系统加工处理后的信息经过相应的逆变换，成为被控对象进行有效控制的信号或进行管理和决策的可靠依据。

数字系统与模拟系统相比，具有如下特点：

(1) 稳定性。数字系统所加工处理的信息是离散的数字量，用来构成系统的电子元器件要求不高，即能以较低的硬件实现较高的性能。

(2) 精确性。数字系统中可用增加数据位数或长度来达到数据处理和传输的精确度。

(3) 可靠性。数字系统中可采用检错、纠错和编码等信息冗余技术，以及多机并行工作等硬件冗余技术来提高系统的可靠性。

(4) 模块化。把系统分成不同功能模块，由相应的功能部件来实现，从而使系统的设计、试制、生产、调试和维护都十分方便。

系统这个名词的定义是比较含混的，大到计算机系统，小到一个简单的数字密码锁控制电路，皆可称为系统。通常将门、触发器称为逻辑器件；将由逻辑器件构成，能执行某个单一功能的电路，如计数器、译码器、加法器等称为逻辑功能部件；而由若干逻辑部件组成，能实现复杂功能的电路称为数字系统；有些规模较大的系统还可分成若干子系统。

通常说来，系统与部件之间的区别在于功能是否单一：一个存储器尽管规模很大，可达数兆字节，但因其功能单一，只能称为部件；而只需几片 MSI 器件即可实现的数字密码锁控制电路却可称为系统。

近年来，数字系统的设计大多仿效计算机组成方式，将整个系统分为控制器和受控器两部分(或分成控制器、处理器和存储器三个部分)。在这种结构下，系统与部件的区别就在于其中有无控制器。数字系统一般是由若干数字电路和逻辑功能部件组成，并由一个控制部件统一指挥。逻辑部件担负系统的局部任务，完成子系统的功能；控制部件统一协调和管理各子系统的工作，并按一定程序指挥整个系统的工作。因此，有没有控制部件是区别数字系统和逻辑功能部件(数字单元电路)的重要标志。凡是有控制部件，并且能按照一定程序进行操作的系统，无论其规模大小，均被看成一个数字系统。没有控制部件又不能按照一定程序进行操作的系统只能看成一个逻辑功能部件或子系统。

7.1.2 数字系统的基本结构

数字系统可由多个功能模块或子系统组成，但按照其作用性质，数字系统在结构上可分为两部分：一部分是用来实现信息传送和加工处理的数据处理单元，即运算器；另一部分是产生控制信号序列的控制单元，即控制器，如图 7.1 所示为数字系统基本结构。

控制单元是根据外部控制信号及反映数据处理单元当前状况的状态信号，发出对数据处理单元的控制序列信号；在此控制序列信号作用下，数据处理单元对输入信息(数据)进行分解、组合、传输、存储和变换，产生相应的输出信息(数据)，并且向控制单元输出状态变量信号，用以表明数据处理单元当前的工作状态和处理数据的结果。控制单元在收到状态变量后，再决定发出下一步的控制序列信号，使数据处理单元执行新一轮的一组操作。

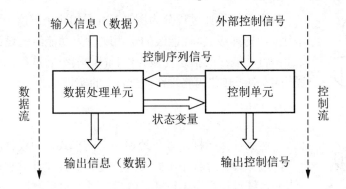

图 7.1　数字系统基本结构

　　数据处理单元和控制单元是一个数字系统中最基本的两部分,尽管各种数字系统可能具有完全不同的功能和形式,但是都可以用数据处理单元和控制单元所构成数字系统的基本结构来描述。控制单元产生的输出控制信号影响着其他系统控制单元的操作,使本系统与其他系统协调一致地工作。控制单元的外部控制信号也可能是其他系统的输出控制信号。数字系统中就是这样通过数据处理单元和控制单元之间的密切配合、协调工作,成为一个自动实现信息处理功能的有机整体。

　　数据处理单元可以看成一个执行部件,用数据流图来描述;控制单元可以看作一个有限状态机,用算法的状态转移图(又称算法流程图)直观地描述。数字系统可以是以控制为主的系统或者以数据为主的系统,前者是对外部事件做出立即反应的实时控制系统,后者是要对高速存取的数据进行运算和传输的信号处理系统。存储器的加入和状态机的出现,使得数字系统发生了质的变化,才有可能发明以处理器为核心的现代数字计算机。

7.1.3　数字系统设计的特点

　　随着科学技术的发展,数字系统(如计算机系统)已达到前所未有的复杂程度和技术水准。基于经典开关理论,追求门电路和输入项最小化的传统设计,已经不能适应新的情况,传统数字电路设计方法不适合设计大规模的电子系统。新器件的发展使现代电子系统的设计思想发生了深刻的变化,即从功能电路设计转向系统设计;从传统的通用集成电路的应用转向可编程逻辑器件的应用;从硬件设计转向硬件、软件高度渗透的设计,大大拓宽了数字技术的知识面和数字系统的设计能力。采用 LSI、VLSI 工艺制造的微处理器、单片机、ROM、RAM 和 PLD 子系统模块,已经成为数字系统设计中的基本构件。因此,在现代数字系统设计中层次结构化和模块技术显得非常重要。

1. 系统的层次结构化

　　系统学的一个重要的观点是:系统是分层次的,是复杂研究对象的总称。系统是由若干互相依赖、相互作用完成特定功能的有机整体组成的。数字系统设计可以认为是一种层次结构,其设计过程是:以用户对系统性能的要求所定义的系统功能说明为出发点,根据系统结构的观点确定系统内包含的数据流和控制流,自上而下将系统逐级分解为可由 LSI、VLSI 等硬件和软件实现的模块。然后通过逻辑设计选择合适的结构和物理实现途径,将元器件和基本构件集成为实现某种功能或性能的模块和子系统,由模块和子系统组装成系统,实现自下而上的组装和调试。

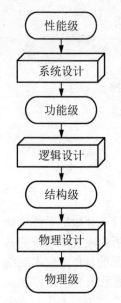

图 7.2 系统层次结构

数字系统设计过程分为图 7.2 所示的四个层次: 性能级、功能级、结构级和物理级。将性能级的说明映射为功能级的设计过程称为系统设计; 将功能级的描述转换为结构(逻辑)级的过程称为逻辑设计; 将(逻辑)结构级转化为物理级(电路)上的实现称为物理设计。

1) 性能级

要求设计者集中精力研究分析用户让系统"做什么",明确设计什么,达到什么指标。以系统说明书的形式作为设计者与用户之间的合同,避免设计过程中不必要的反复、保证设计顺利进行,从而为进一步的系统设计、逻辑设计、物理设计及最后测试、验收提供依据。

对系统性能的要求即用户要求,可以用多种描述形式来正确说明,如文字、图形、符号、表达式及类似于程序设计的形式语言等。为了精确地、无二义性地描述用户要求,系统说明书力求简明易懂,尽量避免专业技术的概念、术语、具体的实现方法和技术细节。反复检查,尽早发现并纠正潜在错误和缺陷。

2) 功能级

功能级又称为系统结构级。设计者从系统的功能出发,把系统划分为若干子系统(或模块),每个子系统又可以分解为若干模块(或子模块),子系统(或模块)间通过数据流和控制流建立起相互之间的联系,从而给出系统的总体结构即系统设计。

系统设计是较为抽象的设计层次,它将电子系统看作由一些系统部件组成,而各部件之间的连接可以是抽象的,只要表达清楚系统的体系结构、数据处理功能、算法等即可。

随着系统结构分解过程的推移,每个子系统(或模块、子模块)的功能越来越专一,越来越明确,总体结构越来越清晰。在结构设计中,应该采用合适的手段和方法(如硬件描述语言、结构图)对子系统(或模块)及子系统(或模块)之间的逻辑关系加以描述和定义。例如,利用可编程逻辑器件设计数字系统的顶层文件即为系统的整体设计。

3) 结构级

结构级又称为逻辑级,它是将子系统(或模块)的功能描述转化为实现子系统(或模块)功能的具体硬件和软件的描述。对子系统(或模块)的功能首先进行算法设计,把其功能进一步分解、细化为一系列运算和操作,然后采用多种描述方式如算法流程图、ASM 图、寄存器传送语言、HDL 语言、逻辑表达式和逻辑图等来描述其运算和操作,进行逻辑设计。逻辑设计包括寄存器传输级、门级和电路级的结构设计。

寄存器传输级设计则以具有内部状态的寄存器及连接寄存器之间的逻辑单元作为部件,重点在于表达信号的运算、传输和状态的转移过程; 门级设计是以电路或触发器作为基本部件,表达各种逻辑关系; 电路级设计则以可看作分立的基本元件,具体表达电路在时域的伏安特性或频域的响应等性能。

4) 物理级

物理级也称为版图级,现代电路设计以版图级设计作为最底层次。它把上一步描述功能的算法转换成逻辑电路或基本逻辑构件的物理实现,包括元器件、集成芯片的选择,电路布线、布局和优化,电路测试、电源及抗干扰措施的实现等。随着 VLSI 和电子自动化设计(EDA)的发展，越来越多的系统采用 LSI 和 VLSI 芯片(如 ROM、PLD、CPU)作为电路设计的基本构件，并且利用 EDA 技术，使系统设计大大简化，系统实现变得容易，系统具有较大的冗余度，降低设计周期和成本。

任何复杂的数字系统可以最终分解成基本门和存储元件，由大规模集成电路来实现。集成电路设计过程就是把高级的系统描述最终转换成如何生产芯片的描述过程。设计过程中的层次化、结构化使得设计能力有了很大提高，层次化的设计方法能使复杂的电子系统简化，并能在不同的设计层次及时发现错误并加以纠正；结构化的设计方法把复杂抽象的系统划分成一些可操作的模块，允许多个设计者同时设计一个系统中的不同模块，而且某些子模块的资源可以共用。

人们采用分层次的设计方法时，将系统设计的技术要求分别在行为域、结构域和物理域进行考虑和描述。如图 7.3 所示为 Gajski 于 1983 年提出的电路层次化设计 Y 图。图中三条轴表示三个互不相同的设计域：行为域、结构域和物理域。行为域强调的是行为，说明一个特定的系统做些什么，即要完成的功能，但与该行为的实现无关；结构域描述实现某一功能的具体结构及各个组成部件是怎样连接在一起的，给出了互连功能部件的层次关系；物理域描述结构的物理实现，即怎样实际制造一个满足一定连接关系的结构和功能的芯片。各域之间又分别通过综合(Synthesis)与分析(Analysis)、抽象(Abstraction)与细化(Refinement)、生成(Generation)与提取(Extraction)分别实现行为域与结构域、物理域与行为域、结构域与物理域之间的转换。

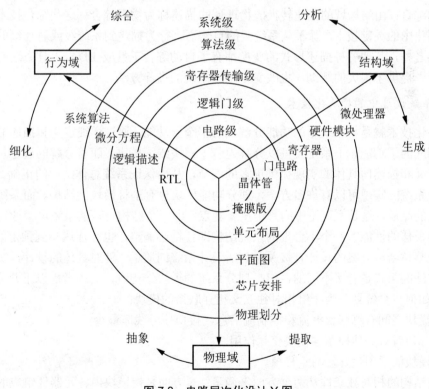

图 7.3　电路层次化设计 Y 图

每一个域都可以在不同的抽象层次上进行描述，离中心越远则抽象程度的描述越高。电路设计的总过程就是沿着每个轴向中心逼近的序列描述。从行为到结构、到物理实现的迭代，然后回到更低一级部件的行为。随着设计的进行，迭代的螺旋指向 Y 图的中心，从而得到最后的掩膜版设计。这些抽象描述中最高层次为系统级，最低层次为版图级或称物理级，见表 7-1 所列。

表 7-1　电路设计的层次描述

设计层次	行为描述	结构描述	设计考虑
系统级	自然语言描述的性能、指标	方框图	系统功能
芯片级(IC 中也称系统级)	算法	微处理器、存储器、通用集成电路等组成的方框图	时序、同步、测试
寄存器级(IC 中为宏单元)	数据流图、有限状态机、状态表、状态图	寄存器、ALU、计数器、MUX、ROM 等	时序、同步、测试
逻辑门级	布尔方程、卡诺图、Z 变换	逻辑门、触发器	选择适当的基本门
电路级	电压、电流的微分方程	晶体管、R、L、C 等	电路性能、延时、噪声
版图级	几何图形与工艺规则		

当前 ASIC 的设计可以说就是硬件的一种描述形式到另一种描述形式的转换过程。由寄存器传输级(RTL)的行为描述转换成下一级(逻辑门级)的结构描述(用逻辑门、触发器)，称为逻辑综合；由结构域的描述转换成物理域的描述称为物理综合。这些综合技术是电子设计自动化中的关键技术。除了从系统级的自然语言行为描述到系统级或芯片级的结构描述的转换之外，其他各种描述形式的变换都有了自动综合工具或 EDA 工具。这些工具为电路设计者提供了很大的帮助，也改变了电子系统的设计方法。

2. 系统设计中的模块化技术

模块化技术就是将系统总的功能分解成若干个子功能，通过详细定义和描述的子系统来实现相应的子功能。子系统又可以分解为若干模块或子模块，随着分解的进行，使抽象的功能定义和描述向具体的实现提供更多的细节，从而保证系统总体结构的正确。

一个系统的实现可以有许多方案，划分功能模块也有多种模块的结构。而系统的结构决定系统的品质，这是系统论中的一个重要观点，即一个结构合理的系统可望通过参数的调整获得最佳的性能，一个不合理的系统结构即使精心调整，也往往达不到预定的效果。因此系统整体结构方案的设计直接关系到所设计系统的质量。针对具体的设计，实施结构化设计方法的形式是有所不同的，但是划分系统的模块结构时，必须考虑以下几方面：

(1) 如何将系统划分为一组相对独立又相互联系的模块；

(2) 模块之间有哪些数据流和控制流信息，接口信号线应最少；

(3) 如何有规则地控制各模块交互作用。

(4) 模块的通用性好，易于移植。

模块结构的相对独立性从两个方面来衡量：一方面是指模块内各元器件组成的部件或构件之间联系的紧密程度；另一方面是指模块之间的联系程度。提高模块内部的紧密程度和降低模块之间的联系，是提高模块相对独立性的两个方面。如果把系统中密切相关的组件或构件划分在不同的模块中，则其内部的凝聚度降低，模块之间联系程度提高。这给系统的理解、设计、实现、调试和修改都带来许多困难。因此，为了设计一个易于理解和开发的系统结构，应该提高模块的相对独立性。

描述系统模块结构的方法主要有以下两种。

(1) 模块结构框图。以框图的形式表示系统由哪些模块(或子系统)组成及模块(或子系统)之间的相互关系，定义模块的输入/输出信息和作用。

(2) 模块功能说明。采用自然语言或专用语言，以算法形式描述模块的输入/输出信号和模块的功能、作用及限制。

由于系统中的模块是相对独立的且功能比较专一，对其中的数据处理单元和控制单元可以单独描述和定义，并可通过逻辑设计最终达到物理实现。每个模块还可单独进行测试、排错和修改，使复杂的设计工作简单化，提高研制工作的平行性。同时限制了局部错误的蔓延和扩散，提高了系统的可靠性。

大规模可编程逻辑器件的发展促进 EDA 技术的不断进步，使数字系统的设计发生了较大的变化，IP 模块的使用和 IP 模块的复用技术是现代数字系统设计中最有效的方法之一。在系统设计时，尽量考虑 IP 模块的使用和设计，利用 IP 核可以大幅度地降低电路设计的工作量和技术难度，提高电子系统的可靠性和设计效率。

在数字系统的实现中，随着系统复杂度的增加，经常采用在通用处理器上执行程序来实现算法的结构设计。通用处理器虽然可以完成很复杂的功能，但是其处理速度远低于硬件逻辑；对于需要高速信号或者实时性处理的系统，只能采用硬件逻辑来实现，而处理器完成系统的管理、配置、与其他控制单元通信等功能。

7.1.4 数字系统的设计方法

随着数字集成技术和计算机技术的飞速发展，数字系统设计的理论和方法也在不断发展和变化。数字系统从分立元件、小规模集成电路、中规模集成电路发展到大规模集成电路、超大规模集成电路，其设计方法也随之而发展。在电子系统的设计中，根据采用计算机辅助技术的介入程度，可分为人工设计方法和电子设计自动化(EDA)方法。

人工设计方法是一种传统的设计方法，从方案的提出到验证和修改均采用人工手段完成，设计的过程是自底向上。对于分立元件组成的电路或者中小规模集成电路，还可以采用传统的数字系统设计方法，即自底向上或者试凑设计法。对于比较复杂的数字系统，由于它的输入变量个数、输出变量个数和内部的状态变量很多，采用传统的数字系统设计方法来描述和设计十分困难，甚至无法进行。因此必须采用从系统总体出发来描述和设计系统的方法，即自顶向下的设计方法。随着 EDA 技术的发展和 FPGA 器件的出现，才有可能让设计者对于硬件的设计如同软件设计那样方便快捷，从而极大地改变传统电子系统的设计方法、设计过程和设计观念。

1. 试凑设计法

试凑设计就是用试探的方法把系统的功能要求分成若干个相对独立的功能模块，选择合适的功能部件拼接组合起来，构成一个完整的数字系统。试凑法主要是凭借设计者对逻辑设计的熟练、技巧和经验来确定系统结构方案，划分模块，选择器件，并以电路结构图的形式拼接模块。对于一些规模不大、功能不太复杂的数字系统，选用中、大规模集成器件，采用试凑设计法，具有设计过程简单、逻辑关系清晰、电路调试方便、性能稳定可靠等特点，目前仍被广泛采用。

试凑法并不是盲目的，通常按以下步骤进行。

(1) 分析系统要求，拟定系统总体方案。

分析设计任务书，明确系统功能。确定系统有哪些输入、输出信息及它们的特征、格式和传送方式，以及系统需要完成的处理任务等。

(2) 划分功能模块，建立总体结构框图。

划分功能模块可采用由粗到细的方法，先将系统分为处理单元和控制单元，再按处理任务或控制功能逐一划分。功能模块的大小要适当，以功能比较单一、易于实现和方案比较来划分模块。

(3) 选择并构成各功能部件。

将上面的功能模块进一步分解成为若干相对独立的子模块(功能部件)，以便直接选用中、大规模集成器件来设计和实现。

(4) 电路的实现。

连接各个模块，绘制整体的逻辑电路图，综合考虑各功能模块之间的时序、信号传送和控制等逻辑关系，最后绘制印刷电路板并安装调试。

传统的数字系统设计主要是对电路板进行设计，通过电路板来实现系统功能，即由器件搭成电路板，再由电路板构成电子系统。这种方法是自底向上的，就是先选用固定功能的标准通用集成电路，由这些芯片和其他器件构成电路、子系统和系统。必要时还得进行单元电路实验，然后制作样机，最后完成调试。按这样的过程设计产品，所用元件的种类和数量较多，一次性成功率低，开发周期长，系统接线多，可靠性差，体积和功耗大，成本也高。

2. 自顶向下的设计方法

自顶向下设计模式，是当前采用 EDA 技术进行设计的最常用的模式。此设计方法采用系统层次结构，将系统的设计分成几个层次进行描述。通常把系统总的技术指标的描述称为性能级或系统级的描述，这是最高一级描述。由此导出实现系统功能的算法，即系统设计。根据算法把系统分成若干功能模块(子系统)，每个模块又分解为几个子模块，用逻辑框图形式描述各功能模块(子系统)的组成和相互联系，设计出系统结构框图，这一级称为功能级描述。最后进行逻辑设计，详细给出实现系统的硬件和软件描述，称为电路级描述。这种自顶向下的设计方法离不开先进的 EDA 设计工具和可复用 IP 核的支持。

自顶向下的设计方法是一种由抽象的定义到具体的实现，由高层次到低层次的转换，是逐步求精的设计方法。其设计过程并非是一个线性过程，在下一级的定义和描述中往往会发现上一级定义和描述中的缺陷或错误，因此必须对上一级中的缺陷或错误进行修正，使其更真实地反映系统的要求和客观的可能性。整个设计过程是一个"设计—验证—修改设计—再验证"的过程。

采用自顶向下的设计方法的优点是显而易见的。由于整个设计是从系统顶层开始的，利用 EDA 技术，结合仿真手段，可以从一开始就掌握所实现系统的性能状况，结合应用领域的具体要求，调整设计方案，进行性能优化或折中取舍。随着设计层次向下进行，系统性能参数将得到进一步的细化与确认，并随时根据需要加以调整，从而保证了设计结果的正确性，缩短了设计周期。设计规模越大，这种设计方法的优势越明显。

数字系统的制作和测试通常是按系统设计的相反顺序进行的，即自底向上的集成过程。它是从具体的器件和部件开始，逐步由下而上组装和集成为完成某局部功能的模块(或子系统)，最后由这些模块构成一个完整的数字系统。但是组成的系统总体结构有时不是最佳的。可以这样说，数字系统的自顶向下的设计方法反映了人们从预定的目标出发不断探索、认识和不断深化的过程；而自底向上的集成过程则是通过局部的、较简单的功能模块(或子系统)的经验积累，达到系统预定目标要求的实践过程。

7.2　数字系统的描述方法

自顶向下的设计过程实际上是不同层次的描述形式间的转换，因此对系统进行描述的问题将贯穿设计的全过程，在不同的设计阶段采用适当的描述方式对于简化和加速设计过程是十分重要的。在系统结构设计阶段，常用的描述方式有方框图、定时图(时序图)和算法流程图。正确地定义和描述设计目标的功能和性能，是设计工作正确实施的依据，是进一步设计的基础。

7.2.1　方框图和定时图

方框图是系统设计阶段常用的、重要的描述手段，它可以详细描述数字系统的总体结构，并作为进一步设计的基础。方框图不涉及过多的技术细节，与器件和工艺无关。它具有直观易懂，系统结构层次化和清晰度高，易于方案比较，可以达到系统总体优化等优点。

方框图中每一个方框(矩形框)定义一个信息处理、存储或传送的子系统或模块。在方框内用文字、表达式、通用符号和图形来表示该子系统或模块的名称或主要功能。方框之间采用带箭头的直线连接，表示各子系统或模块之间数据流或控制流的信息通道，箭头指示信息的传输方向。

一般总体结构方框图需要有一份完整的系统说明书。在说明书中，不仅需要给出表示各子系统或模块的方框图，同时还需给出每个子系统或模块功能的详细描述。

数字系统中无论是信号的采集、传输、处理还是存储，都是在特定的时间意义上的操作，是严格按照时序进行协调和同步的。系统中每个子系统或模块的功能体现了按规定的时标实现输入信号向输出信号的正确转换。定时图(时序图)是用来定时地描述系统各模块之间、模块内部各功能部件之间及部件内各门电路或触发器之间输入信号、输出信号和控制信号的对应时序关系及特征(时钟信号为电平或脉冲、同步或异步)。

定时图的描述是逐步深入细化的过程，由描述系统输入/输出信号之间关系的定时图开始，随着系统设计深入，定时图不断地反映新出现的系统内部信号的定时关系，直到对系统内各信号时序关系的完全描述。在系统进行功能和时序测试时，可借助 EDA 工具，建立系统的仿真波形文件，通过仿真来判定系统中可能存在的问题；在硬件调试和运行时，可通过逻辑分析仪或示波器对系统中节点处的信号进行观察测试，以判定系统中可能存在的错误。

7.2.2 算法流程图

在数字系统设计时，还常采用算法模型来进行描述。数字系统的算法模型是把系统要实现的功能看作应当完成的一种运算或操作。若该运算太复杂，则可以把它分解成一系列的子运算；若子运算还是比较复杂，则可以继续分解，直到分解为一系列的简单运算(操作)。然后，按一定规律，顺序地或并行地进行这些简单的基本运算或操作，从而实现原来复杂的系统功能。用算法流程图能较好地表示算法模型中对数据信息的运算或操作，以及相应的控制序列。

算法流程图用特定的几何图形(矩形、菱形、圆形)、指向线和简单文字说明，来描述数字系统的基本工作过程，是描述数字系统功能的最常用方法之一。它与软件设计中的流程图十分相似。

1. 基本符号

算法流程图常使用工作块、判别块、条件块、入口/出口块，如图 7.4 所示。

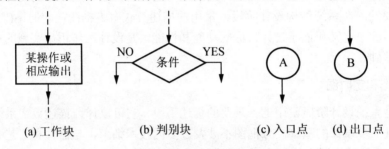

(a) 工作块　　　　(b) 判别块　　　　(c) 入口点　　(d) 出口点

图 7.4　算法流程图基本符号

(1) 工作块：是一个矩形块，块内用简要的文字来说明应进行的一个或者若干个操作及相应的输出。

(2) 判别块：其符号为菱形，块内给出判别变量及判别条件。判别条件是否满足决定系统将进行不同的后续操作。图 7.5(a)中，判别变量是 CNT，判别条件为 CNT=24 时，计数器清零(置零)，否则计数器进行加 1 计数。有时有多个判别变量，从而可能构成两个以上的分支，如图 7.5(b)所示。

(3) 条件块：为一个带横杠的矩形块，它总源于判别块的一个分支。条件块中的操作与特定的条件有关，因此称为条件操作。工作块规定的操作无前提条件，是独立的操作。条件块是算法流程图所特有的，也是与软件流程图的主要区别之一。图 7.6 中，操作 A 和操作 C 均为工作块的操作，操作 B 为条件操作，它仅是操作 A 的延伸。从时序上看，操作 B 有可能与操作 A 同时进行。在满足条件时，操作 B 与操作 A 在同一时钟周期内进行操作；而操作 C 则只可能在操作 A 完成后才进行。

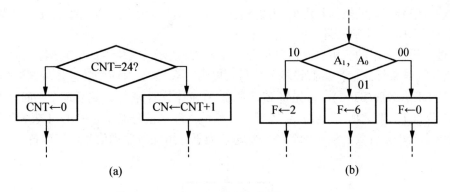

图 7.5　判别块举例

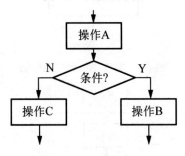

图 7.6　条件块举例

(4) 入口/出口块。用圆形符号表示。入口点指明算法的起点或算法的继续点,当算法太长,一页写不完另起一页时,就需要一个继续点。有入口点就应有出口点。

2. 算法流程图的建立

算法流程图可以描述整个数字系统对信息的处理过程及控制单元所提供的控制步骤。流程图的建立也就是算法设计过程,它是把系统要实现的复杂运算或操作分解成一系列子运算或操作,并且确定执行这些运算或操作的顺序和规律,为逻辑设计提供依据。

由于系统的逻辑功能多种多样,至今尚无从系统功能导出算法的通用方法和步骤。设计者需要仔细分析设计功能要求,将系统分解成若干功能模块,把要实现的逻辑功能看作应进行的某种运算或操作。用算法流程图来描述时通常具有两大特征:

(1) 包含若干子运算或操作,实现数据或信息的存储、传输和处理;

(2) 具有相应的控制序列,控制各子运算或操作的执行顺序和方向。

下面通过例子说明算法流程图的建立过程。

例 7.2.1 试设计一个对串行输入信号进行统计的电路,统计输入信号中包含 1 的个数,其中输出信号 $Z = z_{m-1}z_{m-2}\cdots z_0$ 表示统计个数,串行输入信号为 $X = x_{n-1}x_{n-2}\cdots x_0$。

对于这样一个简单的逻辑问题,却难以用数字逻辑电路中的状态表对它进行描述。对于长度为 n 位的输入信号,将有 2^n 种不同的组合。当 $n>7$ 时,显然状态表将变得十分庞大。因此用状态表或状态图来描述的方法并非适合所有逻辑问题。但是可以把此逻辑问题分解为若干操作,用算法流程图来描述其算法过程。

首先为了统计输入信号中含有 1 的个数,该统计电路必须有一个加 1 计数的操作,以及累计输入信号位数的操作。另外,考虑到仅当输入信号为 1 时才进行统计 1 的计数操作,故还应有判别操作(控制电路)。

通过对设计要求的分析,画出其框图,如图 7.7 所示。其中 ST 为开始标志输入信号,END 为统计结束标志信号。假设输入信号长度为 15,那么对应的算法流程图,如图 7.8 所示。当 ST 有效时(ST=1),首先将 Z(计数器)和 n(计数器)清零,然后逐个判断输入 X 是否为 1,若为 1,则 Z 加 1。当 $n = 15$ 时,一组输入序列信号结束。END=1 表示一组输入序列的统计个数 Z 有效,然后回到等待状态,为下一组输入序列信号做好准备。

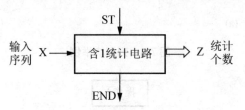

图 7.7　含 1 的统计电路框图

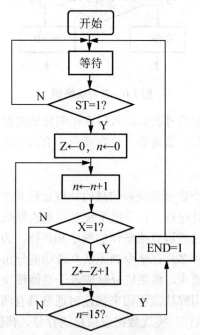

图 7.8　含 1 的统计电路算法流程图

例 7.2.2 某单位有一台备用的柴油交流发电机,该机在市电停电时立即自动发电,在启动后 3 分钟内测量发电机的转速,如果转速没有达到规定值则报警。在进入正常发电状态时,需要不断测量转速和输出电压,以此调整供油量,保证发电机按规定要求输出交流电。如果转速或输出电压发生异常则报警,并且在 3 分钟内停机。试设计该发电机的控制电路。

详细分析设计要求和功能,分解为若干操作,并且按照控制过程的顺序和规则来实施这些操作。由此可直接画出如图 7.9 所示的发电机的控制电路的算法流程图。

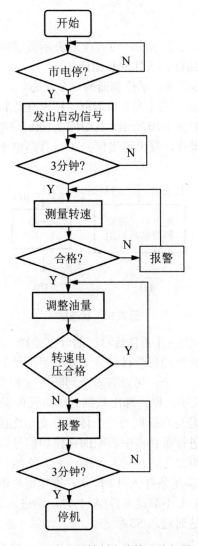

图 7.9　发电机控制电路算法流程图

7.2.3　ASM 图

算法流程图只是按照操作所规定的先后顺序排列的步骤描述，并未严格地规定完成各操作所需的时间及操作之间的时间关系。因此，不能直接由算法流程图得到下一步逻辑设计，必须把算法流程图转换成 ASM 图(算法状态机图)、MDS 图(备有记忆文件的状态图)或状态表，作为下一步逻辑设计的依据。

ASM 图(Algorithmic State Machine Chart)是硬件算法的符号表示方法，可以方便地表示数字系统的时序操作。采用类似于流程图的形式来描述控制器在不同的时间内应完成的一系列操作，可反映控制条件及控制器状态的转换。此描述方法与控制器硬件实施有很好的对应关系。

1. ASM 图的基本符号

ASM 图是硬件算法的符号表示法，可方便地表示数字系统的时序操作，它由四个基本符号组成，即状态框、判断框、条件框和指向线。

(1) 状态框：用一个矩形框来表示控制器的一个状态。该状态的名称和二进制代码(已状态分配)分别标在状态框的左、右上角；矩形框内标出在此状态下数据处理单元应进行的操作及控制器的相应输出，如图 7.10 所示。其中图 7.10(b)说明控制器处于 S3 状态(编码为 011)时，执行寄存器清零的操作，发出输出信号 C，且高电平有效。有时框内的操作可略去，仅说明输出信号。

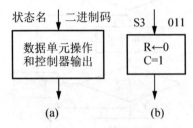

图 7.10 状态框

(2) 判断框：用菱形表示状态在条件转移时的分支途径，将判断变量(分支变量)写入菱形框内作为转移条件，在判断框的每个转移分支处写明满足的条件，如图 7.11(a)所示。判断框中的判断变量并不局限于一个，可以有多个判断变量和多条分支途径。

(3) 条件框：用椭圆框表示，框内标出数据处理单元的操作及控制器的相应输出，如图 7.11(b)所示。条件框一定是与判断框的一个转移分支相连接的，仅当判断框中判断变量满足相应的转移条件时，才进行条件框中表明的操作和信号输出。虽然条件框和状态框都能执行操作和输出信号，但两者之间有很大区别。图 7.12 给出一个条件框的实例，当系统处于 S1 状态下，并且变量 A 满足条件 A=1 时，立刻执行寄存器 R 清零操作(在 S1 状态下)，然后进入 S3 状态。如果变量 A 不满足条件(A=1)时，则进入 S2 状态执行计数器 F 的加 1 操作，然后在下一个时钟到达时进入 S3 状态。

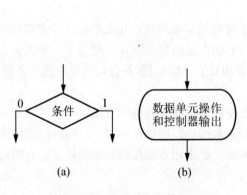

图 7.11 判断框与条件框

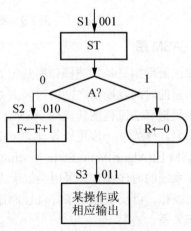

图 7.12 条件框例子

(4) 指向线：用箭头线表示，用于把状态框、判断框和条件框有机地连接起来，构成完整的 ASM 图。

2．ASM 块

ASM 图可以细分为若干个 ASM 块，每个 ASM 块必定包含一个状态框(必有)，可能还有几个同它相连接的判断框和条件框，如图 7.13 所示。一个 ASM 块只有一个入口和由判断框构成的几个出口。仅包含一个状态框，无判断框和条件框的 ASM 块是一个简单块。每个 ASM 块表示一个时钟周期内系统所处的状态，在该状态下完成块内的若干操作。ASM 块中的状态框和条件框的操作，是在一个共同的时钟周期内(即某个状态下)一起完成的，并且在下一个时钟周期内使现状态转移到新状态，进入另一个 ASM 块。

ASM 图类似于状态图，一个 ASM 块等效于状态图中的一个状态。判断框表示的判别条件相当于状态图定向线旁标记的判断变量的取值(二进制码)。如果把 ASM 图转换成状态图，就可以利用时序逻辑电路的设计步骤来设计系统控制器。图 7.14 是 ASM 图转换的状态图。状态图虽然可以表示状态的转移、转移条件和输出信号，但是它无法表示操作和条件输出。这正是状态图与 ASM 图的差别。状态图只能定义一个控制器，而 ASM 图除了定义一个控制器以外，还指明了被控制的数据处理单元中应实现的操作，所以 ASM 图定义的是整个数字系统。

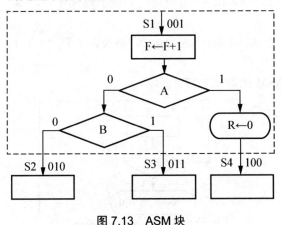

图 7.13　ASM 块　　　　　　　　　　图 7.14　状态图

3．由算法流程图导出 ASM 图

ASM 图和算法流程图之间有一定的对应关系，两者之间的工作块和状态框、判别块和判断框、条件块和条件框都基本对应。确切地说，算法流程图规定了系统应进行的操作及操作的顺序，ASM 图规定了为完成这些操作及操作的顺序所需的时间和控制器发出的输出信号。由算法流程图导出 ASM 图，主要是定义状态，其原则有三条。

(1) 在算法起点定义一个初始状态。

(2) 必须用状态来分开不能同时实现的操作。例如，F←F+1 和 F←0 两个操作，寄存器 F 不能同时完成加 1 和清 0 两个操作，因此两操作必须分两步进行，即用状态来分开。

(3) 判断框中的条件如受寄存器操作的影响，应在它们之间安排一个状态。如图 7.15(a)

所示为算法流程图。该图的操作顺序是根据 A 加 1 后，判断 A 是否等于 n，算法执行两个分支中的一个。用 ASM 图来表示该算法时，应在操作和判断框之间定义一个状态，如图 7.15(b)所示，否则检测的是 A 加 1 之前的值。

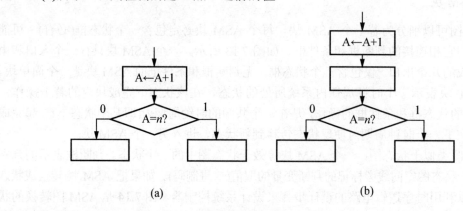

(a)   (b)

图 7.15 算法流程图

例 7.2.3 一个数字系统的数据处理单元有两个触发器 E 和 F 及二进制计数器 A，计数器的各位为 A4、A3、A2 和 A1，启动信号 ST 使计数器 A 和触发器 F 清零，从下一个时钟脉冲开始加 1 计数，直到系统停止工作为止。A4 和 A3 的值决定系统的操作序列，即

A3=0，触发器 E 清零，并继续计数；

A3=1，触发器 E 置"1"，并检验 A4，如 A4=0 则计数；A4=1，触发器 F 置"1"，停止计数。

此例题的算法流程图如图 7.16 所示，ASM 图如图 7.17 所示。

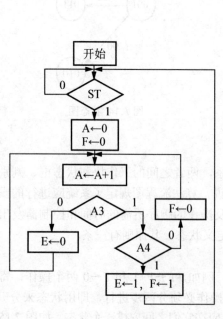

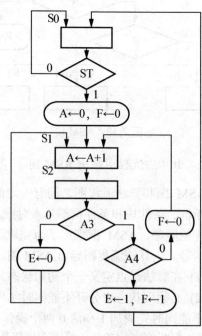

图 7.16 算法流程图   图 7.17 ASM 图

例 7.2.4 将图 7.7 所示含 1 的统计电路结构图先分成两部分：控制器和数据单元(计数器 A 和 B)，如图 7.18 所示；再根据图 7.8 的算法流程图，绘出含 1 统计电路控制器的 ASM 图，如图 7.19 所示。

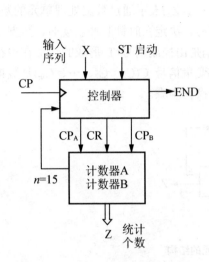

图 7.18　含 1 的统计电路结构图

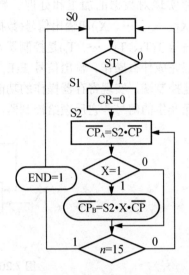

图 7.19　含 1 统计电路控制器的 ASM 图

7.3　数字系统的实现

数字系统设计在经过系统设计阶段，确定了系统的算法结构并导出用 ASM 图表示的相应算法以后，面临的任务是逻辑设计，即通过硬件和软件设计来实现系统的功能。目前，实现数字系统的途径主要有以下几种方法：

(1) 以标准通用的 SSI、MSI 和 LSI 集成器件来构成；

(2) 采用单片微处理器为核心实现；

(3) 将整个系统配置在一片或数片 PLD 芯片内；

(4) 研制单片系统的 ASIC。

在这四种方法中，第一种方法是最传统的方法，现在仍被国内广大设计者所采用。第二种方法的价格便宜、易实现，适用于运行速度要求不高的场合，也得到广泛应用。随着集成电路制造技术的发展，近年来出现了一系列性能更为优越的高密度 PLD，使第三种方法越来越显示出潜力和优越性：体积小、功耗低、运行速度高、可靠性高、易于重复修改设计等。第四种方法是将一个完整的系统集成在一个芯片上，又称为片上系统(Chip on System，SOC)，这正是集成电路的一个发展方向。这里主要介绍用 CPLD/FPGA 来实现数字系统的方法。

根据前面所述，数字系统可由两大部分组成，即数据处理单元和控制单元。逻辑设计过程就是完成控制单元和数据处理单元的设计和实现。

7.3.1 数据处理单元

数据处理单元又称受控电路。它由寄存器和组合电路组成,寄存器用于暂存信息,组合电路实现对数据的加工和处理。数据处理单元的结构如图 7.20 所示,输入信号(数据)$X(X_1$、X_2、$\cdots$、$X_i)$和输出信号(数据)$Z(Z_1$、Z_2、$\cdots$、$Z_n)$表示通过数据处理单元的数据。控制信号 $T(T_1$、T_2、$\cdots$、$T_r)$是控制器发出的命令信号,决定在时钟脉冲出现时,数据处理单元应完成什么操作。输出信号 $E(E_1$、E_2、$\cdots$、$E_k)$是由控制信号 T 形成的,加在寄存器的功能控制端,实现寄存器操作的功能选择。状态变量信号 $C(C_1$、C_2、$\cdots$、$C_m)$是数据处理单元产生的信号,它反馈给控制器,决定下一个操作步骤。

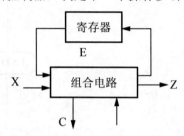

图 7.20　数据处理单元的结构

在算法流程图或 ASM 图中已给数据处理单元规定了明确的逻辑功能,这些功能可概括为数据存储、算术和逻辑运算、数据传送和变换等。要实现数据处理的功能,可以通过集成电路制造厂商提供的多种规格的通用集成电路芯片,或者由硬件描述语言来设计。

1. 数据处理单元设计的基本步骤

数据处理单元的设计过程是根据算法流程图或 ASM 图,求出数据处理单元要完成的一系列运算和操作,列出明细表即规定数据处理任务的表格。明细表由操作明细表和状态变量表两部分组成。根据数据处理单元的明细表,选择能完成这些操作的集成电路芯片,进行电路连接。

采用通用集成电路芯片进行数据处理单元设计时,其基本步骤如下。

1) 确定数据处理单元的逻辑框图

算法流程图的形成过程就是数据处理单元结构的建立过程,根据算法流程图和结构选择方案,画出数据处理单元的逻辑框图,并由此明确它与控制单元之间必须交换的信息及这些信息之间的时间关系。

2) 列出数据处理单元的明细表

提出对数据处理单元的全面要求,建立数据处理单元的技术规范——明细表,确定在每一控制信号作用下完成的一组操作。确定处理信息时,要完成哪些信息检验,确定输出信息是什么。根据算法可以建立数据处理单元的明细表,即操作明细表和状态表。操作明细表定义了数据处理单元,状态表定义了控制器。

3) 器件选择

采用通用集成电路芯片设计数据处理单元时,应该注意两条:一是易于控制,即器件的控制方式、控制信号及产生这些控制信号的逻辑应尽可能简单,以简化控制单元的设计;

二是力求模块数少，以减少电路体积、功耗，降低成本。

选择具体的集成电路器件，由设计者的经验和技巧所决定。除了常用的各种 SSI、MSI 或 LSI 数字集成电路外，有时还配置多种辅助电路，如脉冲电路；还会遇到 A/D 和 D/A 转换器、集成运算放大器、锁相环及其他辅助器件。

2. 数据处理单元设计的实例

例 7.3.1 按照例 7.2.3 的题意和图 7.17 所示的 ASM 图设计系统的结构框图，如图 7.21 所示。数据处理单元的明细表见表 7-2。

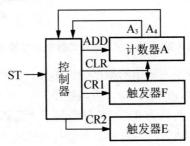

图 7.21 结构框图

表 7-2 数据处理单元的明细表

操作表		状态变量表	
控制信号	操 作	状态变量	定 义
NOP	无操作(等待)		
CLR	F←0，A←0(清"0")	C_1	ST
ADD	A←A+1	C_2	A_3
CR1	F←1(置"1")	C_3	A_4
CR2	E←1(置"1")		

明细表包含两个子表，一个是操作表，另一个是状态变量表。操作表列出在控制信号作用下，数据处理单元应实现的操作和产生的输出；状态变量表定义数据处理单元输出的状态变量。在表 7-2 中，NOP 表示控制器处于等待状态，处理单元无操作，等待启动信号 ST 的到来。控制器发出的一个控制信号实现数据处理单元相应的一组操作；然后控制器根据处理单元输出的状态变量决定下一步发出的控制信号，直到工作完成为止。

例 7.3.2 试设计含 1 统计电路的数据处理单元。

由图 7.18 所示的逻辑结构图可知，该电路的数据处理单元由两个计数器(计数器 A 和 B)构成。因输入信号序列长度为 15，所以选用两个 4 位二进制计数器 74161。其数据处理单元原理图如图 7.22 所示。计数器 A 负责对输入信号序列长度计数，反馈信号 n=15(取自计数器 CO 端)。计数器 B 的输出 $Q_3Q_2Q_1Q_0$ 即为统计结果。

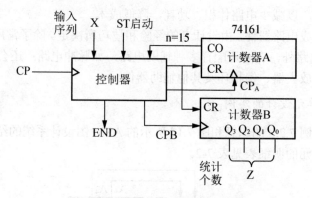

图 7.22　含 1 统计电路的数据处理单元

例 7.3.3 设计 8 位串行数字密码锁的数据处理单元。锁串行接收输入数码，当数码的位数和位值与开锁密码相同时，锁被打开，否则锁不开。

假设数字锁每次接收输入数码为 0 或 1，每当按下"读码"按钮 READ 时，输入数码送入系统。开锁密码事先存入锁内，只有输入数据与开锁密码完全相同时，锁才进入开锁状态，接着在开锁信号 TRY 作用下，锁才被打开。其系统结构图如图 7.23 所示，由数据处理单元和控制器组成。

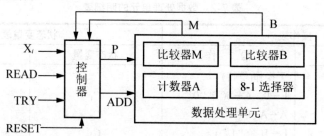

图 7.23　8 位串行数字锁结构图

(1) 数据处理单元由四部分构成：

计数器 A：记录输入数据的次数。

位数比较器 M：比较输入数据的次数和设置的参考数，若相同则 M=1，否则 M=0。

位值比较器 B：比较输入数据的值(P)，若与对应位开锁密码的值(D_i)相同，则比较器 B=1，否则 B=0。

数据选择器 8-1MUX：8 选 1 数据选择器输入端($D_0 \sim D_7$)设置为开锁密码。

(2) 控制器的设计是根据题意导出算法，建立 ASM 图(可用 HDL 实现例 7.3.5)，如图 7.24 所示。在复位信号 RESET 作用下，进入初始状态 T_0，计数器 A 清 "0"，然后进入接收数据状态 T_1。在 T_1 状态下，首先检测开锁信号 TRY 是否有效。如果开锁者不知道数字锁的位数，会错误地发出 TRY 信号，使系统进入错误状态 T_3，即 Z2=1。若 TRY 无效，而读码信号 READ 有效，则根据位值相等信号 B 判断输入数码的位值是否正确；若 B 无效，系统进入错误状态 T_3；若 B 有效，则检测位数相等信号 M。若 M 有效，系统进入开锁状态 T_2；若 M 无效，说明位数不够，应继续接收输入数码，每正确接收一次数码，计数器 A 加 1，正确接收 8 次数码后，M 有效(M=1)。在开锁状态 T_2 下，如果开锁者继续输入数码，表示输入数码已超过设定次数(如 8 次)，系统进入错误状态 T_3。在 T_2 状态和开锁信号 TRY 作用下，锁被打开(T_4)，即 Z1=1。

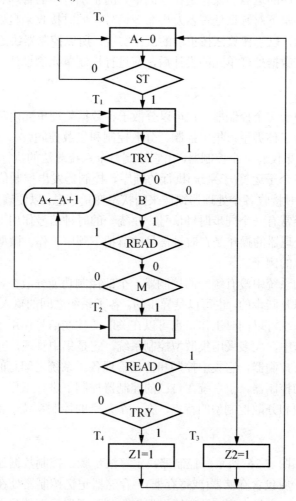

图 7.24　8 位串行数字锁的 ASM 图

数字密码锁处理单元的电路原理图如图 7.25 所示。

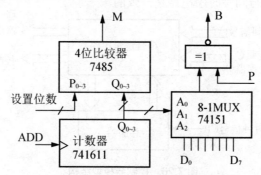

图 7.25　数字密码锁电路原理图

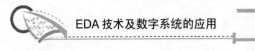

7.3.2 控制单元

数据处理单元有序的运算和操作是在控制单元的正确有序的管理和控制下进行的。控制器在每一个计算步骤下对数据处理器发出命令信号，同时接收来自处理器的状态信息，确定下一个计算步骤，以确保算法按正确的次序实现，所以控制器决定数据处理器的操作及操作序列。在完成数据处理单元的设计后，应进行控制单元的设计。

1. 控制方式

控制功能可集中于一个控制器，也可以分散于各数据处理单元内部，或者是两者的组合。所以控制方式有三种类型：集中控制、分散控制和集散控制。

数字系统中，如果仅有一个控制器，由它控制整个系统算法的执行，称为集中控制型。这种类型集中管理各个子运算(子系统)执行的顺序。控制器发出控制信号，使一个或多个处理器进行工作，同时接收各个处理器馈送来的状态变量信息，以便确定后续的控制信号。

集中控制方式经常有一个同步时钟信号。在统一的时钟信号作用下，集中控制和管理各个处理器。每个处理器的操作是在时钟信号的节拍下顺序工作。微型计算机就是一个集中控制型的数字系统的例子。

在分散控制型的系统中没有统一的控制器，全部控制功能分散在各个子系统中完成。分散控制的时序可以是同步的，也可以是异步的。各子系统之间的输入/输出信号及系统信号相互关联。各子系统可以同时工作，也可以在关联的控制信号作用下顺序地进行工作。

在工业控制系统中，大多采用集散型控制系统，它是集中管理，分散控制。系统中配有系统控制器即中央控制器，它集中控制和协调管理各子系统之间总的执行顺序和步骤。但各子系统有自己的控制器，子系统在自己的控制器控制下进行工作。因此，集散型控制系统具有集中控制型和分散控制型的特点，在一个复杂的控制系统中得到广泛应用。

2. 控制器结构

控制器的模型如图 7.26 所示。控制器决定算法步骤，控制数据处理器的操作序列，故必须有记忆功能，应包含存储器(或寄存器)。存储器记忆控制器处在哪一个计算步骤，即控制器的状态。在一个状态下，控制器根据接收到处理器反馈的状态变量和外部控制信号产生对处理器的控制信号 T 和输出信号。在下一时钟到来时，控制器转换到下一个状态。显然，控制器模型结构与同步时序电路是一致的。

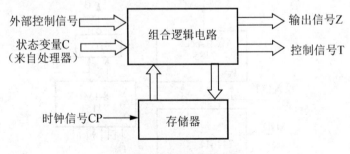

图 7.26　控制器模型结构

3. 系统同步

同步是指控制器与外部控制信号和来自处理器的反馈状态变量之间的同步，也是系统控制器向外部输出的同步。异步电路会造成较大的系统延时和逻辑竞争，容易引起系统的不稳定。而同步电路按照统一的时钟进行工作，稳定性好。在设计时，应尽可能采用同步电路设计，避免使用异步电路，应将异步信号转换成同步信号。这里介绍两种实现异步信号同步化的电路。

图 7.27 所示电路由两个 D 触发器组成，实现异步输入信号有效持续时间较长的同步化问题即电平同步，完成异步输入信号上升沿的检测。异步输入信号的宽度必须大于本级时钟的脉冲宽度，否则有可能根本采样不到这个异步信号。

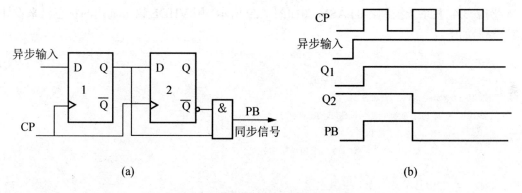

图 7.27　第一种异步信号同步化电路

图 7.28 所示电路由一个基本 RS 触发器和 D 触发器组成，实现异步输入信号有效持续时间短暂的同步化问题即脉冲同步。这两个电路的同步化都发生在时钟的上升沿，也可以发生在时钟的下降沿。在系统中，同步化和控制器状态变化可以分别发生在一个时钟脉冲的上、下跳沿(或下、上跳沿)，也可发生在连续两个时钟脉冲的对应跳变沿。这可由设计者决定。

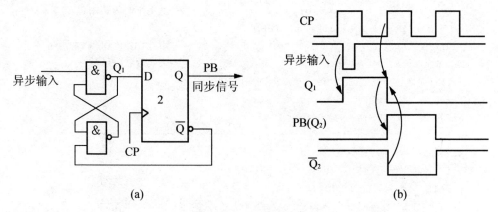

图 7.28　第二种异步信号同步化电路

4. 控制单元的实现方法

由前面讨论可知，系统的控制单元本质上就是同步时序电路，因此同步时序电路的设计方法完全适用于控制单元的硬件设计。两者的差别主要表现在两方面；一方面，同步时序电路的设计是依据状态转换图(表)，而控制单元的设计是根据算法流程图和 ASM 图及其他描述形式；另一方面，控制单元的设计是在反复优化算法结构，并且已经完成数据处理单元设计后进行的，一般不需要再进行状态化简。

基于 CPLD/FPGA 控制单元的实现方法是：根据系统设计要求，明确系统的工作状态、判别分支、状态输出和条件输出，建立描述控制器工作过程的算法流程图和 ASM 图，通过硬件描述语言描述的有限状态机来设计控制器。

例 7.3.4 某系统控制器的 ASM 图如图 7.29 所示。用 VHDL 语言描述的状态机来设计该控制器如下：

```
LIBRARY IEEE;
USE IEEE.STD_LOGIC_1164.ALL;
ENTITY control_1 IS
  PORT ( clk, cr : IN STD_LOGIC;
     ST, K : IN STD_LOGIC;
     Z1,Z2,Z3,Z4,Z5 : OUT STD_LOGIC );
END control_1 ;
ARCHITECTURE one  OF control_1  IS
  TYPE sb  IS ( s0, s1, s2, s3, s4);        -- 定义状态机
  SIGNAL ss: sb ;
BEGIN
 PROCESS ( cr, clk )
  VARIABLE y1,y2,y3,y4,y5 : STD_LOGIC;
  BEGIN
    y1:='0'; y2:='0';y3:='0';y4:='0';y5:='0';
  IF cr = '0' THEN   ss<=s0;              -- 低电平时为初始态
  ELSIF clk'EVENT AND clk='1' THEN
   CASE ss IS                            -- 用CASE语句和IF语句
    WHEN s0 =>                           -- 来实现状态转移
     IF ST = '1' THEN  ss <=s1;  END IF;
    WHEN s1 =>  y1:= '1'; ss <= s2;
    WHEN s2 =>  y3:= '1'; ss <= s3;
    WHEN s3 =>  y4:= '1'; ss <= s4;
    WHEN s4 =>  y2:= '1';
     IF K = '1' THEN  ss<= s2; y5:='1';
      ELSE  ss<= s0;  END IF;
    WHEN  OTHERS =>  ss<=s0;
   END case;
END IF;
Z1<=y1; Z2<=y2; Z3<=y3; Z4<=y4; Z5<=y5;
END PROCESS; END one ;
```

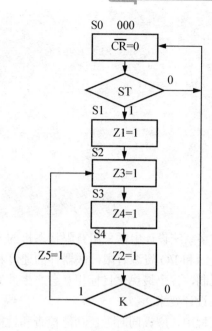

图 7.29　ASM 图

例 7.3.5 根据图 7.24 所示 8 位串行数字锁的 ASM 图，用 VHDL 语言描述的代码如下：

```
LIBRARY IEEE;
USE IEEE.STD_LOGIC_1164.ALL;
USE IEEE.STD_LOGIC_UNSIGNED.ALL;
ENTITY control_2 IS
  PORT ( clk , clrn : IN STD_LOGIC;
         st,try,read : IN STD_LOGIC;
             M , B : IN STD_LOGIC;
              Z1, Z2 : OUT STD_LOGIC;
                 A : OUT STD_LOGIC_VECTOR(3 DOWNTO 0));
END control_2 ;
ARCHITECTURE one OF control_2 IS
  TYPE ss IS ( T0, T1, T2, T3, T4);          -- 定义状态机
  SIGNAL state: ss ;                         -- 定义状态变量
BEGIN
PROCESS ( clrn, clk )
  VARIABLE cont : STD_LOGIC_VECTOR(3 DOWNTO 0);
BEGIN
  IF clrn ='0' THEN  state<=T0; cont:="0000";
  ELSIF clk'EVENT AND clk='1' THEN           -- 用 CASE 语句和 IF 语句
   CASE state IS                             -- 来实现状态转移
    WHEN T0=> cont:="0000"; Z1<='0';Z2<='0';
              IF st='1' THEN  state<=T1; END IF;
    WHEN T1=> IF try='1' THEN state<=T3;
              ELSIF  b='0' THEN state<=T3;
              ELSIF  read='1'  THEN  state<=T1; cont:=cont+1;
              ELSIF  M='0'  THEN  state<=T1;
```

```
                    ELSE  state<=T2;
                   END IF;
     WHEN T2=> IF read='1'    THEN state<=T3;
                  ELSIF  try='0' THEN state<=T2;
                  ELSE state<=T4;
                  END IF;
     WHEN T3=> state<=T0; Z2<='1';
     WHEN T4=> state<=T0; Z1<='1';
     WHEN  OTHERS => state<=T0;
   END CASE;
  END IF;
   A<=cont;
END PROCESS; END one;
```

基于 CPLD/FPGA 的数字系统设计中常采用有限状态机的方法来实现。由于可编程逻辑器件的逻辑资源、连接资源和 I/O 资源有限,故器件的速度和性能也是有限的。在具体的设计中,往往由于条件限制,各个最优化目标相互会产生冲突。这时就需要牺牲一些次要的要求来满足主要方面的设计要求。

在对系统进行调试的过程中,应该同时考虑功能检查和性能的测试,即系统的可观测性。一个系统除了引脚上的信号外,系统内部的状态也是需要进行测试的,如果输出能够反映系统内部的状态,即可通过输出信号观测到系统内部的信息,那么该系统是可观测的。如果输出信号不能完全反映系统内部的状态,那么这个系统是不可观测的或者是部分不可观测的。这就需要建立和设计观测电路,将不可观测的系统转换为可观测的系统,才能保证对系统设计性能的检查和测试达到要求。

现代的 EDA 开发工具中,一般都提供了常用的优化设计和仿真测试工具,为设计系统提供了方便。系统的设计通常需要经过反复的修改、优化才能达到设计要求。对设计要求、限定条件、优化原则进行反复权衡利弊、折中、构思和创造以达到设计意图。设计者不是用艺术的语言进行表达,而是用工程的语言来描述设计思想,在 EDA 工具的帮助下完成数字系统设计。

7.4 FPGA 系统的设计优化

设计优化就是在设计中没有达到用户要求的情况下对其进行的一些改进,以满足设计要求或者进一步提高系统的性能。只有理解设计才能优化设计,在设计进行优化时,需要充分理解设计的特点,对设计做出合理且完备的约束和设置,找出影响设计优化的关键所在,才能在优化工作中有的放矢,事半功倍。

利用 EDA 工具进行数字系统的设计过程中,大量采用 IP 模块的调用和硬件描述语言的设计,让设计者使用与工艺无关的、高层次抽象的描述方式来设计数字系统的模型,然后由综合工具进行优化和综合,在指定的 FPGA 器件中成功适配。由于设计者在 HDL 中的描述思想、描述方式和采用的设计技术直接影响到系统模型的建立和综合的结果,故设计者要对所设计的硬件电路功能十分清楚,合理安排电路的数据流和控制逻辑,构思 RTL

级电路体系结构，用适当的综合工具能理解的 HDL 语言描述出来。哪些 HDL 语言的描述可以综合，决定于具体的综合工具，因此 FPGA 设计的优化效果与 EDA 工具、HDL 的描述方式、FPGA 的结构之间有着紧密联系。评价一个 HDL 描述的质量，主要看该 HDL 是否能够与综合工具配合，按设计者的构想合理地生成硬件电路。

在实际设计中，硬件资源和速度是一对矛盾的需求。要求设计的系统同时具有所用的资源最少，运行的速度最高是不现实的，只有兼顾资源与速度，在成本和性能之间有所取舍，才能够达到电子产品的要求。本节介绍 FPGA 设计的优化，包括资源(即面积)优化、速度优化、系统的同步设计及 Quartus II 工具软件中的优化设置。

7.4.1　资源优化

在集成电路设计领域中，硬件资源(即面积)是指设计消耗的逻辑资源数量。设计过程中，由于资源数量限制造成系统不能在目标器件中实现，则需对资源利用进行优化。逻辑资源数量是衡量 FPGA 规格的重要指标，FPGA 的资源包括：逻辑单元(LE)、RAM 块、I/O 引脚、DSP 块、锁相环、布线资源及各种硬 IP 核等。资源多、规模大的高端 FPGA 往往要比低端产品贵出数倍甚至数十倍。因此，尽量节约芯片面积就显得尤为重要。

在满足性能要求的前提下，通过"面积优化"可以使用规模更小的可编程逻辑芯片，从而降低系统成本，改善电路性能，降低器件功耗，为以后的技术升级留下更多的可编程资源，方便添加和升级产品的功能。

尽量减少系统所耗用的硬件资源也是设计者进行电路设计时所追求的目标。设计中最根本、最行之有效的优化方法是对设计输入(即 HDL 设计描述)进行优化，在设计逻辑代码时，设计者对 HDL 的语言规则和电路行为的理解不同，将使设计描述的编码风格直接影响 EDA 软件工具的综合结果。对于不同的 FPGA 结构，也有一些不同的优化，这需要设计者在深刻理解器件结构的同时，多做一些经验积累。

VHDL 包含的语句非常丰富，不同的描述可以实现同样的逻辑功能。但应注意，实现同样功能的不同描述，可能在综合出的电路规模上存在差异，也就是说，对资源的利用率有所不同。下面就有关 VHDL 编码描述方面的资源优化进行介绍。

1. 资源共享

资源共享能够明显减少系统所耗用的器件资源，节省面积，降低功耗。尤其是将一些耗用资源较多的模块进行共享，能有效降低整个系统耗用的资源。在设计一个数字系统时经常会遇到同一模块反复调用的情况。该结构占用的资源非常多，这类模块往往是算术模块，如乘法器、多位加法器等，系统资源大部分被它们占用。这时，在电路结构上进行优化设计可使器件资源利用率大幅度提高。

例 7.4.1 设计一个电路，实现如下功能：当 sel=0 时，Result=A0*B；当 sel=1 时，Result = A1*B；A0，A1，B 的宽度可变，本例中定义为 8 位。其 VHDL 描述的代码如下：

```
LIBRARY IEEE;
USE IEEE.std_logic_1164.all;
USE IEEE.std_logic_unsigned.all;
ENTITY mux_mult IS
```

```
    PORT ( A0, A1, B : IN std_logic_vector(7 downto 0);
                    sel : IN std_logic;
                Result : OUT std_logic_vector(15 downto 0));
END mux_mult;
ARCHITECTURE rtl OF mux_mult IS
BEGIN
    process(sel,A0,A1,B)
    begin
        if(sel = '0') then  Result <= A0 * B;
         else    Result <= A1 * B;   end if;
    end process;  END rtl;
```

由上面 VHDL 描述的电路功能通过 EDA 工具的综合后，得到 RTL 结构图，如图 7.30 所示。先调用两个乘法器运算，然后由选择器选择输出。

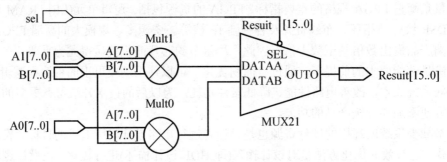

图 7.30　先乘后选择的 RTL 结构图

如果将上例电路的功能保持不变，只对结构体中的 VHDL 描述方式进行修改，其结构体中的 VHDL 代码如下：

```
ARCHITECTURE rtl OF muxmult IS
    signal temp : std_logic_vector(7 downto 0);
BEGIN
    process(sel, A0,A1,B)
    begin
        if(sel = '0') then    temp <= A0; else  temp <= A1;
        end if;
        result <= temp * B;
    end process; END rtl;
```

以上重新 VHDL 描述的代码经过 EDA 工具的综合，得到另一个 RTL 结构图，如图 7.31 所示。在图 7.31 中，使用 sel 信号选择 A1、A0 为乘法器的输入，B 信号固定为乘法器的另一个输入。与图 7.30 相比，输出结果没有任何改变，然而却节省了一个乘法器，使得整个设计占用的资源有了较大减少。

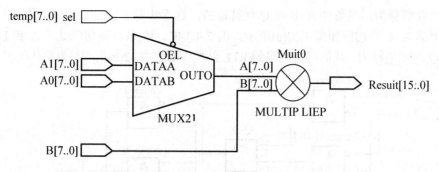

图 7.31　先选择后乘的 RTL 结构图

2. IF 条件语句的使用

在描述组合逻辑电路时，应使用完整的 IF 条件语句结构。因为不完整条件语句的使用会引入不必要的寄存器元件，既浪费逻辑资源，又降低电路的工作速度，影响电路的可靠性。例如，用 IF 条件语句设计一个纯组合电路的比较器，试比较以下两例。

例 7.4.2　不完整条件语句的描述代码如下：

```
LIBRARY IEEE;
USE IEEE.std_logic_1164.all;
ENTITY zh1 IS
PORT ( A, B : IN std_logic;
        Q : OUT std_logic);
END zh1;
ARCHITECTURE a OF zh1 IS
BEGIN
   process(A,B)
   begin
      IF A>B THEN  Q <= '1';
      ELSIF A<B  then Q <='0';  end if;
   end process;  END a;
```

例 7.4.3　完整条件语句的描述代码如下：

```
LIBRARY IEEE;
USE IEEE.std_logic_1164.all;
ENTITY zh2 IS
PORT ( A, B : IN std_logic;
        Q : OUT std_logic);
END zh2;
ARCHITECTURE a OF zh2 IS
BEGIN
   process(A,B)
   begin
      IF A>B THEN  Q <= '1';
      ELSIF A<B  then Q <='0';
      ELSE Q <='1';  end if;
   end process;  END a;
```

例 7.4.2 中未提及当 A=B 时，Q 做何操作，结果导致了一个不完整条件语句，VHDL

综合器对此解释为，当条件 A=B 时 Q 保持原值，这意味着必须给 Q 配置一个锁存器。其综合结果的 RTL 结构图如图 7.32(a)所示。例 7.4.3 中，IF 条件语句包括了 A 和 B 的所有情况下 Q 的赋值行为，从而综合结果的 RTL 结构图如图 7.32(b)所示，为简洁的组合电路。

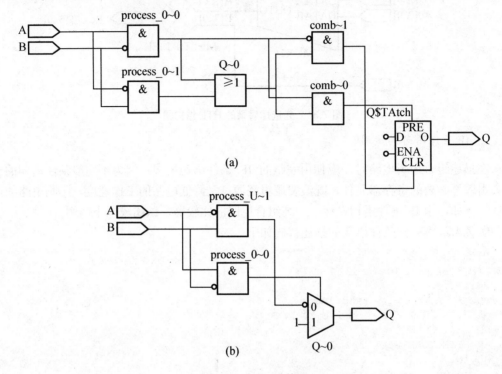

图 7.32　RTL 结构图

3. CASE 语句的使用

　　CASE 语句描述的代码可读性较好，因为它把条件中所有可能出现的情况全部列出来了，可执行条件一目了然，且条件句的次序并不重要，所以是常用的条件语句之一。因为它的执行过程更接近于并行方式，故一般地综合后，对于相同逻辑功能的 CASE 语句比 IF 语句(顺序条件语句)的描述耗用更多的硬件资源。

　　另外，Quartus Ⅱ有时对 NULL 会出现擅自加入锁存器的情况，在用 CASE 语句描述组合逻辑电路时，应尽量避免使用 NULL 来表示未用条件下的操作行为，改用确定操作。

　　例 7.4.4 CASE 语句描述的组合逻辑电路代码如下：

```
LIBRARY IEEE;
USE IEEE.std_logic_1164.all;
ENTITY ab_case IS
PORT ( A, B : IN  std_logic;
        sel : IN  std_logic_vector(1 downto 0);
         Q : out std_logic);
END ab_case;
ARCHITECTURE a OF ab_case IS
BEGIN
```

```
process(A,B) begin
  case sel is
    when "00"   => Q<=A and B;
    when "11"   => Q<=A or B;
    when others => Q<= '0';          --没有使用 NULL 语句
end case;
end process;
END a;
```

如图 7.33 所示为 CASE 语句描述的 RTL 结构图，图 7.33(a)为未使用 NULL 操作行为的 RTL 结构图，它是一个组合逻辑电路；图 7.33(b)为使用 NULL 操作行为的 RTL 结构图，它包含了一个锁存器的电路。

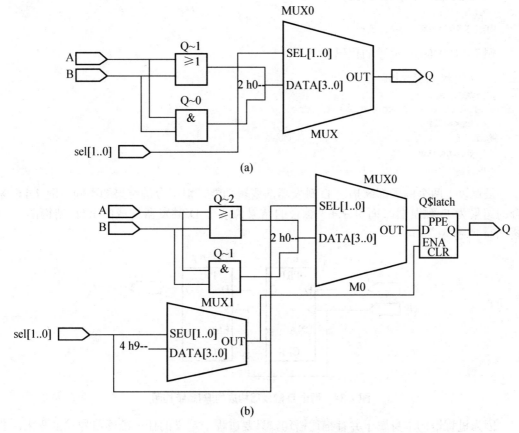

(a)

(b)

图 7.33 CASE 语句描述的 RTL 结构图

4. 进程中的赋值语句

信号可以作为设计实体中并行语句模块间的信息交流通道，是具有全局性特征的数值容器。通过信号完成进程之间的通信，可以保证结构体中多个进程能够并行同步运行，此时信号相当于在电路内部定义的节点。但是在进程中对信号赋值不同的描述会产生不同的综合结果，如以下两例子。

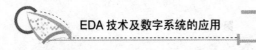

例 7.4.5 VHDL 描述的代码如下：

```
LIBRARY IEEE;
USE IEEE.std_logic_1164.all;
ENTITY ab_process IS
PORT ( clk, din : IN  std_logic;
          Qout : out std_logic);
END ab_process;
ARCHITECTURE a OF ab_process IS
signal tm : std_logic;
BEGIN
process(clk)   begin
if clk'event and clk='1' then
   tm<=din ; Qout<=tm;
  end if;
end process;  END a;
```

例 7.4.6 VHDL 描述的代码如下：

```
......（与例 7.4.5 相同）
process(clk)   begin
  if clk'event and clk='1' then
    tm<=din ;
end if;
    Qout<=tm;
end process;  END a;
```

虽然以上两个例子都欲描述 D 触发器的逻辑功能，但综合的结果却不同。例 7.4.6 综合的结果为 D 触发器。而例 7.4.5 综合的结果为两个 D 触发器构成的 RTL 结构图，如图 7.34 所示。

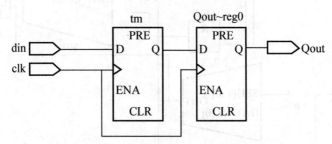

图 7.34　两个 D 触发器构成的 RTL 结构图

因为进程语句本身属于并行描述语句，只要进程中定义的任一敏感信号发生变化，进程可以在任何时刻被激活，而所有被激活的进程都是并行运行的。例 7.4.5 中的两个赋值语句 tm <= din 和 Qout <= tm 都在 IF 语句中，它们的执行都依赖于时钟条件，即这两条赋值语句在同一个时钟触发下并行执行。在一个时钟周期内，din 不可能将值传到 Qout。实际运行中，tm 被更新的值是上一时钟周期的 din，而 Qout 被更新的值也是上一时钟周期的 tm。例 7.4.6 中的 Qout <= tm 在 END IF 语句之后，它与 IF 语句的执行具有顺序/并行性，其执行不依赖于时钟条件，此时 tm 信号相当于在电路内部定义的节点，tm 直接传输到输出端 Qout。

前面主要探讨 VHDL 的描述对资源优化的影响。在 FPGA 设计中资源优化还包括各种资源利用之间达到一种平衡,最大限度地发挥器件的功用。现在 FPGA 器件中已经内嵌了许多专用硬件模块(如 RAM、硬件乘法器、锁相环 PLL 等),不用就是一种浪费。所以在设计时应充分了解器件中各项资源利用情况,包括逻辑单元(LE)、RAM 块、I/O 单元、DSP 乘法块等,以平衡资源的使用。对于同一种功能,用不同资源的不同实现方法,都可以达到资源优化的目的。例如,实现乘法功能,如果采用逻辑单元实现,需要的资源较多,就要考虑用其他方法,如移位寄存器或 ROM 查表方式来实现;也可以使用 FPGA 内部的专用硬件模块(DSP 和 RAM 块)来实现。如果专用硬件模块资源不够用,而 LE 资源丰富,同样也可以用 LE 去实现这些专用硬件模块。各种资源的合理利用对系统设计性能的提高有很大帮助。

7.4.2 速度优化

速度是指设计结果在芯片上稳定运行时所能达到的最高频率,这个频率由设计的时序状况决定。与设计满足的时钟周期、建立时间、保持时间和时钟到输出延时等众多时序特征向量密切相关。面积和速度是一对对立统一的矛盾体,这两个指标贯穿着 FPGA 设计的始终。科学的设计方法应该是在满足设计时序要求 (包含对设计最高频率的要求)的前提下,占用最小的芯片面积,或者在所规定的芯片面积一定的情况下,使设计的时序余量更大,工作速度最高。这两种目标充分体现了面积和速度平衡的思想。

面积和速度这两个设计指标,其地位是不一样的。相比之下,满足时序、工作频率的要求更重要一些。一般当速度与资源设计要求不能同时兼顾时,则采用速度优先的原则。当设计需要的逻辑资源远小于 FPGA 提供的逻辑资源数时,就可以考虑通过逻辑复制和并行处理技术等一系列手段来提高设计时序,也就是所谓的"面积换速度 ",用面积的复制换取速度的提高。大容量的 FPGA 不但为系统设计师们提供了足够多的设计资源,而且也给"面积换速度"这一提高工作时序的方法提供了支持。速度优化的设计基于面积换速度的设计思想,具体采用的设计技巧和方法有串并转换、流水线设计和乒乓操作等。

1. 串并转换

串并转换是 FPGA 设计的一个重要方法,它是数据流处理的常用手段,也是面积与速度互换思想的直接体现。例如,如图 7.35 所示为串并转换实现并行高速处理示意图。输入数据流的速率设定为 450Mb/s,FPGA 中数据处理模块的速度最大若为 150Mb/s,则用 FPGA 的数据处理模块的数据吞吐量不能满足要求。在这种情况下利用"面积换速度"的思想,首先复制三个数据处理模块,将输入数据进行串并转换,然后利用这三个数据处理模块并行处理分配的数据,最后将处理结果并串转换输出,满足外部输入/输出数据流的数据速率要求。

从图 7.35 可以看出,将串行转换为并行,一般是通过逻辑复制和并行工作方式,从而提高整个设计的数据吞吐率。其本质就是以低速模块的复制即资源的消耗,换取系统的工作速率。数据流串并转换的实现方法多种多样,根据数据的排序和数量的要求,也可以选用寄存器、RAM 等实现。对于复杂的串并转换,还可以用状态机实现。

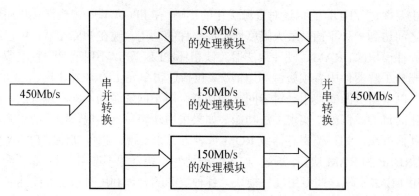

图 7.35　串并转换实现并行高速处理示意图

2.　流水线设计

流水线设计是速度优化中最常用的设计手段。现代高速数字信号处理器、高速通信系统、高速采集系统、高速导航系统、高速搜索系统中，都离不开流水线设计技术。在数字信号处理领域，芯片需要处理的数据量很大，为了满足所要求的功能并且具有很好的实时性，就要求采用新的设计方法来提高芯片的最高工作速度。在系统设计中采用流水线设计技术，可以充分利用硬件内部的并行性，提高单位时间内的数据处理能力，它能显著地提高所设计系统的运行速度上限。

如果某个设计的处理流程分为若干步骤，而且整个数据处理是"单流向"的，即没有反馈或者迭代运算，前一个步骤的输出是下一个步骤的输入，则可以考虑采用流水线设计方法来提高系统的工作频率。流水线的各个部分就相当于装配车间的传送带，并行地进行处理，使系统的吞吐率得到极大的提高。下面以计算机的微处理器 CPU 对指令操作的程为例说明流水线设计技术的原理。

在没有流水线设计的微处理器中对每条指令的操作通过数据通路可被划分为三个步骤(即三个单元电路)：取指令(IF)、指令译码(ID)和指令执行(EXE)。这三个步骤遵循计算机运行的时序。如图 7.36 所示为指令的操作步骤和时序。

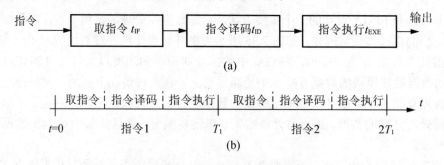

图 7.36　指令的操作步骤和时序

图 7.36(b)给出了 CPU 操作的时序。每个单元电路对指令的操作都有一定的延时，分别为 t_{IF}、t_{ID} 和 t_{EXE}；CPU 对一条指令的操作时间为各个步骤的总和。在这种情况下，两条指令运行的间隔时间即最小时钟周期 T_1 应该是 $T_1 \geqslant t_{IF}+t_{ID}+t_{EXE}$；执行 N 条指令需要的总时

间为 NT_1。这里有一个问题，就是数据(指令)一旦流过数据通道上某个单元电路，直到下个新数据到来前它都不再被使用。这样，单元电路在完成了它的指定工作后，将处于空闲状态。流水线设计就是企图使用其他的数据流控制方式来清除这些空闲时间。

图 7.37(a)给出了如何将数据通路改为三级流水线的方法。整个 CPU 逻辑依然被分为取指令、指令译码和指令执行三个部分，只是在每个步骤(单元电路)上加上了触发器或寄存器，将组合逻辑的单元电路转换成相同逻辑功能的流水线设计，用于控制每级数据流出，充分利用流水线设计数据通路上流水线电路部件的每个时钟周期，并行处理多条指令，以最大限度地开发电路的潜能。

由于寄存器由同一时钟信号 CP 控制，每个单元电路将同时接收数据(前一级单元的输出数据)。数据流特性可用时间图表示，图 7.37(b)所示。对这个具有流水线操作的系统，可以选择一个新的时钟(CP)周期 $T<T_1$，取 $T=\max(t_{IF}, t_{ID}, t_{EXE})$。即可保证最慢的单元电路有足够的处理时间。这也是该流水线所能采用的最快的时钟周期。流水线完成一条指令的时间是 3T，这比 T_1 要长。但流水线的速度优势只有在一长串指令序列通过系统时才能显现出来。

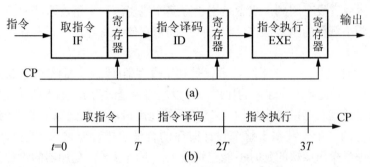

图 7.37　一条指令的流水线操作和时序

假如要完成一个指令序列：Inst1、Inst2、Inst3、Inst4 等。每条指令依次进入流水线，且在每个时钟到来时(上升沿)，新指令进入取指令(IF)单元，这样指令在流水线中的流动如图 7.38 所示。在第一个 T 周期，Inst1 进入 IF 单元；在 2T 周期 Inst1 移动到 ID 单元，同时 Inst2 进入 IF 单元；在 3T 周期 Inst1 移动到 EXE 单元，Inst2 移动到 ID 单元，而 Inst3 进入 IF 单元，指令依序加载到流水线上。在 3T 周期，流水线各个单元都被占用，并且 Inst1 指令产生出了结果(执行 1)。在 4T 周期 Inst2 指令产生出了结果(执行 2)，同时 Inst4 进入流水线。每个时刻指令只使用三个单元电路中的一个。流水线利用这一特性，使其在每一个时钟周期到达时都允许一条新的指令进入流水线，并且输出另一个指令产生的结果。

如果要运行一个有 N 条指令的程序，对于流水线处理模式的 CPU 需要花费时间为 $3T+(N-1)T=(N+2)T$；它小于无流水线模式的 CPU 处理时间 NT_1(因 $T<T_1$)；可以看出流水线处理的速度提高了。流水线的时钟周期通常依赖于最慢单元电路的处理速度，为了让流水线进一步提高速度，其方法之一是增加慢速单元电路的速度即降低单元电路的延时，以提高流水线的时钟频率；另一种方法是增加流水线的级数，来降低时钟周期。流水线的级数越多，减少的延时就越显著，当然由于存在"瓶颈"现象，流水线的级数不能太多，时延也不可能无限减少，一般流水线的级数都在 10 级以内。

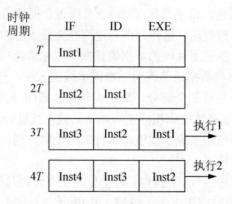

图 7.38　流水线中的指令流

流水线处理方式之所以频率较高，其代价是消耗了一些寄存器资源，它是面积换取速度思想的又一种具体体现。但是对于有着丰富寄存器资源的 FPGA 来说，流水线设计技术是一个非常好的提高芯片工作速度的选择。因为 FPGA 中每一个逻辑元件都包括一个触发器，这个触发器或者没有用到，或者是用于存储布线资源。采用流水线有可能将一个复杂操作分解成一些小规模的基本操作，将一些中间值存储在寄存器中，并在下一个时钟周期内继续运算。

在 FPGA 设计过程中，流水线技术就是利用寄存器(或触发器)将一条长路径切分成几段小路径，从而达到提高工作速率的作用。假设原路径延时为 t，加入两级流水线并且路径切割均匀，则路径延时可以减少到约 $t/3$，使系统速度可以提高到原来的 3 倍左右。

流水线设计的一个关键在于整个设计时序的合理安排，要求每个操作步骤的划分合理，即分解的每个操作步骤的延时不能差别较大。下面以 8 位全加器的设计为例，对比流水线设计和非流水线设计的性能。

例 7.4.7　非流水线 8 位全加器的 VHDL 描述的代码如下：

```
LIBRARY IEEE;
USE IEEE.std_logic_1164.all;
use IEEE.std_logic_unsigned.all;
ENTITY adder4_8 IS
    PORT(clk : in std_logic;
        a0,a1,a2,a3 : in std_logic_vector(7 downto 0);
        yout : out std_logic_vector(9 downto 0));
END adder4_8;
ARCHITECTURE one OF adder4_8 IS
    signal t0,t1,t2,t3 : std_logic_vector(7 downto 0);
    signal addtmp0,addtmp1 : std_logic_vector(8 downto 0);
BEGIN
process(clk) begin
    if(clk'event and clk='1') then              -- 输入数据缓存
        t0 <= a0;  t1 <= a1;  t2 <= a2;  t3 <= a3;
    end if;
end process;
addtmp0 <= '0'&t0 + t1;                          -- 两个 8 位数相加
```

```
addtmp1 <= '0'&t2 + t3;
process(clk) begin
    if(clk'event and clk = '1') then        -- 输出带有触发器
        yout <= '0'&addtmp0 + addtmp1;
    end if;
end process;  END one;
```

如图 7.39 所示为上例经过综合器综合后的 **RTL** 结构图，从中可清楚地看出全加器的输入和输出都带有触发器。

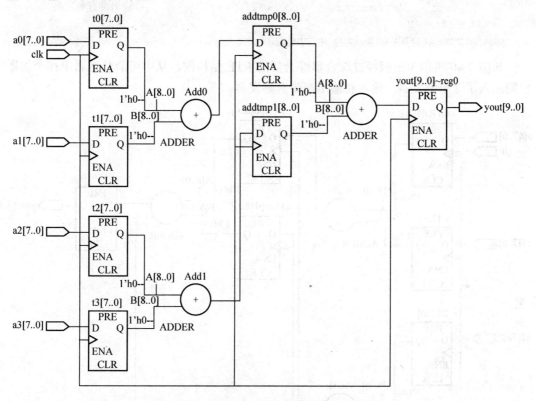

图 7.39　非流水线 8 位全加器的 RTL 结构图

例 7.4.8 流水线 8 位全加器的 VHDL 描述的代码如下：

```
LIBRARY IEEE;
USE IEEE.std_logic_1164.all;
USE IEEE.std_logic_unsigned.all;
ENTITY pipeadd4_8 IS
    PORT(clk : in std_logic;
        a0,a1,a2,a3 : in std_logic_vector(7 downto 0);
        yout : out std_logic_vector(9 downto 0));
END pipeadd4_8;
ARCHITECTURE pipelining_one OF pipeadd4_8 IS
    signal t0,t1,t2,t3 : std_logic_vector(7 downto 0);
    signal addtmp0,addtmp1 : std_logic_vector(8 downto 0);
BEGIN
```

```
PROCESS(clk) begin
    if(clk'event and clk='1') then
        t0 <= a0; t1 <= a1;  t2 <= a2; t3 <= a3;      -- 输入数据缓存
    end if;
END PROCESS;
PROCESS(clk) begin
    if(clk'event and clk = '1') then
        addtmp0 <= '0'&t0 + t1;                        -- 两个 8 位数相加，并缓存
        addtmp1 <= '0'&t2 + t3;
        yout <= '0'&addtmp0 + addtmp1;                 -- 输出带有触发器
    end if;
end process; END pipelining_one;
```

　　如图 7.40 所示为上例经过综合器综合后的 RTL 结构图，从中可清楚地看出在全加器中间加入了 2 个触发器，输入和输出都带有触发器。

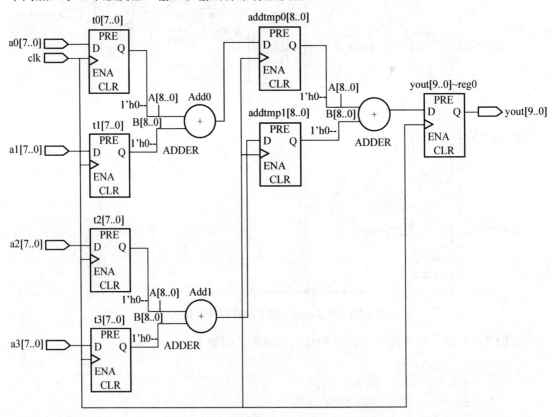

图 7.40　流水线 8 位全加器的 RTL 结构图

　　将上述两例设计综合到 Aitera 的 EP1C3T100A8 器件中，测试它们的最大工作频率，如图 7.41 所示。图 7.41(a)为非流水线 8 位全加器最大工作频率测试界面，最大工作频率为 190.91MHz；图 7.41(b)为流水线 8 位全加器最大工作频率测试界面，其最大工作频率为 243.66MHz。

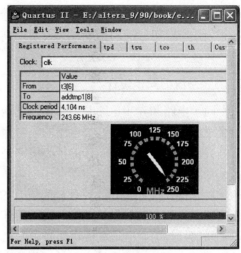

(a) 非流水线　　　　　　　　　　　　　　　　　(b) 流水线

图 7.41　8 位全加器最大工作频率测试界面

3. 乒乓操作

乒乓操作是 FPGA 设计中最常用的一种数据缓冲方法，可以看成另一种形式的流水线设计技术。其原理示意图如图 7.42 所示。乒乓操作的流程：输入数据经过选择开关后，分别进入缓冲模块 1 和缓冲模块 2。当数据写入缓冲模块 1 时，数据处理单元从缓冲模块 2 读取数据进行处理；当数据写入缓冲模块 2 时，数据处理单元从缓冲模块 1 读取数据进行处理。如此循环往复。数据缓冲模块可以为任何存储模块，比较常用的存储单元为双口 RAM(DPRAM)、单口 RAM(SPRAM)和 FIFO 等。

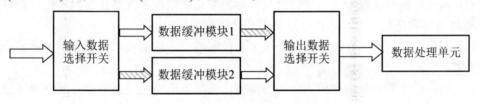

图 7.42　乒乓操作示意图

乒乓操作的最大特点是通过输入和输出数据选择开关按节拍、相互配合的切换，将经过缓冲的数据流没有停顿地送到运算处理单元进行运算与处理。把乒乓操作模块当作一个整体，从输入数据端和输出数据端这两端看数据，输入和输出数据流都是连续不断的，没有任何停顿，因此非常适合对数据流进行流水线式处理。所以乒乓操作常常应用于流水线式算法，完成数据的无缝缓冲与处理。并且乒乓缓存结构实际上相当于一个双口 RAM，这样还可以节约缓冲区空间。

另外，巧妙运用乒乓操作还可以用低速模块处理高速数据流。在图 7.42 中，将数据缓冲模块采用双口 RAM(DPRAM)，并在每个数据缓冲模块后引入一级数据预处理模块，这个数据预处理根据需要可以是各种运算。通过双口 RAM 这种缓存单元，实现了数据流的串并转换，这两个数据预处理模块以并行工作方式处理分流的数据，这与串并转换设计方法相同，可以用低速的预处理模块实现高速数据流的处理，也是面积与速度互换原则的又一个体现。

7.4.3　系统的同步设计

同步电路和异步电路是数字电路的两种基本电路结构形式。异步设计的核心电路是由组合逻辑电路构成的，这类电路的输出信号不依赖于任何时钟信号。异步电路最大的缺陷就是会产生毛刺。同步设计的核心电路是由各种触发器构成的。这类电路的任何输出都是在某个时钟的边沿驱动触发器产生的。所以，同步设计可以很好地避免毛刺的产生。

对 FPGA 的同步设计可理解为所有的状态改变都由一个主时钟触发，而对具体的电路形式表现为所有的触发器的时钟端都接在同一个主时钟上。一个系统的功能模块在内部可以是局部异步的，但是在模块间必须是全局同步的。CPU 是一个同步设计的典型实例，就是所有电路都与一个系统主时钟同步，主时钟是系统的心脏，尽管在与慢速的外设传送数据时需要插入等待周期，但它的输入/输出理论上仍然是主时钟同步驱动的。

在专用芯片(ASIC)的设计过程中，同步设计一般会比异步设计占用更多的资源，但是在 FPGA 设计过程中并不是这样。FPGA 内部的最小单元是 LE，每个 LE 里面既包括了实现异步电路需要的查找表资源，也包括了实现同步电路需要的寄存器资源。单纯地使用异步电路也不会节省触发器的资源。或者说，使用同步设计电路，并不会带来 FPGA 资源的浪费。但是全同步的设计对于 FPGA 的仿真验证是有好处的。因为电路的所有动作都是由相同的时钟边沿来触发，可以减少整个设计的延迟，提高系统的工作频率。

同步数字电路系统在当今是占绝对优势的，大家常用它设计所有能想象到的数字电路。其频率可以从直流到几十个吉赫兹。同步电路与异步电路相比有以下优点。

(1) 同步电路能在温度、电压、过程等参数变化的情况下保持正常的工作，而异步电路的性能通常和环境温度、工作电压及生产过程有关。

(2) 同步电路具有可移植性，易于采用新技术或更先进的技术，而异步电路很难重用和维护。

(3) 同步电路能简化两个模块之间的接口，而异步电路需要握手信号或令牌标记才能确保信号的完整性。

(4) 用 D 触发器或寄存器设计同步电路，可以消除毛刺和同步内部歪斜的数据，而异步电路就没有这个优点，且很难进行模拟和排错，也不能得到很好的综合。

同步电路也有缺点，因为需要时序器件，它与异步电路相比将会消耗更多的逻辑门资源。但由于现在的 FPGA 芯片已做到几百万门，故不必太在意这一点。因此尽量避免用异步电路而采用同步电路进行设计。

1. 时钟信号

数字电路中，时钟是整个电路最重要、最特殊的信号。其特点如下。

(1) 系统内大部分器件的动作都是在时钟的跳变沿上进行，这就要求时钟信号时延差要非常小，否则就可能造成时序逻辑状态出错。

(2) 时钟信号通常是系统中频率最高的信号。

(3) 时钟信号通常是负载最重的信号，所以要合理分配负载。

因此在 FPGA 这类可编程器件内部一般都设有数量不等的专门用于系统时钟驱动的全局时钟网络。这类全局时钟网络时延差特别小、信号波形畸变小，并且负载能力特别强，任何一个全局时钟驱动线都可以驱动芯片内部的触发器。

若想掌握时钟设计方法，首先需要了解建立时间和保持时间的概念。在触发器的时钟工作沿(上升或下降)到来前它的数据端应该已经稳定，这样才能保证时钟工作沿采样到数据的正确性，这段数据稳定不变的时间，称为建立时间。保持时间是指在触发器的时钟工作沿(上升或下降)到来以后，数据稳定不变的时间，如果保持时间不够，数据同样不能被打入触发器。如图 7.43 所示为定义建立时间和保持时间，波形表示触发器的数据输入应遵守建立时间和保持时间的约束条件，否则触发器无法正确接收数据。

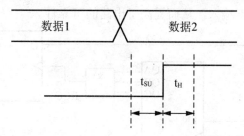

图 7.43　定义建立时间和保持时间

对于时钟信号，一般可分为全局时钟、门控时钟和多级逻辑时钟等几种类型。

在一个设计项目中，全局时钟(或同步时钟)是最简单和最可预测的时钟。FPGA 设计中，最好的时钟是由专用的全局时钟输入引脚驱动单个主时钟去控制设计项目中的每一个触发器，只要有可能就应尽量在设计项目中采用全局时钟。FPGA 器件中都具有专门的全局时钟引脚，它能提供器件中最短的时钟到输出的延时。对于需要多时钟的时序电路，最好选用一个频率是它们的时钟频率公倍数的高频主时钟。

门控时钟就是连接到触发器时钟端的时钟来自于组合逻辑。应尽量避免门控时钟的毛刺产生。每当用组合逻辑来控制触发器时，通常都存在着门控时钟。如果设计满足下述两个条件，则可以保证时钟信号不出现危险的毛刺，门控时钟就可以像全局时钟一样可靠工作。

(1) 驱动时钟的逻辑必须只包含一个"与门"或一个"或门"。如果采用任何附加逻辑，在某些工作状态下会出现竞争产生的毛刺。

(2) 逻辑门的一个输入作为实际的时钟，而该逻辑门的所有其他输入必须当成地址或控制线，它们遵守相对于时钟的建立和保持时间的约束。

使用门控时钟的好处就是可以大大地降低电路的动态功耗。门控时钟通过一个使能信号控制时钟的开关。当系统不工作时可以关闭时钟，整个系统处于非激活状态，这样就能够在某种程度上降低系统功耗。

多级逻辑时钟就是当产生门控时钟的组合逻辑超过一级，即超过单个的"与门"或"或门"时，该设计项目的可靠性将变得很差。在这种情况下，即使仿真结果没有显示出冒险现象，但实际上仍然可能存在危险，所以不应该用多级组合逻辑直接作为触发器的时钟端。

下面给出了一个不可靠的门控时钟的例子，说明门控时钟可能有毛刺产生，这对设计电路的可靠性有很大的影响。然后通过改变电路的连接结构，将门控时钟转换成全局时钟以改善设计电路的可靠性。

如图 7.44 所示为不可靠的门控时钟电路和仿真。图中 3 位同步加法计数器的输出 RCO 用来作为触发器的时钟端，由于计数器的多个输出都起到了时钟的作用，这就违反了可靠门控时钟所需的条件之一。我们并不能保证在 FPGA 器件内部 QA、QB、QC 到 D 触发器的布线长短一致，因此 RCO 线上会出现毛刺。为了避免 RCO 信号出现危险的毛刺对 D 触发器的影响，将不可靠的门控时钟转换为全局时钟，即把 RCO 信号与 D 触发器的使能端相连接，D 触发器的时钟端由全局时钟 CLK 驱动。如图 7.45 所示为可靠的门控时钟电路和仿真。图中 RCO 信号出现的毛刺仍然存在，但是只要毛刺不出现在时钟上升沿，就不会影响 D 触发器的数据输入，从而提高了电路的可靠性。

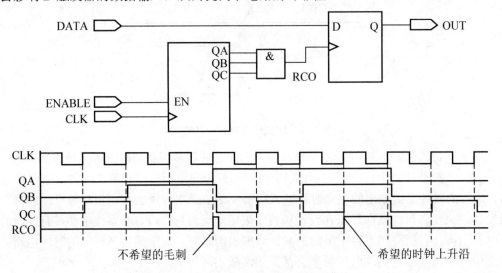

图 7.44 不可靠的门控时钟电路和仿真波形

稳定可靠的时钟是保证系统可靠工作的重要条件，设计中不能够将任何可能含有毛刺的输出作为时钟信号，并且尽可能只使用一个全局时钟，对多时钟系统要特别注意异步信号和非同源时钟的同步问题。

2. 组合逻辑的同步设计

信号在 FPGA 器件内部通过连线和逻辑单元时都有一定的延时，延时的大小与连线的长短和逻辑单元的数目有关，同时还受器件制造工艺、工作电压、温度等条件的影响。信号的高低电平转换也需要一定的过渡时间。一般情况下只要多路信号的电平值发生变化，组合逻辑必将产生毛刺。将组合逻辑的输出直接连接到 D 触发器时钟输入端、清零端或者置位端口的设计方法可能会使系统出错。

电路布线长短不同造成各端口输入信号延时不一致，有竞争冒险，会产生毛刺。分立元件之间存在分布电容和电感可以滤掉这些毛刺，所以用分立元件设计电路时，很少考虑竞争冒险和毛刺问题。但是 FPGA 内部没有分布电容和电感，不能滤掉任何毛刺(哪怕只有 1ns)。只要多路输入信号有变化(经过内部走线)，组合逻辑必将产生毛刺。因此在 FPGA 设计中，判断逻辑电路中是否存在冒险及如何避免冒险是设计者必须考虑的问题。

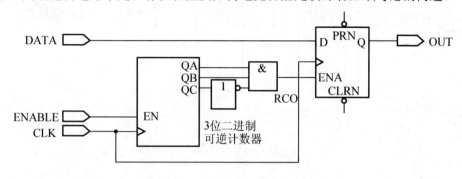

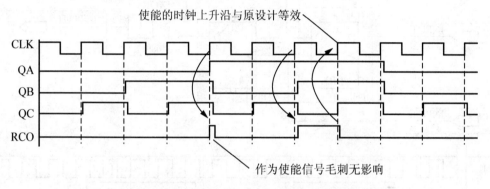

图 7.45 可靠的门控时钟转换为全局时钟的电路和仿真

通过改变电路的设计，破坏毛刺产生的条件，从而减少毛刺的发生。例如，在数字电路设计中常常采用格雷码计数器取代普通的二进制计数器，这是因为格雷码计数器的输出每次只有一位变化，可消除竞争冒险的产生条件，避免了毛刺的发生。

任何组合电路、反馈电路和计数器都可能是潜在的毛刺信号发生器。毛刺并不是对所有的输入都有危害。例如，D 触发器的输入端 D，只要毛刺不出现在时钟的上升沿，并且满足数据的建立和保持时间，就不会对系统造成危害，可以说 D 触发器的输入端对毛刺不敏感。对于一般情况下产生的毛刺，可以试用 D 触发器来消除。但用 D 触发器消除时，有时会影响到时序，需要考虑很多问题。所以要仔细地分析毛刺产生的来源和毛刺的性质，采用修改电路或其他办法来彻底消除。

在前面章节图 7.27 和图 7.28 中，已经介绍了利用 D 触发器实现异步输入信号的同步化电路。在图 7.27 中是对异步输入信号上升沿的检测。若改变输出信号连接，就可实现对输入信号下降沿的检测，如图 7.46 所示。实现对输入信号上升/下降沿的同时检测，如图 7.47 所示。

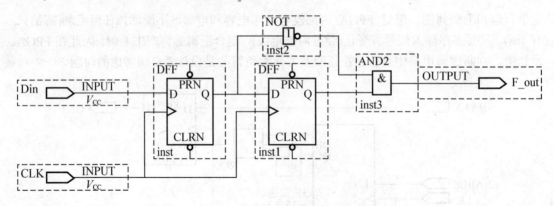

图 7.46 输入信号下降沿的检测电路

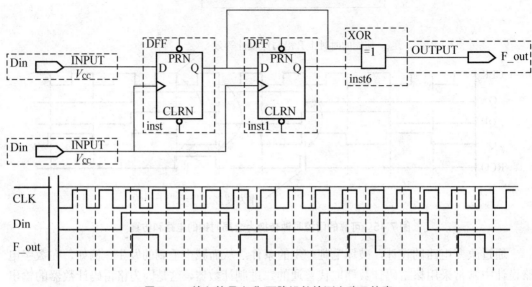

图 7.47 输入信号上升/下降沿的检测电路及仿真

FPGA 设计中经常会遇到需要分频的情况，通常情况下的做法是先用高频时钟计数，然后使用计数器的某一位输出作为工作时钟进行其他的逻辑设计。这样不规范的 VHDL 描述方法如下：

```
PROCESS (clk)BEGIN
   IF ( clk'event and clk='1')  THEN
     If  rt='1'  then  count<=(others=>'0') ;
     ELSE  count<=count+1;  end  if ;
END  PROCESS ;
PROCESS (count)BEGIN
   If ( count(3) 'event and count(3) ='1' )  THEN
     f_out<=din ;  end  if ;
END  PROCESS ;
```

在上述的第 1 个 PROCESS 描述中，首先计数器的输出结果(count(3))相对于全局时钟 clk 已经产生了一定的延时(延时的大小取决于计数器的位数和所选择使用的器件工艺)；而在第 2 个 PROCESS 描述中使用计数器的 bit3 作为时钟,那么 f_out 相对于全局时钟 clk 的延时将变得不好控制。布局布线器最终给出的时序分析也是不可靠的。因此需要对第 2 个 PROCESS 进行修改,其正确的 VHDL 描述如下:

```
PROCESS (clk)BEGIN
  IF ( clk'event and clk='1')  THEN
   IF ( count ( 2 DOWNTO 0 ) ="111")  THEN
    f_out<=din ;  END IF ;
END  PROCESS ;
```

3. 多时钟系统的同步设计

一个设计中的两个模块分别使用不同的时钟信号,则它们的接口处就工作在异步模式,这时为了保证数据能正确地处理就需要附加时序约束条件,采用同步化设计。

假设存在这样一个多时钟系统,如图 7.48(a)所示。时钟 CLK_A 用以钟控触发器 A_dff,时钟 CLK_B 用以钟控触发器 B_dff,由于触发器 A_dff 驱动着进入触发器 B_dff 的组合逻辑,故时钟 CLK_A 的上升沿相对于时钟 CLK_B 的上升沿有建立时间和保持时间的要求。可以看到,电路中有两个独立的时钟,在它们之间的建立时间和保持时间的要求是不能满足的。为了解决这个问题必须将电路同步化。图 7.48(b)的电路中增加了一个触发器 C_dff,新的触发器 C_dff 由触发器 B_dff 的钟控驱动,保证触发器 C_dff 的输出符合触发器 B_dff 的建立和保持时间。然而这个方法使输出延时了一个时钟周期。

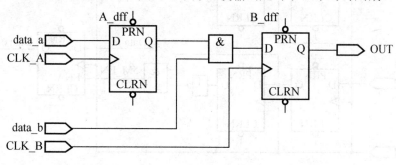

(a)

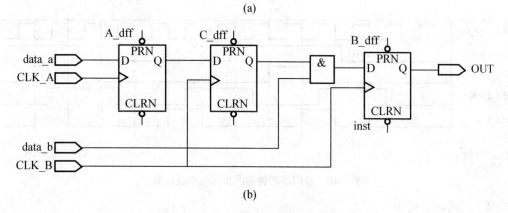

(b)

图 7.48 多时钟系统及其同步设计

在许多应用中只将异步信号同步化还是不够的，当系统中有两个或两个以上非同源时钟时，数据的建立和保持时间是很难得到保证的。最好的解决办法是将所有非同源时钟同步化。使用 FPGA 内部的锁相环模块是一个很好的方法。如果不用 PLL，当两个时钟的频率比是整数时，同步的方法比较简单；当两个时钟的频率比不为整数时，处理方法要复杂得多。这时需要使用带使能端的 D 触发器，并引入一个高频时钟(频率高于系统中的所有源时钟)，便可以达到使系统中所有源时钟同步的效果。

如图 7.49(a)所示为非同源时钟的同步化电路。电路中有两个不同源时钟，一个为 3MHz，另一个为 5MHz，分别驱动不同的两个触发器。为了保证系统能够稳定工作，现引入一个 20MHz 的时钟，将 3MHz 和 5MHz 时钟同步化。图中的 D 触发器及紧随其后的非门和与门构成了时钟上升沿检测电路，检测电路的输出分别被命名为 3M-EN 和 5M-EN。把 20MHz 的高频时钟作为系统时钟，输入到所有触发器的时钟端，同时让 3M-EN 和 5M-EN 控制所有触发器的使能端。这样就实现了任何非同源时钟的同步化。如图 7.49(b)所示为非同源时钟的同步化电路的仿真波形。

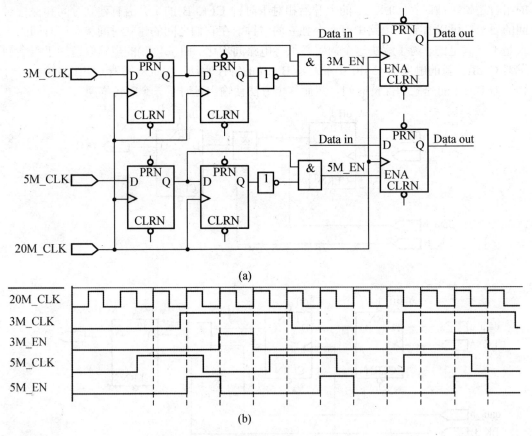

图 7.49　非同源时钟的同步化电路及仿真

4. 数据接口同步

数据接口同步又称为异步时钟域数据同步，顾名思义，就是指如何在两个时钟不同步的数据域之间可靠地进行数据交换，即跨时钟域传送。一个数据通信设备在与外部进行信息交换时，一般通过数据接口进行。在数据接口中主要传输两类信息：数据和时钟。有时只有数据信息而没有时钟信息，这时时钟信息将由接收端从接收数据流中提取出来。数据接口的设计取决于应用场合。复杂的接口可包括物理层、链路层等，简单的只包括物理层，即物理结构与信号方式的定义(信号的传输方式)。

上面介绍了单位信号的同步，就是利用两个触发器的串联来组成同步器，从某个时钟域传来的信号应先通过原时钟域上的一个触发器，然后不经过两个时钟域间的任何组合逻辑，直接进入同步器的第一个触发器中，这一要求非常重要，因为同步器的第一级触发器对组合逻辑所产生的毛刺非常敏感。一个经同步后的信号在两个时钟周期以后就成为新时钟域中的有效信号。所有的其他单位信号的同步都是以这样最简单的同步电路为基础实现的。

然而在许多应用中，跨时钟域传送的不只是简单的信号，数据总线、地址总线和控制总线都会同时跨域传输。如果简单地用同步单位信号的方法分别同步多位信号的每一位，就会出现多位数据的不一致。为了避免这一问题的出现，必须采用与单位信号不同的方法来完成多位信号的同步。常用以下方式解决异步时钟域数据同步传输的问题。

1) 握手信号实现数据的跨时钟域

握手信号机制是异步系统之间通信的基本方式，在处理不同时钟之间的接口时，可以采用这种方式，但需要注意的是设计者应该仔细分析握手和应答信号有效持续的时间，确保采样数据的正确性。例如，仲裁总线结构可以让一个以上的电路请求使用单个的总线，用仲裁方法来决定哪个电路可以获得总线的访问权，每个电路都发出一个请求信号，由仲裁逻辑决定谁是"赢家"。获胜的电路会收到一个应答，表示它可以访问总线。

根据不同的设计需求和不同的设计标准，可以用两到三个握手信号实现数据在不同时钟之间的传递，采用的握手信号越多，从一个时钟到另外一个时钟所需要的延迟也越多，同时数据传递得也越准确。

对于许多没有限制的传输，经常使用两个握手信号就足以使数据在两个时钟之间准确的传递，发送方将数据挂载在总线上，然后置位"请求"的握手信号，该"请求"的握手信号通过两个节拍的同步器传递给数据接收方。当数据接收方采集到"请求"位被置位时，开始采集总线上的数据(此时总线上的数据至少应该保持两个目的时钟周期)，同时接收方开始置位"响应"握手信号。"响应"握手信号经过两个节拍的同步器传递给发送方，发送方检测到"响应"信号后就可以改变总线上的数据了。

2) 利用 FIFO 实现数据的跨时钟域

在许多情况下，数据在跨越时钟域时需要"堆积"起来，因此使用单个保持寄存器无法完成工作。例如，一种情况是某个传输电路猝发式发送数据，接收电路来不及采样。另一种情况是虽然接收电路采样速度超过传输电路发送数据的速度，但采样的数据宽度不够。这些情况就要使用 FIFO。

目前各种器件中提供的双时钟 FIFO 宏单元很好地提供了对异步双时钟的访问，单元的内部有协调两个时钟的电路，确保读写的正确性。可以利用这个器件完成数据的同步。一般使用双口 RAM、FIFO 缓存的方法完成异步时钟域的数据转换，最常用的缓存单元是

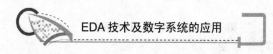

DPRAM(双口 RAM)，在输入端口使用上级时钟写数据，在输出端口使用本级时钟读数据，这样就非常方便地完成了异步时钟域之间的数据交换。

FIFO 是对各种应用十分有用的数据结构，利用 FIFO 也是解决许多类型的数据传输最好的方法之一。对于数据的延迟不可测或变动，需要建立同步机制，可以用一个同步使能或同步指示信号。另外，使数据通过 DPRAM 或者 FIFO 的存取，也可以达到数据同步的目的。

如图 7.50 所示为异步 FIFO。用一个异步 FIFO 或双口 RAM，数据可以在任意时间间隔从输入端口写入数据，在输出端口读取数据。由于用 FIFO 实现有限尺寸的任意队列，需要一定的控制来适当防止溢出，所以要预先设置 FIFO 的深度和 FIFO 的握手控制。

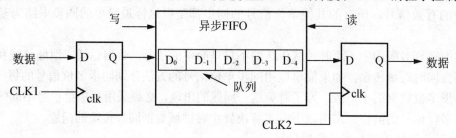

图 7.50 异步 FIFO

7.4.4 优化设置与分析

FPGA 设计的优化效果与 EDA 工具、HDL 的描述方式、FPGA 的结构之间有着紧密联系。前面对于设计优化的思想、设计原则和方法已有了介绍。以下将给出 Quartus Ⅱ 工具软件中优化设置及时序分析方法。

1. Settings 设置

在 Quartus Ⅱ 软件菜单栏中选择“Assignments”\“Setting…”命令就可打开一个设置控制对话框，如图 3.14 所示。可以使用 Setting 对话框对工程、文件、参数等进行修改，还可设置编译器、仿真器、时序分析、功耗分析等。在前面第 3 章 3.5 节(设计优化及其他设置)已有介绍。

在 Setting 对话框 Category 栏中双击 Analysis&Synthesis 项目，使其展开。如图 7.51 所示。可以对使用 VHDL 和 Verilog HDL 的版本进行设置。Quartus Ⅱ 的集成综合器完全支持 VHDL 和 Verilog HDL 语言，并提供控制综合过程的选项。支持 Verilog-1995 标准 (IEEE 1364-1995)和大多数 Verilog-2001 标准(IEEE 1364-2001)，还支持 VHDL1987 标准 (IEEE 1076-1987)和 VHDL1993 标准(IEEE 1076-1993)。

在图 7.51 所示的分析与综合参数设置对话框中，最优化技术(Optimization Technique) 区域是由 Speed(速度)、Balanced(平衡)和 Area(面积)三个单选按钮构成。选中 Speed，综合器将使用更多的逻辑资源去保证综合结果的性能，实现最高工作频率；如果选中 Area，则综合器将尽量使用最少的逻辑资源，而牺牲电路的处理速度；Balanced 选项是由综合器来平衡面积与速度，是介于 Speed 和 Area 之间的折中选项。

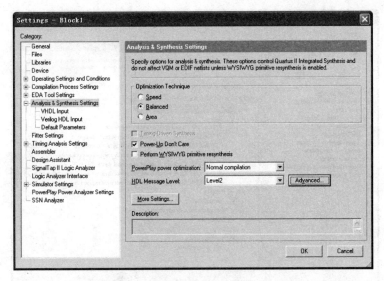

图 7.51　"Analysis&Synthesis" 对话框

在 Settings 对话框的 Category 栏中，选择 Fitter Settings 项目，可以进行布局布线参数设置，即适配(Fitter)设置。在时序设置部分进行了设计约束后，在布局布线设置选项中，建议使用时序驱动编译(Timing_driven Compilation)选项中的优化保持时间(Optimize Hold timing)。在布局布线的努力程度(Fitter Effort)中有三种选项：Standard Fit(标准)、Fast Fit(快速)和 Auto Fit(自动)。标准模式下布线器的努力程度最高；快速模式下可以节约 50%的编译时间，但是时序性能会受到一定的影响；自动模式下布线器在性能达到要求后自动降低其努力程度，以平衡设计的最高时钟频率和编译时间。

选择 Timing Analysis Settings 下的 Classic Timing Analyzer Settings 项目，如图 3.22 所示，可以进行时序约束及设置。在 Settings 对话框中还可以进行其他设置：仿真设置、功率分析设置、编译设置等。

2．检查设计可靠性

在 Settings 对话框的 Category 栏中，选择 Design Assistant 项目，如图 7.52 所示。Design Assistant 是用于指定检查设计时要使用的设计可靠性准则。它根据一组设计规则检查设计的可靠性，确定是否存在可能影响布局布线或设计优化的任何问题。如果有问题，可以在编译处理信息窗口中显示。

3．查看编译结果

在运行时序分析后，通过选择"Processing\ Compilation Report"命令，在弹出的报告窗口中查看编译报告来了解设计中的细节，确定问题所在。

首先在 Compilation Report 窗口中，选择 Fitter 下的 Summary 项目，如图 7.53 所示。从中可以了解设计中资源的使用情况，在设计优化中提出更合理地资源分配。为了进一步查看各资源使用情况的细节，可选择 Fitter 下的 Resource Section 项目。

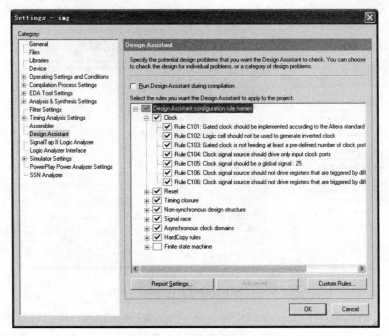

图 7.52　Design Assistant 设置

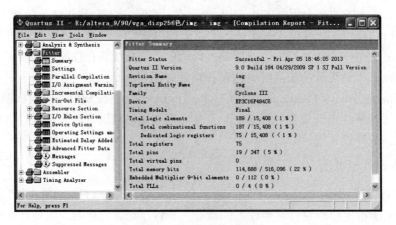

图 7.53　编译报告窗口

　　为了查看 I/O 的时序分析结果，并判断其是否满足设计的要求，可通过选择 Fitter 下的 Timing Analyze 项目，如图 7.54 所示。在时序分析报告窗口中列出了时钟建立和保持的时序信息，以及"tsu"、"tco"、"th"等 I/O 时序参数。

　　在时序报告的列表中选择某个路径行，右击，在弹出的菜单中选择"List Path"命令，就可以以文本方式显示该路径的时序构成；如果选择"Locate \ Locate in Chip Planner"命令就可以在平面布局图中直观地显示路径的延时。这样可以较为清楚地判断出其关键路径，便于分析设计。

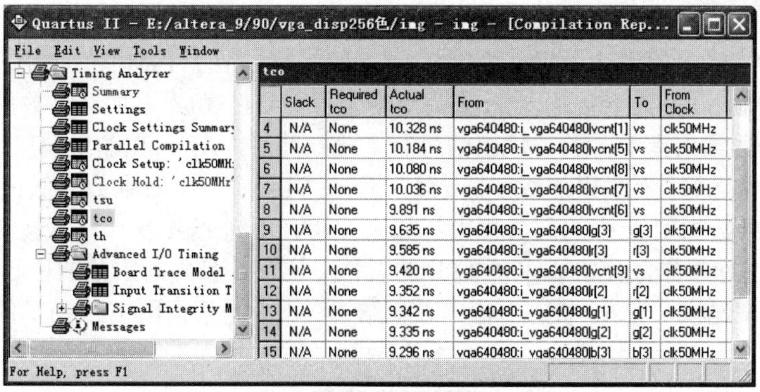

图 7.54 时钟到输出延时 tco

7.5 移位相加 8 位硬件乘法器

实现二进制乘法器的电路有多种方法，一种是由组合逻辑电路(与门、或门和非门)构成的乘法器，它虽然工作速度较快，但占用 PLD 的资源较多，难以实现多位乘法；另一种是基于 PLD 器件外接 ROM 九九表的乘法器，则无法构成片上系统(SOC)，不很实用。本节介绍 8 位二进制乘法的硬件算法。它不同于前面两种乘法器电路，是由一个加法器和移位寄存器构成的以时序逻辑方式运行的 8 位硬件乘法器。

7.5.1 硬件乘法器的设计思想

硬件乘法器的乘法原理是通过逐项移位相加的方法来实现的。下面通过具体的两个二进制数值的乘法运算过程即多次加法和移位来进行说明。例如，两个 3 位二进制数 171 和 701 进行乘法：

$$
\begin{array}{r}
1101 \quad \text{被乘数：13(十进制)} \\
\times \quad 1001 \quad \text{乘数：} \quad 9 \text{ (十进制)} \\
\hline
1101 \\
0000 \quad \text{部分积} \\
0000 \\
1101 \\
\hline
1110101 \quad \text{乘积：} \quad 117\text{(十进制)}
\end{array}
$$

先观察乘数的每一位，从最低位开始，若最低位是 1，则被乘数被复制到下面，否则复制为全 0，复制下来的数值较前一个数值左移一位。最后，将复制的数值相加，它们的和就是乘积。两个 n 位二进制数相乘的结果最多可以有 $2n$ 位的二进制数。

为了实现硬件乘法器，根据上面乘法的计算过程可以得出三点：一是只对两个二进制数进行相加运算，并用寄存器不断地累加部分积；二是将累加的部分积左移(复制的被乘数不移动)。三是乘数的对应位若为 0，则对累加的部分积不产生影响(不操作)。

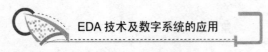

7.5.2 硬件乘法器的实现

根据硬件乘法器的设计思想，绘制 8 位二进制乘法器的 ASM 图，如图 7.55 所示。其中 d 为被乘数输入，b 为乘数输入，ST 为启动信号，A[15..0]为累加结果数据输出，输出 Z 为二进制乘法器结束指示，当 Z 输出信号有上跳脉冲时，A[15..0]输出端口为乘积。当 ST 为 1 时，乘法器运算开始，累加寄存器 A 清零。在 S1 状态下，对乘数最低位 b0 进行检测，若为 1，将被乘数加到 A 中的部分积上；如果 b0 为 0，系统不操作，直接进入 S2 状态。在 S2 状态中进行累加寄存器 A 和乘数 b 的右移一位，并且判断乘数的位数是否已运算结束。若乘法运算结束，在 S3 状态下输出乘积结果。下面是根据图 7.55 所示的 VHDL 描述：

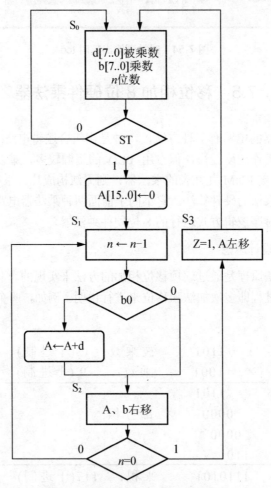

图 7.55　8 位二进制乘法器的 ASM 图

```
LIBRARY IEEE;
USE IEEE.STD_LOGIC_1164.ALL;
USE IEEE.STD_LOGIC_UNSIGNED.ALL;
ENTITY multi_lpm IS
GENERIC( WIDTHd:  INTEGER :=8;              -- 设置被乘数位数参数
         WIDTHb:  INTEGER :=8 ) ;           -- 设置乘数位数参数
PORT ( clk, clrn,st: IN   STD_LOGIC;
```

```
            d: IN  STD_LOGIC_VECTOR(WIDTHd-1 DOWNTO 0);                -- 被乘数
            b: IN    STD_LOGIC_VECTOR(WIDTHb-1 DOWNTO 0);              -- 乘数
            A: OUT STD_LOGIC_VECTOR( WIDTHd+WIDTHb-1 DOWNTO 0);     -- 乘积
            z: OUT STD_LOGIC );                          -- 运算结束指示
END multi_lpm;
ARCHITECTURE one OF multi_lpm IS
    TYPE ss  IS ( s0, s1, s2, s3 );              -- 定义状态机
    SIGNAL state: ss:=s0 ;                       -- 定义状态变量
    SIGNAL   n : INTEGER RANGE WIDTHb DOWNTO 0;               -- 乘数位数
    SIGNAL   q : STD_LOGIC_VECTOR( WIDTHd+WIDTHb DOWNTO 0);   -- 累加寄存器
    SIGNAL   t : STD_LOGIC_VECTOR( WIDTHb-1 DOWNTO 0 );       -- 乘数
BEGIN
    PROCESS (clk, clrn)                          -- 此进程描述状态转移
    BEGIN
      IF clrn= '0' THEN  state<=s0;
      ELSIF (clk'EVENT AND clk= '1') THEN         -- 用 CASE 语句和 IF 语句
        CASE state IS                            -- 来实现状态转移
          WHEN s0=> IF st='1' THEN
                     state<=s1;
                    END IF;
          WHEN s1=> state<=s2;
          WHEN s2=> IF n =0 THEN state<=s3;
                     ELSE state<=s1;
                    END IF;
          WHEN s3=> state<=s0;
          WHEN  OTHERS =>  state<=s0;
         END CASE;
       END IF;
     END PROCESS;
    PROCESS (clk)                               -- 此进程描述寄存器操作
      VARIABLE cont : STD_LOGIC_VECTOR( WIDTHd DOWNTO 0);
    BEGIN
    IF (clk'EVENT AND clk= '1') THEN
      CASE state IS
       WHEN s0=> n<=WIDTHb ;
          t<=b;z<='0'; q<=(OTHERS=>'0');              -- 定义初始值
          cont(WIDTHd DOWNTO 0):='0'&d(WIDTHd-1 DOWNTO 0); -- 增加被乘数位数 1 位
       WHEN s1=> n<=n-1;
           IF t(0)='1' THEN
           q( WIDTHd+WIDTHb DOWNTO WIDTHb)<=q( WIDTHd+WIDTHb DOWNTO WIDTHb )
                                      + cont( WIDTHd DOWNTO 0) ;
           END IF;
       WHEN s2=>  t(WIDTHb-2 DOWNTO 0)<=t(WIDTHb-1 DOWNTO 1); t(WIDTHb-1)<='0';
           q(WIDTHd+WIDTHb-1 DOWNTO 0)<=q(WIDTHd+WIDTHb DOWNTO 1);
           q(WIDTHd+WIDTHb)<='0';
       WHEN s3=> z<='1';
           q( WIDTHd+WIDTHb DOWNTO 1)<=q(WIDTHd+WIDTHb-1 DOWNTO 0);
           A<=q( WIDTHd+WIDTHb-1 DOWNTO 0);                 -- 输出乘积
     END CASE;
    END IF;
   END PROCESS;
END one;
```

此硬件乘法器采用参数化的 VHDL 描述，由两进程的状态机来实现，一个进程描述状态转移，另一个进程描述寄存器操作。累加寄存器 q 的位数为 WIDTHd(被乘数位数)+WIDTHb(乘数位数)+1，其中 q 的高位段(WIDTHd+1)进行数的累加，然后向 q 的低位进行移位(右移)，形成部分积。当计数器 n 减到 0 时，乘法过程结束。在寄存器操作进程中，由于使用的是时钟同步工作方式，其操作都是在下一个状态完成的，因此在乘法结束进入 S3 状态下，需要对累加寄存器 q 进行左移一位，并将寄存器 q 中的乘积结果输入到乘积输出端 A。此参数化硬件乘法器模块图如图 7.56 所示；图 7.57 所示为 8 位二进制乘法器的仿真波形。从图中可以看出，当启动信号 ST 由低变高时，采集对应的被乘数 d 和乘数 b，并且开始进行乘法运算，输出端 Z 为结束标志信号，Z 为上跳脉冲时，表示乘法运算的结果(即输出端 A[15..0])为正确的乘积，如 105×25=2625。

Parameter	Value	Type
WIDTHd	8	Unsigned Integer
WIDTHb	8	Unsigned Integer

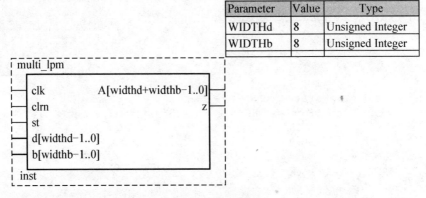

图 7.56　参数化硬件乘法器模块图

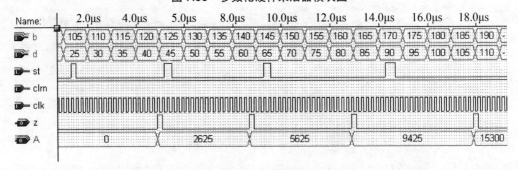

图 7.57　8 位二进制乘法器的仿真波形

7.6　十字路口交通信号的控制系统

十字路口交通信号的控制系统既适用于十字路口汽车行驶的交通控制，也适用于行人自助通过道路的交通管理。

7.6.1　系统的功能要求

十字路口的示意图如图 7.58 所示。该系统的功能要求：在十字路口有主干道(A 方向)

和支干道(B 方向)，安装有红、黄、绿三色信号灯，指挥车辆安全高效地通行。Ca、Cb 分别为 A、B 方向检测车辆的传感器输出信号。当某方向道路有汽车时，或者行人需要通过道路时，某方向传感器输出为高电平(Ca=1 或 Cb=1)。在初始情况下，A 方向绿灯亮，B 方向红灯亮。当 A、B 两方向只有一方向有车并请求通行时(即传感器为高时)，该方向通行；在其他情况下，A、B 两方向的车辆轮流通行。主干道 A 方向的通行时间(Ga 绿灯亮)为 T_1(50s)，支干道 B 方向的通行时间(Gb 绿灯亮)为 T_2(30s)，另外黄灯亮的时间为 T_3(4s)。

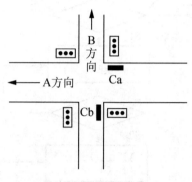

图 7.58 十字路口示意图

该系统的结构图如图 7.59 所示，由控制器和三个受控制的定时器组成。三个定时器分别确定主干道、支干道通行时间及公共停车(黄灯亮)时间。Z_1、Z_2、Z_3 分别为这些定时器的工作使能信号，当 Z_1、Z_2 或 Z_3 为 1 时，对应的定时器计数；C_1、C_2、C_3 为每个定时器的状态输出信号，当定时器计数结束时，这些输出信号为 1。输入信号有 reset 复位信号、clk 秒时钟信号，Ca 和 Cb 为传感器的输入信号。Ra、Ya、Ga 和 Rb、Yb、Gb 分别为 A 方向和 B 方向红、黄、绿灯的输出信号。

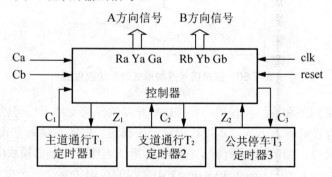

图 7.59 交通信号控制系统的结构图

7.6.2 控制器算法设计及实现

按照十字路口交通信号的控制系统的要求和结构图，列出控制器的算法流程图(或 ASM 图)，如图 7.60 所示。

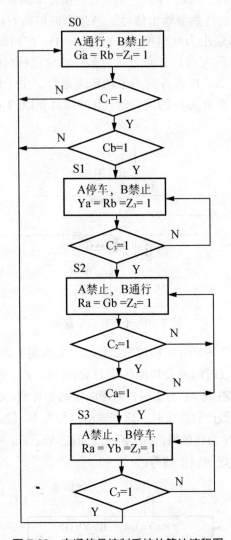

图 7.60　交通信号控制系统的算法流程图

根据该系统结构图和算法流程图，在 EDA 开发软件的支持下，可以进行可编程器件的设计。先要选择设计输入方式，本设计采用分层描述，用图形输入方式来描述交通信号控制系统的顶层文件，如图 7.61 所示。它用框图形式表明了控制器模块(control_jt)和三个定时计数器模块(time1_50、time2_30、time3_4)之间的逻辑关系。每个模块的功能(底层文件)用文本输入方式进行描述。以下为各模块的 VHDL 描述。

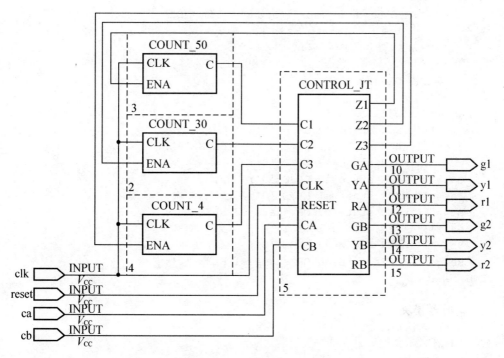

图 7.61 交通信号控制系统的原理图(顶层文件)

1. 控制器模块(control_jt)

```
LIBRARY IEEE;
USE IEEE. STD_LOGIC_1164.ALL;
ENTITY control_jt IS
    PORT(clk, reset : IN STD_LOGIC ;
           ca, cb : IN STD_LOGIC ;
         c1,c2,c3 : IN STD_LOGIC ;
         z1,z2,z3 : OUT STD_LOGIC;
         Ga,Ya,Ra : OUT STD_LOGIC;
         Gb,Yb,Rb : OUT STD_LOGIC );
END control_jt;
ARCHITECTURE behave OF control_jt IS
    TYPE ss IS (s0,s1,s2,s3);
    SIGNAL state : ss;
BEGIN
  PROCESS(clk)
    BEGIN
      IF reset='1' THEN  state<=s0;
      ELSIF(clk'event AND clk='1') THEN
         CASE state IS
           WHEN s0=> IF (w1='1'and ca='1') THEN
                   state<=s1; END IF;
           WHEN s1=> IF w2='1' THEN
                   state<=s2; END IF;
```

```
            WHEN s2=> IF (w3='1'and cb='1') THEN
                        state<=s3; END IF;
            WHEN s3=>IF w2='1' THEN
                        state<=s0; END IF;
        END CASE;
      END IF;
  END PROCESS;
    z1<='1' WHEN state=s0 ELSE '0';
    z3<='1' WHEN state=s1 OR state=s3 ELSE '0';
    z2<='1' WHEN state=s2 ELSE '0';
    Ga<='1' WHEN state=s0 ELSE '0';
    Ya<='1' WHEN state=s1 ELSE '0';
    Ra<='1' WHEN state=s2 OR state=s3 ELSE '0';
    Gb<='1' WHEN state=s2 ELSE '0';
    Yb<='1' WHEN state=s3 ELSE '0';
    Rb<='1' WHEN state=s0 OR state=s1 ELSE '0';
END behave;
```

2. 定时器模块

```
-- 定时器 1 为 50s
LIBRARY IEEE;
USE IEEE.STD_LOGIC_1164.ALL;
ENTITY count_50 IS
  PORT( clk: IN STD_LOGIC;
        ena: IN STD_LOGIC;
        c:  OUT STD_LOGIC);
END count_50;
ARCHITECTURE behave OF count_50 IS
BEGIN
  PROCESS(clk)
    VARIABLE cnt: INTEGER RANGE 49 DOWNTO 0;
  BEGIN
    IF (clk'EVENT AND clk='1') THEN
      IF ena='1' AND cnt<50 THEN  cnt:=cnt+1;
        ELSE  cnt:=0;
      END IF;
    END IF;
    IF cnt=49 THEN c<='1';
      ELSE c<='0';
    END IF;
  END PROCESS;
END behave;

-- 定时器 2 为 30s
LIBRARY IEEE;
USE IEEE.STD_LOGIC_1164.ALL;
 ENTITY count_30 IS
```

```
PORT(  clk: IN STD_LOGIC;
          ena: IN STD_LOGIC;
          c:  OUT STD_LOGIC);
END count_30;
ARCHITECTURE behave OF count_30 IS
BEGIN
 PROCESS(clk)
   VARIABLE cnt: INTEGER RANGE 29 DOWNTO 0;
  BEGIN
   IF (clk'EVENT AND clk='1') THEN
     IF ena='1' AND cnt<30 THEN cnt:=cnt+1;
       ELSE   cnt:=0;
     END IF;
    END IF;
   IF cnt=29 THEN c<='1';
     ELSE c<='0';
    END IF;
 END PROCESS;
END behave;


-- 定时器 3 为 4s
LIBRARY IEEE;
USE IEEE.STD_LOGIC_1164.ALL;
ENTITY count_4 IS
PORT( clk : IN STD_LOGIC;
      ena : IN STD_LOGIC;
        C : OUT STD_LOGIC);
END count_4;
ARCHITECTURE behave OF count_4 IS
BEGIN
  PROCESS(clk)
   VARIABLE cnt: INTEGER RANGE 3 DOWNTO 0;
  BEGIN
   IF (clk'EVENT AND clk='1') THEN
       IF ena='1' AND cnt<4 THEN  cnt:=cnt+1;
         ELSE  cnt:=0;
        END IF;
    END IF;
   IF cnt=3 THEN c<='1';
     ELSE c<='0';
    END IF;
   END IF;
  END PROCESS;
END behave;
```

对于图 7.61 所示的交通信号控制系统的原理图和各功能模块的源文件经过编译和仿真，确定正确无误后，可由 EDA 开发工具生成该系统的目标文件，然后下载数据，编程器件。

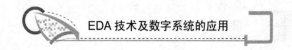

7.7 数据采集系统设计

7.7.1 系统的功能要求和设计思想

在工业控制领域中，将模拟信号转换为数字信号及将数字信号转换成模拟信号已成为计算机控制系统中不可缺少的环节。本节介绍可编程逻辑器件在模数转换(A/D 转换)、数模转换(D/A 转换)及数据采集与处理中的设计方法。

数据采集系统主要实现的功能是，通过模数转换器 ADC0809 对 8 路通道的模拟信号进行循环测量，将测量的数据进行保存、处理和显示。数据处理功能主要实现对采集的数据进行 2 倍放大、1/2 的缩小和保持数据不变等，并且将处理后的数据输入到 DAC0832 进行数模转换。

本系统主要由三部分组成：数据输入单元、数据处理控制单元和数据输出单元，如图 7.62 所示。

图 7.62 数据采集系统框图

1. 数据输入单元

数据输入单元是通过 ADC0809 来实现 A/D 转换，转换后的数字量传送到由 FPGA 构成的数据处理控制单元中。ADC0809 是 CMOS 的一个逐次逼近型 8 位 A/D 转换器，片内有 8 路模拟开关，可控制 8 个模拟量的输入。ADC0809 的精度是 8 位，转换时间大约为70μs，含有锁存控制的 8 路开关，输出有三态缓冲控制，5V 单电源供电。FPGA 与 ADC0809 接口电路如图 7.63 所示。

其中，FPGA_IO 接线中的端口 1~8 接收 ADC0809 转换的 8 位数据；端口 9 为 ADC0809 提供启动控制信号 START，一个正脉冲过后 A/D 开始转换；端口 7 接收 ADC0809 转换结束信号 EOC(上升沿脉冲)；端口 11 为 ADC0809 提供输出使能信号 OE，当 OE 电平由低变高时，打开输出锁存器，将转换结果的数字量送到数据总线上；端口 12 为 ADC0809 提供地址锁存控制信号 ALE(高电平有效)；端口 13 为 ADC0809 提供时钟信号 CLOCK，其时钟频率一般不高于 640kHz；端口 14~16 为 ADC0809 提供 8 路模拟信号开关的 3 位地址信号(A2A1A0)。

ADC0809 A/D 转换过程是在启动信号 START 一个正脉冲作用后开始转换的。模拟信号送入某一个输入端(IN0~IN7)是由三位地址信号 A2A1A0 选择，并由 ALE 锁存地址信号。当开始 A/D 转换时，转换结束指示信号 EOC 变为低电平，经过大约 70μs 后，A/D 转换结束时，EOC 产生上升沿脉冲变为高电平。若输出使能信号 OE 为高电平，则打开三态缓冲器，将转换好的 8 位数据送至数据总线，至此 ADC0809 的一次 A/D 转换结束。

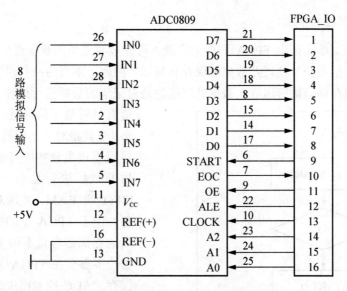

图 7.63　FPGA 与 ADC0809 接口原理图

2. 数据输出单元

数据输出单元是将数字信号转换为模拟信号，采用 DAC0832 来实现 D/A 转换。DAC0832 是 CMOS 的 8 位 D/A 转换器，片内包含 8 位输入寄存器、8 位 DAC 寄存器和 8 位 D/A 转换器。DAC0832 有两级锁存器：第一级为输入寄存器；第二级为 DAC 寄存器，可以工作在双缓冲方式下。图 7.64 为 DAC0832 接线图。

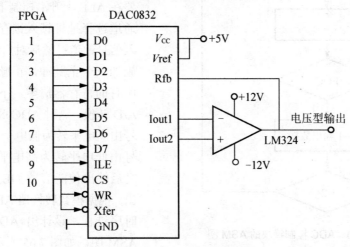

图 7.64　DAC0832 接线图

其中，FPGA 接线中的端口 1～8 是向 DAC0832 的数据输入端(D0～D7)送入 8 位数据；端口 9 提供 DAC0832 数据锁存允许控制信号 ILK(高电平有效)；端口 7 提供 DAC0832 的控制信号(低电平有效)：片选信号 CS、数据传输控制信号 Xfer 和 DAC 寄存器写选通信号 WR。由于 DAC0832 的 D/A 转换周期为 1μs，因此每次向 DAC0832 的数据输入端输送数据的间隔时间应大于 1μs。

3. 数据处理控制单元

数据处理控制单元是由 FPGA 器件来实现，可完成对采集的数据进行 2 倍放大、1/2 的缩小和保持数据不变等处理及数据的保存和显示。因此，主要由控制模块、数据处理模块、显示模块和存储模块等组成。数据处理模块是对采集的数据进行处理，对数据放大 2

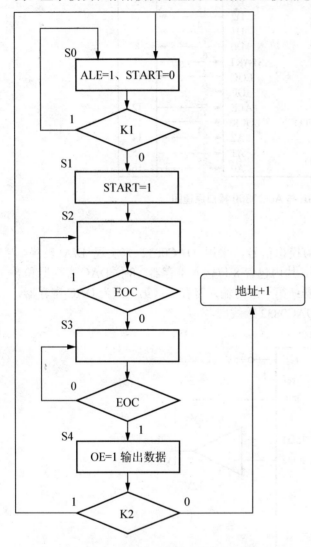

图 7.65 ADC 控制模块的 ASM 图

倍就是对数字信号进行左移一位，缩小 1/2 就是对数字信号进行右移一位；显示模块主要实现对输入通道数和采集的数据进行显示；存储模块包括 FIFO 或 RAM，实现对采集数据的保存。由于 FPGA 中的嵌入式存储块构成的存储器容量不够大，若采集的数据较多需要在 FPGA 外部的存储器中保存。ADC 控制模块是数据采集系统的核心，控制和管理数据输入单元、数据输出单元和其他模块，完成系统的功能要求。

7.7.2　ADC 控制模块设计

在 A/D 转换开始前，ADC0809 需要在 ALE 上升沿控制下，将 3 位 8 路通道选择地址锁入锁存器，以确定输入信号通道；然后对启动信号 START 施加一个正脉冲，正脉冲的上升沿将所有的寄存器清零，下降沿开始启动 A/D 转换，这时 ADC0809 的 EOC 信号由高电平转为低电平。直到 EOC 信号由低电平转为高电平时转换结束；之后输出使能信号 OE 使转换数据输出。根据模数转换器 ADC0809 的工作时序过程，设计出 ADC 控制模块的 ASM 图，如图 7.65 所示。

ADC 控制模块的电路符号如图 7.66 所示，其 VHDL 描述的功能如下：

```
LIBRARY IEEE;
USE IEEE.STD_LOGIC_1164.ALL;
USE IEEE.STD_LOGIC_UNSIGNED.ALL;
USE IEEE.STD_LOGIC_ARITH.ALL;
ENTITY contro_ADC0809 IS
```

```
        PORT ( clk,eoc :IN STD_LOGIC; -- CLK 为系统时钟，EOC 为 ADC0809 转换结束信号
              abc_in  :IN STD_LOGIC_VECTOR(2 DOWNTO 0);-- 地址输入
              d       :IN STD_LOGIC_VECTOR(7 DOWNTO 0);-- ADC0809 输出的采样数据
              k1,k2   :IN STD_LOGIC; -- K1 为该模块启动输入，K2 为定点/循环采样控制
              start, ale,oe: OUT STD_LOGIC;          -- ADC0809 控制信号
              abc_out  :OUT STD_LOGIC_VECTOR(2 DOWNTO 0); -- ADC0809 模拟信号地址
              qout    :OUT STD_LOGIC_VECTOR(7 DOWNTO 0)); -- 输出数据
END contro_ADC0809;
ARCHITECTURE behav OF contro_ADC0809 IS
     TYPE ss IS ( s0, s1, s2, s3,s4);                    --定义状态
     SIGNAL  s_state : ss:=s0;
     SIGNAL regl :STD_LOGIC_VECTOR(7 DOWNTO 0);          --中间数据寄存信号
     SIGNAL qq   :STD_LOGIC_VECTOR(2 DOWNTO 0);
BEGIN
  PROCESS( clk, eoc )
  BEGIN
    IF clk'EVENT AND clk='1' THEN   ale<='0';start<='0';oe<='0';
      CASE s_state IS
        WHEN s0=> IF k1='0' THEN  s_state<=s1; ale<='1';  END IF;
        WHEN s1=> s_state<=s2;  start<='1';
        WHEN s2=> IF eoc='0' THEN s_state<=s3;  END IF;
        WHEN s3=> IF eoc='1' THEN               --检测 EOC 的上升沿
             s_state<=s4;  END IF;
        WHEN s4=> s_state<=s0; oe<='1';regl<=d;
             IF k2='0' THEN  qq<=qq+1; END IF;
        WHEN OTHERS=> s_state<=s0;
        END CASE;
      END IF;
    END PROCESS;
    qout<=regl;
    abc_out<=abc_in WHEN k2='1' ELSE qq ;
END BEHAV;
```

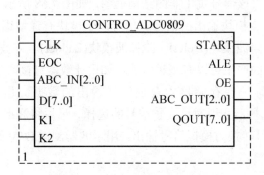

图 7.66 ADC 控制模块的电路符号

在上面 ADC 控制模块的 VHDL 描述中，由于使用时钟同步进程工作方式，在每个状态中的操作都是在下一个状态进行输出，ADC 控制模块的时序仿真如图 7.67 所示。

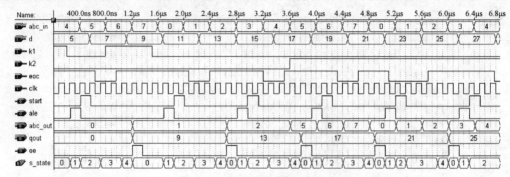

图 7.67　ADC 控制模块的时序仿真

S0 为初始状态，对各个控制信号进行初始化，在 K1 信号(低电平有效)作用下进入 S1 状态；在 S1 状态产生 ALE 信号的上升沿，锁存模拟通道的地址信号；在 S2 状态下产生 START 信号，启动 A/D 转换；在启动转换后，ADC0809 使 EOC 处于低电平，进入 S3 状态；S3 状态下等待 A/D 转换结束信号 EOC 由低电平转换为高电平，状态机进入 S4 状态，产生 OE 输出信号，并将 ADC0809 转换的数据输出。当 K2 为 1 时，由地址输入信号 abc_in 指定 ADC0809 某一个模拟信号输入端，当 K2 为 0 时，自动对 ADC0809 的 8 个模拟信号输入端进行循环数据采集。每完成一次 A/D 转换，都产生正脉冲 OE 信号，因此 OE 信号可用于与其他进程之间通信的信号。例如，若将转换数据写入存储器中，可将此信号作为标志，以通知存储器进程(模块)进行读写操作。

7.8　多功能函数信号发生器

7.8.1　信号发生器的功能和设计思想

多功能函数信号发生器能够产生递增锯齿波、递减锯齿波、三角波、阶梯波、方波和正弦波等多种输出信号。该信号发生器的结构框图，如图 7.68 所示。其中 K0～K5 为信号选择开关，选择信号产生模块输出的信号。信号产生模块有递增锯齿波模块(Isaw)、递减锯齿波模块(Dsaw)、三角波模块(Delta)、阶梯波模块(Ladder)、方波模块(Square)和正弦波模块(Sin)等，这些信号的产生可以有多种方式，如用计数器直接产生信号输出，或者用计数器产生存储器的地址，在存储器中存放信号输出的数据。信号发生器的控制模块(sig_control)是由数据选择器实现对这 6 种信号的选择。最后将波形数据送入 D/A 转换器，如 DAC0832 将数字信号转换为模拟信号输出。用示波器测试 D/A 转换器的输出，可以观测到 5 种信号的输出。

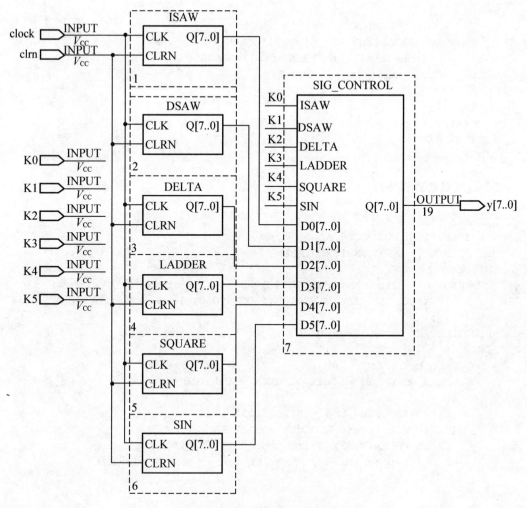

图 7.68 信号发生器的结构框图

7.8.2 各功能模块设计

下面是该发生器各功能模块的 VHDL 描述。

1. 递增锯齿波模块

```
LIBRARY IEEE;
USE IEEE.STD_LOGIC_1164.ALL;
USE IEEE.STD_LOGIC_UNSIGNED.ALL;
ENTITY isaw IS
  PORT( clk , clrn : IN  STD_LOGIC;              --clk 时钟信号，clrn 复位信号
        q   : OUT STD_LOGIC_VECTOR(7 DOWNTO 0) );      -- 8 位数据输出
END isaw ;
ARCHITECTURE  a  OF  isaw  IS
BEGIN
  PROCESS(clk , clrn)
    VARIABLE tmp : STD_LOGIC_VECTOR(7 DOWNTO 0 );
```

```
BEGIN
    IF  clrn ='0' THEN tmp:= "00000000" ;
    ELSE IF clk 'event AND clk ='1' THEN
        IF tmp="11111111" THEN  tmp:="00000000";
        ELSE   tmp:=tmp+1; END IF;                  -- 递加运算
      END IF;
    END IF;
    q<=tmp ;
  END PROCESS ;
END a ;
```

2. 递减锯齿波模块

```
LIBRARY IEEE;
USE IEEE.STD_LOGIC_1164.ALL;
USE IEEE.STD_LOGIC_UNSIGNED.ALL;
ENTITY isaw IS
  PORT( clk , clrn : IN  STD_LOGIC;            -- clk 时钟信号，clrn 复位信号
      q  : OUT STD_LOGIC_VECTOR(7 DOWNTO 0) );   -- 8 位数据输出
END isaw ;
ARCHITECTURE  a  OF isaw IS
BEGIN
  PROCESS(clk , clrn)
    VARIABLE tmp : STD_LOGIC_VECTOR(7 DOWNTO 0 );
  BEGIN
    IF  clrn ='0' THEN tmp:= "11111111" ;
      ELSE IF clk 'event AND clk ='1' THEN
        IF tmp="00000000"  THEN  tmp:=" 11111111" ;
        ELSE   tmp := tmp-1 ;  END IF;            -- 递减运算
      END IF;
    END IF;
    q<=tmp ;
  END PROCESS ;
END a ;
```

3. 三角波模块

```
LIBRARY IEEE;
USE IEEE.STD_LOGIC_1164.ALL;
USE IEEE.STD_LOGIC_UNSIGNED.ALL;
ENTITY delta IS
PORT(clk,clrn :IN STD_LOGIC;
        q     :OUT STD_LOGIC_VECTOR(7 DOWNTO 0));
END delta ;
ARCHITECTURE a OF delta IS
BEGIN
PROCESS(clk,clrn)
  VARIABLE tmp: STD_LOGIC_VECTOR(7 DOWNTO 0);
  VARIABLE f  : STD_LOGIC;
```

```
BEGIN
  IF clrn='0' THEN  tmp:="00000000";
   ELSIF clk'event and clk='1' THEN
    IF f='0' THEN
      IF tmp="1111117" THEN  tmp:="11111111"; f:='1';
       ELSE   tmp:=tmp+1; END IF;
     ELSE
      IF tmp="00000001" THEN  tmp:="00000000"; f:='0';
       ELSE   tmp:=tmp-1; END IF;
    END IF;
  END IF;
 q<=tmp;
END PROCESS;
END a;
```

4. 阶梯波模块

```
LIBRARY IEEE;
USE IEEE.STD_LOGIC_1164.ALL;
USE IEEE.STD_LOGIC_UNSIGNED.ALL;
ENTITY ladder IS
PORT(clk,clrn :IN STD_LOGIC;
        q      :OUT STD_LOGIC_VECTOR(7 DOWNTO 0));
END ladder ;
ARCHITECTURE a OF ladder IS
  BEGIN
  PROCESS(clk,clrn)
    VARIABLE tmp: STD_LOGIC_VECTOR(7 DOWNTO 0);
  BEGIN
    IF clrn='0' THEN  tmp:="00000000";
      ELSE IF clk'event and clk='1' THEN
          IF tmp="11111111" THEN  tmp:="00000000";
          ELSE  tmp:=tmp+16; END IF;
       END IF;
    END IF;
    q<=tmp;
  END PROCESS;
END a;
```

5. 方波模块

```
LIBRARY IEEE;
USE IEEE.STD_LOGIC_1164.ALL;
USE IEEE.STD_LOGIC_UNSIGNED.ALL;
ENTITY square IS
PORT(clk,clrn :IN STD_LOGIC;
     q      :OUT STD_LOGIC_VECTOR(7 DOWNTO 0));
END square ;
ARCHITECTURE a OF square IS
```

```
    SIGNAL f: STD_LOGIC;
BEGIN
  PROCESS(clk,clrn)
    VARIABLE tmp: STD_LOGIC_VECTOR(7 DOWNTO 0);
   BEGIN
   IF clrn='0' THEN  tmp:="00000000";
     ELSE IF clk'event and clk='1' THEN
       IF tmp="11111111" THEN  tmp:="00000000";
         ELSE   tmp:=tmp+1; END IF;
       IF tmp<"7000000" THEN  f<='1';
         ELSE   f<='0'; END IF;
     END IF;
    END IF;
  END PROCESS;
  PROCESS(clk,f )
   BEGIN
    IF clk'event and clk='1' THEN
      IF f='1' THEN   q<="11111111";
        ELSE  q<="00000000"; END IF;
    END IF;
  END PROCESS;
END a;
```

6. 正弦波模块

```
LIBRARY IEEE;
USE IEEE.STD_LOGIC_1164.ALL;
USE IEEE.STD_LOGIC_UNSIGNED.ALL;
ENTITY sin IS
PORT( clk , clrn : IN  STD_LOGIC;            -- clk 时钟信号，clrn 复位信号
          q  : OUT INTEGER RANGE 255  DOWNTO 0 );   -- 8 位数据输出
END sin ;
ARCHITECTURE  a  OF sin IS
  BEGIN
    PROCESS(clk , clrn)
      VARIABLE tmp : INTEGER RANGE 63 DOWNTO 0 ;
    BEGIN
     IF  clrn ='0' THEN  q<= 0 ;  tmp:=0;
     ELSE
      IF clk 'event AND clk ='1' THEN
      IF tmp= 63 THEN  tmp:=0 ;  ELSE   tmp:=tmp+1;  END IF;
       CASE tmp IS    -- 查表输出
         WHEN 0  => q<=255 ;   WHEN 1  => q<=254 ;   WHEN 2  => q<=252 ;
         WHEN 3  => q<=249 ;   WHEN 4  => q<=245 ;   WHEN 5  => q<=239 ;
         WHEN 6  => q<=233 ;   WHEN 7  => q<=225 ;   WHEN 8  => q<=217 ;
         WHEN 9  => q<=207 ;   WHEN 7  => q<=197 ;   WHEN 11 => q<=186 ;
         WHEN 12 => q<=174 ;   WHEN 13 => q<=162 ;   WHEN 14 => q<=150 ;
         WHEN 15 => q<=137 ;   WHEN 16 => q<=124 ;   WHEN 17 => q<=112 ;
         WHEN 18 => q<=99 ;    WHEN 19 => q<=87 ;    WHEN 20 => q<=75 ;
```

```
                WHEN 21 => q<=64 ;    WHEN 22 => q<=53 ;     WHEN 23 => q<=43 ;
                WHEN 24 => q<=34 ;    WHEN 25 => q<=26 ;     WHEN 26 => q<=19 ;
                WHEN 27 => q<=13 ;    WHEN 28 => q<=8 ;      WHEN 29 => q<=4 ;
                WHEN 30 => q<=1 ;     WHEN 31 => q<=0 ;      WHEN 32 => q<=0 ;
                WHEN 33 => q<=1 ;     WHEN 34 => q<=4 ;      WHEN 35 => q<=8 ;
                WHEN 36 => q<=13 ;    WHEN 37 => q<=19 ;     WHEN 38 => q<=26 ;
                WHEN 39 => q<=34 ;    WHEN 40 => q<=43 ;     WHEN 41 => q<=53 ;
                WHEN 42 => q<=64 ;    WHEN 43 => q<=75 ;     WHEN 44 => q<=87 ;
                WHEN 45 => q<=99 ;    WHEN 46 => q<=112 ;    WHEN 47 => q<=124 ;
                WHEN 48 => q<=137 ;   WHEN 49 => q<=150 ;    WHEN 50 => q<=162 ;
                WHEN 51 => q<=174 ;   WHEN 52 => q<=186 ;    WHEN 53 => q<=197 ;
                WHEN 54 => q<=207 ;   WHEN 55 => q<=217 ;    WHEN 56 => q<=225 ;
                WHEN 57 => q<=233 ;   WHEN 58 => q<=239 ;    WHEN 59 => q<=245 ;
                WHEN 60 => q<=249 ;   WHEN 61 => q<=252 ;    WHEN 62 => q<=254 ;
                WHEN 63 => q<=255 ;   WHEN OTHERS => NULL;
          END CASE;
        END IF;
      END IF;
    END PROCESS ;
END a ;
```

7. 信号发生器的控制模块

```
USE IEEE.STD_LOGIC_1164.ALL;
USE IEEE.STD_LOGIC_UNSIGNED.ALL;
ENTITY  sig_control  IS
PORT( isaw,dsaw,delta,ladder,square,sin : IN  STD_LOGIC;
                    -- 递增、递减锯齿波，三角波，阶梯波，方波模块和正弦波信号
      d0,d1,d2,d3,d4,d5: IN  STD_LOGIC_VECTOR(7 DOWNTO 0);
                  q  : OUT STD_LOGIC_VECTOR(7 DOWNTO 0) ); -- 8 位数据输出
END sig_control ;
ARCHITECTURE  behave  OF  sig_control  IS
   SIGNAL sel: STD_LOGIC_VECTOR( 5 DOWNTO 0);
BEGIN
   sel<=isaw&dsaw&delta&ladder&square&sin;
 PROCESS(sel)
 BEGIN
  CASE sel IS
   WHEN "70000"  => q<=d0 ;
   WHEN "07000"  => q<=d1 ;
   WHEN "00700"  => q<=d2 ;
   WHEN "00070"  => q<=d3 ;
   WHEN "00007"  => q<=d4 ;
   WHEN "000001"  => q<=d5 ;
   WHEN OTHERS => NULL;
  END CASE;
 END PROCESS ;
END behave ;
```

该信号发生器的控制模块是由数据选择器实现的，对这 6 种信号每次只能输出一种波形数据。如果要完成两种波形的线性组合，如方波和正弦波的组合(叠加)，只需要在 CASE 语句中加入一条语句：

```
WHEN "000011" => tmp:='0'&d4+d5 ; q<= tmp(8 downto 1);
```

波形组合是将波形每一时刻的数值相加，为了不超出 DAC0832 的输出范围，输出数据端 q 应做除 2 操作(或右移一位)。

7.9 数字频率计设计

7.9.1 频率测量方法和原理

频率测量是电子学测量中最基本的测量之一，由于频率具有抗干扰性强、易于传输的特点，故可以获得较高的测量精度。随着电子技术的发展，频率测量原理和方法的研究正受到越来越多的关注。

目前，频率测量方法是比较多的。在模拟电路中，利用电路的某种频率响应特性来测量频率，如谐振测频法(用于低频测量)和电桥测频法(用于高频测量)；利用标准频率与被测频率进行比较来测量频率，如拍频法、示波器法和差频法(用于高频测量)。在数字电路中，最广泛使用的测频方法是计数测频法，又称电子计数器测频法。

计数测频法又分为两种：直接计数测频法和等精度测频法。直接计数测频法只是简单地记下单位时间内周期信号的重复次数，其计数值会有±1 个的计数误差，此方法的测量精度主要取决于基准时间和计数器的计数误差。等精度测频法是在直接计数测频法的基础上发展起来的。它的闸门时间不是固定的值，而是被测信号周期的整数倍，即与被测信号同步，因此它避免了±1 个的计数误差，并且能达到在整个测试频段的等精度测量。下面介绍直接计数法测量频率的方法及 FPGA 的实现。

直接计数测频法的原理如图 7.69 所示。在确定的闸门时间 T_w 内，记录被测信号的变化周期数(或脉冲个数)N_x，则被测信号的频率为 $F_x=N_x / T_w$。它的计数值会产生±1 个的计数误差，其测量精度与计数器中记录的数值 N_x 有关，高频率的测量精度高，低频率的测量精度较低。

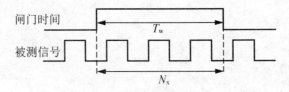

图 7.69 计数测频法的原理

7.9.2 系统要求和结构

本系统为一个 7 位十进制数字显示的数字频率计，其测量的范围从 1Hz 到 9999kHz。本系统具有超出频率测量范围指示，以及小数点位置随测量数据自动定位，并且可以进行 7 位数字和高 4 位数字显示的转换。

数字频率计的结构如图 7.70 所示, 输入端包括系统时钟 clock、复位信号 clrn、被测信号 text_in 和显示控制 sk, 输出端为数码管显示提供驱动信号, 包括数码管的八段码(包括小数点)和位选信号。在 FPGA 器件中包括分频模块、7 位十进制计数器、数据处理和显示译码等。分频模块的作用是对系统时钟进行分频, 得到两个输出信号, 一个是闸门信号即 0.5Hz(正脉冲和负脉冲宽度各为 1s), 另一个是为显示译码模块提供的显示扫描时钟信号(大于 50kHz)。7 位十进制计数器是按照十进制加法规律计数, 每一位十进制数由 4 位 BCD 码表示。数据处理部分是对 7 位十进制计数器输出的数据进行传输和小数点的定位, 然后输出到动态显示译码模块进行显示。

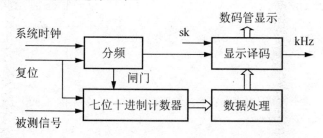

图 7.70　数字频率计的结构图

7.9.3　数字频率计实现

　　下面是整个数字频率计的 VHDL 语言描述, 使用多个进程来完成各个功能模块。

```vhdl
LIBRARY IEEE;
USE IEEE.std_logic_1164.all;
USE IEEE.std_logic_unsigned.all;
ENTITY plj_system is
PORT( clock,clrn : in   std_logic;              -- 时钟和复位输入
    text_in : in   std_logic;                   -- 被测频率输入
    sk      : in   std_logic;                    -- 显示选择(7 位/4 位)
    kHz     : out  std_logic;                    -- 指示 kHz 单位
    -- 数码管的 8 段(dp、g、f、e、d、c、b、a)最高位为小数点
    Display : out  std_logic_vector(7 downto 0);
    SEG_SEL : buffer std_logic_vector(6 downto 0) );  -- 数码管的扫描驱动
END plj_system;
ARCHITECTURE behave OF plj_system IS
  SIGNAL Disp_Temp : std_logic_vector(3 downto 0);
  SIGNAL F1,F2,F3,F4,F5,F6,F7 : std_logic_vector(3 downto 0); -- 十进制计数器
  SIGNAL bcd1,bcd2,bcd3,bcd4,bcd5,bcd6,bcd7 : std_logic_vector(3 downto 0);
  SIGNAL Disp_dd   : integer range 0 to 6 ;          -- 小数点和位数指示
  SIGNAL Clk_Count1 :integer range 0 to 19999999;    -- 时钟的分频计数器
  SIGNAL Clk1Hz    : std_logic;
  SIGNAL Door_Flag : std_logic;                       -- 闸门信号
  SIGNAL sel       : std_logic_vector(6 downto 0);    -- 7 个码管位选信号
  SIGNAL sel_Count : integer range 0 to 6 ;           -- 扫描分频计数器
  SIGNAL bc1,bc2,bc3,bc4 : std_logic_vector(3 downto 0) ; -- 4 个 4 位 BCD 码
BEGIn
-- 此进程对 clock 进行分频, 产生 1Hz 时钟信号
```

```
    PROCESS(clock)                                    -- 系统时钟 clock(20MHz)
      BEGIN
        IF(clock'event and clock='1') THEN
            IF(Clk_Count1< 19999999 ) THEN        -- 分频系数
              Clk_Count1<=Clk_Count1+1; Clk1Hz<='0';
            ELSE   Clk_Count1<=0 ;
                   Clk1Hz<='1';                         -- 产生 1Hz 时钟的分频计数器
            END IF;
        END IF;
    END PROCESS;
    PROCESS(Clk1Hz)                                   -- 产生 1s 的闸门信号
      BEGIN
        IF(Clk1Hz'event and Clk1Hz='1') THEN
          Door_Flag<= not Door_Flag;                  -- 产生 0.5Hz 脉冲信号
        END IF;
    END PROCESS;
--  此进程为 7 位十进制计数器，在闸门信号的正脉冲期间对被测脉冲信号进行计数
PROCESS(text_in,clrn)
    BEGIN
      IF clrn='0' THEN F1<="0000"; F2<="0000"; F3<="0000";
                   F4<="0000"; F5<="0000"; F6<="0000"; F7<="0000";
      ELSIF( text_in'event and text_in='1') THEN             --正常运行
          IF( Door_Flag='0') then                            --数据清零
            F1<="0000"; F2<="0000"; F3<="0000"; F4<="0000";
            F5<="0000"; F6<="0000"; F7<="0000";
          ELSE
            IF(F1=9) THEN   F1<="0000";
              IF(F2=9) THEN   F2<="0000";
                IF(F3=9) THEN   F3<="0000";
                  IF(F4=9) THEN   F4<="0000";
                    IF(F5=9) THEN   F5<="0000";
                      IF(F6=9) THEN   F6<="0000";
                        IF(F7=9) THEN   F7<="0000";
                        ELSE   F7<=F7+1;
                        END IF;
                      ELSE   F6<=F6+1;
                      END IF;
                    ELSE   F5<=F5+1;
                    END IF;
                  ELSE   F4<=F4+1;
                  END IF;
                ELSE F3<=F3+1;
                END IF;
              ELSE F2<=F2+1;
              END IF;
            ELSE F1<=F1+1;
            END IF;
          END IF;
        END IF;
```

```
END PROCESS;
--此进程是在闸门信号下降沿时，读取被测脉冲信号的计数值
  PROCESS(Door_Flag)
    BEGIN
      IF( Door_Flag'event and Door_Flag='0') THEN
        bcd1<=F1;          bcd2<=F2;          bcd3<=F3;
        bcd4<=F4;          bcd5<=F5;          bcd6<=F6;
        bcd7<=F7;
      END IF;
  END PROCESS;
  -- 此进程产生 7 个数码管的片选信号 SEG_SEL
  PROCESS( clock,clrn )
  BEGIN
    IF clrn='0' THEN  sel_Count <= 0;
    elsif(clock'event and clock='1') THEN
      IF sk='0'then
        IF(sel_Count < Disp_dd ) THEN  sel_Count <= sel_Count +1;
        ELSE  sel_Count <=0 ;     END IF;
      ELSE IF(sel_Count <3 ) THEN      sel_Count <= sel_Count +1;
          ELSE  sel_Count <=0 ;    END IF;
      END IF;
    END IF;
    CASE sel_Count IS
      WHEN 0 =>  sel<="111117";
      WHEN 1 =>  sel<="111171";
      WHEN 2 =>  sel<="111711";
      WHEN 3 =>  sel<="117111";
      WHEN 4 =>  sel<="171111";
      WHEN 5 =>  sel<="711111";
      WHEN 6 =>  sel<="0111111";
      WHEN OTHERS =>  sel<="0000000" ;
    END CASE;
    SEG_SEL<=sel;
    -- 最高位的数值不为 0 的标志
    IF bcd7>"0000"    THEN bc4<=bcd7;bc3<=bcd6;bc2<=bcd5;bc1<=bcd4; Disp_dd<=6;
    ELSIF bcd6>"0000" THEN bc4<=bcd6;bc3<=bcd5;bc2<=bcd4;bc1<=bcd3; Disp_dd<=5;
    ELSIF bcd5>"0000" THEN bc4<=bcd5;bc3<=bcd4;bc2<=bcd3;bc1<=bcd2; Disp_dd<=4;
    ELSIF bcd4>"0000" THEN bc4<=bcd4;bc3<=bcd3;bc2<=bcd2;bc1<=bcd1; Disp_dd<=3;
    ELSIF bcd3>"0000" THEN bc4<=bcd4;bc3<=bcd3;bc2<=bcd2;bc1<=bcd1; Disp_dd<=2;
    ELSIF bcd2>"0000" THEN bc4<=bcd4;bc3<=bcd3;bc2<=bcd2;bc1<=bcd1; Disp_dd<=1;
    ELSE                  bc4<=bcd4;bc3<=bcd3;bc2<=bcd2;bc1<=bcd1; Disp_dd<=0;
    END IF;
  END PROCESS;
  -- 显示 7 位或 4 位十进制数
  PROCESS(sel, sk )
  BEGIN
    IF sk='0'THEN
      CASE sel IS
        WHEN "111117" => Disp_Temp<=bcd1;
```

```vhdl
          WHEN "111171" => Disp_Temp<=bcd2;
          WHEN "111711" => Disp_Temp<=bcd3;
          WHEN "117111" => Disp_Temp<=bcd4;
          WHEN "171111" => Disp_Temp<=bcd5;
          WHEN "711111" => Disp_Temp<=bcd6;
          WHEN "0111111" => Disp_Temp<=bcd7;
          WHEN OTHERS =>  Disp_Temp<= "0000";
       END CASE;
     ELSE
       CASE sel IS
          WHEN "111117" => Disp_Temp<=bc1;
          WHEN "111171" => Disp_Temp<=bc2;
          WHEN "111711" => Disp_Temp<=bc3;
          WHEN "117111" => Disp_Temp<=bc4;
          WHEN OTHERS =>  Disp_Temp<= "0000";
       END CASE;
     END IF;
    END PROCESS;
    -- 数据显示转换和小数点显示
    PROCESS(Disp_Temp , sk )
    BEGIN
       CASE Disp_Temp IS
         WHEN "0000"=> Display(6 downto 0) <="0111111";   -- 显示 0
         WHEN "0001"=> Display(6 downto 0) <="000017";    -- 显示 1
         WHEN "007"=> Display(6 downto 0) <="71711";      -- 显示 2
         WHEN "0011"=> Display(6 downto 0) <="701111";    -- 显示 3
         WHEN "070"=> Display(6 downto 0) <="17017";      -- 显示 4
         WHEN "071"=> Display(6 downto 0) <="17171";      -- 显示 5
         WHEN "017"=> Display(6 downto 0) <="111171";     -- 显示 6
         WHEN "0111"=> Display(6 downto 0) <="0000111";   -- 显示 7
         WHEN "700"=> Display(6 downto 0) <="1111111";    -- 显示 8
         WHEN "701"=> Display(6 downto 0) <="171111";     -- 显示 9
         WHEN others=> Display(6 downto 0) <="0000000";   -- 全灭
       END CASE;
       -- 小数点的位置和 kHz 的显示
       IF sk='0' THEN  Display(7) <='0';       kHz<='0';
       ELSE IF   Disp_dd=6     THEN         kHz<='1';
           ELSIF Disp_dd=5      THEN         kHz<='1';
               IF sel="111171" THEN Display(7) <='1';
               ELSE Display(7) <='0';            END IF;
           ELSIF Disp_dd=4  THEN  kHz<='1';
               IF sel="111711" THEN  Display(7) <='1';
               ELSE Display(7) <='0';            END IF;
           ELSE  Display(7) <='0';          kHz<='0';
           END IF;
       END IF;
    END PROCESS;
END BEHAVE;
```

在 VHDL 描述的源文件中，分频进程的分频系数是由系统时钟输入值来决定的。频率计在闸门信号的正脉冲期间对被测脉冲信号进行计数。在闸门信号下降沿时，读取被测脉冲信号的计数值，因此该数字频率计的数据显示的刷新频率为 2s，即闸门信号下降沿每作用一次，数码管将显示一次新的数值。

本 章 小 结

本章介绍了数字系统的设计特点和自顶向下的设计方法。数字系统可以认为是一种分层次结构的，其设计过程是自上而下将系统逐级分解为可由 LSI、VLSI 等硬件和软件实现的模块。然后通过逻辑设计选择合适的结构和物理实现途径，将元器件和基本构件集成为实现某种功能或性能的模块和子系统，由模块和子系统组装成系统，实现自下而上的组装和调试。ASM 图是描述数字系统控制算法的流程图，它与控制器硬件实施有很好的对应关系。本章还介绍了一些数字系统设计实例。

习　　题

7-1　简述数字系统的特点和设计方法。

7-2　数字系统的结构层次是如何划分的？在行为域、结构域和物理域中各层次有什么特点？

7-3　怎样理解系统设计中的模块化技术和模块的相对独立性？

7-4　简述 FPGA 设计中资源优化和速度优化的关系。

7-5　为什么流水线设计技术能提高数字系统的工作频率？

7-6　为什么在数字系统设计中要采用同步设计？哪些方法可以解决异步信号和非同源时钟的同步问题？

7-7　设计具有倒计数显示功能的交通路口信号灯的控制器。

7-8　用硬件描述语言设计乐曲演奏电路，演奏的乐曲为"梁祝"片段。

7-9　设计多功能数字钟，要求能调小时和分钟，可以预设 10 个闹钟时间，并且在 LCD1602 上显示。

7-10　设计一个数据采集系统，要求对一个正弦波信号进行采集(A/D)，对数据进行存储，然后重新显示出波形。

第 **8** 章
FPGA 综合设计实践

学习目标和要求

◇ 了解 VGA 显示标准及接口;

◇ 掌握 VGA 显示控制模块的设计;

◇ 实现 VGA 的文字字符和图片显示;

◇ 了解 PS/2 接口及数据传输协议;

◇ 掌握 PS/2 键盘和鼠标接口的数据处理;

◇ 掌握通用异步收发器(UART)的硬件设计;

◇ 理解温度传感器 DS18B20 和 LCD1602 显示器;

◇ 掌握单总线(1-Wire)的硬件设计;

◇ 了解 SPI 总线和 I^2C 总线接口;

◇ 掌握串行 A/D 和 D/A 数据采集设计;

◇ 掌握 AT20C×× 存储器数据读写的硬件设计。

本章介绍数字系统的综合性应用,这些实例可以作为课程设计的选题和毕业设计项目课题。所有设计模块都已经在友晶公司提供的 DE0 开发板进行了调试和演示。

8.1 VGA 图像显示的设计与应用

VGA(Video Graphics Array, 视频图形阵列)是 IBM 在 1987 年随 PS/2 机一起推出的使用模拟信号的一种视频传输标准,具有分辨率高、显示速率快、颜色丰富等优点,在彩色显示器领域得到了广泛的应用。PC 在 VGA 显示器(通常包括 CRT 和液晶显示器)上的信息显示是通过显卡(即显示适配器)来完成的。若嵌入式控制系统在 VGA 显示器上显示信息,那么同样需要类似的模块,因此这个实例就是利用 FPGA 来设计与显卡功能相似的 VGA 显示控制器,并说明 FPGA 如何在 VGA 接口的显示器上显示信息。在设计之前,先介绍 VGA 显示标准及接口。

8.1.1 VGA 显示接口和标准时序

VGA 作为一种标准的显示接口采用光栅扫描方式,对于 CRT 显示器来说,轰击荧光屏的电子束在屏幕从左到右(受水平同步信号 HSYNC 控制)、从上到下(受垂直同步信号 VSYNC 控制)做有规律的移动,从而实现显示。光栅扫描又分逐行扫描和隔行扫描。电子束采用光栅扫描方式,从屏幕左上角一点开始,向右逐点进行扫描,形成一条水平线;到达最右端后,又回到下一条水平线的左端,重复上面的过程;当电子束完成右下角一点的扫描后,形成一帧。此后,电子束又回到左上方起点,开始下一帧的扫描。这种方法也就是常说的逐行扫描显示。而隔行扫描指电子束在扫描时每隔一行扫一线,完成一屏后再返回来扫描剩下的线,这与电视机的原理一样。目前微机所用显示器几乎都是逐行扫描的。

完成一行扫描所需的时间称为水平扫描时间,其倒数称为行频率;完成一帧(整屏)扫描所需的时间称为垂直(场)扫描时间,其倒数为场扫描频率,又称刷新频率,即刷新一屏的频率。常见的有 60Hz、75Hz 等,标准 VGA 显示的场频为 60Hz,行频为 31.5kHz。

显示屏上的一个显示点即像素点可有多种颜色,由表示该像素的二进制位数(又称像素的位宽)决定。像素位宽为 8bit,则每个像素有 2^8=256 种颜色;位宽为 16bit,则有 2^{16}=65536 种颜色;位宽为 24bit,则有 2^{24},即 1700 多万种颜色。显示卡内的 D/A(数/模)转换电路将每个像素的位宽(二进位整数)转换成对应亮度的 R、G、B(红、绿、蓝)模拟信号,Red、Green、Blue 引脚上恰好是某个模拟电压,那么屏幕上的这个像素点就显示这个模拟电压对应的颜色。

1. VGA 显示接口

VGA 接口是一种 D 型接口,上面共有 15 针孔,分成三排,每排五个,如图 8.1 所示。其中除了 2 根 NC(Not Connect)信号、3 根显示数据总线和 5 个 GND 信号外,比较重要的是 3 根 RGB 彩色分量信号和 2 根扫描同步信号 HSYNC 和 VSYNC 针。VGA 接口中,彩色分量采用 RS343 电平标准。RS343 电平标准的峰值电压为 1V。VGA 接口是显卡上应用最为广泛的接口类型,多数的显卡都带有此种接口。有些不带 VGA 接口而带有 DVI(Digital Visual Interface,数字视频接口)接口的显卡,也可以通过一个简单的转接头将 DVI 接口转成 VGA 接口。VGA 显示器输入的是模拟信号,所以由 VGA 显示控制器产生的 RGB 信号在进入 VGA 接口之前要经过一个 D/A 转换器。在显示图像要求不高的情况下,可以采用电阻网络把数字信号转化为模拟信号。如图 8.2 所示,选择 0.5k、1k、2k、4k 作为电阻网络。

VGA_R、VGA_G、VGA_B 引脚输出的模拟电压范围是 0～0.714V,如果 VGA_R、VGA_G、VGA_B 都输出 0.714V,那么该像素点就显示白色。如果 VGA_R、VGA_G、VGA_B 都输出 0V,那么该像素点就显示黑色。如果 VGA_R、VGA_G、VGA_B 分别为 0.714V、0V、0V,那么该像素点就显示红色。(R3R2R1R0)、(G3G2G1G0)、(B3B2B1B0)输入的都是数字电平(高电平为 3.3V,低电平为 0V)。

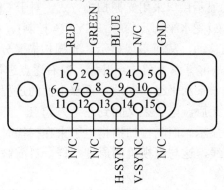

图 8.1　VGA 接口

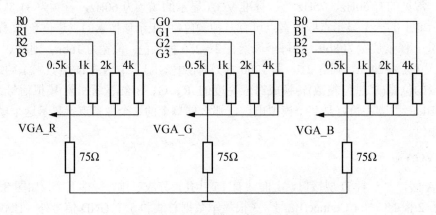

图 8.2　VGA 接口的电阻网络 DAC

2. VGA 的时序

实现 VGA 的显示，除了 RGB 数据信号外就是水平(行)同步和垂直(场)同步信号，这两个同步信号是 VGA 正常显示的关键。水平同步信号保证每一行扫描的正确，垂直同步信号保证每一屏显示的正确。行扫描时，水平同步信号的时序图如图 8.3 所示。场同步信号的时序与行同步信号的时序相似，只不过每一段的时间比水平时序要长得多。

在水平时序中，包括以下几个时序参数：水平同步脉冲宽度、水平同步脉冲结束到有效显示开始之间的宽度(即后沿)、一个视频行可视区域的宽度(即有效显示)。一个完整的视频行的宽度(即行周期)就是从水平同步脉冲的开始到下一个水平同步脉冲的开始。

场时序与水平时序类似，包括以下几个不同的时序参数(即行数)：垂直同步脉冲宽度、垂直同步结束到有效显示开始之间的宽度、一个视频帧可视区域的宽度、一个完整视频帧的宽度(即一场)。

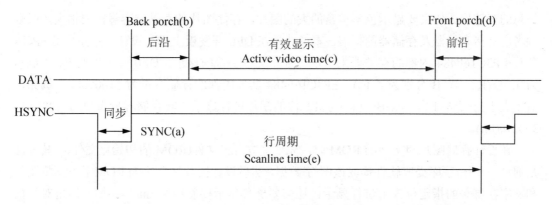

图 8.3　VGA 水平信号的时序图

VGA 时序控制是整个显示的关键部分,最终输出的行、场同步信号必须严格按照 VGA 时序标准产生相应的脉冲信号。显示器的分辨率和刷新频率给定后,VGA 的同步时序中行同步 HSYNC 和场同步信号 VSYNC 的参数通过表 8-1 可查。例如,分辨率为 640×480,刷新频率为 60Hz 的显示模式,可以计算出像素的时钟频率为:

每一行总像素点×一场的总行数×刷新频率=800×525×60=25.2(MHz)

目前存在很多种不同 VGA 模式,表 8-1 列出了 VGA 模式中各种时序参数可供参考。其中,行时序参数(像素点)有像素频率(像素点时钟)、行同步脉冲(a)、后沿(b)、有效显示区(c)、前沿(d)、一行总像素点数(e);场时序参数(行数)有场同步脉冲(o)、后沿(p)、有效显示区(q)、前沿(r)、一场总行数(s)。

表 8-1　VGA 模式中各种时序参数

显示模式	像素频率/MHz	行时序/像素点					场时序/行数				
		a	b	c	d	e	o	p	q	r	s
640×480@60	25.175	96	48	640	16	800	2	33	480	10	525
640×480@75	31.5	64	120	640	16	840	3	16	480	1	500
800×600@60	40	128	88	800	40	1056	4	23	600	1	628
800×600@75	49.5	80	160	800	16	1056	3	21	600	1	625
1024×768@60	65	136	160	1024	24	1344	6	29	768	3	806
1024×768@75	78.8	176	176	1024	16	1312	3	28	768	1	800
1280×1024@60	108	112	248	1280	48	1688	3	38	1024	1	1066
1280×800@60	83.46	136	200	1280	64	1680	3	24	800	1	828
1440×900@60	106.47	152	232	1440	80	1904	3	28	900	1	932

8.1.2　系统的功能要求和设计思想

本实例的设计要求是,在 VGA 显示屏上显示一幅图片和几行文字字符,在显示器的底部显示的中文字符可以从屏幕右边到左边自动移动显示。

要在屏幕上显示图片和文字,除 VGA 显示控制器之外,还需要考虑暂存图片和文字信息的存储器。如果要显示色彩丰富的大的图片，存储图片的存储器容量需要很大，就必须考虑外接存储器及存储器的扩展。本设计是在 DE0 开发板上进行设计，充分利用 FPGA 芯片 EP3C16F484 内部的存储器来实现图片和文字字符的显示。DE0 开发板的 RGB 显示为 12 位(R、G、B 分别为 4 位)，EP3C16F484 器件内部的存储容量为 516096bit。例如，对于大小为 256×128、RGB(色彩)为 12 位的图片进行显示，其存储容量为 256×128×12=393216(bit)。

在设计存储图片和文字的 ROM 时，先要建立 mif 文件(ROM 的初始化文件)，其方法是通过一个图/字库提取软件提取该图/字数据。然后设计图片和文字的 ROM 模块。将图片和文字在屏幕的指定位置上进行显示，还需要屏幕显示控制模块(mid 模块)，通过对行信号和列信号的有效组合对图/字存储器的地址进行访问，从而显示存储的图/字数据。还可以通过行列信号的组合控制字符显示的大小和位置。

如图 8.4 所示为本实例设计的结果示意图。在 VGA 显示器上主要有四部分显示：图片 128×128×12(可以放大 2 倍、3 倍、4 倍)、秒表计时(显示格式：小时：分：秒.1/100 秒)、自动移动的一组中文文字、放大倍数指示(×3)。图 8.5 中的四个虚线框表示了在显示屏上显示的这四部分的位置关系，图片保持在显示屏的正中央(即使放大)，秒表计时显示在显示屏的顶部中央；放大倍数显示在显示屏右上角；自动移动的一组中文文字显示在显示屏的底部。如图 8.5 所示为该系统的原理设计图。为了模块的显示方便，图中 PLL 模块(50MHz 转换为 40MHz)和秒表计时模块(较简单)已经去掉，只包括了三个模块：VGA 控制模块(VGA_controller 模块)、屏幕显示控制模块(mid 模块)和图片存储器(imgrom 模块)。

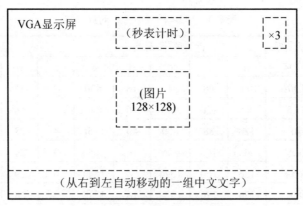

图 8.4　VGA 显示的结果示意图

在图 8.5 中输入时钟信号(clk40M)为 40MHz，它是由 VGA 显示模式：分辨率 800×600、刷新频率 60Hz 来决定的。开关 SW[1..0]控制在显示屏正中的图片的放大倍数，当 SW[1..0]="00" 时，显示原图片；SW[1..0]="01" 时，显示的图片放大倍数为 2；SW[1..0]="10" 时，显示的图片放大倍数为 3；SW[1..0]="11" 时，显示的图片放大倍数为 4。mid 模块控制图片存储器的数据和其他三部分文字字符在屏幕指定位置的内容显示。

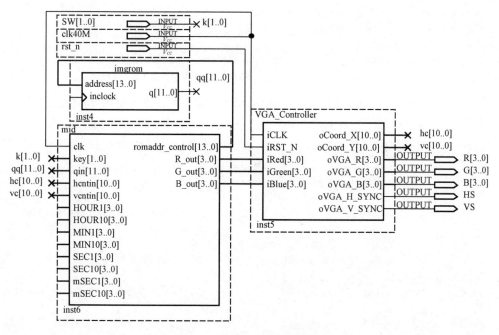

图 8.5　VGA 显示的原理设计图

8.1.3　各功能模块的设计

根据图 8.5 所示系统的原理图，下面将分别介绍图中的三个模块：VGA_controller 模块、mid 模块和 imgrom 模块的设计。

1. VGA 控制模块(VGA_controller 模块)

该模块是要实现 VGA 显示模式的控制器功能，VGA_controller 模块主要输出 5 个信号：行同步信号 HS(H_SYNC)、场同步信号 VS (V_SYNC)和 RGB 三基色信号。VGA 控制模块是整个系统的关键部分，输出的行、场同步信号必须严格按照 VGA 时序标准产生相应的脉冲信号。各个模块的输出数据都要经过该模块处理后送到显示器。该模块的输出信号直接连到 VGA 接口，它是屏幕显示控制模块与显示器进行通信的桥梁。下面以分辨率 800×600、刷新频率 60Hz 的 VGA 显示模式为例来设计 VGA 控制模块。

首先按照表 8-1 中 VGA 模式 800×600@60 的时序参数，编写一个参数的头文件(VGA_Param.h)：

```
//   Horizontal Parameter 行参数   ( Pixel )
parameter    H_SYNC_CYC    =    128;
parameter    H_SYNC_BACK   =    88;
parameter    H_SYNC_ACT    =    800;
parameter    H_SYNC_FRONT  =    40;
parameter    H_SYNC_TOTAL  =    1056;
//   Virtical Parameter   场参数   ( Line )
parameter    V_SYNC_CYC    =    4;
parameter    V_SYNC_BACK   =    23;
parameter    V_SYNC_ACT    =    600;
```

```
parameter    V_SYNC_FRONT    =    1;
parameter    V_SYNC_TOTAL    =    628;
//   Start Offset
parameter    X_START         =    H_SYNC_CYC+H_SYNC_BACK;
parameter    Y_START         =    V_SYNC_CYC+V_SYNC_BACK;
```

然后用 Verilog 语言设计 VGA_controller 模块，其基本思路就是用 40MHz 的时钟频率计数产生行信号，用行信号计数产生场信号。VGA_controller 模块的 Verilog 代码如下：

```
module    VGA_Controller
            (         //        Control Signal
              iCLK,  iRST_N,
              iRed, iGreen, iBlue,
              oCoord_X, oCoord_Y,                //光标水平坐标，光标垂直坐标
               //     VGA Side
              oVGA_R, oVGA_G, oVGA_B,
              oVGA_H_SYNC, oVGA_V_SYNC           //行同步，帧同步
            );
include "VGA_Param.h"                            //调用参数头文件 VGA_Param.h
//    Host Side
input            [3:0]   iRed;
input            [3:0]   iGreen;
input            [3:0]   iBlue;
output    reg    [10:0]  oCoord_X;
output    reg    [10:0]  oCoord_Y;
output    reg    [3:0]   oVGA_R;
output    reg    [3:0]   oVGA_G;
output    reg    [3:0]   oVGA_B;
output    reg            oVGA_H_SYNC;
output    reg            oVGA_V_SYNC;
wire             [3:0]   mVGA_R;
wire             [3:0]   mVGA_G;
wire             [3:0]   mVGA_B;
reg                      mVGA_H_SYNC;
reg                      mVGA_V_SYNC;
//    Control Signal
input            iCLK;
input            iRST_N;
//    Internal Registers and Wires
reg     [12:0]       H_Cont;         // 行计数器
reg     [12:0]       V_Cont;         // 场计数器
wire    [12:0]       v_mask;
assign v_mask = 13'd0;
// 在显示有效区，Red、Green、Blue 才可以输出
assign    mVGA_R=( H_Cont>=X_START     && H_Cont<X_START+H_SYNC_ACT &&
            V_Cont>=Y_START+v_mask && V_Cont<Y_START+V_SYNC_ACT)
              ?   iRed   :   0;
assign    mVGA_G=( H_Cont>=X_START     && H_Cont<X_START+H_SYNC_ACT &&
            V_Cont>=Y_START+v_mask && V_Cont<Y_START+V_SYNC_ACT)
              ?   iGreen   :   0;
```

```
assign    mVGA_B    =(    H_Cont>=X_START        && H_Cont<X_START+H_SYNC_ACT &&
                    V_Cont>=Y_START+v_mask && V_Cont<Y_START+V_SYNC_ACT)
                ?    iBlue    :    0;
always@(posedge iCLK or negedge iRST_N)
    BEGIN
        IF (!iRST_N)
            begin
                oVGA_R <= 0; oVGA_G <= 0; oVGA_B <= 0;
                oVGA_H_SYNC <= 0; oVGA_V_SYNC <= 0;
            END
        ELSE
            begin
                oVGA_R <= mVGA_R; oVGA_G <= mVGA_G; oVGA_B <= mVGA_B;
                oVGA_H_SYNC <= mVGA_H_SYNC;
                oVGA_V_SYNC <= mVGA_V_SYNC;
            end
    end
//    显示有效区中像素单元地址生成器
always@(posedge iCLK or negedge iRST_N)
begin
    if(!iRST_N)
    begin
        oCoord_X <=0;    oCoord_Y <=0; end
    else  begin
        if( H_Cont>=X_START && H_Cont<X_START+H_SYNC_ACT &&
            V_Cont>=Y_START && V_Cont<Y_START+V_SYNC_ACT )
        begin
            oCoord_X<=H_Cont-X_START; oCoord_Y<=V_Cont-Y_START; end
        end
end
//    H_Sync Generator, Ref. 40MHz Clock    行计数器计数
always@(posedge iCLK or negedge iRST_N)
begin
    if(!iRST_N)
    begin
        H_Cont<=0;    end
    else
        begin
        //    H_Sync Counter
        if( H_Cont < H_SYNC_TOTAL )
            H_Cont    <=    H_Cont+1;
        else
            H_Cont    <=    0;
        //    H_Sync Generator    行同步信号
        if( H_Cont < H_SYNC_CYC )
            mVGA_H_SYNC    <=    0;
        else
            mVGA_H_SYNC    <=    1;
    end
```

```
end
//    V_Sync Generator, Ref. H_Sync   场计数器计数
always@ (posedge iCLK or negedge iRST_N)
BEGIN
    IF(!iRST_N)
      begin
        V_Cont <= 0;   mVGA_V_SYNC   <=    0;
      END
    ELSE
      BEGIN
        //    When H_Sync Re-start
        if(H_Cont==0)
        begin
          //    V_Sync Counter
          if( V_Cont < V_SYNC_TOTAL )
            V_Cont    <=    V_Cont+1;
          else
            V_Cont    <=    0;
          //    V_Sync Generator 场同步信号
          if(    V_Cont < V_SYNC_CYC )
            mVGA_V_SYNC    <=    0;
          else
            mVGA_V_SYNC    <=    1;
        end
      end
end
endmodule
```

从上述的代码中可以看出，行计数器 H_Cont 产生行同步信号，场计数器 V_Cont 产生场同步信号。在显示有效区：(H_Cont>=X_START && H_Cont<X_START+ H_SYNC_ACT && V_Cont>=Y_START && V_Cont<Y_START+V_SYNC_ACT)中 Red、Green、Blue 才能有效输出，并且在显示有效区内像素单元地址生成，即水平坐标 oCoord_X 和垂直坐标 oCoord_Y。oCoord_X 和 oCoord_Y 为 mid 模块提供显示图片和文字的位置坐标。如图 8.6 所示为该模块的符号图。

2. 图片存储器(imgrom 模块)

如果显示的图片大、色彩丰富，就需要选择 FPGA 的外部存储器如 ROM、SDRAM 等。采用何种存储器将最终决定读取控制模块的数据读取方式。例如，ROM 可用直接产生地址信号的方式对芯片进行访问，而 SDRAM 常常利用 DMA 控制方式配合 CPU 进行读写操作。本设计由于显示的图片大小为 128×128，色彩显示为 12 位(可显示 4096 颜色)，故可以采用 FPGA 的内部存储器。

设计 FPGA 片内存储器的方法是利用 MegaWizard 管理器来定制 ROM 宏功能模块，其具体步骤可参考第三章的嵌入式存储器 ROM。如图 8.7 所示为 imgrom 模块的符号图。在 imgrom 模块中需要选定两个参数：数据位宽为 12 位和存储单元数(字数)为 128×128= 16384。其他文字字符存储模块(如字符存储模块 char_rom_d 和文字存储模块

move_word_rom)放在 mid 模块中，其设计方法与 imgrom 模块相似。

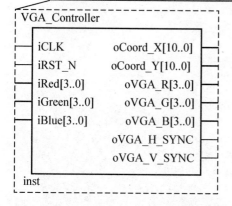

Parameter	Value	Type
H_SYNC_CYC	128	Signed Integer
H_SYNC_BACK	88	Signed Integer
H_SYNC_ACT	800	Signed Integer
H_SYNC_FRONT	40	Signed Integer
H_SYNC_TOTAL	1056	Signed Integer
V_SYNC_CYC	4	Signed Integer
V_SYNC_BACK	23	Signed Integer
V_SYNC_ACT	600	Signed Integer
V_SYNC_FRONT	1	Signed Integer
V_SYNC_TOTAL	628	Signed Integer
X_START		Signed Integer
Y_START		Signed Integer

图 8.6 VGA_controller 模块的符号

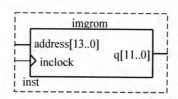

图 8.7 imgrom 模块的符号

在设计图片和文字的 ROM 时，还需要建立 ROM 的初始化文件(mif 文件)，其方法是通过一个图/字取模软件提取该图/字数据，然后转化为 mif 文件格式。对于图片的取模软件有 Image2Lcd，对于文字字符的字模提取软件有 PCtoLCD2002、lcmpisp 等。它们的输出一般为 C51 或 A51 格式，再使用 C2Mif 软件(也可其他方法)来转化为 mif 文件格式。

3. 屏幕显示控制模块(mid 模块)

该模块是实现屏幕上显示图/文内容的位置坐标，以及显示方式。为了完成图 8.4 所示的显示结果，mid 模块主要控制四部分显示：图片(放大 2 倍、3 倍、4 倍)、秒表计时、移动的中文、放大倍数指示。该模块还包括两个 ROM 模块：显示秒表计时结果的字符存储模块 char_rom_d、显示移动中文的文字存储模块 move_word_rom。char_rom_d 模块存储数字(0~9)、小写字母(a~z)、大写字母(A~Z)、点(.)和冒号(:)等 64 个字符。每个字符的大小为 8×16(16 行、8 列)；move_word_rom 模块存储中文文字 32 个，每个文字的大小为 16×32(32 行、16 列)。以下为该模块的 VHDL 代码：

```
LIBRARY IEEE;
USE IEEE.std_logic_1164.all;
USE IEEE.std_logic_unsigned.all;
```

```
USE IEEE.std_logic_arith.all;
ENTITY mid IS
PORT ( clk : in std_logic;
        key : in STD_LOGIC_VECTOR (1 downto 0);
        qin : in STD_LOGIC_VECTOR (11 DOWNTO 0);
    hcntin : in STD_LOGIC_VECTOR (10 downto 0);
    vcntin : in STD_LOGIC_VECTOR (10 downto 0);
    -------秒表计时结果输入 -----------
    HOUR1,HOUR10 : in STD_LOGIC_VECTOR (3 downto 0);
    MIN1,MIN10  : in STD_LOGIC_VECTOR(3 downto 0);
    SEC1,SEC10  : in STD_LOGIC_VECTOR (3 downto 0);
    mSEC1,mSEC10 : in STD_LOGIC_VECTOR (3 downto 0);
    ------- imgrom 存储器地址 --------
    romaddr_control  : out std_logic_vector(13 downto·0);
        --------RGB 信号 ------------------
    R_out,G_out,B_out : out std_logic_vector(3 downto 0) );
END mid;
ARCHITECTURE one OF mid IS
  SIGNAL hcnt : std_logic_vector(10 downto 0);
  SIGNAL vcnt : std_logic_vector(10 downto 0);
  SIGNAL qout_temp : std_logic_vector(11 downto 0);
  SIGNAL temp_rgb : std_logic_vector(11 downto 0);
  SIGNAL count_temph : std_logic_vector(10 downto 0);
  SIGNAL count_tempv : std_logic_vector(10 downto 0);
  SIGNAL count       : std_logic_vector(10 downto 0);
  SIGNAL count_RGB  : integer range 0 to 800000000 ;
  ------------------中文字符 ROM--------------------
  SIGNAL word16_data : std_logic_vector(15 downto 0);
  SIGNAL word_addr  : std_logic_vector(9 downto 0);
  SIGNAL count_addr    : std_logic_vector(9 downto 0);
  ------------------数字字符 ROM--------------------
  SIGNAL char1_data : std_logic_vector(7 downto 0);
  SIGNAL char_addr    : std_logic_vector(9 downto 0);
  ------------显示图片坐标、大小、放大倍数-----------
  SIGNAL tempxx       : integer range 0 to 800 ;
  SIGNAL tempyy       : integer range 0 to 600 ;
  SIGNAL temp_xx      : integer range 0 to 800 ;
  SIGNAL temp_yy      : integer range 0 to 600 ;
  constant wide       : integer:=128;
  constant long       : integer:=128;
  SIGNAL k            : integer range 0 to 4 ;
  SIGNAL ch           : integer range 1 to 15;
--定义 8×16 数字、字母、符号 0～9、a～z、A～Z .;等 64 个字符的符号地址
constant    CHAR_0      : integer:=16 * 0 ;
constant    CHAR_1      : integer:=16 * 1 ;
constant    CHAR_2      : integer:=16 * 2 ;
constant    CHAR_3      : integer:=16 * 3 ;
constant    CHAR_4      : integer:=16 * 4 ;
constant    CHAR_5      : integer:=16 * 5 ;
```

```
constant    CHAR_6      : integer:=16 * 6 ;
constant    CHAR_7      : integer:=16 * 7 ;
constant    CHAR_8      : integer:=16 * 8 ;
constant    CHAR_9      : integer:=16 * 9 ;
--constant    CHAR_a     : integer:=16 * 10 ;
……          ……
constant    CHAR_x      : integer:=16 * 33 ;
……          ……
--constant    CHAR_ZZ    : integer:=16 * 61 ;
constant    CHAR_dn     : integer:=16 * 62 ;
constant    CHAR_mao: integer:=16 * 63 ;
----define colors RGB--4|4|4
constant RED  :std_logic_vector(11 downto 0):="111100000000";--12'hF00;
constant GREEN:std_logic_vector(11 downto 0):="000011110000";--12'h0F0;
constant BLUE :std_logic_vector(11 downto 0):="000000001111";--12'h00F;
constant WHITE:std_logic_vector(11 downto 0):="111111111111";--12'hFFF;
constant BLACK:std_logic_vector(11 downto 0):="000000000000";--12'h000;
constant YELLOW:std_logic_vector(11 downto 0):="111111110000";--12'hFF0;
constant CYAN :std_logic_vector(11 downto 0):="111100001111";--12'hF0F;
constant ROYAL :std_logic_vector(11 downto 0):="000011111111";--12'h0FF;
--中文字符(16×32) ROM，数据线16位；地址线10位(32×32=1024)
component move_word_rom
 PORT( clock : IN STD_LOGIC;
     address : IN STD_LOGIC_VECTOR(9 downto 0);
     q : OUT STD_LOGIC_VECTOR(15 downto 0)  );
end component;
--数字字符(8×16) ROM，数据线8位，地址线10位(16×64=1024)
component char_rom_d
 PORT( clock : IN STD_LOGIC;
     address : IN STD_LOGIC_VECTOR(9 downto 0);
     q : OUT STD_LOGIC_VECTOR(7 downto 0)  );
 END component;
BEGIN
hcnt <=hcntin; vcnt <= vcntin; R_out<= qout_temp(11 downto 8);
G_out<= qout_temp(7 downto 4); B_out<= qout_temp(3 downto 0);
-------- 图片存储器(imgrom)地址计算------------------------
temp_yy<=conv_integer(vcnt-tempyy)/k;
temp_xx<=conv_integer(hcnt-tempxx)/k;
romaddr_control <= conv_std_logic_vector((temp_yy*128+temp_xx),14);
--------字符存储器(char_rom_d)地址计算-------------------
rom_d:char_rom_d PORT MAP( clock => clk,
address => char_addr, q => char1_data );
--------中文文字存储器(move_word_rom)调用及地址计算--------
word_rom : move_word_rom PORT MAP( clock=>clk, address=>word_addr,
                                   q=> word16_data );
word_addr<=conv_std_logic_vector(((conv_integer(hcnt-count_addr)/16)*32
                            +conv_integer(vcnt-563)mod 32), 10) ;
ch<=conv_integer(hcnt-count_addr-9)mod 16;
PROCESS(clk)    begin
```

```
IF(clk'event AND clk='1' )THEN
-------------图片显示 IMGROM_bmp.mif----------------------
  IF((vcnt <tempyy) or ( vcnt >tempy+long*k ) ) THEN
      qout_temp<=BLUE;              -- 显示 backclocr
  ELSIF((hcnt>tempxx)and (hcnt<tempxx + wide*k )) THEN
        qout_temp<=qin;             -- 显示图片内容 IMGROM_bmp.mif
  ELSE  qout_temp<= BLUE;
  END IF;
          -------------显示图片框---------
      IF((hcnt>tempxx-2) and (hcnt<tempxx + wide*k+1 ))  THEN
        IF (((vcnt >tempyy-2)and (vcnt <tempyy+1)or
          ((vcnt>tempyy+long*k-1)and(vcnt<tempyy+long*k+2 )))
        THEN  qout_temp<="000011111100";
      END IF;
      END IF;
      IF (( vcnt >tempyy)and  ( vcnt < tempyy+long*k))THEN
        IF((hcnt>tempxx-2)and (hcnt<tempxx+1)) or
          ((hcnt>tempxx +wide*k-2 )and(hcnt<tempxx+wide*k+1))
        THEN  qout_temp<="000011111100";
      END IF;
      END IF;
-----------------显示移动的中文字符-----------------------
  IF((hcnt>=1)and(hcnt<1+799)and(vcnt>=563)and(vcnt<595))THEN
    IF word16_data(ch)='1'  THEN    qout_temp<= CYAN;
      else   qout_temp <=WHITE;
  END IF ;
  END IF;
---------------显示放大倍数×1, ×2, ×3, ×4--------------------
  IF((hcnt>=750)and (hcnt<1+750+8*2*2) and
                      (vcnt >=5)and (vcnt <5+16*2))THEN
    CASE conv_integer(hcnt) is
        WHEN 750    => char_addr <= conv_std_logic_vector(( CHAR_x+
                          (conv_integer(vcnt -5)/2)mod 16),10);
        WHEN 750+8*2 => char_addr <=conv_std_logic_vector(( 16*k+
                          (conv_integer(vcnt -5)/2)mod 16),10);
        WHEN others  => char_addr <=char_addr ;
    END CASE;
      IF char1_data((conv_integer(hcnt-750-2)/2)mod 8)='1' THEN
          qout_temp<= CYAN; --mod 8
      ELSE   qout_temp <=BLUE;
  END IF; END IF ;
-------显示秒表计时: 分(两位):秒(两位).百分之一秒(两位)----
  IF((hcnt>=400-64)and (hcnt<1+400+64) and
                      (vcnt >=5)and (vcnt <5+16*2))THEN
    CASE conv_integer(hcnt) is
      WHEN 400-64 => char_addr <=conv_std_logic_vector((16*
          conv_integer(MIN10)+(conv_integer(vcnt -5)/2)mod 16),10);
      WHEN 400-48 => char_addr <=conv_std_logic_vector(( 16*
          conv_integer(MIN1)+(conv_integer(vcnt -5)/2)mod 16),10);
```

```
                WHEN 400-32 => char_addr <=conv_std_logic_vector(( CHAR_mao+
                                  (conv_integer(vcnt -5)/2)mod 16),10);
            WHEN 400-16 => char_addr <=conv_std_logic_vector(( 16*
                conv_integer(SEC10)+(conv_integer(vcnt -5)/2)mod 16),10);
            WHEN 400   => char_addr <=conv_std_logic_vector(( 16*
                conv_integer(SEC1)+(conv_integer(vcnt -5)/2)mod 16),10);
            WHEN 400+16 => char_addr <=conv_std_logic_vector(( CHAR_dn+
                                  (conv_integer(vcnt -5)/2)mod 16),10);
            WHEN 400+32 => char_addr <=conv_std_logic_vector(( 16*
                conv_integer(mSEC10)+(conv_integer(vcnt -5)/2)mod 16),10);
            WHEN 400+48 => char_addr <=conv_std_logic_vector(( 16*
                conv_integer(mSEC1)+(conv_integer(vcnt -5)/2)mod 16),10);
            WHEN others => char_addr <=char_addr ;
    END CASE;
        IF char1_data((conv_integer(hcnt-400+64-2)/2)mod 8)='1' THEN
            qout_temp<= WHITE;
        ELSE   qout_temp <= BLACK;
        END IF;
    END IF ;
        -----显示秒表计时的小时(两位),为零不显示-----
    IF (HOUR1/=0 or HOUR10/=0) the
    IF((hcnt>=400-114)and (hcnt<+400-64) and
                        (vcnt >=5)and (vcnt <5+16*2))THEN
     CASE conv_integer(hcnt) is
        WHEN 400-112 => har_addr <=conv_std_logic_vector(( 16*
            conv_integer(HOUR10)+(conv_integer(vcnt -5)/2)mod 16),10);
        WHEN 400-96 => char_addr <=conv_std_logic_vector(( 16
            *conv_integer(HOUR1)+(conv_integer(vcnt -5)/2)mod 16),10);
        WHEN 400-80 => char_addr <=conv_std_logic_vector(( CHAR_mao+
                                  (conv_integer(vcnt -5)/2)mod 16),10);
        WHEN others => char_addr <=char_addr ;
    END CASE;
        IF char1_data((conv_integer(hcnt-400+114-2)/2)mod 8)='1'THEN
            qout_temp<= WHITE;
        ELSE   qout_temp <=BLACK;
        END IF;
    END IF ;
    END IF;
END IF;
END PROCESS;
--------------------中文字符移动速度--------------------
PROCESS(clk)
 variable  cnt: integer range 0 to 131071;
 BEGIN
  IF(clk='1' AND clk'event)  THEN
    IF cnt=130000 then  cnt := 0;
      count_addr<=count_addr-1;
    ELSE  cnt := cnt + 1;
      count_addr<=count_addr;
```

```
        END IF;
      END IF;
  END PROCESS;
  ------------保证图片放大时保持在屏幕中央，图片左上角坐标-----
  PROCESS(key ) BEGIN
   CASE key is
    WHEN "00" => k<=1; tempxx<= 400-k*wide/2; tempyy<=300-k*long/2; --show 128*128
    WHEN "01" => k<=2; tempxx<= 400-k*wide/2; tempyy<=300-k*long/2; --show 256*256
    WHEN "10" => k<=3; tempxx<= 400-k*wide/2; tempyy<=300-k*long/2; --show 384*384
    WHEN "11" => k<=4; tempxx<= 400-k*wide/2; tempyy<=300-k*long/2; --show 512*512
    WHEN others => k<=0;
   END CASE;
  END PROCESS;
  END ONE;
```

在以上的 mid 模块中，为了保证图片和字符能正常显示，存储器 ROM 的地址计算是很重要的。例如，对于一个图片(128×64)，在屏幕指定位置(x,y)显示图片，由于显示器显示方式是逐行扫描(hcnt 和 vcnt)，当显示器像素点扫描到(x,y)位置时，就开始对图片存储器的地址进行访问，从而显示存储的图片数据(一个像素点)。因此，存储器 ROM 的地址计算为(hcnt-x)+(vcnt-y)×128，并且指定图片显示范围。以下为图片显示语句：

```
  IF((vcnt > y )and(vcnt< y+64 )and(hcnt>x) and (hcnt<x +128)) THEN
        qout_temp<=qin;
  ELSE qout_temp< = BLUE;                    -- 显示 backclocr
  END IF;
```

对于文字字符的存储器 ROM，在屏幕指定位置(x,y)显示一串文字，其方法与图片 ROM 的方法有一点不同。例如，一个文字字符的大小为 16×32，采用逐行取字模的方法。这样字符 ROM 的每个存储单元为 16 位，表示一个字符的一行(16 个像素点)，每两个字符存储地址相差 32。因此文字存储器 ROM 的地址计算为((hcnt-x)/16)*32+(vcnt-y)mod 32，以下为显示一串文字(10 个)的语句：

```
  IF((hcnt>=x)and(hcnt<x+16*10)and(vcnt>=y)and (vcnt<y+32))THEN
    IF   q((hcnt-x-9)mod 16)='1'  then     qout_temp<= RED;
      else    qout_temp <=WHITE;
  END IF ;
  END IF;
```

要让显示的图片和一串文字能移动，只需要改变坐标(x,y)值，如 x 和 y 加一或减一，将使图片和一串文字发生直线移动或斜线移动。如果要让图片放大整数倍 k，就是将 ROM 的每个存储单元重复输出数据 k 次，其 ROM 的地址计算为(hcnt-x)/k+(vcnt-y)/k×128。

整个系统在 DE0 开发板进行了调试和演示。本实例主要介绍 VGA_controller 模块、mid 模块和图片/文字存储器(imgrom 模块、move_word_rom 模块、char_rom_d 模块)。VGA_controller 模块可以保障显示器的正常显示，mid 模块可以控制显示方式，不仅能放大、缩小，还能旋转及进行其他处理。这些模块在实际的工程应用中比较常用，熟练掌握其设计方法，对 FPGA 的学习有从入门到提高的跨越。

8.2　PS/2 键盘接口设计与 VGA 显示

PS/2 接口是计算机最常用的接口之一，用于鼠标、键盘等输入设备。1983 年，IBM 推出了 IBM PC/XT 键盘及其接口标准。该标准定义了 83 键，采用 5 脚 DIN 连接器和简单的串行协议。1984 年，IBM 推出了 IBM AT 键盘接口标准。该标准定义了 84～101 键，采用 5 脚 DIN 连接器和双向串行通信协议，此协议依照第二套键盘扫描码集设有 8 个主机到键盘的命令。到了 1987 年，IBM 又推出了 PS/2 键盘接口标准。采用 6 脚 mini-DIN 连接器，该连接器在封装上更小巧，仍然用双向串行通信协议并且提供可选择的第三套键盘扫描码集(使用少)，同时支持 17 个主机到键盘的命令。一般具有五脚连接器的键盘称为 AT 键盘，而具有六脚 mini-DIN 连接器的键盘则称为 PS/2 键盘(见图 8.8)。现在，市面上的键盘都和 PS/2 及 AT 键盘兼容，只是功能不同而已。

键盘是嵌入式系统的最重要的输入设备之一，是实现人机交互的重要途径。扫描式矩阵键盘(如 4×4 键盘)虽然电路简单，但不具有通用性，当需要使用较多的按键输入时，会占用较多的 I/O 端口。随着标准 PS/2 键盘技术的不断成熟，在嵌入式系统中，用标准 PS/2 键盘会越来越广泛。因此，本实例就是用硬件描述语言设计基于 FPGA 的标准 PS/2 键盘接口，实现标准 PS/2 键盘的输入到 VGA 显示器上的信息显示。

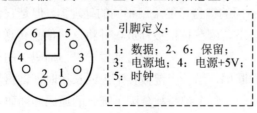

图 8.8　PS/2 接口的引脚图(孔)

8.2.1　PS/2 接口及键盘扫描码

PS/2 接口是通过 6 脚的 mini-DIN 连接器和外设连接的。如图 8.8 所示为 PS/2 接口的引脚图(孔)。PS/2 接口的引脚只有四个脚有意义。它们分别是时钟(Clock 脚)、数据(Data 脚)、电源(+5V 脚)和地(电源 Ground 地)。PS/2 设备有主从之分，现在广泛使用的 PS/2 键盘鼠标均工作在从设备方式下。使用中，主设备提供+5V 电源给 PS/2 接口，PS/2 接口的时钟与数据线都是集电极开路结构，必须外接上拉电阻，一般上拉电阻设置在主设备中，它们平时保持高电平，有输出时才被拉到低电平，之后又自动上浮到高电平。主从设备之间的数据通信采用双向同步方式传输，时钟信号一般由从设备产生。

PS/2 通信协议是一种双向同步串行协议。即每在时钟线上发一个脉冲，就在数据线上发送一位数据。任何一方如果想抑制另外一方通信时，只需要把 Clock(时钟脚)拉到低电平即可。如果是 PC 和 PS/2 键盘间的通信，则 PC 必须做主机，也就是说，PC 可以抑制 PS/2

键盘发送数据，而 PS/2 键盘则不会抑制 PC 发送数据。一般两设备间传输数据的最大时钟频率是 33kHz，大多数 PS/2 设备工作在 10～20kHz。推荐值在 15kHz 左右，也就是说，Clock(时钟脚)高、低电平的持续时间都为 40μs。每一数据帧包含 11～12 个位，如图 8.9 所示为标准 PS/2 键盘数据输出格式。它包含 1 个起始位(逻辑 0)、8 个数据位(扫描码)、1 个奇偶验位、1 个停止位(逻辑 1)，共计 11 位。

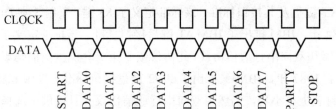

图 8.9　标准 PS/2 键盘数据输出格式

当 PS/2 键盘要发数据时，首先要检查 Clock 时钟脚的电压情况，如电压为低电平，则表示主机抑制了通信；如电压为高电平，则 PS/2 键盘获得发送数据的控制权。首先发送数据格式的起始位(低电平)，然后才发送数据(低位先发送)，跟着发送奇校验位，最后才发送数据格式的停止位。当时钟为高电平时，改变数据，在时钟的下降沿时，PS/2 键盘把数据锁存在 Data 数据线上。

PS/2 键盘其实就是一个大型的按键矩阵，它们由安装在电路板上的处理器(称为键盘编码器)来监视着。虽然不同的键盘可能采用不同的处理器，但是它们完成的任务都是一样的，即监视哪些按键被按下，哪些按键被释放，并将这些信息传送到主机。

如果发现有按键按下、释放或长按，键盘就发送"扫描码"的信息到主机。扫描码有两种不同的类型：通码和断码。当一个键被按下去或长按时，键盘就发送通码；当一个键被释放时，键盘就发送断码。每个键盘被分配了唯一的通码和断码，这样主机通过查找唯一的扫描码就可以确定是哪个按键被按下或释放。每个键一整套的通断码组成了"扫描码集"，现在所有的键盘都采用第二套扫描码。由于没有一个简单的公式可以计算扫描码，所以要知道某个特定按键的通码和断码，只能采用查表的方法来获得。需要特别注意的是，按键的通码值表示键盘上的一个按键，并不表示印刷在按键上的那个字符，这就意味着通码和 ASCII 码之间没有任何关联。

另外，第二套通码都只有一个字节，但也有少数"扩展按键"的通码是两字节或四字节，这类码的第一个字节总是 0xE0。与通码一样，每个按键在释放时，键盘就会发送一个断码。每个键也都有它自己的唯一的断码，不过断码与通码之间存在着必然的联系。多数第二套断码有两个字长，它们的第一个字节是 0xF0，第二个字节就是对应按键的通码。扩展按键的断码通常有三个字节，前两个字节为 0xE0 和 0xF0，最后一个字节是这个按键通码的最后一个字节。表 8-2 列出了 PS/2 键盘按键的通码和断码。

表 8-2　PS/2 键盘按键的通码和断码

键值	通码	断码	键值	通码	断码	键值	通码	断码
A	1C	F0,1C	9	46	F0,46	[	54	F0,54
B	32	F0,32	`	0E	F0,0E	INSERT	E0,70	E0,F0,70
C	21	F0,21	-	4E	F0,4E	HOME	E0,6C	E0,F0,6C
D	23	F0,23	=	55	F0,55	UP	E0,7D	E0,F0,7D
E	24	F0,24	\	5D	F0,5D	DELETE	E0,71	E0,F0,71
F	2B	F0,2B	BKSP	66	F0,66	END	E0,69	E0,F0,69
G	34	F0,34	SPACE	29	F0,29	DOWN	E0,7A	E0,F0,7A
H	33	F0,33	TAB	0D	F0,0D	U_ARROW	E0,75	E0,F0,75
I	43	F0,48	CAPS	58	F0,58	L_ARROW	E0,6B	E0,F0,6B
J	3B	F0,3B	L_SHFT	12	F0,12	D_ARROW	E0,72	E0,F0,72
K	42	F0,42	L_CTRL	14	F0,14	R_ARROW	E0,74	E0,F0,74
L	4B	F0,4B	L_WIN	E0,1F	E0,F0,1F	KP_NUM	77	F0,77
M	3A	F0,3A	L_ALT	11	F0,11	KP_/	E0,4A	E0,F0,4A
N	31	F0,31	R_SHFT	59	F0,59	KP_*	7C	F0,7C
O	44	F0,44	R_CTRL	E0,14	E0,F0,58	KP_-	7B	F0,7B
P	4D	F0,4D	R_WIN	E0,27	E0,F0,27	KP_+	79	F0,79
Q	15	F0,15	R_ALT	E0,11	E0,F0,11	KP_EN	E0,5A	E0,F0,5A
R	2D	F0,2D	APPS	E0,2F	E0,F0,2F	KP_.	71	F0,71
S	1B	F0,1B	ENTER	5A	F0,5A	KP_0	70	F0,70
T	2C	F0,2C	ESC	76	F0,08	KP_1	69	F0,69
U	3C	F0,3C	F1	05	F0,07	KP_2	72	F0,72
V	2A	F0,2A	F2	06	F0,0F	KP_3	7A	F0,7A
W	1D	F0,1D	F3	04	F0,17	KP_4	6B	F0,6B
X	22	F0,22	F4	0C	F0,1F	KP_5	73	F0,73
Y	35	F0,35	F5	03	F0,27	KP_6	74	F0,74
Z	1A	F0,1A	F6	0B	F0,2F	KP_7	6C	F0,6C
0	45	F0,45	F7	83	F0,37	KP_8	75	F0,75
1	16	F0,16	F8	0A	F0,3F	KP_9	7D	F0,7D
2	1E	F0,1E	F9	01	F0,47	]	5B	F0,5B
3	26	F0,26	F10	09	F0,4F	;	4C	F0,4C
4	25	F0,25	F11	78	F0,56	'	52	F0,52
5	2E	F0,2E	F12	07	F0,5E	,	41	F0,41
6	36	F0,36	PRINT	E0,7C	E0,F0,12	.	49	F0,49
7	3D	F0,3D	SCROLL	7E	F0,5F	/	4A	F0,4A
8	3E	F0,3E	PAUSE	77	F0,77			

8.2.2 设计要求

本实例根据标准 PS/2 键盘的通信协议，用硬件描述语言设计基于 FPGA 的标准 PS/2 键盘接口，通过键盘的字符输入，完成把键盘按键的扫描码转换成字符 ASCII 码的过程，成功实现了标准 PS/2 键盘的字符输入在 VGA 显示器上的信息显示。本设计具有较好的通用性和可移植性。具体的设计要求如下。

(1) 在 VGA 显示器的指定窗口中显示键盘输入的字母、数字和其他符号。

(2) 每输入一个符号，显示能自动往后移动一位，并且用键盘的 Shift 键(上档转换键)实现大小字母的输入显示。

(3) 在指定窗口中完成一行的显示后能自动换行和手动换行。显示完一屏后能自动进入第一行显示输入。

(4) 利用键盘的退格(backspace)键实现显示字符的修改。

本系统主要接受标准 PS/2 键盘发出的信息，即扫描码的通码(按着键)和断码(松开键)，并且把按键的扫描码转换成字符 ASCII 码。然后利用 ASCII 码对应的字符显示点阵库的 ROM，从而实现字符的 VGA 屏幕显示。如图 8.10 所示为该系统顶层原理图。在该图中为了显示方便，PLL 模块(50MHz 转换为 40MHz)和 VGA 控制模块(VGA_controller 模块)已经省去，只包括了两个模块：键盘字符模块(ps2_char 模块)和字符屏幕显示模块(text_vga 模块)。VGA 控制模块已在上一节中进行了详细介绍。图中的 kb_data 和 kb_clk 两个输入信号为 PS/2 键盘接口的数据和时钟线，键盘字符模块实现串并数据和扫描码到 ASCII 码的转换，字符屏幕显示模块完成字符的显示方式，text_vga 模块的输出(red、green、blue)连接 VGA 控制模块。

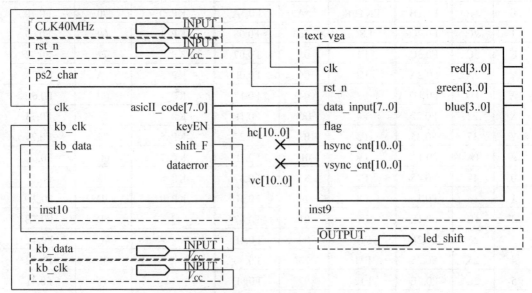

图 8.10 PS/2 键盘接口与 VGA 显示的顶层原理图

8.2.3　各功能模块的实现

下面主要介绍键盘字符模块(ps2_char 模块)和字符屏幕显示模块(text_vga 模块)的设计过程。

1.　键盘字符模块(ps2_char 模块)

根据 PS/2 接口的通信协议，即每在时钟线上发一个脉冲，就在数据线上发送一位数据，ps2_char 模块只接收 PS/2 键盘发出的信息(不向键盘发出信号)，即键盘向主机通信。键盘的状态每改变一次(敲击了一次)，键盘至少会发出三个字节的数据，在有键按下时会向主机发送该键的通码，当键释放时发送断码。例如，键"A"的通码为 0x1C，键"A"的断码为 0xF0, 0x1C，因此当要传送键"A"时，键盘发送的数据包的代码是 0x1C, 0xF0, 0x1C。

ps2_char 模块首先实现串并转换功能，即把串行数据转变成所需要的并行数据，并且识别出通码和断码，然后把扫描码转换为 ASCII 码输出。在图 8.10 中，ps2_char 模块上的输出端有四个：asicII_code[7..0]为 ASCII 码输出，keyEN 为输出数据有效标志(下降沿)、shift_f 为键盘的"shift"键指示，dataerror 为数据错误指示。ps2_char 模块的 VHDL 源代码如下：

```
LIBRARY IEEE;  USE IEEE.STD_LOGIC_1164.ALL;
USE IEEE.STD_LOGIC_ARITH.ALL; USE IEEE.STD_LOGIC_UNSIGNED.ALL;
ENTITY ps2_char IS
PORT( clk    : IN STD_LOGIC;
      kb_clk  : IN STD_LOGIC;         --
      kb_data : IN STD_LOGIC;         --
      asicII_code : OUT STD_LOGIC_VECTOR(7 DOWNTO 0);
      keyEN    : OUT STD_LOGIC;
      shift_F  : OUT STD_LOGIC;
      dataerror : OUT STD_LOGIC);
END  ps2_char;

ARCHITECTURE behave OF ps2_char IS
    signal shiftdata : STD_LOGIC_VECTOR(7 DOWNTO 0);    -- 接收的数据
    signal keycode   : STD_LOGIC_VECTOR(7 DOWNTO 0);    -- 通码
    signal datacoming : STD_LOGIC;                       -- 接收数据标志
    signal kbclkreg, kbclkfall : STD_LOGIC;
    signal cnt       : INTEGER RANGE 0 to 15;            -- 计算数据的位数
    signal parity    : STD_LOGIC;                        -- 奇偶校验值
    signal shift     : STD_LOGIC;                        -- shift 键标志
    signal isfo,isfo1 : STD_LOGIC;          -- 接收到断码 F0 后，按键松开标志
BEGIN
PROCESS( clk )  BEGIN                    -- 检测 kb_clk 的下降沿
    IF clk'event and clk = '1' THEN
      kbclkreg <= kb_clk;
      kbclkfall <= kbclkreg and (not kb_clk);
    END IF;
END PROCESS;
```

```
PROCESS ( clk )  BEGIN
    IF clk'event and clk = '1' THEN
      IF kbclkfall = '1' and datacoming = '0' and kb_data = '0' THEN
         datacoming <= '1';                                    -- 检测起始位'0'
         cnt <= 0;  parity <= '0';
      ELSIF kbclkfall = '1'and datacoming = '1' THEN    --开始接收数据
         IF cnt = 9 THEN                                       -- 检测停止位'1'
            IF kb_data = '1' then
                datacoming <= '0';
                dataerror <= '0';
            ELSE dataerror <= '1';
            END IF;
            cnt <= cnt + 1;
         ELSIF cnt = 8 THEN                                    -- 检测奇偶验位
            IF kb_data = parity THEN
                dataerror <= '0';
            ELSE  dataerror <= '1';
            END IF;
            cnt <= cnt + 1;
         ELSE
            shiftdata <= kb_data & shiftdata(7 downto 1);
            parity <= parity xor kb_data;                      -- 产生奇偶校验值
            cnt <= cnt + 1;
         END IF;
      END IF;
      keycode <= shiftdata;                          -- 接收到一个8位数据
    END IF;
END PROCESS;
PROCESS(clk) BEGIN                                  -- 处理断码标志
   IF clk'event and clk = '1' THEN
      IF cnt = 10 then isfo1<=isfo;
         IF shiftdata = "11110000" THEN    -- 接收到断码 F0 后
                isfo <= '1';               -- 按键松开标志置'1'
         ELSE   isfo <= '0' ;              -- 按键松开标志清零
         END IF;
       END IF;
    END IF;
END PROCESS;
keyEN <= datacoming and(not isfo1 );              -- keyEN 输出数据有效(下降沿)
process(isfo)  begin                              --shift 键检测
    IF isfo'event and isfo='0'  THEN
      IF cnt=10 and (keycode="00010010"or keycode="01011001" )then
        shift<=not shift ;    END IF;
    END IF;
    shift_F<=shift;
END PROCESS;
--------- PS2 键值-->ASICII ---------------
PROCESS(clk)   BEGIN
    IF clk'event and clk = '1' THEN
```

```
CASE "000"& shift & keycode is
    WHEN x"016"  =>  asicII_code<=x"31"   ;--1
    WHEN x"01e"  =>  asicII_code<=x"32"   ;--2
    WHEN x"026"  =>  asicII_code<=x"33"   ;--3
    WHEN x"025"  =>  asicII_code<=x"34"   ;--4
    WHEN x"02e"  =>  asicII_code<=x"35"   ;--5
    WHEN x"036"  =>  asicII_code<=x"36"   ;--6
    WHEN x"03d"  =>  asicII_code<=x"37"   ;--7
    WHEN x"03e"  =>  asicII_code<=x"38"   ;--8
    WHEN x"046"  =>  asicII_code<=x"39"   ;--9
    WHEN x"045"  =>  asicII_code<=x"30"   ;--0
    WHEN x"01c"  =>  asicII_code<=x"61"   ;--a
    WHEN x"032"  =>  asicII_code<=x"62"   ;--b
    WHEN x"021"  =>  asicII_code<=x"63"   ;--c
    WHEN x"023"  =>  asicII_code<=x"64"   ;--d
    WHEN x"024"  =>  asicII_code<=x"65"   ;--e
    WHEN x"02b"  =>  asicII_code<=x"66"   ;--f
    WHEN x"034"  =>  asicII_code<=x"67"   ;--g
    WHEN x"033"  =>  asicII_code<=x"68"   ;--h
    WHEN x"043"  =>  asicII_code<=x"69"   ;--i
    WHEN x"03b"  =>  asicII_code<=x"6a"   ;--j
    WHEN x"042"  =>  asicII_code<=x"6b"   ;--k
    WHEN x"04b"  =>  asicII_code<=x"6c"   ;--l
    WHEN x"03a"  =>  asicII_code<=x"6d"   ;--m
    WHEN x"031"  =>  asicII_code<=x"6e"   ;--n
    WHEN x"044"  =>  asicII_code<=x"6f"   ;--o
    WHEN x"04d"  =>  asicII_code<=x"70"   ;--p
    WHEN x"015"  =>  asicII_code<=x"71"   ;--q
    WHEN x"02d"  =>  asicII_code<=x"72"   ;--r
    WHEN x"01b"  =>  asicII_code<=x"73"   ;--s
    WHEN x"02c"  =>  asicII_code<=x"74"   ;--t
    WHEN x"03c"  =>  asicII_code<=x"75"   ;--u
    WHEN x"02a"  =>  asicII_code<=x"76"   ;--v
    WHEN x"01d"  =>  asicII_code<=x"77"   ;--w
    WHEN x"022"  =>  asicII_code<=x"78"   ;--x
    WHEN x"035"  =>  asicII_code<=x"79"   ;--y
    WHEN x"01a"  =>  asicII_code<=x"7a"   ;--z
    WHEN x"041"  =>  asicII_code<=x"2c"   ;--,
    WHEN x"049"  =>  asicII_code<=x"2e"   ;--.
    WHEN x"04a"  =>  asicII_code<=x"2f"   ;--/
    WHEN x"04c"  =>  asicII_code<=x"3b"   ;--;
    WHEN x"052"  =>  asicII_code<=x"27"   ;--'
    WHEN x"054"  =>  asicII_code<=x"5b"   ;--[
    WHEN x"05b"  =>  asicII_code<=x"5d"   ;--]
    WHEN x"05d"  =>  asicII_code<=x"5c"   ;--\
    WHEN x"04e"  =>  asicII_code<=x"2d"   ;---
    WHEN x"055"  =>  asicII_code<=x"3d"   ;--=
    WHEN x"029"  =>  asicII_code<=x"20"   ;--Space
    WHEN x"00e"  =>  asicII_code<=x"60"   ;--`
```

```
WHEN x"05a" =>  asicII_code<=x"0d"   ;--Enter
WHEN x"066" =>  asicII_code<=x"08"   ;--Backspace
WHEN x"071" =>  asicII_code<=x"7f"   ;--DEL
       -------------shift上档转换键---------
WHEN x"116" =>  asicII_code<=x"21"   ;--!
WHEN x"11e" =>  asicII_code<=x"40"   ;--@
WHEN x"126" =>  asicII_code<=x"23"   ;--#
WHEN x"125" =>  asicII_code<=x"24"   ;--$
WHEN x"12e" =>  asicII_code<=x"25"   ;--%
WHEN x"136" =>  asicII_code<=x"5e"   ;--^
WHEN x"13d" =>  asicII_code<=x"26"   ;--&
WHEN x"13e" =>  asicII_code<=x"2a"   ;--*
WHEN x"146" =>  asicII_code<=x"28"   ;--(
WHEN x"145" =>  asicII_code<=x"29"   ;--)
WHEN x"141" =>  asicII_code<=x"3c"   ;--<
WHEN x"149" =>  asicII_code<=x"3e"   ;-->
WHEN x"14a" =>  asicII_code<=x"3f"   ;--?
WHEN x"14c" =>  asicII_code<=x"3a"   ;--:
WHEN x"152" =>  asicII_code<=x"22"   ;--"
WHEN x"154" =>  asicII_code<=x"7b"   ;--{
WHEN x"15b" =>  asicII_code<=x"7d"   ;--}
WHEN x"15d" =>  asicII_code<=x"7c"   ;--|
WHEN x"14e" =>  asicII_code<=x"5f"   ;--_
WHEN x"155" =>  asicII_code<=x"2b"   ;--+
WHEN x"10e" =>  asicII_code<=x"7e"   ;--~
       --------------大写字母----------------
WHEN x"11c" =>  asicII_code<=x"41"   ;--A
WHEN x"132" =>  asicII_code<=x"42"   ;--B
WHEN x"121" =>  asicII_code<=x"43"   ;--C
WHEN x"123" =>  asicII_code<=x"44"   ;--D
WHEN x"124" =>  asicII_code<=x"45"   ;--E
WHEN x"12b" =>  asicII_code<=x"46"   ;--F
WHEN x"134" =>  asicII_code<=x"47"   ;--G
WHEN x"133" =>  asicII_code<=x"48"   ;--H
WHEN x"143" =>  asicII_code<=x"49"   ;--I
WHEN x"13b" =>  asicII_code<=x"4a"   ;--J
WHEN x"142" =>  asicII_code<=x"4b"   ;--K
WHEN x"14b" =>  asicII_code<=x"4c"   ;--L
WHEN x"13a" =>  asicII_code<=x"4d"   ;--M
WHEN x"131" =>  asicII_code<=x"4e"   ;--N
WHEN x"144" =>  asicII_code<=x"4f"   ;--O
WHEN x"14d" =>  asicII_code<=x"50"   ;--P
WHEN x"115" =>  asicII_code<=x"51"   ;--Q
WHEN x"12d" =>  asicII_code<=x"52"   ;--R
WHEN x"11b" =>  asicII_code<=x"53"   ;--S
WHEN x"12c" =>  asicII_code<=x"54"   ;--T
WHEN x"13c" =>  asicII_code<=x"55"   ;--U
WHEN x"12a" =>  asicII_code<=x"56"   ;--V
WHEN x"11d" =>  asicII_code<=x"57"   ;--W
```

```
          WHEN x"122" => asicII_code<=x"58"   ;--X
          WHEN x"135" => asicII_code<=x"59"   ;--Y
          WHEN x"11a" => asicII_code<=x"5a"   ;--Z
          WHEN x"15a" => asicII_code<=x"0d"   ;--Enter
          WHEN x"129" => asicII_code<=x"20"   ;--Space
          WHEN x"166" => asicII_code<=x"08"   ;--Backspace
          WHEN others => asicII_code<=x"00"   ;
        END CASE;
    END IF;
END PROCESS;  END BEHAVE;
```

在以上的代码描述中，接收数据标志 datacoming=1 期间，接收 PS/2 键盘发出的一个字节数据(8 位)。在处理断码标志的进程中，对于连续接收到两个或两个以上字节的数据判断是否有一个字节为 F0，如果有 F0，则表明 PS/2 键盘的按键是被敲击了一次(按键被按下后又松开)；如果没有 F0，表明 PS/2 键盘的按键是被一直按住(按下后没有松开)，这时输出数据有效标志 keyEN 每次接收一个字节数据，就会产生一个下降沿(有效)，使一个字节数据(通码)转换为 ASCII 码输出。这样按键被一直按住，其 ASCII 码就连续的输出，在显示屏上连续地显示该键的字符。对于按键被敲击了一次(发出三个字节的数据)，而输出数据有效标志 keyEN 只产生一个下降沿，在显示屏上只显示一次该键的字符。

ps2_char 模块只对键盘的数字(0~9)、字母(小写 a~z 和大写 A~Z)、空格键(Space)、换行(Enter)、退格键(Backspace)和其他一些符号进行了扫描码转换为 ASCII 码输出。敲击键盘的 Shift 键可进行大小写字母转换的输入显示。该模块对于组合按键不能进行处理。

2. 字符屏幕显示模块(text_vga 模块)

字符屏幕显示模块通过 ps2_char 模块输出的 ASCII 码，提取该字符的点阵字模库，在显示屏的指定窗口中显示字符。因此需要有存储显示字符点阵字模的存储器 ROM，一个字符的字模大小为 8×16 点阵。由于字符的 ASCII 码是连续的，这样与字模存储器 ROM 的地址可以形成一种对应关系，通过 ASCII 码就可以访问到该字符字模 ROM 的存储范围。该模块只完成了 ASCII 码中第 32 个字符(Space)到第 126 字符(~)的输入显示。

为了显示一屏或一个窗口输入的字符，还必须有存储一屏或一个窗口字符信息的缓存器 RAM(显存)，RAM 中的每个单元存储屏幕上需要显示字符的 ASCII 码及需要多少存储单元。可以这样来计算，若 VGA 显示器为 800×600，每个字符的字模大小为 8×16，那么 VGA 显示器每行可显示 100(800÷8)个字符，显示字符的行数为 37(600÷16=37.5)，总共可显示 3700 个字符，所以需要 3700 个存储单元。text_vga 模块设计的是在一个 400×320 窗口中显示字符，能显示 50×20 个字符，需要 100 个 RAM 的存储单元。text_vga 模块的 Verilog HDL 源代码如下：

```
Module text_vga(clk,rst_n,data_input,flag,
                       hsync_cnt,vsync_cnt,red,green,blue);
    input clk, rst_n, flag;              // flag(下跳)字符输入有效
    input [7:0] data_input;              // ASCII 输入
    input [10:0] hsync_cnt, vsync_cnt;   // 像素坐标
    output [3:0] red, green, blue;
    reg [3:0] red, green, blue;
```

```
    wire clk;                                   // 40MHz
    wire data_flag;                             // 有效显示区 800×600 标志
    reg  [11:0] ascii_data_addr;
    wire [7:0]  ascii_data_out;
    wire [6:0]  current_char_x;        // 字符最大列数 100
    wire [5:0]  current_char_y;        // 字符最大行数 37
    reg  [7:0]  ascii_addr_table[100:0];
    wire [11:0] char_cnt, current_char_num;
    wire [7:0]  ram_out;
    reg  [7:0]  dis_end_per_line [36:0]; // 记录每行输入的字符数
    reg  [7:0]  dis_x, dis_y;          // 输入字符坐标(列数,行数)
    parameter word_w =50, word_l=20;   // 显示字符的列数和行数
    parameter word_x0=25, word_y0=8;   // 显示窗口左上角坐标(25×8,8×16)
    assign   data_flag=(   hsync_cnt>=0 && hsync_cnt<799 &&
                      vsync_cnt>=0 && vsync_cnt<599 ) ? 1 : 0;
    ascii_rom  ascii_rom_inst( .address(ascii_data_addr),.clock(clk),
                      .q(ascii_data_out) );   // 存储字符点阵字模的ROM
    //存储一屏字符信息的双口RAM(ASCII 码)
    ascii_addr_ram ascii_addr_ram_inst(.data(data_input),
        .rdaddress(char_cnt),.rdclock(clk),.rden(data_flag&&(!flag)),
        .wraddress(current_char_num),.wrclock(clk),
        .wren(!data_flag),.q(ram_out));
  assign      current_char_y=(vsync_cnt)/16;    // 显示字符的行数
  assign      current_char_x=(hsync_cnt+2)/8;   // 显示字符的列数
  assign      char_cnt=(current_char_y)*100+current_char_x;
  assign      current_char_num = dis_y*100+dis_x; // 当前输入的字符个数
always @ (negedge rst_n or negedge flag)
    begin
      if(!rst_n)
        begin
          for(i=0;i<=36;i=i+1)    dis_end_per_line[i]<=0;    end
      else if(!flag)
        begin   if((data_input >= 32) && (data_input<=126))
                begin   dis_end_per_line[dis_y]<=dis_x;       end
            else   if(data_input == 13)          // 输入Enter(换行)
        begin   if(dis_y == word_y0+word_l-1 )
                    begin   dis_end_per_line[0]<=0; end
                    else begin dis_end_per_line[dis_y+1]<=0; end
    end    end      end
always @ (negedge rst_n or negedge flag)
    begin
    if(!rst_n) begin dis_x<=word_x0 ;   dis_y<=word_y0 ; end
    else if(!flag)
      begin if((data_input >= 32) && (data_input<=126))// 输入的有效字符
        begin if(dis_x<= word_x0+word_w-2) begin  dis_x<=dis_x+1; end
            else begin  dis_x<=word_x0;
                if(dis_y< word_y0+word_l-1)  dis_y<=dis_y+1;
                else  begin dis_y<=word_y0;
      end end      end
```

```verilog
         else if(data_input == 13)                         // 输入 Enter(换行)
             begin  dis_x<=word_x0;
               if(dis_y == word_y0+word_l-1 ) dis_y<=word_y0;
                 else  dis_y<=dis_y+1;
              end
          else if(data_input == 8)                          // 输入 Backspace(退格)
             begin  if(dis_x > word_x0 )  dis_x<=dis_x-1;
                 else if(dis_y > word_y0 )
                   begin  dis_y<=dis_y-1; dis_x<=word_x0+word_w-1; end
                 else  begin  dis_y<=word_y0; dis_x<=word_x0; end
      end   end
   always @ (negedge clk)
     begin  if(data_flag)                                   // 显示字符的点阵字模
     begin   ascii_data_addr<=(ram_out-32)*16+(vsync_cnt-word_y0*16)%16;
        if( ascii_data_out[(hsync_cnt)%8] &&
                      ((hsync_cnt/8)<=dis_end_per_line[char_cnt/100]))
            // 字符颜色(白色)
            begin  red<= 4'b1111; green<= 4'b1111; blue<= 4'b1111; end
       else  //   字符背景色(黑色)
            begin red<= 4'b0000; green<= 4'b0000; blue<= 4'b0000;  end
///////////////   显示窗口外的颜色  ///////////////////
       begin
        if ((hsync_cnt<word_x0*8-4)||(hsync_cnt>(word_x0+word_w)*8+4))
          begin red<= 4'b0000; green<= 4'b1111; blue<= 4'b1111; end
       end
       begin
        if((vsync_cnt<(word_y0*16-4))||(vsync_cnt>((word_y0+word_l)*16+3)))
          begin red<= 4'b0010; green<= 4'b1111; blue<= 4'b0000; end
       end
//////////////   显示窗口框色  ///////////////////
       begin
        if ((hsync_cnt>word_x0*8-6)&&(hsync_cnt<=(word_x0+word_w)*8+4))
         begin
          if((vsync_cnt>(word_y0*16-7))&&(vsync_cnt<(word_y0*16-3))||
               ((vsync_cnt>((word_y0+word_l)*16+2)) &&
                      (vsync_cnt<((word_y0+word_l)*16+6)))  )
          begin red<= 4'b1111; green<= 4'b0000; blue<= 4'b1111; end
      end end
       begin
       if((vsync_cnt>(word_y0*16-5))&&(vsync_cnt<=((word_y0+word_l)*16+5)))
         begin
          if ( (hsync_cnt>word_x0*8-6)&&(hsync_cnt<word_x0*8-2)||
               ( hsync_cnt>(word_x0+word_w)*8+1)&&
                       ( hsync_cnt<(word_x0+word_w)*8+5))
          Begin red<= 4'b1111; green<= 4'b0000; blue<= 4'b1111; end
      end end
  end
  else
     begin  red<= 4'b0000; green<= 4'b0000; blue<= 4'b0000;  end
  end
  endmodule
```

在以上的代码描述中包含了三个"always"过程块，并且调用了字符点阵字模 ROM(ascii_rom)和字符信息缓存器 RAM(ascii_addr_ram)。ascii_addr_ram 模块充当显存的功能，它输出的 ASCII 码按照以下公式，就能得到字模 ascii_rom 模块中存储该字符对应的字模数据。

(字符的 ASCII 码−32)×16+0=字符对应字模的第 0 行数据(8 位)

(字符的 ASCII 码−32)×16+1=字符对应字模的第 1 行数据(8 位)

      ……   ……

(字符的 ASCII 码−32)×16+15=字符对应字模的第 15 行数据(8 位)

显示屏幕上的一个像素点都属于一个字符的字模数据中的一个点，每扫描到一个 (hsync_cnt，vsync_cnt)像素点，先判断这个像素点属于 ascii_addr_ram 中的哪个位置，这个位置存放着某个字符的 ASCII 码，再根据这个 ASCII 码从 ascii_rom 中读出字模数据，用于显示这个像素点(白色或黑色)。

在一个屏幕或窗口的最左上角显示第一个字符时，首先把要显示字符的 ASCII 码值输入到该模块的输入端 data_input[7:0]上，然后输入端 flag 接收一个下降沿信号，此时这个字符的 ASCII 码就写入到 ascii_addr_ram 中的第 0 位置(第一个存储单元)。如果还需要输入显示一个字符，把要显示字符的 ASCII 码值输入到 data_input[7:0] 输入端上，flag 输入端再接收一个下降沿信号，ASCII 码就写入到 ascii_addr_ram 中的第 1 位置(第二个存储单元)。若不断从键盘输入字符，由 ps2_char 模块输出的 ASCII 码值依次写入到 ascii_addr_ram 的存储单元(递增)中。当一屏幕或窗口的字符输满后再输入字符，该字符的 ASCII 码写入到 ascii_addr_ram 中的第 0 位置，覆盖原来的 ASCII 码。字符在屏幕上显示信息的过程就是依次不断地读取 ascii_addr_ram 的 ASCII 码值，再根据这个值从 ascii_rom 中读出字模数据，在屏幕上显示字符。改变 ascii_addr_ram 中某个存储单元的 ASCII 码值，就会改变该存储单元对应在屏幕位置上的字符。

text_vga 模块源代码中的第一个"always"过程块完成每行输入字符数的记录 (dis_end_per_line [36:0])，变量 dis_end_per_line 表示屏幕某一行显示多少个字符，当某一行输入显示一些字符(如 5 个字符)后，就按 Enter 键，产生换行。这时变量 dis_end_per_line 记录该行显示的字符数(为 word_x0+5)，同时对该行字符显示进行像素点扫描判断，其判断语句(在第三个"always"过程块中)为：

```
if(  ascii_data_out[(hsync_cnt)%8] &&
            ((hsync_cnt/8)<=dis_end_per_line[char_cnt/100])  )
```

当 hsync_cnt/8)<=dis_end_per_line[char_cnt/100] 成立时，表明显示的像素点没有超过 dis_end_per_line 记录的字符数(为 word_x0+5)，应该显示像素点对应的字符。否则判断语句不成立，也就不显示(显示字体背景色)。这样对于换行后，在 ascii_addr_ram 中的原数据 (ASCII 码)对应的字模在新的一行中不会被显示，只显示新输入的字符。

8.3　PS/2 鼠标接口设计与 VGA 显示

PS/2 鼠标接口与 PS/2 键盘接口相同，如图 8.8 所示，也是通过 6 脚的 mini-DIN 连接器和外设连接的。PS/2 鼠标接口的引脚分别是时钟(Clock 脚)、数据(Data 脚)、电源(+5V 脚)和地(电源 Ground 地)。也是采用标准的 PS/2 协议(一种双向同步串行协议)，即每在时钟线上发一个脉冲，就在数据线上发送一位数据。在相互传输中，主机拥有总线控制权，即它可以在任何时候抑制鼠标的发送。方法是把时钟线一直拉低，鼠标就不能产生时钟信号和发送数据。在两个方向的传输中，时钟信号都是由鼠标产生的，即主机不产生通信时钟信号。

8.3.1　PS/2 鼠标的工作模式和数据格式

目前，市面上鼠标的种类较多，按照工作原理可分为机式鼠标、光电式鼠标和无线鼠标；按照鼠标的接口可分为 PS/2 接口鼠标、串行接口鼠标和 USB 接口鼠标。并且鼠标上的按键数有两键、三键和滚轮等。标准的 PS/2 鼠标支持的输入有 X(左右)位移、Y(上下)位移、左键、中键和右键。鼠标以一个固定的频率读取这些输入并更新不同的计数器，然后标记出反映的移动和按键状态。

标准的鼠标有两个计数器保持位移的跟踪：X 位移计数器和 Y 位移计数器，可存放 9 位的二进制补码，并且每个计数器都有相关的溢出标志。它们的内容连同三个鼠标按键的状态一起以三字节数据包的形式发送给主机。PS/2 鼠标在工作过程中，发送位移和按键信息给主机的数据包格式见表 8-3 所列。

表 8-3　三字节数据包格式

	Bit7	Bit6	Bit5	Bit4	Bit3	Bit2	Bit1	Bit0
Byte1	Y 溢出	X 溢出	Y 符号	X 符号	1	中键	右键	左键
Byte2	X 位移							
Byte3	Y 位移							

在表 8-3 中，Byte1 中的 Bit0、Bit1、Bit2 分别表示左、右、中键的状态，状态值"0"表示释放，"1"表示按下；Byte2 和 Byte3 分别表示 X 轴和 Y 轴方向的移动计量值，是二进制补码值。鼠标每隔一段时间，就会采样一次(默认每秒 100 次)，若检测到发生位移或按键状态变化，就会发送一个数据包(三字节)，一旦位移数据发送给主机，位移计数器就会复位。X 轴的位移信息记录在第一字节(Byte1)的第 4 位和第二字节(Byte2)的所有 8 位，共 9 位数据中，组成了一个带符号的 9 位二进制补码。当符号位为 0 时，为正数，表示鼠标向右移动；当符号位为 1 时，为负数，表示鼠标向左移动。Y 轴的位移信息记录在第一字节(Byte1)的第 5 位和第三字节(Byte3)的所有 8 位，组成了一个带符号的 9 位二进制补码。当符号位为 0(正号)时，表示鼠标向上移动；当符号位为 1(负号)时，表示鼠标向下移动。要让鼠标正常工作(鼠标向主机发数据)，主机必须先发送一个 0xF4 命令，让鼠标进入数据

报告状态。然后鼠标才会在每次按下、释放和移动时发送一个数据包，数据包中的每字节前又都有一个开始位，每字节后又都有一个奇校验位和一个结束位，按照 PS/2 通信协议发送每字节。

数据报告是根据鼠标工作模式来处理的，对 PS/2 鼠标有以下四种工作模式。

(1) Reset：鼠标在上电或收到"Reset"(0xFF)命令后进入 Reset 模式。鼠标发送 BAT 完成代码到主机，该代码不是 0xAA(BAT 成功)就是 0xFC(错误)。如果主机收到了不是 0xAA 的回应，就需要重新给鼠标供电，这样便会引起鼠标复位并重新执行 BAT。在鼠标发送完 BAT 后，鼠标接着发送设备 ID，这个 ID 用来识别是键盘还是处于扩展模式中的鼠标。鼠标发送自己的设备 ID 给主机后，便自动进入 Stream 模式。注意鼠标设置的一个默认值之一是数据报告被禁止，这就意味着鼠标在没收到"使能数据报告"(0xF4)命令之前不会发送任何位移数据包给主机。

(2) Stream：该模式是操作的默认模式。在 Reset 执行完成后，也是多数软件使用鼠标的模式。如果主机先前把鼠标设置到了 Remote 模式，那么它可以发送 Set Stream Mode(0xEA) 命令给鼠标，让鼠标重新进入 Stream 模式。在 Stream 模式中，一旦鼠标检测到位移或发现一个或多个鼠标按键的状态改变了，就发送位移数据包。数据报告的最大速率被认为是采样速率，其范围可以是 10~200Hz。该参数的默认值是 100Hz，不过主机可以用"设置采样速率(0xF3)"命令来设置新的采样速率。

(3) Remote：在某些情况下 Remote 模式很有用，可以通过发送 Set Remote Mode(0xF0) 命令进入。在这个模式下，鼠标以当前的采样速率读取输入，并更新它的计数器和标志。但是它只在主机请求数据时才报告给主机位移和按键状态。主机通过"读数据"(0xEB)命令来获得数据，在收到命令后鼠标发送位移数据包并复位它的位移计数器。

(4) Wrap：这是一个"回声"模式，用来测试鼠标。鼠标收到的每个字节都会被发回到主机，甚至收到的是一个有效的命令，鼠标都不会应答这条命令，它只是把这个字节发送给主机，但是两个命令例外，即 Reset 命令和 Reset Wrap Mode 命令。Wrap 模式可以通过发送 Set Wrap Mode(0xEE)命令给鼠标来进入，要退出 Wrap 模式，主机必须发布 Reset(0xFF)命令或 Reset Wrap Mode(0xEC)命令。如果 Reset(0xFF)命令收到了，鼠标将进入 Reset 模式。如果收到的是 Reset Wrap Mode(0xEC)命令，鼠标将进入 Wrap 模式前的那个模式。

主机发送给鼠标的有效命令还有许多，在此不详细介绍，请参考其他文献。不过当鼠标工作在 Stream 模式，主机在向鼠标发送任何其他命令之前要先禁止数据报告(命令 0xF5)。

主机发数据到 PS/2 鼠标的过程：首先 PS/2 鼠标产生时钟信号，如果主机要发送数据，它必须首先把时钟和数据线设置为请求。其发送状态如下：

(1) 通过下拉(低电平)时钟线至少 100μs 来抑制通信；

(2) 通过下拉(低电平)数据线来应用请求，然后释放时钟。

鼠标应该在不超过 10ms 的间隔内检查这个状态。当鼠标检测到这个状态，它将开始产生时钟信号，并且在时钟脉冲作用下输入八个数据位和一个停止位。主机仅在时钟线为低电平时改变数据线(主机发数据)，而数据在时钟脉冲的上升沿被锁存，这与鼠标发数据到主机的过程正好相反。在停止位后，鼠标要应答，就把数据线拉低并产生最后一个时钟脉冲。如果主机在第 11 个时钟脉冲后不释放数据线，鼠标将继续产生时钟脉冲直到数据线被释放。主机发数据到鼠标的时序图如图 8.11 所示。主机也可以在第 11 个时钟脉冲应答位前中止一次传送，即只要下拉时钟线至少 100μs。

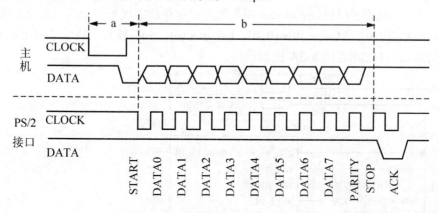

图 8.11　主机发数据到鼠标的时序图

在图 8.11 中，a 时间段是主机最初把数据线拉低后，鼠标开始产生时钟脉冲的时间，必须小于 15ms；b 时间段是数据被发送的时间，应该小于 2ms。如果这两个条件不满足，主机将产生一个错误。在收到数据后，主机为了处理数据立刻把时钟线拉低来抑制通信。如果主机发送的命令要求有一个回应，这个回应必须在主机释放时钟线后 20ms 之内被收到，否则主机将产生一个错误。

8.3.2　功能要求和设计思想

本设计利用 FPGA 实现 PS/2 鼠标接口，在以 VGA 作为输出设备上初步实现图形化用户界面的方案，用窗口菜单和文字图标取代了传统的键盘操作。鼠标左键按下时箭头光标改变颜色并选中图标，还可以随着光标指针移动选中的窗口。

在利用 FPGA 进行设计的过程中，简化了通信协议，对 PS/2 鼠标的操作只用了一条指令，即使能数据报告(0xF4)。利用鼠标上电自动复位并进入 Stream 模式后，发送使能数据报告指令(0xF4)，便完成对鼠标的初始化。之后便可以接收 PS/2 鼠标发送过来的数据包。该方案的优点是简化设计、节省资源；缺点是不能软复位，即鼠标由于出现异常情况而不能正常工作时，不能用软件复位，只能重新插拔鼠标。但出现异常状况的情况比较少，所以该方案是比较合理的。

本实例设计最后应该达到的演示效果是在 VGA 显示器左边底部有 5 个文字图标，分别为：开始、上页、下页、帮助、退出。在屏幕上的箭头形光标随着鼠标而移动。当光标指针移动到文字图标“开始”上，单击，就会在屏幕上弹出一个窗口；当光标指针移动到文字图标“上页”、“下页”或“帮助”上时，再单击，在显示器中自动关闭上一个窗口，并且弹出另一个新窗口；单击文字图标“退出”，就关闭所有窗口。这些弹出的窗口都可以被鼠标控制移动，按住鼠标左键，窗口就会随着光标而移动，并且箭头形光标随着单击会改变颜色。

如图 8.12 所示为该系统顶层原理图。在图中，PLL 模块(50MHz 转换为 25MHz)和 VGA 控制模块(VGA_controller 模块)已经省去，只包括了两个模块：鼠标模块(mouse 模块)和屏幕显示控制模块(mid 模块)。VGA 控制模块已在本章第一节中进行了详细介绍，只是在本实例中该模块分辨率设为 640×480。图中的 nouse_DATA 和 mouse_CLK 两个信号(双向)为 PS/2 鼠标接口的数据和时钟线，mouse 模块随着鼠标移动实现光标坐标和鼠标左键状态的输出(Mouse_Col[9..0]、Mouse_Row[9..0]、left_mouse)，mid 模块完成屏幕显示控制，mid 模块的输出(qout[11..0])连接 VGA 控制模块。

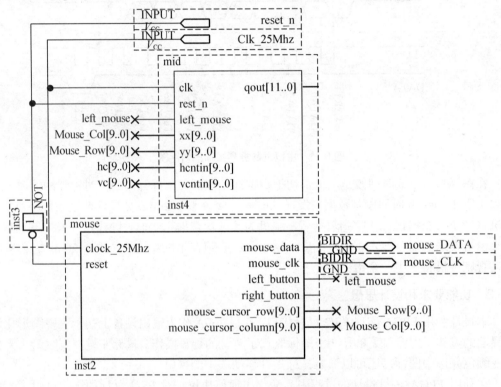

图 8.12　PS/2 鼠标接口与 VGA 显示的顶层原理图

8.3.3　各功能模块的设计

下面将分别介绍图 8.12 中鼠标模块(mouse 模块)和屏幕显示控制模块(mid 模块)的设计过程。

1. 鼠标模块(mouse 模块)

鼠标模块就是初始化 PS/2 鼠标与读取鼠标的数据信息的过程。首先初始化 PS/2 鼠标，向 PS/2 鼠标发送使能数据报告指令(0xF4)，然后紧接着便实时读取鼠标发送的数据包，然后获取 X 方向和 Y 方向的位移，获取按键状态。mouse 模块的 VHDL 描述代码如下：

```
LIBRARY IEEE;  USE  IEEE.STD_LOGIC_1164.ALL;
USE  IEEE.STD_LOGIC_ARITH.all; USE  IEEE.STD_LOGIC_UNSIGNED.ALL;
ENTITY mouse IS
  PORT( clock_25Mhz, reset        : IN std_logic;
```

```
          SIGNAL mouse_data              : INOUT std_logic;
          SIGNAL mouse_clk               : INOUT std_logic;
          SIGNAL left_button, right_button : OUT std_logic;
          SIGNAL mouse_cursor_row        : OUT std_logic_vector(9 DOWNTO 0);
          SIGNAL mouse_cursor_column : OUT std_logic_vector(9 DOWNTO 0));
END mouse;
ARCHITECTURE rtl OF mouse IS
TYPE STATE_TYPE IS ( INHIBIT_TRANS, LOAD_COMMAND, LOAD_COMMAND2,
                     WAIT_OUTPUT_READY, WAIT_CMD_ACK, INPUT_PACKETS);
SIGNAL mouse_state                    : state_type;
SIGNAL inhibit_wait_count             : std_logic_vector(10 DOWNTO 0);
SIGNAL CHARIN, CHAROUT                : std_logic_vector(7 DOWNTO 0);
SIGNAL new_cursor_row, new_cursor_column ,
       cursor_row, cursor_column      : std_logic_vector(9 DOWNTO 0);
SIGNAL INCNT, OUTCNT                  : std_logic_vector(3 DOWNTO 0);
SIGNAL PACKET_COUNT                   : std_logic_vector(1 DOWNTO 0);
SIGNAL SHIFTIN                        : std_logic_vector(8 DOWNTO 0);
SIGNAL SHIFTOUT                       : std_logic_vector(10 DOWNTO 0);
SIGNAL PACKET_CHAR1, PACKET_CHAR2,
       PACKET_CHAR3                   : std_logic_vector(7 DOWNTO 0);
SIGNAL MOUSE_CLK_DIR, MOUSE_CLK_BUF : std_logic;
SIGNAL output_ready, iready_set       : std_logic;
SIGNAL send_char, send_data, read_char : std_logic;
SIGNAL MOUSE_DATA_DIR, MOUSE_DATA_BUF : std_logic;
SIGNAL MOUSE_CLK_FILTER               : std_logic;     -- 同步后的时钟信号
SIGNAL filter                         : std_logic_vector(7 DOWNTO 0);
BEGIN
  mouse_cursor_row <= cursor_row;
  mouse_cursor_column <= cursor_column;
  -- 控制 PS/2 接口数据线 MOUSE_DATA 和时钟线 MOUSE_CLK 的传输方向
  MOUSE_DATA <= 'Z' WHEN MOUSE_DATA_DIR = '0' ELSE MOUSE_DATA_BUF;
  MOUSE_CLK <=  'Z' WHEN MOUSE_CLK_DIR  = '0' ELSE MOUSE_CLK_BUF;
  WITH mouse_state SELECT
  -- 当 MOUSE_DATA_DIR 为 0 时, mouse_data 为输入;为 1 时, mouse_data 为输出
    MOUSE_DATA_DIR <=    '0'    WHEN INHIBIT_TRANS,
                         '0'    WHEN LOAD_COMMAND,
                         '0'    WHEN LOAD_COMMAND2,
                         '1'    WHEN WAIT_OUTPUT_READY,
                         '0'    WHEN WAIT_CMD_ACK,
                         '0'    WHEN INPUT_PACKETS;
--当 MOUSE_CLK_DIR 为 0 时, mouse_clk 输入; 为 1 时, mouse_clk 输出
WITH mouse_state SELECT
    MOUSE_CLK_DIR <=     '1'    WHEN INHIBIT_TRANS,
                         '1'    WHEN LOAD_COMMAND,
                         '1'    WHEN LOAD_COMMAND2,
                         '0'    WHEN WAIT_OUTPUT_READY,
                         '0'    WHEN WAIT_CMD_ACK,
                         '0'    WHEN INPUT_PACKETS;
WITH mouse_state SELECT
```

```
    MOUSE_CLK_BUF <=       '0'    WHEN INHIBIT_TRANS,          -- 拉低时钟线
                           '1'    WHEN LOAD_COMMAND,
                           '1'    WHEN LOAD_COMMAND2,
                           '1'    WHEN WAIT_OUTPUT_READY,
                           '1'  · WHEN WAIT_CMD_ACK,
                           '1'    WHEN INPUT_PACKETS;
-- 该进程是对 PS/2 鼠标初始化, 发送使能数据报告指令(0xF4)
PROCESS (reset, clock_25Mhz)    BEGIN
    IF reset = '1' THEN
        mouse_state <= INHIBIT_TRANS;
        inhibit_wait_count <= conv_std_logic_vector(0,11);
        SEND_DATA <= '0';
    ELSIF clock_25Mhz'EVENT AND clock_25Mhz = '1' THEN
      CASE mouse_state IS
        WHEN INHIBIT_TRANS =>    -- 此状态时钟线为 0, 禁止鼠标发送信息
          inhibit_wait_count <= inhibit_wait_count + 1;
          IF inhibit_wait_count(10 DOWNTO 9) = "11" THEN
            mouse_state <= LOAD_COMMAND;    END IF;
          charout <= "11110100";                    -- 指令 F4
        WHEN LOAD_COMMAND =>
          SEND_DATA <= '1';   mouse_state <= LOAD_COMMAND2;
        WHEN LOAD_COMMAND2 =>
          SEND_DATA <= '1';   mouse_state <= WAIT_OUTPUT_READY;
        WHEN WAIT_OUTPUT_READY =>
          SEND_DATA <= '0';                       -- Stream 模式发送 F4
          IF OUTPUT_READY='1' THEN mouse_state <= WAIT_CMD_ACK;
          ELSE    mouse_state <= WAIT_OUTPUT_READY;    END IF;
        WHEN WAIT_CMD_ACK =>  SEND_DATA <= '0'; -- 等待鼠标回应
          IF IREADY_SET='1' THEN
            mouse_state <= INPUT_PACKETS;  END IF;
        WHEN INPUT_PACKETS =>                    -- 读取鼠标发送的数据包
              mouse_state <= INPUT_PACKETS;
      END CASE;
    END IF;
END PROCESS;
-- 该进程生成同步后的 PS/2 时钟信号: MOUSE_CLK_FILTER
PROCESS  BEGIN
  WAIT UNTIL clock_25Mhz'event and clock_25Mhz = '1';
    filter(7 DOWNTO 1)<=filter(6 DOWNTO 0);filter(0) <= MOUSE_CLK;
    IF filter = "11111111" THEN  MOUSE_CLK_FILTER <= '1';
    ELSIF filter = "00000000" THEN MOUSE_CLK_FILTER<= '0';END IF;
END PROCESS;
-- 该进程向鼠标发送一字节数据: 开始位(0)+指令(F4)+校验位(0)+停止位(1)
SEND_UART: PROCESS (send_data, Mouse_clK_filter)  BEGIN
  IF SEND_DATA = '1' THEN                  -- 发送数据标志
    OUTCNT <= "0000";  SEND_CHAR <= '1';  OUTPUT_READY <= '0';
    SHIFTOUT(0) <= '0';                            -- 开始位(0)
    SHIFTOUT(8 DOWNTO 1) <= CHAROUT ;              -- 指令(F4)
    SHIFTOUT(9) <= not (charout(7) xor charout(6) xor charout(5) xor
```

```
                    charout(4) xor Charout(3) xor charout(2) xor
                    charout(1) xor charout(0)) ;              -- 生成奇校验
     SHIFTOUT(10) <= '1';                                     -- 停止位(1)
     MOUSE_DATA_BUF <= '0';
   ELSIF(MOUSE_CLK_filter'event and MOUSE_CLK_filter='0')THEN--时钟下降沿
     IF MOUSE_DATA_DIR='1' THEN                    -- 数据线 mouse_data 输出
       IF SEND_CHAR = '1' THEN                     -- 发送数据串标志
        IF OUTCNT <= "1001" THEN   OUTCNT <= OUTCNT + 1;
          SHIFTOUT(9 DOWNTO 0) <= SHIFTOUT(10 DOWNTO 1);
          SHIFTOUT(10) <= '1'; MOUSE_DATA_BUF <= SHIFTOUT(1);
          OUTPUT_READY <= '0';
         ELSE  SEND_CHAR<= '0'; OUTPUT_READY<='1'; OUTCNT<="0000";
     END IF; END IF;  END IF;
   END IF;
END PROCESS SEND_UART;
-- 该进程接收鼠标发来的数据包(三个字节)
RECV_UART: PROCESS(reset, mouse_clk_filter)  BEGIN
IF RESET='1' THEN
   INCNT <= "0000";  READ_CHAR <= '0';  PACKET_COUNT <= "00";
   LEFT_BUTTON <= '0';  RIGHT_BUTTON <= '0';  CHARIN <= "00000000";
ELSIF MOUSE_CLK_FILTER'event and MOUSE_CLK_FILTER='1'THEN --时钟上升沿
   IF MOUSE_DATA_DIR='0' THEN                    -- 数据线 mouse_data 输入
       IF MOUSE_DATA='0' AND READ_CHAR='0' THEN--接收开始位(0)
         READ_CHAR<= '1';  IREADY_SET<= '0';
       ELSE IF READ_CHAR = '1' THEN              -- 接收数据串标志
         IF INCNT < "1001" THEN
             INCNT <= INCNT + 1;
             SHIFTIN(7 DOWNTO 0) <= SHIFTIN(8 DOWNTO 1);
             SHIFTIN(8) <= MOUSE_DATA;
             IREADY_SET <= '0';
           ELSE  CHARIN <= SHIFTIN(7 DOWNTO 0);
             READ_CHAR <= '0'; IREADY_SET <= '1';
             PACKET_COUNT <= PACKET_COUNT + 1;
        -- 设置光标在屏幕中心(320,240)
        IF PACKET_COUNT = "00" THEN
         cursor_column <= CONV_STD_LOGIC_VECTOR(320,10);
         cursor_row <= CONV_STD_LOGIC_VECTOR(240,10);
         NEW_cursor_column<=CONV_STD_LOGIC_VECTOR(320,10);
         NEW_cursor_row <= CONV_STD_LOGIC_VECTOR(240,10);
        ELSIF PACKET_COUNT = "01" THEN
        PACKET_CHAR1 <= SHIFTIN(7 DOWNTO 0);       --读取数据包第一字节
        -- 限制光标在屏幕边缘
        -- 对于屏幕左边和顶边设为零点, 所有的数字都是正的
        -- 设置一个数据包中鼠标移动 128 个像素
        IF (cursor_row < 128) AND ((NEW_cursor_row>256) OR
          (NEW_cursor_row < 2)) THEN              --检测光标在屏幕顶边框
           cursor_row <= CONV_STD_LOGIC_VECTOR(0,10);
         ELSIF NEW_cursor_row >480 THEN           --检测光标在屏幕底边框
           cursor_row <= CONV_STD_LOGIC_VECTOR(480,10);
```

```
              ELSE  cursor_row <= NEW_cursor_row;         END IF;
          IF (cursor_column < 128) AND((NEW_cursor_column >256) OR
              (NEW_cursor_column <2)) THEN            --检测光标在屏幕左边框
              cursor_column <= CONV_STD_LOGIC_VECTOR(0,10);
            ELSIF NEW_cursor_column>640 THEN          -- 检测光标在屏幕右边框
              cursor_column <= CONV_STD_LOGIC_VECTOR(640,10);
            ELSE cursor_column <= NEW_cursor_column;  END IF;
          ELSIF PACKET_COUNT = "10" THEN
            PACKET_CHAR2 <= SHIFTIN(7 DOWNTO 0);     --读取数据包第二字节
          ELSIF PACKET_COUNT = "11" THEN
            PACKET_CHAR3 <= SHIFTIN(7 DOWNTO 0);      --读取数据包第三字节
          END IF;
          INCNT <= conv_std_logic_vector(0,4);
          IF PACKET_COUNT = "11" THEN      PACKET_COUNT <= "01";
          -- 扩展 X 和 Y 的二进制补码的符号位，添加到当前光标计数值
          -- Y 运动方向是负的
            NEW_cursor_row <= cursor_row - (PACKET_CHAR3(7) &
                              PACKET_CHAR3(7) & PACKET_CHAR3);
            NEW_cursor_column <= cursor_column + (PACKET_CHAR2(7) &
                              PACKET_CHAR2(7) & PACKET_CHAR2);
            LEFT_BUTTON <= PACKET_CHAR1(0);           -- 读取鼠标左键状态
            RIGHT_BUTTON <= PACKET_CHAR1(1);          -- 读取鼠标右键状态
          END IF;
        END IF; END IF;
    END IF; END IF;
END IF;
END PROCESS RECV_UART;
END rtl;
```

2. 屏幕显示控制模块(mid 模块)

屏幕显示控制模块与本章第一节中 mid 模块的设计方法基本相同，也是实现屏幕上显示图/文内容的坐标位置和显示方式。本节的 mid 模块还需要考虑图形光标的生成、移动、颜色改变，以及怎样控制屏幕上的文字图标和弹出窗口或图片移动的问题。对于图形光标、文字图标和窗口或图片的内容，需要许多 ROM 存储器来保存，因此需要事先对这些图片和文字提取图/字模，生成每个 ROM 对应的 mif 文件。下面是 mid 模块的 VHDL 描述的代码：

```
LIBRARY IEEE; use ieee.std_logic_1164.all;
USE IEEE.std_logic_unsigned.all; use ieee.std_logic_arith.all;
ENTITY mid is
PORT ( clk         : in std_logic;
       rest_n      : in std_logic;
       left_mouse  : in std_logic;                        -- 鼠标的左键
       xx          : in std_logic_vector(9 downto 0);     -- 光标的 x 坐标
       yy          : in std_logic_vector(9 downto 0);     -- 光标的 y 坐标
       hcntin      : in std_logic_vector(9 downto 0);
       vcntin      : in std_logic_vector(9 downto 0);
       qout        : out std_logic_vector(11 downto 0) ); -- R、G、B
END MID;
```

```vhdl
ARCHITECTURE one OF mid IS
SIGNAL hcnt : std_logic_vector(9 downto 0);
SIGNAL vcnt : std_logic_vector(9 downto 0);
SIGNAL qout_temp : std_logic_vector(11 downto 0);    -- R、G、B 各 4 位
SIGNAL tx, ty: std_logic_vector(9 downto 0);         -- 窗口左上角坐标
SIGNAL mouse_flag : std_logic;                       -- 鼠标左键状态标志
SIGNAL tx_xx,ty_yy : std_logic_vector(9 downto 0);
SIGNAL kk1,kk2,kk3,kk4,kk5,kkk : std_logic ;         --文字图标背景色标志
SIGNAL cout_kk : integer range 0 to 3:=0 ;
constant wide: integer:=128*2;
constant long: integer:=128*2;
constant backcolour: std_logic_vector(11 downto 0):="110000001100";
--文字图标 ROM 的地址和数据信号，每个文字为 16×16----
SIGNAL word1_addr,word2_addr,word3_addr,
       word4_addr,word5_addr : std_logic_vector(4 downto 0);
SIGNAL word16_data1,word16_data2,word16_data3,
       word16_data4,word16_data5 : std_logic_vector(15 downto 0);
------各显示窗口的图片和文字 ROM---------------------
component cq_imgrom                      -- 图片 ROM
PORT( address : IN STD_LOGIC_VECTOR (13 DOWNTO 0);
      Inclock  : IN STD_LOGIC := '1';
      q        : OUT STD_LOGIC   );
END component;
SIGNAL cq_romaddr : std_logic_vector(13 downto 0);
SIGNAL cq_q : std_logic;
component xiaohui256x256_rom         -- 图形 ROM
PORT( clock    : IN STD_LOGIC;
      address  : IN STD_LOGIC_VECTOR(15 downto 0);
      q        : OUT STD_LOGIC );
END component;
SIGNAL xh_q : std_logic;
SIGNAL xh_romaddr : std_logic_vector(15 downto 0);
component word_cqut                  -- 文字 ROM
PORT( clock    : IN STD_LOGIC;
      address  : IN STD_LOGIC_VECTOR(11 downto 0);
      q        : OUT STD_LOGIC_VECTOR(15 downto 0) );
END component;
SIGNAL cqut_q       : std_logic_VECTOR(15 downto 0);
SIGNAL cqut_romaddr : std_logic_VECTOR(11 downto 0);
component imgrom                      -- 图片 ROM
PORT( clock    : IN STD_LOGIC;
      address  : IN STD_LOGIC_VECTOR(13 downto 0);
      q        : OUT STD_LOGIC_VECTOR(11 downto 0) );
END component;
SIGNAL img_romaddr : std_logic_vector(13 downto 0);
SIGNAL img_q       : std_logic_vector(11 downto 0);
--------箭头形光标 ROM 地址和数据-----------
SIGNAL mouse_addr   std_logic_vector(7 downto 0);
SIGNAL mouse_cur_q : std_logic;
```

```
SIGNAL mouse_sur_q : std_logic;
component mouse_cur
PORT(  clock      : IN STD_LOGIC;
       address    : IN STD_LOGIC_VECTOR(7 downto 0);
       q          : OUT STD_LOGIC);
END component;
component mouse_sur
PORT(  clock      : IN STD_LOGIC;
       address    : IN STD_LOGIC_VECTOR(7 downto 0);
       q          : OUT STD_LOGIC);
END component;
-----------文字图标ROM----------------------------
component word_rom1                    --文字图标"开始"
PORT(  clock      : IN STD_LOGIC;
       address    : IN STD_LOGIC_VECTOR(4 downto 0);
       q          : OUT STD_LOGIC_VECTOR(15 downto 0));
END component;
       ……                    ……
component word_rom5                    --文字图标"退出"
PORT(  clock      : IN STD_LOGIC;
       address    : IN STD_LOGIC_VECTOR(4 downto 0);
       q          : OUT STD_LOGIC_VECTOR(15 downto 0));
END component;
begin
hcnt <= hcntin;   vcnt <= vcntin;   qout <= qout_temp;
------各窗口图和文字ROM调用及地址计算 --------
cq_romaddr<= conv_std_logic_vector((conv_integer(vcnt-ty)*128
              +conv_integer(hcnt-tx)),14);
cq_rom : cq_imgrom PORT MAP( inclock => clk, address => cq_romaddr, q => cq_q);
xh_rom : xiaohui256x256_rom PORT MAP( clock => clk,
                               address => xh_romaddr, q => xh_q );
xh_romaddr<= conv_std_logic_vector((conv_integer(vcnt-ty)*256
                               +conv_integer(hcnt-tx)),16);
cqut_rom: word_cqut PORT MAP( clock =>clk, address =>cqut_romaddr, q =>cqut_q);
cqut_romaddr<=conv_std_logic_vector( ((conv_integer(hcnt-tx)/16)*16
     +conv_integer(vcnt-ty)mod 16+conv_integer(vcnt-ty)/16*16*16 ),12) ;
img_rom : imgrom PORT MAP( clock =>clk, address =>img_romaddr, q =>img_q );
img_romaddr<= conv_std_logic_vector((conv_integer(vcnt-ty)*128
              +conv_integer(hcnt-tx)),14);
------文字图标ROM调用及地址计算 --------
word1_rom : word_rom1 PORT MAP( clock => clk,
                    address => word1_addr, q => word16_data1 );
word1_addr<=conv_std_logic_vector( ((conv_integer(hcnt-4)/16)*16
                               +conv_integer(vcnt-462)mod 16), 5) ;
word2_rom : word_rom2 PORT MAP( clock => clk,
                    address => word2_addr, q => word16_data2 );
word2_addr<=conv_std_logic_vector( ((conv_integer(hcnt-54)/16)*16
                               +conv_integer(vcnt-462)mod 16), 5) ;
word3_rom : word_rom3 PORT MAP( clock => clk,
```

```
                        address => word3_addr, q => word16_data3 );
word3_addr<=conv_std_logic_vector( ((conv_integer(hcnt-104)/16)*16
                                    +conv_integer(vcnt-462)mod 16), 5) ;
word4_rom : word_rom4 PORT MAP( clock => clk,
                        address => word4_addr, q => word16_data4 );
word4_addr<=conv_std_logic_vector( ((conv_integer(hcnt-154)/16)*16
                                    +conv_integer(vcnt-462)mod 16), 5) ;
word5_rom : word_rom5 PORT MAP( clock => clk,
                        address => word5_addr, q => word16_data5 );
word5_addr<=conv_std_logic_vector( ((conv_integer(hcnt-204)/16)*16
                                    +conv_integer(vcnt-462)mod 16), 5) ;
-----箭头形光标 ROM 调用及地址计算------
mouse_addr <=conv_std_logic_vector(conv_integer(vcnt-yy)*10,8)
            +conv_std_logic_vector(conv_integer(hcnt-xx),8);
mouse1_rom : mouse_cur PORT MAP(clock => clk,
                address => mouse_addr, q => mouse_cur_q);
mouse2_rom : mouse_sur PORT MAP(clock => clk,
                address => mouse_addr, q => mouse_sur_q);
---------对鼠标左键的处理----------------------
PROCESS(left_mouse) begin
  IF (rising_edge(left_mouse)) THEN          -- 当鼠标左键按下时
      IF((yy >=ty) and (yy<ty+long)and (xx>=tx)and(xx<tx+wide)) THEN
        tx_xx <= xx-tx; ty_yy<= yy-ty;       -- 光标与窗口左上角坐标差
      END IF;
      IF((yy >460)and (yy <480))  THEN       -- 弹出窗口的顺序
         IF ((xx>50) and (xx<90)) THEN  cout_kk<= cout_kk-1;
         ELSIF ((xx>100) and (xx<140)) THEN cout_kk<= cout_kk+1;
      END IF; END IF;
  END IF;
END PROCESS;
PROCESS(rest_n,left_mouse)                    -- 按下鼠标左键
 BEGIN
  IF rest_n='0' then
     kk1<='0';kk2<='0';kk3<='0';kk4<='0';kk5<='0';kkk<='0';
  ELSIF (left_mouse='0') THEN    mouse_flag<='0'; ty<=ty;tx<=tx;
  ELSIF((yy >= ty) and (yy < ty+long)and
           (xx>=tx)and (xx<tx + wide )) THEN   --随光标移动
        mouse_flag<='1';   tx <= xx-tx_xx; ty <= yy-ty_yy;
  ELSE mouse_flag<='0';
  END IF;
  IF((yy >460)and (yy <480))  THEN            -- 文字图标背景色标志
    IF ((xx>2 ) and (xx<40)) THEN
        IF left_mouse='1' then kk1<='1';
              tx<="0101111110";ty<="0100000000";kkk<='1';
        ELSE  kk1<='0';kkk<=kkk; END IF;
    ELSIF ((xx>50) and (xx<90)) THEN
      IF left_mouse='1' then kk2<='1'; ELSE  kk2<='0'; END IF;
    ELSIF ((xx>100) and (xx<140)) THEN
      IF left_mouse='1' then kk3<='1'; ELSE  kk3<='0'; END IF;
```

```
        ELSIF ((xx>150) and (xx<190)) THEN
            IF left_mouse='1' then kk4<='1'; ELSE   kk4<='0'; END IF;
        ELSIF ((xx>200) and (xx<240)) THEN
            IF left_mouse='1' then kk5<='1';kkk<='0'; else kk5<='0'; end if;
  END IF;END IF;
END PROCESS;
PROCESS(clk) begin                            -- 显示进程
IF (rising_edge(clk)) THEN
  IF kkk='1'THEN                              -- 弹出窗口
    IF((vcnt >= ty) and (vcnt <= ty+long) and
                   (hcnt>tx)and (hcnt<tx + wide+1 )) THEN
    CASE cout_kk is        --显示各弹出的窗口
        WHEN 0 => qout_temp<=img_q;              --input IMGROM_bmp.mif
        WHEN 1 =>                               -- input cq_rom.mif
             IF cq_q='1' then  qout_temp<="000000000000";
             ELSE    qout_temp<="111100000000";  end if ;
        WHEN 2 =>                               --input xiaohui_rom.mif
             IF xh_q='1' then  qout_temp<="111111111111";
             else    qout_temp<="000011110000";  end if ;
        WHEN 3 =>                               --input word_cqut16x16.mif
             IF cqut_q((conv_integer(hcnt-tx-9))mod 16)='1' then
                   qout_temp<="000011110000";
             ELSE    qout_temp<="000000000000";  end if ;
        WHEN others => qout_temp<=backcolour;
    END CASE;
    END IF;
           ------显示弹出窗口的边框------------
    IF((hcnt>tx) and (hcnt<tx + wide+1))  THEN
        IF ((vcnt >ty-3)and (vcnt <ty))or (( vcnt >ty+long-1 ) and ( vcnt < ty+long+2 ))
           then  qout_temp<="000000001111";
    END IF;    END IF;
    IF (( vcnt >ty-3)and ( vcnt < ty+long+2))THEN
        IF((hcnt>tx-2)and (hcnt<tx+1)) or
                   ((hcnt> tx + wide )and (hcnt<tx + wide+3 )) THEN
           qout_temp<="000000001111";
        END IF;    END IF;
  END IF;
-------- 文字图标背景色 --------------
  IF((vcnt >460)and (vcnt <480))  THEN
        IF ((hcnt>2 ) and (hcnt<40)) THEN
             IF kk1='1' then qout_temp<="111111111111"; -- 白色
             ELSE   qout_temp<=backcolour; END IF;
        ELSIF ((hcnt>50) and (hcnt<90)) THEN
             IF kk2='1' THEN qout_temp<="111111111111";
             ELSE   qout_temp<=backcolour; END IF;
        ELSIF ((hcnt>100) and (hcnt<140)) THEN
             IF kk3='1' then qout_temp<="111111111111";
             ELSE   qout_temp<=backcolour; END IF;
        ELSIF ((hcnt>150) and (hcnt<190)) THEN
```

```
        IF   kk4='1' THEN qout_temp<="111111111111";
            ELSE  qout_temp<=backcolour;  END IF;
        ELSIF ((hcnt>200 ) and (hcnt<240)) THEN
            IF   kk5='1' THEN qout_temp<="111111111111";
            ELSE  qout_temp<=backcolour;  END IF;
        END IF;
    END IF;
    -------文字图标的文字显示---------
    IF((vcnt >=462)and (vcnt <478)and (hcnt>4 ) and (hcnt<37))  THEN
        IF word16_data1((conv_integer(hcnt-4-10))mod 16)='1'  THEN
         qout_temp<= "111100001000";
    END IF; END IF;
    IF((vcnt >=462)and (vcnt <478)and (hcnt>54 ) and (hcnt<87))  THEN
            IF word16_data2((conv_integer(hcnt-54-10))mod 16)='1'  THEN
         qout_temp<= "111100001000";
    END IF; END IF;
    IF((vcnt >=462)and (vcnt <478)and (hcnt>104 ) and (hcnt<137))  THEN
            IF word16_data3((conv_integer(hcnt-104-10))mod 16)='1'  THEN
         qout_temp<= "111100001000";
    END IF; END IF;
    IF((vcnt >=462)and (vcnt <478)and (hcnt>154 ) and (hcnt<187))  THEN
            IF word16_data4((conv_integer(hcnt-154-10))mod 16)='1'  THEN
         qout_temp<= "111100001000";
    END IF; END IF;
    IF((vcnt >=462)and (vcnt <478)and (hcnt>204 ) and (hcnt<237))  THEN
            IF word16_data5((conv_integer(hcnt-204-10))mod 16)='1'  THEN
         qout_temp<= "111100001000";
    END IF; END IF;
    ----------显示箭头形光标图案10×16-----------
    IF((vcnt >= yy) and (vcnt < yy+16)and (hcnt>=(xx+2))and(hcnt<=xx + 11)) THEN
        IF(mouse_cur_q='1') THEN           -- input mouse_cur_rom.mif
            IF mouse_flag='1' THEN qout_temp<="111111111111";
            ELSE qout_temp<="000011111111";
            END IF;END IF;
        IF(mouse_sur_q='1') THEN          -- input mouse_sur_rom.mif
            qout_temp<="100010001111";
        END IF;  END IF;
    END IF;
END PROCESS;
END ONE;
```

从以上的代码可以看出，文字图标的显示是静止的，显示在屏幕左下边即行为 460～480、列为 2～240 的范围内。鼠标左键可以控制文字图标背景色的变化(为白色)。箭头形光标的图案大小为 10×16，使用了两个存储器：一个显示箭头图案(mouse_cur_rom.mif)，另一个显示箭头轮廓图案(mouse_sur_rom.mif)，它们随着 mouse 模块输入的光标坐标(xx,yy)而移动。为了让光标图案保持在屏幕上的最前面，在显示进程中，显示箭头形光标图案的语句应在最后面描述，这样光标图案与其他图形重叠时，光标总在其他图形的前面。

要实现光标拖动一个窗口或图片，首先确定光标(xx,yy)是否进入窗口或图片中(左上角坐标(tx,ty)为窗口或图片位置，long 和 wide 为窗口的长和宽)，当光标进入窗口或图片中按下鼠标左键，输入信号 left_mouse 立刻产生上升沿，此时计算出光标与窗口左上角坐标的位置差值(tx_xx <= xx-tx; ty_yy<= yy-ty)，继续按下鼠标左键不松开(left_mouse 为 1)，窗口或图片(tx <= xx-tx_xx; ty <= yy-ty_yy)随着光标拖动而移动。

8.4　通用异步收发器设计与 VGA 显示

通用异步收发器(Universal Asynchronous Receiver/Transmitter，UART)是一种通用串行数据总线，该总线双向通信，可以应用于短距离串行传输。在计算机中，串行外设用到的 RS-232C 异步串行接口，一般采用专用的集成电路即 UART 实现。8250、8251、NS16450 等芯片都是常见的 UART 器件。使用 VHDL 将 UART 的核心功能集成，在 FPGA 器件上可以实现多个 UART 单元。也就是说单片 FPGA 可以支持多个 RS-232C 串行接口。RS-485 和 RS-422 等接口标准与 RS232-C 标准一样，协议部分也采用了 UART 协议，与 FPGA 的实现逻辑是相同的，只是接口电平不同。

本实例就是基于 FPGA 器件实现 UART 与 PC 通信，在 VGA 显示器上完成双方传输内容的显示。

8.4.1　通用异步收发器原理及接口

UART 串行传输一个数据帧的格式与标准 PS/2 接口的数据格式相同，数据以每次一位的方式传输和接收。每一个字符数据的前面都有一位起始位(低电平)，字符本身有 5~8bit 数据位(低位在前，高位在后)组成，接着是一位校验位(也可以没有校验位)，最后是一位(或一位半、二位)停止位，停止位后面是不定长度的空闲位。停止位和空闲位都规定为高电平，这样就保证了起始位开始处一定有一个下降沿。UART 与标准 PS/2 接口都是串行通信，但是标准 PS/2 接口采用的是同步通信，而 UART 使用异步通信协议。也就是说，数据的传输没有时钟信号，发送方和接收方分别有各自独立的时钟，传输的速度(波特率)由双方约定，使用起止式异步协议(采用起始位和停止位来实现字符的界定或同步)。起止式异步协议的特点是以每一个字符为单位进行传输，字符之间没有固定的时间间隔要求，每个字符都以起始位开始，以停止位结束。

UART 在发送数据的过程中将准备输出的并行数据,按照数据帧格式转换为串行数据,与发送器时钟频率同步进行数据输出。在接收过程中，UART 从数据帧中去掉起始位和结束位,对读取的数据进行奇偶校验，并将数据字节从串行转换成并行。

UART 是计算机中串行通信端口的关键部分。在计算机中，串行外设是 RS-232C 异步串行接口，UART 相连于产生兼容 RS-232C 规范信号的电路。RS-232C 标准定义逻辑"1"信号相对于地为-15~-3V，而逻辑"0"相对于地为 3~15V。所以，当一个 FPGA 或微控制器中的 UART 相连于 PC 时，它需要一个 RS-232C 驱动器来转换电平。UART 这里指的是 TTL 电平的串口；RS-232C 指的是 RS-232C 电平的串口。

UART 串口的接收信号(RXD)和发送信号(TXD)一般直接与处理器芯片的引脚相连，而 RS-232C 串口的 RXD、TXD 一般需要经过电平转换(通常由 MAX232 等芯片进行电平转换)才能接到处理器芯片的引脚上,否则这么高的电压很可能会把芯片烧坏。计算机的串口就是 RS-232C 的,在进行电路设计时,应该注意外设的串口是 UART 类型的还是 RS-232C 类型的,如果不匹配应当进行电平转换,不能盲目地将两串口相连。

UART 主要有由数据总线接口、控制逻辑、波特率发生器、发送部分和接收部分等组成,基本的 UART 通信只需要两条信号线:RXD 和 TXD。TXD 是 UART 的发送端,RXD 是 UART 的接收端,实现全双工串行数据传输和接收。

8.4.2 系统的功能要求

本设计的功能要求是由 PS/2 键盘输入的字符在 VGA 显示屏上显示,并且把显示内容通过 UART 向上位机(计算机)传送,计算机上的信息也可以通过 RS-232C 接口向 FPGA 发送,并在 VGA 显示屏上显示。显示屏上需要有两个显示窗口:一个窗口显示键盘输入的字符,另一个窗口显示上位机传来的信息。PS/2 键盘输入的字符在 VGA 显示屏上显示已经在 8.2 节中进行了详细介绍,在字符屏幕显示模块 text_vga 中只完成一个窗口的显示,本实例要实现两个窗口的显示,故需要对 text_vga 模块增加存储器 ROM(字符点阵字模存储器)和缓存器 RAM(窗口字符信息显存),保证计算机传来的信息显示。如图 8.13 所示为 UART 设计与 VGA 显示的系统结构图。

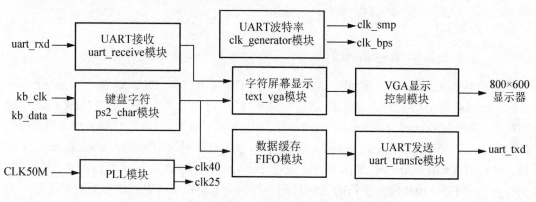

图 8.13 UART 设计与 VGA 显示的系统结构图

8.4.3 各功能模块的设计

在图 8.13 中,PLL 模块完成由外部输入的时钟信号 50MHz 转换为两个时钟信号 clk40(40MHz)和 clk25(25MHz),VGA 显示控制模块完成 800×600 分辨率的显示,这两个模块在前面已经进行了介绍。下面将介绍键盘字符 ps2_char 模块、字符屏幕显示 text_vga 模块、UART 波特率 clk_generator 模块、UART 接收 uart_receive 模块、UART 发送 uart_transfe 模块、数据缓存 FIFO 模块。

1. 键盘字符(ps2_char)模块和字符屏幕显示(text_vga)模块

ps2_char 模块和 text_vga 模块在 8.2 节中已进行了详细介绍,设计方法基本相同。在本系统中这两个模块增加了部分内容。如图 8.14 所示为这两个模块的电路连接图。

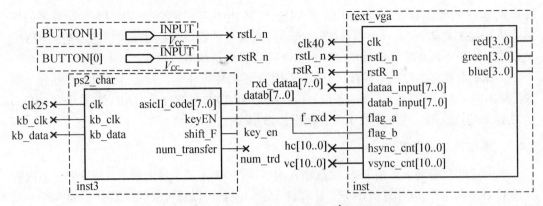

图 8.14 ps2_char 和 text_vga 模块电路连接图

ps2_char 模块的输出端增加了输出信号 num_transfer，该信号控制 UART 电路中 uart_transfe 模块的串行数据发送。ps2_char 模块增加了以下 VHDL 代码：

```
process(clk)    begin
    if clk'event and clk = '1' then   f2_transfer<=f1_transfer;
        if keycode =x"77" and isfo1 <= '1' then f1_transfer<= '1';
        else    f1_transfer<= '0' ;
    end if;  end if;
end process;
num_transfer<=f2_transfer;
```

此进程判断接收的数据即扫描码是否为 x"77"(该值为 PS/2 键盘上"Pause"和"Num_Lock"键的扫描码)。如果是 x"77"，表明 PS/2 键盘上"Pause"或"Num_Lock"键被敲击，输出信号 num_transfer 为高电平，控制由键盘输入的字符通过 UART 单元电路向上位机发送；否则输出信号 num_transfer 为低电平。ps2_char 模块中的输出端 asicii_code [7..0] 输出字符的 ASCII 码(datab[7..0])，一方面通过 text_vga 模块向 VGA 显示器输送显示的字符；另一方面向 FIFO 模块输入字符的 ASCII 码，作为向上位机串行发送信息的数据缓存。

text_vga 模块是提取字符的点阵字模库，在显示屏的指定窗口中显示其字符。在本设计的系统中，需要在显示屏上有两个显示窗口(左和右)：右边窗口显示键盘输入的字符，左边窗口显示上位机传来的信息(字符)。所以在 text_vga 模块的输入端有两组输入信号，一组是保证右边窗口显示的输入端：rstR_n(清屏)、datab_input(ASCII 码输入)、flag_b(下降沿信号有效、数据读入指示)；另一组是保证左边窗口显示的输入端：rstL_n(清屏)、dataa_input(ASCII 码输入)、flag_a(下降沿，数据读入指示)。输入端 datab_input 输入来自键盘字符模块的字符，输入端 dataa_input 输入来自 UART 接收 uart_receiver 模块的 ASCII 码字符。因此在 text_vga 模块中，也需要有两个缓存窗口字符信息的 RAM(显存)，分别存储两个显示窗口上字符的 ASCII 码。

2. 数据缓存 FIFO 模块

FIFO 模块用于 ps2_char 模块输出字符(ASCII 码)的数据缓存。每次向上位机串行发送数据后，FIFO 模块存储的数据自动清空。如图 8.15 所示为 FIFO 模块电路连接图。fifo_key

为 FIFO 存储器，它按照先写入的数据先读出的原则，每次对于数据输入端 data[7..0]按照输入顺序进行字符 ASCII 码的存储。q[7..0]输出到 UART 发送(uart_transfe)模块；wrreq 和 rdreq 在时钟 clock 作用下分别为写入和读取控制信号(高电平有效)；empty 为读空输出标志，若 empty 为高电平，则表示 FIFO 存储器的数据已经输出完。

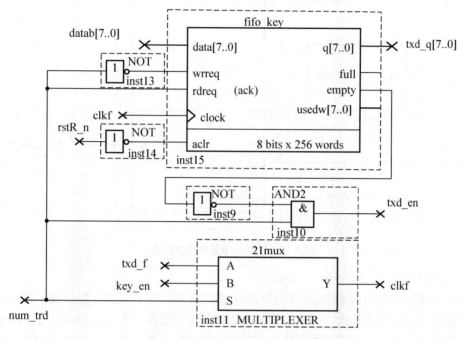

图 8.15　FIFO 模块电路连接图

在图 8.15 中有一个 2 选 1 选择器(21mux)，分别选择 ps2_char 模块的输出数据标志(key_en)和 uart_transfe 模块的输出字节标志(txd_f)，作为 FIFO 存储器读写的时钟信号(clkf)。连线 num_trd 与 ps2_char 模块的输出端 num_transfer 相连接，当 num_trd 为低电平时，对 fifo_key 模块写入数据，datab[7..0]输入字符 ASCII 码，选择器选择 key_en 为 FIFO 存储器的时钟信号，并且 txd_en 连线为低电平，使 UART 发送模块停止发送数据。

当 num_trd 为高电平时(向上位机发送信息)，对 fifo_key 模块读取数据，选择器选择 txd_f 为 FIFO 存储器的时钟信号，并且 txd_en 连线为高电平，UART 发送模块每发送一个字节数据，txd_f 连线上就会产生上跳脉冲，再次读取 fifo_key 模块数据，直到 fifo_key 模块存储的数据读完。此时，读空输出标志 empty 为高电平，控制 txd_en 连线为低电平，使 UART 发送模块停止数据发送。这样完成一组数据向上位机的传输。fifo_key 模块是由 Quartus Ⅱ 软件提供的宏功能单元电路来自动生成的。

3. UART 单元电路设计

利用 FPGA 实现 UART 的发送和接收数据的功能,采用基本的 UART 通信即两条信号线：RXD(接收端)和 TXD(发送端)，实现全双工串行数据传输和接收。UART 单元电路只需要三个模块：UART 波特率(clk_generator)模块、UART 接收(uart_receive)模块和 UART 发送(uart_transfe)模块。如图 8.16 所示为 UART 单元电路连接图。

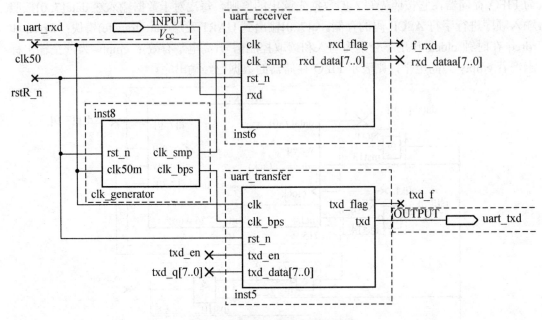

图 8.16　UART 单元电路连接图

1) UART 波特率(clk_generator)模块

在异步串行的数据传输中没有时钟信号，发送方和接收方分别有各自独立的时钟，数据传输的速度需由双方约定。因此数据的传输速度是用波特率来描述的，即用每秒钟传送数据位的数目来表示，它说明数据传送的快慢。常用的标准波特率：4800、9600、19200、38400、43000、56000、57600、115200 等。

在 115200 波特率传输速度下，每位数据持续(1/115200) = 8.7μs，如果传输 8 位数据，共持续 8×8.7μs =69μs。但是每个字节的传输又要求有"开始位"和"停止位"，所以实际上需要花费 10×8.7μs=87μs 的时间。最大的有效数据传输率只能达到 11.5KB/s。

波特率发生器实际上就是分频器，可以根据系统的时钟频率(晶振时钟)和要求的波特率计算出分频的分频系数。假设系统的时钟频率为 50MHz，波特率为 9600b/s，因此要设计分频模块，其分频系数等于 50MHz / 9600Hz = 5208.333。也可以写成 2^{32}/ 824634=5208.332，这与要求的分频比很接近，这样可使用 32 位的累加器，有利于 HDL 语言的描述，其语句如下：

```
reg    [31:0]   bps_cnt;
always@(posedge clk50m)
    bps_cnt <= bps_cnt1+32'd824634;      //  Bps=9600bps
    if(bps_cnt < 32'h7FFF_FFFF)
            clk_bps <= 0;
    else    clk_bps <= 1;
```

输入信号 clk50m(频率 50MHz)，可使 clk_bps 输出 9600Hz，保证分频系数等于 5208。下面是 UART 波特率(clk_generator)模块 Verilog HDL 描述的代码：

```
module clk_generator
(   input    clk50m,     input    rst_n,
    output   clk_bps,    output   clk_smp   );
/* -------------clk_smp = 16*clk_bps---------------
Freq_Word1<= 32'd206158;    Freq_Word2  <=  32'd3298535;     //2400   bps
Freq_Word1<= 32'd412317;    Freq_Word2  <=  32'd6597070;     //4800   bps
Freq_Word1<= 32'd824634;    Freq_Word2  <=  32'd13194140;    //9600   bps
Freq_Word1<= 32'd1649267;   Freq_Word2  <=  32'd26388279;    //19200  bps
Freq_Word1<= 32'd3298535;   Freq_Word2  <=  32'd52776558;    //38400  bps
Freq_Word1<= 32'd3693672;   Freq_Word2  <=  32'd59098750;    //43000  bps
Freq_Word1<= 32'd4810363;   Freq_Word2  <=  32'd76965814;    //56000  bps
Freq_Word1<= 32'd4947802;   Freq_Word2  <=  32'd79164837;    //57600  bps
Freq_Word1<= 32'd9895605;   Freq_Word2  <=  32'd158329674;   //115200 bps
-----------------------------------------------------*/
reg  [31:0]   cnt1_bps;   reg   [31:0]    cnt2_bps;
always@(posedge clk50m or negedge rst_n)
  begin    if(!rst_n)
      begin   cnt1_bps <= 0;    cnt2_bps <= 0;     end
      else    begin
       cnt1_bps <= cnt1_bps +32'd824634;       //Bps=9600bps
       cnt2_bps <= cnt2_bps +32'd13194140;     //Bps=9600bps*16
       end
    end
reg    clk_bps_r0, clk_bps_r1, clk_bps_r2;
always@(posedge clk50m or negedge rst_n)
  begin    if(!rst_n)
      begin clk_bps_r0 <= 0;clk_bps_r1 <= 0;clk_bps_r2 <= 0; end
      else
      begin
      if(cnt1_bps < 32'h7FFF_FFFF)  clk_bps_r0 <= 0;
      else    clk_bps_r0 <= 1;
        clk_bps_r1 <= clk_bps_r0; clk_bps_r2 <= clk_bps_r1;
      end
    end
assign   clk_bps = ~clk_bps_r2 & clk_bps_r1;
reg   clk_smp_r0,clk_smp_r1,clk_smp_r2;
always@(posedge clk50m or negedge rst_n)
  begin    if(!rst_n)
   begin clk_smp_r0 <= 0;clk_smp_r1 <= 0;clk_smp_r2 <= 0; end
    else
      begin
      if(cnt2_bps < 32'h7FFF_FFFF) clk_smp_r0 <= 0;
      else    clk_smp_r0 <= 1;
        clk_smp_r1 <= clk_smp_r0;    clk_smp_r2 <= clk_smp_r1;
      end
    end
assign   clk_smp = ~clk_smp_r2 & clk_smp_r1;
endmodule
```

clk_generator 模块的输出端有两个，一个输出信号 clk_bps(9600b/s)提供给 UART 发送 (uart_transfe)模块，另一个输出信号 clk_ smp(9600b/s×16)提供给 UART 接收(uart_receive) 模块。这是因为 UART 接收器必须通过一定的机制与接收到的输入信号同步，一般使用 16 倍于波特率的采样时钟对接收到的信号进行采样，使每一次都检测到正确的每位数据。

2) UART 接收(uart_receive)模块

由于输入的串行数据帧与接收时钟是异步的，故当 uart_receive 模块的输入端 rxd 由高 电平转为低电平时可以被视为一个数据帧的起始位。但是为了避免毛刺影响和能够检测到 正确的起始位信号，必须要求接收到的起始位在信号 clk_smp(波特率 clk_bps*16)采样的过 程中至少有一半都是低电平，才可以认定接收到的是起始位。然后每隔 16 个 clk_smp 周 期被采样一次数据位。uart_receive 模块使用 Verilog HDL 描述的代码如下：

```verilog
module uart_receiver
(   input   clk, input   rst_n, input   rxd,
    input   clk_smp,                    // clk_smp=16*clk_bps
    output             rxd_flag,        // 接收到一个字节数据标志
    output   reg   [7:0]   rxd_data
);
reg   rxd_sync_r0,rxd_sync_r1;
always@(posedge clk or negedge rst_n)   // 检测接收到的位信号
begin
    if(!rst_n)   begin
    rxd_sync_r0 <= 1;  rxd_sync_r1 <= 1;    end
    else if(clk_smp == 1)    begin
       rxd_sync_r0 <= rxd;   rxd_sync_r1 <= rxd_sync_r0;
  end  end
  wire   rxd_sync = rxd_sync_r1;       // 同步接收的每位数据
parameter   R_IDLE       =   1'b0;      // 开始状态
parameter   R_SAMPLE   =   1'b1;       // 采集状态
reg         rxd_state;
reg   [3:0]   smp_cnt;                  // 采样计数器
reg   [2:0]   rxd_cnt;                  // 数据长度
always@( posedge clk or negedge rst_n )
begin
    if(!rst_n)   begin   smp_cnt <= 0;   rxd_cnt <= 0;
       rxd_data <= 0;   rxd_state <= R_IDLE;    end
    else if(clk_smp == 1 )
       begin
       case(rxd_state)
       R_IDLE: begin   rxd_cnt <= 0;
          if(rxd_sync == 1'b0)         // 起始位'0'
             begin   smp_cnt <= smp_cnt + 1'b1;
             if(smp_cnt == 4'd7)        // 采样 8 次
                 rxd_state <= R_SAMPLE;    end
          else   smp_cnt <= 0;    end
       R_SAMPLE: begin   smp_cnt <= smp_cnt +1'b1; // 采样 16 次
          if(smp_cnt == 4'd7)
            begin       rxd_cnt <= rxd_cnt +1'b1;
```

```
                    if(rxd_cnt == 4'd7)  rxd_state <= R_IDLE;
                    case(rxd_cnt)
                    3'd0:    rxd_data[0] <= rxd_sync;
                    3'd1:    rxd_data[1] <= rxd_sync;
                    3'd2:    rxd_data[2] <= rxd_sync;
                    3'd3:    rxd_data[3] <= rxd_sync;
                    3'd4:    rxd_data[4] <= rxd_sync;
                    3'd5:    rxd_data[5] <= rxd_sync;
                    3'd6:    rxd_data[6] <= rxd_sync;
                    3'd7:    rxd_data[7] <= rxd_sync;
                    endcase
        end   end
        endcase
        end
end
wire    rxd_flag_r = (rxd_cnt == 4'd7) ? 1'b1 : 1'b0;
reg     rxd_flag_r0,  rxd_flag_r1;
always@(posedge clk or negedge rst_n)        // 同步数据接收标志
begin   if(!rst_n)
        begin  rxd_flag_r0 <= 0; rxd_flag_r1 <= 0; end
    else begin    rxd_flag_r0 <= rxd_flag_r;
        rxd_flag_r1 <= rxd_flag_r0;  end
end
assign    rxd_flag = rxd_flag_r1 &~rxd_flag_r;
endmodule
```

由于采样时钟 clk_smp 周期是波特率时钟频率的 16 倍，所以起始位需要至少 8 个连续 clk_smp 周期的低电平被接收到，才能确认接收到的是起始位。接着每隔 16 个 clk_smp 周期采样每个数据位，这样就保证了每数据位的中点处被采样，确保接收的每位数据正确。当接收完一个字节数据时，数据接收标志 rxd_flag 产生一个上跳脉冲信号。

3) UART 发送(uart_transfe)模块

uart_transfe 模块只要每隔一个 clk_bps 周期(波特率)输出一个数据即可，数据帧顺序遵循第 1 位是起始位，接着 8 位数据位，最后 1 位是停止位，共计 10 位。在本设计中没有校验位。uart_transfe 模块使用 Verilog HDL 描述的代码如下：

```
module uart_transfer
(   input    clk, input    rst_n,
    input    clk_bps,
    input          txd_en,              // 发送使能
    input    [7:0] txd_data,
    output          txd_flag,           // 数据发完标志
    output   reg    txd  );
parameter    T_IDLE   =   1'b0;         // 准备状态
parameter    T_SEND   =   1'b1;         // 发送状态
reg          txd_state;
reg    [3:0]  txd_cnt;                   // 数据位计数器
```

```
reg          txd_flag_r;
always@(posedge clk   or negedge rst_n)
begin if(!rst_n)
      begin   txd_state <= T_IDLE;
      txd_flag_r <= 0; txd <= 1'b1; end
   else
      begin
      case(txd_state)
      T_IDLE:   begin txd <= 1; txd_flag_r <= 0;
          if(txd_en == 1)    txd_state <= T_SEND;
          else  txd_state <= T_IDLE; end
      T_SEND:
        begin if(clk_bps == 1)
          begin
            if(txd_cnt < 4'd9)
                txd_cnt <= txd_cnt + 1'b1;
            else  begin txd_state <= T_IDLE;
                txd_cnt <= 0; txd_flag_r <= 1; end
            case(txd_cnt)
            4'd0:    txd <= 0;
            4'd1:    txd <= txd_data[0];
            4'd2:    txd <= txd_data[1];
            4'd3:    txd <= txd_data[2];
            4'd4:    txd <= txd_data[3];
            4'd5:    txd <= txd_data[4];
            4'd6:    txd <= txd_data[5];
            4'd7:    txd <= txd_data[6];
            4'd8:    txd <= txd_data[7];
            4'd9:    txd <= 1;
            endcase
          end     end
      endcase
      end
end
reg   txd_flag_r0,txd_flag_r1;
always@(posedge clk or negedge rst_n)         // 同步数据发完标志
begin    if(!rst_n)
        begin txd_flag_r0 <= 0;    txd_flag_r1 <= 0; end
     else begin   txd_flag_r0 <= txd_flag_r;
          txd_flag_r1 <= txd_flag_r0;  end
end
assign   txd_flag = ~txd_flag_r1 & txd_flag_r;
endmodule
```

本实例设计的波特率为 9600b/s，数据格式为 1 位是起始位，8 位数据位和 1 位是停止位，无校验位。上位机可以通过串口调试工具软件完成与 FPGA 中的 UART 串口通信，实现本设计的功能。

8.5　单线(1-Wire)温度测量与 LCD1602 显示

1-Wire 总线技术是美国 Dallas(达拉斯)半导体公司近年推出的新技术。它将地址线、数据线、控制线合为 1 根信号线，允许在这根信号线上挂接多个 1-Wire 总线器件。单总线技术具有节省 I/O 资源、结构简单、成本低廉、便于总线扩展和维护等优点，而基于这种技术的数字芯片和产品为各种应用系统的小型化创造了极其有利的条件。因此在分布式测控系统中有着广泛应用。DS18B20 是采用 1-Wire 总线技术的典型产品。

8.5.1　DS18B20 数字温度传感器

DS18B20 是新一代数字化温度传感器，具有体积更小、精度更高、适用电压更宽、可组网等优点，并且能充分发挥 1-Wire 通信在恶劣现场测量环境中的高抗扰性。DSl8B20 作为检测元件，测温范围为-55～125℃，分辨率最大可达 0.0625℃。DSl8B20 可以直接读出被测温度值。采用 3 线制与控制器相连，减少了外部硬件电路，使用户可轻松地组建传感器网络，为测量系统的构建引入全新概念。一线总线将独特的电源和信号复合在一起，仅使用一条线，每个芯片都有唯一的编码(64 位的序列号)，支持联网寻址，具有简单的网络化的温度感知、零功耗等待等特点。

DS18B20 引脚排列如图 8.17 所示。DQ 为数据输入/输出引脚，对于单线操作漏极开路，当工作在寄生电源模式时用来提供电源。DS18B20 的电源供电方式有两种：外部供电方式和寄生电源方式。工作于寄生电源方式时，V_{DD} 和 GND 均接地，它在需要远程温度探测和空间受限的场合特别有用。原理是当 1-Wire 总线的信号线 DQ 为高电平时，窃取信号能量给 DS18B20 供电，同时一部分能量给内部电容充电，当 DQ 为低电平时释放能量为 DS18B20 供电。但寄生电源方式需要强上拉电路，软件控制变得复杂(特别是在完成温度转换和复制数据到 E^{2}PROM 时)，同时芯片的性能也有所降低。因此，在条件允许的场合，尽量采用外供电方式。

DS18B20 中有一个 64 位只读存储器 ROM，用来储存器件唯一序列号，其内部包含了 8 个连续字节的寄存器，前两个字节是测得的数字温度数值寄存器，第 1 个字节的内容是温度的低 8 位，第 2 个字节是温度的高 8 位。第 3 个和第 4 个字节用于存放高温度报警 TH 和低温度报警 TL，第 5 个字节是配置寄存器，配置寄存器允许用户将温度的精度设定为 9、10、11 或 12 位。这 3 个字节的值可以保存在电可擦除的只读存储器 (E^{2}PROM)中，掉电后数据不丢失，第 6、7、8 个字节内部保留。第 9 个字节是循环冗余检验 CRC 字节。两个字节温度寄存器的格式如下：

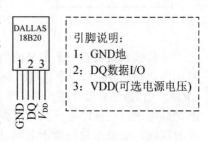

图 8.17　DS18B20 引脚排列

	bit 7	bit 6	bit 5	bit 4	bit 3	bit 2	bit 1	bit 0
LS Byte	2^3	2^2	2^1	2^0	2^{-1}	2^{-2}	2^{-3}	2^{-4}
	bit 15	bit 14	bit 13	bit 12	bit 11	bit 10	bit 9	bit 8
MS Byte	S	S	S	S	S	2^6	2^5	2^4

温度与寄存器数据关系见表 8-4。符号位 S 为 0，表示正温度；为 1 表示负温度(补码)。

表 8-4　温度与寄存器数据关系

温度/℃	数据输出(二进制)	数据输出(十六进制)
+125	0000 0111 1101 0000	07D0h
+85	0000 0101 0101 0000	0550h
+25.0625	0000 0001 1001 0001	0191h
+10.125	0000 0000 1010 0010	00A2h
+0.5	0000 0000 0000 1000	0008h
0	0000 0000 0000 0000	0000h
−0.5	1111 1111 1111 1000	FFF8h
−10.125	1111 1111 0101 1110	FF5Eh
−25.0625	1111 1110 0110 1111	FE6Eh
−55	1111 1100 1001 0000	FC90h

　　单总线系统包括一个总线控制器和一个或多个从机。DS18B20 总是充当从机。若只有一只从机挂在总线上的系统，称为"单点"系统；若由多只从机挂在总线上的系统，称为"多点"系统。所有的数据和指令的传递都是从最低有效位开始通过单总线。如图 8.18 所示为控制器与 DS18B20 的电路连接图。

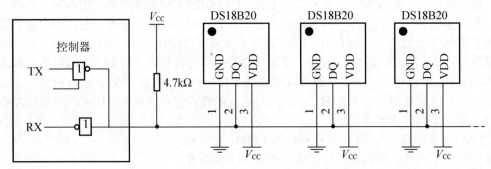

图 8.18　控制器与 DS18B20 的电路连接图

　　单总线系统只有一条定义的信号线。重要的是每一个挂在总线上的器件都能在适当的时间驱动它。为此每一个总线上的器件必须是漏极开路或三态输出。DS18B20 的单总线端口(DQ 引脚)是漏极开路式的，单总线需要一个约 5kΩ 的外部上拉电阻。单总线的空闲状态是高电平。在暂停某一执行过程后，如果还想恢复执行，总线必须停留在空闲状态。在恢复期间，如果单总线处于非活动(高电平)状态，位与位间的恢复时间可以无限长。如果总线停留在低电平超过 480μs，总线上的所有器件都将被复位。

　　控制器通过单线总线端口访问 DS18B20 的操作流程如下。

　　(1) 初始化(复位)：首先必须对 DS18B20 芯片进行复位，复位就是控制器发出(TX)一个复位脉冲(一个最少保持 480μs 的低电平信号)，然后释放总线，进入接收状态(RX)。单总线由 5K 上拉电阻拉到高电平。探测到 I/O 引脚上的上升沿后，DS1820 等待 15～60μs 后回发一个芯片的存在脉冲(一个 60～240μs 的低电平信号)。DS18B20 复位及应答时序图如图 8.19 所示。每一次通信之前必须进行复位，复位的时间、等待时间、回应时间应严格按时序进行。通信双方已经达成了基本的协议,接下来将会是控制器与 18B20 间的数据通信。

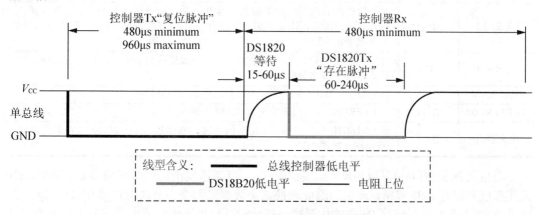

图 8.19　DS18B20 复位及应答时序图

(2) ROM 操作指令(控制器发送 ROM 指令):ROM 指令共有 5 条,每一个工作周期只能发一条,ROM 指令分别是读 ROM 数据、指定匹配芯片、跳跃 ROM、芯片搜索、报警芯片搜索。64 位 ROM 用于存放 DS18B20 的 ID 编码,其前 8 位是单线系列编码(DS18B20 的编码是 19H),后面 48 位是芯片唯一的序列号,最后 8 位是以上 56 位的 CRC 码(冗余校验)。

ROM 指令为 8 位长度,功能是对片内 64 位 ROM 进行操作。其主要目的是为了分辨一条总线上挂接的多个器件并做处理(通过每个器件上所独有的 ID 号来区别)。一般只挂接单个 DS18B20 芯片时,可以跳过 ROM 指令(注意,此处指的跳过 ROM 指令并非不发送 ROM 指令,而是用特有的一条"跳过指令")。ROM 指令见表 8-5。

(3) DS18B20 操作指令:在总线控制器发给欲连接的 DS18B20 一条 ROM 命令后,跟着可以发送一条 DS18B20 操作指令。这些指令同样为 8 位,共 6 条,允许总线控制器读写 DS18B20 的存储器 RAM、发起温度转换、识别电源模式和工作方式切换。存储器操作指令的功能是命令 DS18B20 做什么样的工作,是芯片控制的关键。DS18B20 的操作指令见表 8-5。

表 8-5　DS18B20 的 ROM 指令

指　令	代　码	功　　能
读 ROM	33H	读 DS18B20 传感器 ROM 中的编码(即 64 位地址)
匹配 ROM	55H	发出此命令之后,接着发出 64 位 ROM 编码,访问单总线上与该编码相对应的 DS18B20,使之做响应,为下一步对该 DS18B20 的读写做准备
搜索 ROM	F0H	用于确定挂接在同一总线上 DS18B20 的个数和识别 64 位 ROM 地址。为操作各器件做好准备
跳过 ROM	CCH	忽略 64 位 ROM 地址,直接向 DS18B20 发温度变换命令,适用于单片工作
报警搜索	ECH	执行后只有温度超过设定值上限或下限的芯片才做出响应
温度变换	44H	用以启动一次温度转换。产生的温度转换结果数据以两个字节的形式被存储在高速暂存器中,12 位转换时最长为 750ms

指　令	代　码	功　　能
读 RAM	BEH	读取暂存器的内容。读取将从字节 0 开始，一直进行下去，到第 9 字节(字节 8，CRC)读完，如果不想读完所有字节，控制器可以在任何时间发出复位命令来中止读取
写 RAM	4EH	发出向内部 RAM 的 3、4 字节写上、下限温度数据命令，紧跟该命令之后，是传送两字节的数据
配制 RAM	48H	将 RAM 中第 3、4 字节的内容复制到 EEPROM 中
调 EEPROM	B8H	将 EEPROM 中的内容恢复到 RAM 中的第 3、4 字节
电源模式	B4H	读 DS18B20 的供电模式。寄生供电时，DS1820 发送 '0'；外接电源供电时，DS18B20 发送 '1'

温度转换指令(44h)用以启动一次温度转换。控制器发出温度转换命令后，DS18B20 采集温度并进行 A/D 转换，产生的温度转换结果数据以两个字节的形式被存储在 RAM 的字节 0 和字节 1 中，而后 DS18B20 保持等待状态。如果寄生电源模式下发出该命令后，在温度转换期间，必须在 10μs 内给单总线一个强上拉。如果 DS18B20 以外部电源供电，总线控制器在发出该命令后跟着发出读时序。DS18B20 如处于转换中，将在总线上返回 0；若温度转换完成，则返回 1。

操作指令结束后则将进行指令执行或数据的读写，这个操作要视存储器操作指令而定。如执行温度转换指令，则控制器必须等待 18B20 执行其指令，一般转换时间为 500μs。如执行数据读写指令，则需要严格遵循 18B20 的读写时序来操作。DS18B20 的数据读写是通过时序处理位来确认信息交换的。

写时序操作分为写 1(逻辑 1)时序和写 0(逻辑 0)时序。总线控制器的所有写时序必须最少持续 60μs，包括两个写周期之间至少 1μs 的恢复时间。当总线控制器把数据线从逻辑高电平拉到低电平时，写时序开始。如图 8.20 所示为 DS18B20 的数据写时序。

总线控制器要产生一个写时序，必须把数据线拉到低电平然后释放，在写时序开始后的 15μs 释放总线。当总线被释放时，5k 的上拉电阻将拉高总线。总控制器要生成一个写 0 时序，必须把数据线拉到低电平并持续保持(至少 60μs)。DS18B20 在一个 15~60μs 的期间对 I/O 线采样。如果线上是高电平，就写 1。如果线上是低电平，就写 0。

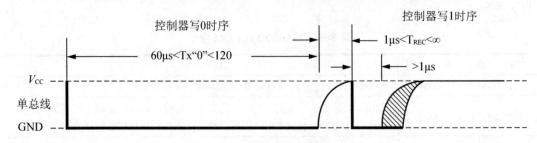

图 8.20　DS18B20 的数据写时序

读时序操作必须最少 60μs，包括两个读周期间至少 1μs 的恢复时间。当总线控制器把数据线从高电平拉到低电平时，读时序开始，数据线必须至少保持 1μs，然后总线被释放。如图 8.21 所示为 DS18B20 的数据读时序。在总线控制器发出读时序后，DS18B20 通过拉高或拉低总线来传输 1 或 0。当传输逻辑 0 结束后，总线将被释放，通过上拉电阻回到上升沿状态。从 DS18B20 输出的数据在读时序的下降沿出现后 15μs 内有效。因此，总线控制器在读时序开始后必须停止把 I/O 脚驱动为低电平 15μs，以读取 I/O 脚状态。

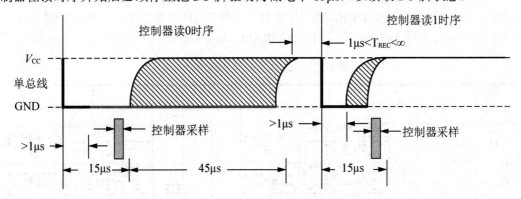

图 8.21　DS18B20 的数据读时序

总线控制器发起读时序时，DS18B20 仅被用来传输数据给控制器。因此，总线控制器在发出读指令(BEH)、读电源模式指令(B4H) 和发出温度转换指令(44h)后必须立刻开始读时序。若要读出当前的温度数据，需要执行两次工作周期，第一个周期为复位、跳过 ROM 指令、执行温度转换存储器操作指令、等待 500μs 温度转换时间。紧接着执行第二个周期为复位、跳过 ROM 指令、执行读 RAM 的存储器操作指令、读数据(最多为 9 个字节，中途可停止，只读简单温度值，则读前两个字节即可)。

8.5.2　字符型 LCD1602

在某些应用上，需显示英文字母、阿拉伯数或特殊符号时，采用字符型液晶(LCD)显示模块是一种既简便又省电的方法。LCD1602 就是一种专门用来显示字母、数字、符号等的点阵型液晶模块。它显示的内容为 16 字×2 行(即 32 个字符：可以显示两行，每行 16 个字符)，每个字符由 5×7 点阵字符位组成，每个点阵字符位之间有一个点距的间隔，每行之间也有间隔，起到了字符间距和行间距的作用，正因为如此所以它不能很好地显示图形。

LCD1602 模块内是由 LCD 显示器、LCD 驱动器、LCD 控制器(与 HD44780 兼容)三部分所组成。内部包含标准的 ASCII 码(含大小写英文字母、阿拉伯数字及特殊符号等)。该模块具有 16 根引脚端(含背光)，其引脚的功能说明见表 8-6。

表 8-6　LCD1602 引脚的功能说明

引脚号	符　号	说　　明
1	VSS	为电源地
2	VCC	接 5V 电源正极
3	V0	对比度调整端，接正电源时对比度最弱，接地电源时对比度最高(可以通过一个 10kΩ 的电位器调整对比度)
4	RS	高电平为 1 时选择数据寄存器，低电平为 0 时选择指令寄存器
5	R/W	为读写信号线，高电平时进行读操作，低电平时进行写操作
6	E	为使能端：下降沿脉冲写命令/数据
7～14	DB0～DB7	为 8 位双向数据端
15～16	BLA、BLK	空脚或背灯电源。15 脚背光正极，16 脚背光负极

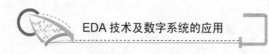

LCD1602 提供各种控制命令，如清屏、字符闪烁、光标闪烁、显示移位等多种功能。有 80 字节显示数据存储器 DDRAM；内建 192 个 5×7 点阵字型的字符发生器 CGROM；8 个可由用户自定义的 5×7 的字符发生器 CGRAM。LCD1602 可显示的字符码见表 8-7。

表 8-7　LCD1602 可显示的字符码

Upper 6 bit / Lawer 4 bit	LLLL	LLLH	LLHL	LLHH	LHLL	LHLH	LHHL	LHHH	HLLL	HLLH	HLHL	HLHH	HHLL	HHLH	HHHL	HHHH
LLLL	CG RAM (1)															
LLLH	(2)															
LLHL	(3)															
LLHH	(4)															
LHLL	(5)															
LHLH	(6)															
LHHL	(7)															
LHHH	(8)															
HLLL	(1)															
HLLH	(2)															
HLHL	(3)															
HLHH	(4)															
HHLL	(5)															
HHLH	(6)															
HHHL	(7)															
HHHH	(8)															

字符代码 0x00～0x0F 为用户自定义的字符图形 RAM(对于 5×8 点阵的字符，可以存放 8 组)，就是 CGRAM；0x20～0x7F 为标准的 ASCII 码；0xA0～0xFF 为日文字符和希腊文字符；其余字符码(0x10～0x1F 及 0x80～0x9F)没有定义。1602 液晶模块内部的控制器共有 11 条控制指令，见表 8-8。

表 8-8　1602 的控制指令表

序号	指令	RS	R/W	DB7	DB6	DB5	DB4	DB3	DB2	DB1	DB0
1	清显示	0	0	0	0	0	0	0	0	0	1
2	光标返回	0	0	0	0	0	0	0	0	1	*
3	置输入模式	0	0	0	0	0	0	0	1	I/D	S
4	显示开/关控制	0	0	0	0	0	0	1	D	C	B
5	光标或字符移位	0	0	0	0	0	1	S/C	R/L	*	*
6	置功能	0	0	0	0	1	DL	N	F	*	*
7	置字符发生存储器地址	0	0	0	1	字符发生存储器 CGROM 地址					
8	置数据存储器地址	0	0	1	显示数据存储器 DDRAM 地址						
9	读忙标志或地址	0	1	BF	计数器地址						
10	写数到 CGRAM 或 DDRAM)	1	0	要写的数据内容							
11	从 CGRAM 或 DDRAM 读数	1	1	读出的数据内容							

　　LCD1602 液晶模块的读写操作、屏幕和光标的操作都是通过写入指令来实现的。指令 3 是光标和显示模式设置，I/D 表示光标移动方向(即高电平右移，低电平左移)；S 表示屏幕上所有文字是否左移或者右移(高电平有效)。指令 4 是显示开关控制，D 表示控制整体显示的开与关即高电平开显示，低电平关显示；C 表示控制光标的开与关，即高电平有光标，低电平无光标；B 表示控制光标是否闪烁(高电平闪烁，低电平不闪烁)。指令 5 是光标或显示移位，S/C 为高电平时移动显示的文字，低电平时移动光标。指令 6 是功能设置命令，DL 高电平时为 4 位总线，低电平时为 8 位总线；N 低电平时为单行显示，高电平时双行显示；F 低电平时显示 5×7 的点阵字符，高电平时显示 5×10 的点阵字符。

　　置字符发生存储器地址指令(指令 7)的功能：设定下一个要存入数据的 CGRAM 的地址。(DB5、DB4、DB3)为字符号，也就是将来要显示该字符时要用到的字符地址(字符码表 8.5.5 中的前 8 个能自定义字符)；(DB2、DB1、DB0)为行号(8 行)。

显示数据存储器(DDRAM)就是显示数据 RAM，用来寄存待显示的字符代码(ASCII 码)。共 32 个字节，其地址和屏幕的对应关系如图 8.22 所示。对 DDRAM 某单元写入字符代码，就是在屏幕对应位置显示该字符图形。例如，需要在第二行第一个位置显示字符(地址是 40H)，在使用置数据存储器地址指令(指令 8)时，由于写入数据时最高位 DB7 恒定为高电平 1，所以实际写入的数据应该是 40H+80H= C0H (11000000B)。如在第一行第一个位置显示字符，应写入的数据应该是 80H。

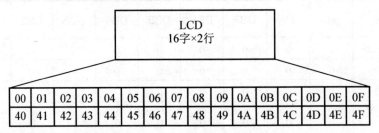

图 8.22　DDRAM 地址和屏幕的对应关系

8.5.3　功能要求和设计思想

本文以数字温度传感器 DS18B20 为例，说明了 1-Wire 总线的操作过程和基本原理。测量零度以上的室温，并且在 LCD1602 模块实时显示测量的温度值。显示的温度值包括两位整数和两位小数部分。该系统是以 FPGA 作为一个总线控制器，在单总线系统上挂接一只 DS18B20 从机，实现 FPGA 的控制器对传感器 DS18B20 的数据读写，以及 LCD1602 的数据显示。

在 FPGA 控制器的设计中主要是两部分电路：DS18B20 的数据读写单元电路和 LCD1602 的显示控制单元电路。DS18B20 的数据读写单元电路如图 8.23 所示，包括数据读取模块(ds1820 模块)和二进制数转换 BCD 码模块，即 binary_to_BCD 模块(整数部分)和 float_to_bcd 模块(小数部分)。

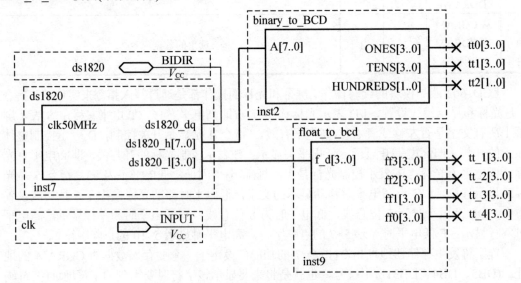

图 8.23　DS18B20 的数据读写单元电路

LCD1602 的显示控制单元电路如图 8.24 所示,包括分频 CLK_DIV 模块、计数 cont 模块和显示控制 lcdm_data 模块。由于 LCD1602 显示器是一个慢速度的器件,分频模块 (CLK_DIV)将高的时钟频率(50MHz)分频为几千赫兹。计数模块 cont 为显示控制模块提供操作(写指令/数据)的顺序步骤。显示控制模块按照 LCD1602 显示要求实现 LCD1602 显示。RW 输出端恒为低电平,表明显示控制单元电路对 LCD1602 只进行数据输出(写操作)。

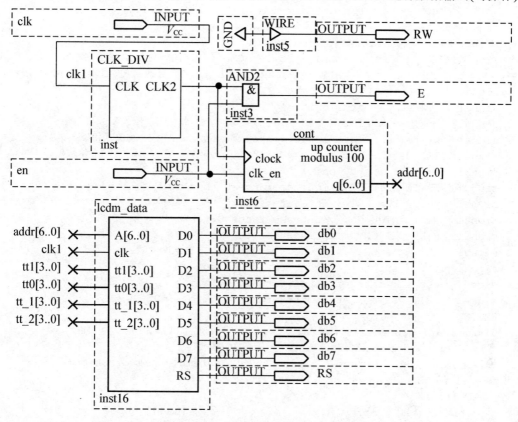

图 8.24   LCD1602 的显示控制单元电路

8.5.4   各功能模块的设计

下面主要介绍数据读取模块 ds1820、二进制数转换 BCD 码模块(binary_to_BCD、float_to_bcd 模块)和显示控制模块 lcdm_data 的设计。

1. 数据读取模块(ds1820 模块)

该模块是依据 1-Wire 总线数据传输协议,完成控制器通过单线总线端口对 DS18B20 的读写操作。访问传感器 dS1820 需要严格的协议以确保数据的完整性,而协议中包括的信号类型有复位脉冲、存在脉冲、写 0、写 1、读 0 和读 1。所有这些信号,除存在脉冲外,都是由总线控制器发出的。在 ds1820 模块中为了读写数据的时序要求,将输入的时钟信号 50MHz 分频为 1MHz,即 1μs。然后通过对 1MHz 信号的计数来保证读写操作的时间长度要求,严格遵守读写数据的协议。ds1820 模块使用 VHDL 描述的代码如下:

```
library IEEE; use IEEE.STD_LOGIC_1164.ALL;
use IEEE.STD_LOGIC_ARITH.ALL; use IEEE.STD_LOGIC_UNSIGNED.ALL;
entity ds1820 is
port(  clk50MHz : in std_logic;
       ds1820_dq : inout std_logic;                        -- 双向数据线
       ds1820_h : out std_logic_vector(7 downto 0);        --8 位整数
       ds1820_l : out std_logic_vector(3 downto 0) ) ; --4 位小数
end ds1820;
architecture Behavioral of ds1820 is
TYPE STATE_TYPE is ( RESET, CMD_CC, CMD_44, CMD_BE, WRITE_BYTE,
                     WRITE_LOW, WRITE_HIGH, GET_data,READ_BIT, WAIT4ms);
signal   STATE : STATE_TYPE:=RESET;
signal   clk_temp : std_logic:='0';
signal   clk1MHz,clk1hz : std_logic;
signal   write_cmd : std_logic_vector(7 downto 0):="00000000";
signal   TMP_data : std_logic_vector(11 downto 0);         --12 位数据
signal   tmp_bit : std_logic;
signal   WRITE_BIT_CNT : integer range 0 to 8:=0;
signal   WRITE_LOW_CNT : integer range 0 to 2:=0;
signal   WRITE_HIGH_CNT : integer range 0 to 2:=0;
signal   READ_BIT_CNT : integer range 0 to 3:=0;
signal   GET_data_CNT : integer range 0 to 13:=0;
signal   cnt : integer range 0 to 100001:=0;
signal   count : integer range 0 to 25:=0;
signal   WRITE_BYTE_FLAG : integer range 0 to 4:=0;
BEGIN
ClkDivider: process (clk50MHz) begin    --产生 clk1MHz 信号为 1MHz
  if rising_edge(clk50MHz) THEN
    if (count = 24) then   count <= 0; clk_temp<= not clk_temp;
    else   count <= count +1; end if;
  end if;
  clk1MHz<=clk_temp;                       --产生 1μs 信号
end Process;

STATE_TRANSITION: process(STATE,clk1MHz)
begin
  if rising_edge(clk1MHz) then
  case STATE is
    when RESET=>                            -- 初始化，数据线拉低并保持 500μs
      if (cnt>=0 and cnt<500) then ds1820_dq<='0';  cnt<=cnt+1;
      elsif (cnt>=500 and cnt<1000) then   cnt<=cnt+1;
              ds1820_dq<='Z';            --数据线被释放 500μs
      elsif (cnt>=1000) then cnt<=0; STATE<=CMD_CC; end if;
    when CMD_CC=> write_cmd<="11001100"; STATE<=WRITE_BYTE; -- 指令 CCH
    when CMD_44=> write_cmd<="01000100"; STATE<=WRITE_BYTE; -- 指令 44H
    when CMD_BE=> write_cmd<="10111110"; STATE<=WRITE_BYTE; -- 指令 BEH
    when WRITE_BYTE=>                        --写指令
      case WRITE_BIT_CNT is
        when 0 to 7=> if ( write_cmd(WRITE_BIT_CNT)='0') then
```

```
                         STATE<=WRITE_LOW;
                else    STATE<=WRITE_HIGH;  end if;
                   WRITE_BIT_CNT<=WRITE_BIT_CNT+1;
    when 8=> if (WRITE_BYTE_FLAG=0)  then    -- 第一次写 CCH
          STATE<=CMD_44;   WRITE_BYTE_FLAG<=1;
        elsif (WRITE_BYTE_FLAG=1)   then     -- 写 44H(温度变换)
         STATE<=RESET;    WRITE_BYTE_FLAG<=2;
          elsif (WRITE_BYTE_FLAG=2) then     -- 第二次写 CCH
             STATE<=CMD_BE;   WRITE_BYTE_FLAG<=3;
          elsif (WRITE_BYTE_FLAG=3) then     -- 写 BEH(读数据)
           STATE<=GET_data; WRITE_BYTE_FLAG<=0;
       end if;          WRITE_BIT_CNT<=0;
     end case;
   when WRITE_LOW=>                          -- 写 0
     case WRITE_LOW_CNT is
       when 0=>  ds1820_dq<='0';             -- 数据线被拉低 79μs
             if (cnt=78) then  cnt<=0; WRITE_LOW_CNT<=1 ;
             else  cnt<=cnt+1;  end if;
       when 1=>  ds1820_dq<='Z';             -- 数据线被释放 3μs
             if(cnt=2) then  cnt<=0; WRITE_LOW_CNT<=2 ;
             else cnt<=cnt+1; end if;
       when 2=> STATE<=WRITE_BYTE;  WRITE_LOW_CNT<=0;
       when others=> WRITE_LOW_CNT<=0;
     end case;
   when WRITE_HIGH=>                          -- 写 1
     case WRITE_HIGH_CNT is
       when 0=>  ds1820_dq<='0';             -- 数据线被拉低 9μs
         if (cnt=8) then    cnt<=0;   WRITE_HIGH_CNT<=1;
           else      cnt<=cnt+1;     end if;
       when 1=> ds1820_dq<='Z';              -- 数据线被释放 73μs
         if (cnt=72) then cnt<=0;    WRITE_HIGH_CNT<=2;
           else       cnt<=cnt+1;    end if;
       when 2=> STATE<=WRITE_BYTE;      WRITE_HIGH_CNT<=0;
       when others=>WRITE_HIGH_CNT<=0;
     end case;
   when GET_data=>                           -- 读取 12 位数据
      case GET_data_CNT is
        when 0 => STATE<=READ_BIT;
            GET_data_CNT<=GET_data_CNT+1;
        when 1 to 12=>    STATE<=READ_BIT;
          TMP_data(GET_data_CNT-1)<=TMP_BIT;
          data_CNT<=GET_data_CNT+1;
        when 13=> GET_data_CNT<=0; STATE<=WAIT4ms;
      end case;
   when READ_BIT=>                           -- 读取 1 位数据
      case READ_BIT_CNT is
        when 0=>  ds1820_dq<='0';            -- 数据线被拉低 5μs
          if (cnt=4) then READ_BIT_CNT<=1; cnt<=0;
           else   cnt<=cnt+1;    end if;
```

```
            when 1=>  ds1820_dq<='Z';              -- 数据线被释放 5μs
                if (cnt=4) then  READ_BIT_CNT<=2;  cnt<=0;
                  else  cnt<=cnt+1;    end if;
            when 2=>   TMP_BIT<=ds1820_dq;    -- 读数据
                if (cnt=1) then  READ_BIT_CNT<=3;  cnt<=0;
                  else  cnt<=cnt+1; end if;
            when 3=>                              -- 再延时 46 μs
                if (cnt=45) then  STATE<=GET_data;
                     cnt<=0;  READ_BIT_CNT<=0;
                  else  cnt<=cnt+1;   end if;
            when others=>READ_BIT_CNT<=0;
          end case;
        when WAIT4ms=> if (cnt>=4000) then  STATE<=RESET; cnt<=0;
            else cnt<=cnt+1;  STATE<=WAIT4ms;  end if;     -- 延时 4ms
        when others=>STATE<=RESET;
      end case;
    end if;
end process;
PROCESS(clk50MHz)        --产生 1Hz 信号
    variable ccnt : INTEGER RANGE 0 TO 49999999;      --产生 1Hz 分频计数器
  BEGIN
     IF clk50MHz='1' AND clk50MHz'event THEN
       IF ccnt=49999999 THEN ccnt:=0;
        ELSE  IF cnt<25000000 THEN clk1hz<='1';
            ELSE clk1hz<='0'; END IF;
          ccnt:=ccnt+1;
   END IF; END IF;
end process;
PROCESS(clk1hz)                         -- 每秒输出数据，零度以上温度值
  BEGIN
  IF clk1hz='1' AND clk1hz'event THEN
     ds1820_h<=TMP_data(11 downto 4);
     ds1820_l<=TMP_data(3 downto 0);
   END IF;
end process;
end Behavioral;
```

　　ds1820 模块的操作过程是：首先在复位状态(RESET)发出复位脉冲(低电平 500μs)，释放数据线(500μs)，不检测存在脉冲；依次发出操作指令 CCH(跳过 ROM)、操作指令 44H(温度变换)；接着重新回到复位状态发出复位脉冲，发出操作指令 CCH 和操作指令 BEH(读数据)；之后进入数据接收状态(GET_data)，读取 12 位数据(温度值)，再延时 4ms。然后再次按照以上操作，运行 ds1820 模块。

　　2. 二进制数转换 BCD 码模块

　　ds1820 模块输出的数据是二进制数(8 位整数和 4 位小数)，为了显示方便，需要将二进制数转换为 BCD 码，所以二进制数转换 BCD 码分为两个模块：binary_to_BCD 模块(整数部分)和 float_to_bcd 模块(小数部分)。4 位二进制小数部分的数据转换为 BCD 码较简单

(用真值表形式直接列出)，下面介绍整数部分的 8 位二进制数转换为 BCD 码的方法。

8 位二进制数对应的最大十进制数为 255，需要用三个 BCD 码(百位、十位和个位)，每个 BCD 码用 4 位二进制码表示。把二进制数转换成 8421BCD 码在各种数字系统的接口电路中有着广泛的应用。首先对于一个 8 位二进制数 $b_{n-1} b_{n-2} \cdots b_1 b_0$，其按位权值展开式为(十进制数)：

$$N_D = \sum_{i=0}^{n-1} b_i \times 2^i = b_{n-1} \times 2^{n-1} + b_{n-2} \times 2^{n-2} + \cdots + b_1 \times 2^1 + b_0 \times 2^0$$

$$= \{\cdots\{[(b_{n-1} \times 2 + b_{n-2}) \times 2 + b_{n-2}] \times 2 + \cdots\} \times 2 + b_1\} \times 2 + b_0$$

式中的每项乘 2，相当于将寄存器中的二进制码左移 1 位，这就意味着利用移位寄存器可以完成二进制数与 8421BCD 码的转换。如图 8.25 所示为二进制数转换 BCD 码示意图，被变换的二进制数以串行移位的方式从右边进行左移送入移位寄存器，并且高位在前。移位寄存器从右至左分成 4 位一组，其中每一组分别代表 BCD 码中的各位数字，先考虑其中一组二进制数转 BCD 的变换情况。设每一组数码(4 位)左移 1 位前的状态为原态 S_n，左移 1 位后的状态为次态 S_{n+1}。数码组左移 1 位相当于数码组的值乘以 2，其表达式为 $S_{n+1} = 2S_n + X_n$，其中 X_n 为串行输入的二进制码元。当原态 S_n 小于 5 时，能满足上式。当 $S_n=5$、6、7 时，左移 1 位，其次态(分别为 1010、1100、1110)将超过 9。对一个 BCD 码来说，这样的状态属于禁用状态。当 $S_n=8$、9 时，左移 1 位，则会向高 1 位的 BCD 码输入一个进位的信号。基于上面这两种情况，在二进制数转换 BCD 时，需要对转换结果加以校正。校正过程如下：当 $S_n \geqslant 5$ 时，S_n 先加上 3，然后再左移 1 位，次态 $S_{n+1} = 2(S_n + 3) + X_n = 2S_n + 6 + X_n$，正好补偿了数值 6，并且向后一个变换单元送入一个进位信号，此方法称为左移加 3 的算法，以 8 位二进制数(11111111B)为例说明该算法的转换过程，见表 8-9。

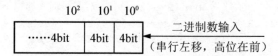

图 8.25　二进制数转换 BCD 码示意图

表 8-9　8 位二进制数转换 BCD 码

操作顺序	百　　位	十　　位	个　　位	二进制数	
Start				1111	1111
Shift1			1	1111	111
Shift2			11	1111	11
Shift3			111	1111	1
Add_3			1010	1111	1
Shift4		1	0101	1111	
Add_3		1	1000	1111	
Shift5		11	0001	111	
Shift6		110	0011	11	
Add_3		1001	0011	11	

续表

操作顺序	百 位	十 位	个 位	二进制数
Shift7	1	0010	0111	1
Add_3	1	0010	1010	1
Shift8	10	0101	0101	
BCD	2	5	5	

所以该算法的硬件实现的具体描述如下：

(1) 左移要转换的二进制数 1 位；

(2) 左移之后，BCD 码分别置于百位、十位、个位；

(3) 如果移位后所在的二进制数(4 位)大于或等于 5，则对该值加 3；

(4) 继续左移的过程直至全部移位完。

按照左移加 3 的算法，binary_to_BCD 模块使用 Verilog HDL 描述的代码如下：

```verilog
module binary_to_BCD ( A, ONES, TENS, HUNDREDS );
  parameter B_SIZE = 8;                //B_SIZE 为二进制数的位数
  input   A;                          // A 为待转换的二进制数
  output  ONES,TENS,HUNDREDS;         // NES,TENS,HUNDREDS 为转换后的 BCD 码
  wire  [B_SIZE-1 : 0]  A;
  reg   [B_SIZE-1 : 0]  bin;
  reg   [3 : 0] ONES,TENS,HUNDREDS;
  reg   [B_SIZE+3 : 0] result;        //result 长度=bcd 个数×4
always@( A )
  begin   bin = A;  result = 0;
   begin   repeat ( B_SIZE-1 )        //使用 repeat 循环语句
   begin    result[0] = bin[B_SIZE-1]; //扩展时参照以下三条 if 语句
    if ( result[3 : 0] >4 ) result[3 : 0] = result[3 : 0] + 4'd3;
    if ( result[7 : 4] >4 ) result[7 : 4] = result[7 : 4] + 4'd3;
    if ( result[11: 8]>4 ) result[11: 8] = result[11: 8] + 4'd3;
    result = result << 1;  bin = bin << 1;
   end
   result[0] = bin[B_SIZE-1];  ONES <= result[3:0];
   TENS<= result[7:4]; HUNDREDS<= result[B_SIZE+3:B_SIZE];
  end end
endmodule
```

binary_to_BCD 模块的仿真波形如图 8.26 所示。

Name	Valu 17.7	6.43μs	6.47μs	6.51μs	6.55μs	6.59μs	6.63μs	6.67μs	6.71μs	6.75μs	6.79μs	6.83μs
A	U	160	161	162	163	164	165	166	167	168	169	170
ONES	B	0000	0001	00 0010	0011	01 0100	0101	10 0110	0111	1000	1001	0 0000
TENS	B			0110							0110	0111
HUNDREDS	B					0001						

图 8.26　二进制数转换为 BCD 码的仿真波形

3. 显示控制模块(lcdm_data)

在图 8.26 所示的 LCD1602 显示控制单元电路中,控制输出端 RW 和 E 的连接已完成, 下面设计一个显示控制模块实现向 LCD1602 显示器写指令/数据。而 lcdm_data 模块的每步操作是在计数模块 cont 输出(addr[6..0])的状态值下进行的。lcdm_data 模块的 VHDL 描述的代码如下:

```vhdl
library ieee;use ieee.std_logic_1164.all;
use ieee.std_logic_arith.all;use ieee.std_logic_unsigned.all;
ENTITY lcdm_data IS
PORT ( A    :  IN   INTEGER RANGE 0 TO 127;
       Clk  :  IN STD_LOGIC;
       tt1,tt0,tt_1,tt_2 : in STD_LOGIC_VECTOR(3 DOWNTO 0);
       D0, D1, D2, D3, D4, D5, D6, D7, RS   : OUT   STD_LOGIC );
END lcdm_data;
ARCHITECTURE a OF lcdm_data IS
   SIGNAL Q : STD_LOGIC_VECTOR(7 DOWNTO 0);
BEGIN
   ( D7,D6,D5,D4,D3,D2,D1,D0)<= Q ;
 PROCESS ( clk , A )
  BEGIN
   if clk'event and clk='1' THEN
    case  A  is
     when  0 => Q <=x"38"; RS<='0'; --设置显示模式指令
     when  2 => Q <=X"06"; RS<='0'; --设置显示光标移动指令(右移)
     -- 自定义用户的文字图形 5×8: 年、月、日
     when  5 => Q <=x"40"; RS<='0'; --置字符发生存储器 CGRAM 地址指令
     when  6 => Q <=x"08"; RS<='1'; -- 年 01000
     when  7 => Q <=x"0f"; RS<='1'; --     01111
     when  8 => Q <=x"12"; RS<='1'; --     10010
     when  9 => Q <=x"0f"; RS<='1'; --     01111
     when 10 => Q <=x"0a"; RS<='1'; --     01010
     when 11 => Q <=x"1f"; RS<='1'; --     11111
     when 12 => Q <=x"02"; RS<='1'; --     00010
     when 13 => Q <=x"02"; RS<='1'; --     00010
     when 14 => Q <=x"0f"; RS<='1'; -- 月 01111
     when 15 => Q <=x"09"; RS<='1'; --     01001
     when 16 => Q <=x"0f"; RS<='1'; --     01111
     when 17 => Q <=x"09"; RS<='1'; --     01001
     when 18 => Q <=x"0f"; RS<='1'; --     01111
     when 19 => Q <=x"09"; RS<='1'; --     01001
     when 20 => Q <=x"13"; RS<='1'; --     10011
     when 21 => Q <=x"00"; RS<='1'; --
     when 22 => Q <=x"1f"; RS<='1'; -- 日 11111
     when 23 => Q <=x"11"; RS<='1'; --     10001
     when 24 => Q <=x"11"; RS<='1'; --     10001
     when 25 => Q <=x"1f"; RS<='1'; --     11111
     when 26 => Q <=x"11"; RS<='1'; --     10001
     when 27 => Q <=x"11"; RS<='1'; --     10001
```

```
    when  28 => Q <=x"1f"; RS<='1'; --    11111
    when  29 => Q <=x"00"; RS<='1'; --
    when  30 => Q <=x"06"; RS<='1'; --    00110
    when  31 => Q <=x"09"; RS<='1'; --    01001
    when  32 => Q <=x"06"; RS<='1'; --    00110
    when  33 => Q <=x"00"; RS<='1'; --    00000
    when  34 => Q <=x"00"; RS<='1'; --
    when  35 => Q <=x"00"; RS<='1'; --
    when  36 => Q <=x"00"; RS<='1'; --
    when  37 => Q <=x"00"; RS<='1'; --
--  when  39 => Q <=x"01"; RS<='0'; --清屏指令
    when  40  => Q <=x"80"; RS<='0'; --指定第一行第 1 个位置显示
    when  41 => Q <=X"0c"; RS<='0';  --开显示指令
    when  42 => Q <=x"32"; RS<='1';  -- 2
    when  43 => Q <=x"30"; RS<='1';  -- 0
    when  44 => Q <=x"31"; RS<='1';  -- 1
    when  45 => Q <=x"32"; RS<='1';  -- 2
    when  46 => Q <=x"00"; RS<='1';  -- 年
    when  47 => Q <=x"38"; RS<='1';  -- 8
    when  48 => Q <=x"01"; RS<='1';  -- 月
    when  49 => Q <=x"31"; RS<='1';  -- 1
    when  50 => Q <=x"02"; RS<='1';  -- 日
    when  55 => Q <=x"c7"; RS<='0';  --指定第二行第 8 个位置显示
    when  56 => Q <=x"a0";        RS<='1';   -- 空格
    when  57 => Q <="0011"&tt1; RS<='1'; -- tt1 显示十位
    when  58 => Q <="0011"&tt0; RS<='1'; -- tt0 显示个位
    when  59 => Q <=x"2e";        RS<='1';   -- .   显示小数点
    when  60 => Q <="0011"&tt_1; RS<='1'; -- tt_1 显示小数第 1 位
    when  61 => Q <="0011"&tt_2; RS<='1'; -- tt_2 显示小数第 2 位
    when  62 => Q <=x"03";        RS<='1';   --。
    when  63 => Q <=x"43";        RS<='1';   -- C
    when  others=> Q<=x"A0";      RS<='1';   -- 空格
  end case;
 end if;
END PROCESS;
END a;
```

设计的结果是在 LCD 第一行显示"2012 年 8 月 1 日",第二行显示"温度值(两位整数、小数点、两位小数)℃"。若加入清屏指令这条语句,显示结果将每隔一定时间清屏,然后从第一行开始依次显示出文字或数字。

本章是以 1-Wire 总线的 DS18B20 传感器为例,进行温度的实时测量和显示,说明了 1-Wire 总线的数据传输原理和操作过程。事实上,基于 1-Wire 总线的产品还有很多种,如 1-Wire 总线的 EEPROM、实时时钟、电子标签等。它们都具有节省 I/O 资源、结构简单、开发快捷、成本低廉、便于总线扩展等优点,因此具有广阔的应用空间和较大的推广价值。

8.6　SPI 接口总线及应用

SPI (Serial Peripheral Interface，串行外围设备接口) 总线是 Motorola 公司推出的一种同步串行接口技术。它具有全双工、信号线少、协议简单、传输速度快等优点。由于串行总线的信号线比并行总线更少、更简单，越来越多的系统放弃使用并行总线而采用串行总线。在众多串行总线中，SPI 总线与 I²C 总线、CAN 总线、USB 等其他常用总线相比有很大优势，如 SPI 总线的数据传输速度可达若干兆比特每秒，比 I²C 总线快很多。SPI 总线最典型的应用就是主机与外围设备(如 MCU、EEPROM、Flash RAM、A/D 转换器、网络控制器、LED 显示器、实时时钟等)之间的通信。

8.6.1　SPI 接口及协议

SPI 总线系统是一种同步串行外设接口，在芯片的管脚上只占用 4 根线，节约了芯片的管脚，同时为 PCB 的布局上节省空间，提供方便，正是出于这种简单易用的特性，现在越来越多的芯片集成了这种通信协议。

SPI 总线系统的工作中有主设备和从设备两种类型。SPI 是一种允许一个主设备启动一个从设备的同步传输协议，从而完成数据的交换。也就是 SPI 是一种规定好的通信方式。这种通信方式的优点是占用端口较少，4 条信号线就够基本通信了(不算电源线)。同时传输速度也很高。一般来说要求主设备要有 SPI 控制器(也可用模拟方式)，并可以与基于 SPI 芯片的接口进行通信。如图 8.27 所示为 SPI 总线系统的结构图。SPI 使用以下 4 条信号线。

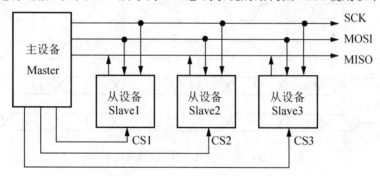

图 8.27　SPI 总线系统的结构图

(1) SCK：为同步时钟信号同步主机和从机的数据传输，由主机控制输出，从机在 SCK 的边沿接收和发送数据，串行接收和发送的数据是高位(MSB)在前、低位(LSB)在后。

(2) MISO：主机输入、从机输出信号，从机在上升沿(或下降沿)通过该信号线发送数据给主机，主机在下降沿(或上升沿)通过该信号线接收该数据。

(3) 主机输出/从机输入数据线(MOSI)：主机输出、从机输入信号，主机在 SCK 上升沿(或下降沿)通过该信号线发送数据给从机，从机在 SCK 下降沿(或上升沿)通过该信号线接收该数据。

(4) CS：作为从机片选信号(低电平有效)，由主机控制输出。从机也可以把它拉低，让主机被动选为从机。

SPI 总线系统的工作原理：当没有数据需要在主机和从机之间传输时，主机控制 SCK 输出空闲电平，CS 输出无效电平，SPI 总线处于空闲状态；当有数据需要传输时，主机控制 CS 输出有效电平，SCK 输出时钟信号，SPI 总线处于工作状态；在时钟上升沿或下降沿时，主机和从机同时发送数据，将数据分别传输到 MOSI 和 MISO 上；在紧接着的时钟下降沿或上升沿，主机和从机同时接收数据，分别将 MISO 和 MOSI 上的数据读取并存储；当数据全部传输完毕时，主机控制 SCK 输出空闲电平，CS 输出无效电平，SPI 总线重新回到空闲状态。至此，一个完整的 SPI 总线数据传输过程完成。SPI 与普通的串行传输不同，普通的串行传输一次连续传送至少 8 位数据，而 SPI 允许数据一位一位的传送，甚至允许暂停，因为 SCK 时钟线由主控设备控制，当没有时钟跳变时，从设备不采集或不传送数据。也就是说，主设备通过对 SCK 时钟线的控制可以完成对数据传输的控制。SPI 还是一个数据交换协议，因为 SPI 的数据输入和输出线独立，所以允许同时完成数据的输入和输出。

SPI 模块为了和外设进行数据交换，根据外设工作要求，其输出串行同步时钟极性和相位可以进行配置，时钟极性(CPOL)对传输协议没有重大影响。如果 CPOL=0，串行同步时钟的空闲状态为低电平；如果 CPOL=1，串行同步时钟的空闲状态为高电平。时钟相位(CPHA)能够配置两种不同的传输协议之一进行数据传输。如果 CPHA=0，在串行同步时钟的第一个跳变沿(上升或下降)数据被采样；如果 CPHA=1，在串行同步时钟的第二个跳变沿 (上升或下降)数据被采样。SPI 接口时序如图 8.28 所示。

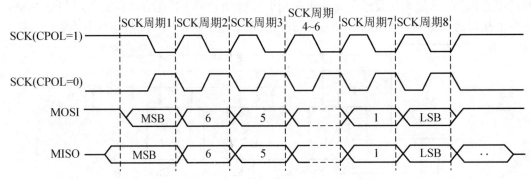

(a) CPHA=0时, SPI总线数据传输时序

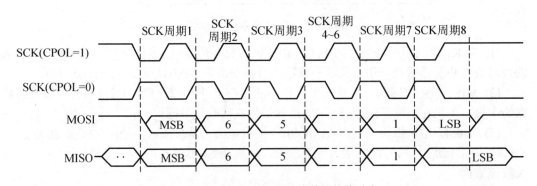

(b) CPHA=1时, SPI总线数据传输时序

图 8.28　SPI 接口时序

在主设备中对 SPI 的时钟进行配置时，一定要清楚从设备的时钟要求，因为主设备这边的时钟极性和相位都是以从设备为基准的。因此在时钟极性的配置上，一定要清楚从设备是在时钟的上升沿还是下降沿接收数据，是在时钟的下降沿还是上升沿输出数据。从设备接收的数据是主设备的 MOSI 发送过来的，主设备 MISO 接收的数据是从设备发送过来的，所以主设备这边 SPI 时钟极性的配置跟从设备的 MOSI 接收数据的极性是相反的，跟从设备 MISO 发送数据的极性是相同的。如果主设备在时钟的下降沿发送数据，则从设备在时钟的上升沿接收数据。因此主设备的 SPI 时钟极性应该配置为下降沿有效。时钟极性和相位配置正确后，数据才能够被准确的发送和接收。

利用 SPI 总线可以构成各种系统，如 1 个主 MCU 和几个从 MCU、几个从 MCU 相互连接构成多主机系统(分布式系统)、1 个主 MCU 和 1 个或几个从 I/O 设备所构成的各种系统等。在大多数应用场合，可使用 1 个主设备作为主控机来控制数据，并向 1 个或几个从外围器件传送该数据。从设备只有在主机发命令时才能接收或发送数据。

下面将利用 FPGA 器件设计主控设备，实现 SPI 的操作，完成串行 A/D 芯片 ADS7822 的数据采集和串行 D/A 芯片 DAC7513 的模拟电压输出。其系统的电路图如图 8.29 所示。SADC_CLK 和 SDAC_CLK 分别是对 A/D 芯片 ADS7822 和 D/A 芯片 DAC7513 的串行同步时钟；SADC_CS 和 SDAC_CS 分别是对 A/D 芯片和 D/A 芯片的片选信号输出端；ADC_IN 和 DAC_OUT 分别为模拟信号输入和输出。SADC_DOUT 为 A/D 芯片输出的结果，SDAC_DIN 是向 D/A 芯片输入的数字信号。

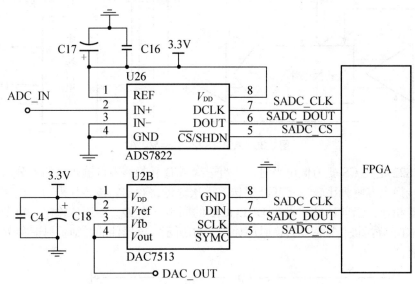

图 8.29　串行 A/D 和 D/A 电路图

8.6.2　串行 A/D 芯片 ADS7822

ADS7822 是美国 BB 公司推出的一种高性能 12 位串行 A/D 转换器，它具有如下特点：

(1) 采样速率可达 75kHz。

(2) 单电源供电，可以在 2.0～5.0V 的电源电压下工作。

(3) 微功耗：采样速率 75kHz 时为 0.54mW；7.5kHz 时为 0.06mW；掉电模式时最大电流 3μA。

(4) 体积小，有 8 脚 DIP，SOIC 及 MSOP 封装。

(5) 模拟信号可单端或差分输入。

(6) 采用串行方式接口。

(7) 参考电压的大小决定模拟输入的范围。

其内部结构如图 8.30 所示。它是典型的逐次逼近型 A/D 转换器。ADS7822 正常工作需要一个外部参考电压 V_{REF}、时钟和电源 V_{CC}。外部时钟频率的大小决定了 A/D 转换器的转换速率，10kHz 时对应的转换率为 625Hz，1.2MHz 时对应的转换率为 75kHz。时钟的占空比最好为 1/2，最小时钟周期必须大于 400ns。V_{REF} 参考电压的范围为 50mV～+V_{CC}，其大小直接决定了模拟输入信号的范围。当 V_{REF}=5.0V 时，差动输入的最大值也为 5.0V。当外部基准电压降低时，对应 A/D 转换器内部的失调增益误差也将增大，同时固有噪声也增大。模拟输入端有 2 个：+In 和-In。为了保证转换的线性度，+In 输入端的输入范围为 (GND-0.2V)～(V_{CC}+0.2V)；-In 的输入范围为(GND-0.2V)～(GND+1V)。一般情况下，GND 的电压为 0V，所以-In 的输入范围限制在-0.2～+1V 之间，这个特点使差分输入信号可以抑制小信号的共模电压。

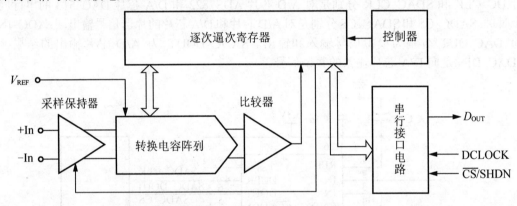

图 8.30 ADS7822 内部结构图

ADS7822 是在 CS 变为低电平时，开始一次 A/D 转换。来自输入端的差分信号经采样保持并送转换电容阵列比较后将其结果送入逐次逼近寄存器。该芯片采用三线制串行接口与微控制器相连。当前转换结果在 DCLOCK 的同步下由 D_{out} 端逐位输出，每个数据位在 DCLOCK 的下降沿被传输，其转换时序如图 8.31 所示。该器件的详细资料请参考 ADS7822 的使用手册。

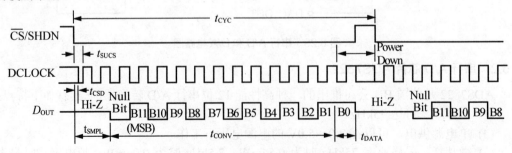

图 8.31 ADS7822 的转换时序

在图 8.31 中，CS 的下降沿启动一次转换和数据传输，转换周期的前 1.5～2.0 个时钟用来采样模拟输入信号。DCLOCK 的第二个下降沿后，D_{OUT} 输出允许，将先输出一个时钟的低电平，接下来的 12 个时钟周期，D_{OUT} 输出当前转换结果，先是最高位 MSB(B11) 在前，依次传送，最后是最低位 LSB(B0)；如果一次转换结束后，CS 仍保持为低电平，将继续输出 12 位转换结果，但是数据输出是以低位在先的顺序重复输出直至 B11。当 B11 再次输出后，D_{out} 变为高阻态。接下来的时钟对转换器无影响。因此当读出转换结果后，应将 CS 变为高电平，使 ADS7822 处于掉电状态。t_{CYC} 为采样周期，t_{CONV} 为转换时间(12 个 DCLOCK 周期)。从 ADS7822 的转换时序图中可看出，当 CS 变为低电平之后的 3 个 DCLOCK 周期下降沿时，D_{OUT} 开始为数据线输出数据。如图 8.32 所示是对 ADS7822 进行数据采集的控制模块 conterl_adc7822，完成对模拟信号的采集，并将串行数据输入 (SADC_dout) 进行读取，以 12 位数据输出(ADC_data[11..0])。conterl_adc7822 模块以 VHDL 描述的代码如下：

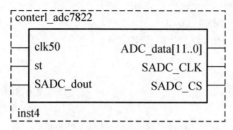

图 8.32　conterl_adc7822 模块

```vhdl
library IEEE; use IEEE.STD_LOGIC_1164.ALL;
use IEEE.STD_LOGIC_ARITH.ALL;
use IEEE.STD_LOGIC_UNSIGNED.ALL;
entity conterl_adc7822 is
    port( clk50,st : in std_logic;
          SADC_dout : in std_logic;
          SADC_CLK : out std_logic;
          SADC_CS  : out std_logic;
          ADC_data : buffer std_logic_vector(11 downto 0)  );
end conterl_adc7822;
architecture one of conterl_adc7822 is
  signal ADbuff,buff1  :std_logic_vector(11 downto 0):="000000000000";
  signal cont     :std_logic_vector(4 downto 0):="00000";
  signal fp25khz :std_logic;
  signal fp_1Mhz :std_logic;
  signal receive :std_logic;
  signal doutbuff :std_logic;
begin
    SADC_CS<=fp25khz or (NOT ST); -- 以 fp25kHz 的低电平为片选信号
    SADC_CLK<=fp_1Mhz;               -- 为串行同步时钟
    PROCESS(clk50)                   -- 产生 25kHz 信号
```

```
        variable cnt1 : INTEGER RANGE 0 TO 1999;
      BEGIN
      IF clk50='1' AND clk50'event THEN
          IF cnt1=1999 THEN cnt1:=0;
          ELSE cnt1:=cnt1+1;  END IF;
          IF cnt1<1000 THEN fp25khz<='0';
          ELSE fp25khz<='1'; END IF;
        END IF;
    end process;
    PROCESS(clk50)                   -- 产生 1MHz 信号
      variable cnt3 : INTEGER RANGE 0 TO 50;
      BEGIN
      IF clk50='1' AND clk50'event THEN
        IF cnt3=50 THEN cnt3:=0;
          ELSE cnt3:=cnt3+1;   END IF;
        IF cnt3<25 THEN fp_1Mhz<='0';
          ELSE  fp_1Mhz<='1';  END IF;
        END IF;
end process;
process(fp_1MHz)                     -- 产生接收数据标志 receive
    begin
      if(fp_1MHz'event and fp_1Mhz='1')THEN
      doutbuff<=fp25khz;
      if (doutbuff='1' and  fp25khz='0')THEN
        receive<='1';
        elsif (cont="11111") THEN
        receive<='0';
      end if;
     end if;
    end process;
    process(fp_1MHz)                 -- 读取 12 位数据
      begin
      if(fp_1MHz'event and fp_1MHz='1')then
        if(receive='1'and st='1')then  cont<=cont+"00001";
        case cont is
          when "00010" => ADbuff(11)<=SADC_dout;  -- 读取 MSB 位数据
          when "00011" => ADbuff(10)<=SADC_dout;
          when "00100" => ADbuff(9) <=SADC_dout;
          when "00101" => ADbuff(8) <=SADC_dout;
          when "00110" => ADbuff(7) <=SADC_dout;
          when "00111" => ADbuff(6) <=SADC_dout;
          when "01000" => ADbuff(5) <=SADC_dout;
          when "01001" => ADbuff(4) <=SADC_dout;
          when "01010" => ADbuff(3) <=SADC_dout;
          when "01011" => ADbuff(2) <=SADC_dout;
```

```
         when "01100" => ADbuff(1) <=SADC_dout;
         when "01101" => ADbuff(0) <=SADC_dout;   -- 读取 LSB 位数据
         when "01111" => ADC_data <=ADbuff;        -- 串行变为并行数据
         when others  => NULL;
       end case;
     else  cont<="00000";
   end if;  end if;
end process;
end one;
```

conterl_adc7822 模块的仿真波形如图 8.33 所示。在 ADC_CS 有效低电平(与 fp25khz 低电平宽度相同)后,接收数据标志 receive 为高电平,在第 3 个 ADC_CLK 的下降沿即 cont 为 2 状态时,根据 ADS7822 的转换时序,数据线上为转换结果的最高(MSB)数据。所以从 cont 为 2 状态开始,在串行同步时钟 SADC_CLK(fp_1Mhz)的上升沿依次读取 12 位数据, 完成一次 A/D 数据采集和串并转换。

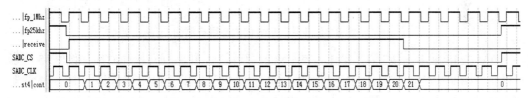

图 8.33　conterl_adc7822 模块的仿真波形

8.6.3　串行 D/A 芯片 DAC7513

DAC7513 是 TI 公司生产的具有内置缓冲放大器的低功耗单片 12 位数模转换器,其 片内高精度的输出放大器可获得满幅(供电电源电压与地电压间)任意输出,输出具有非常 宽的动态范围。它采用通用三线串行接口,操作时钟频率高达 30MHz 与标准的 SPI、QSPI 及 DSP 接口兼容,因而可与多种系列微处理器直接连接而无需任何其他接口电路。此外, DAC7513 数模转换器还具有 3 种关断工作模式。正常工作状态下,DAC7513 在 5V 电压 下的功耗仅为 0.7mW,而在省电状态下的功耗为 1μW。因此低功耗的 DAC7513 是便携式 电池供电设备的理想器件。DAC7513 的主要特点如下:

(1) 微功耗:5V 供电时的工作电流消耗为 115μA。

(2) 供电电压范围:2.7～5.5V。

(3) 上电复位后输出电压为 0V。

(4) 具有 3 种关断工作模式可供选择。

(5) 具有低功耗施密特输入串行接口。

(6) 内置满幅输出的缓冲放大器。

(7) 具有 SYNC 中断保护机制。

DAC7513 的内部组成框图如图 8.34 所示。图中引脚定义:V_{OUT} 模拟输出电压;GND 为电路地参考点;V_{DD} 为供电电源(+2.7V～+5.5V);D_{IN} 为串行数据输入;CLK 为串行时钟 输入;SYNC 为输入控制信号(低电平有效)。

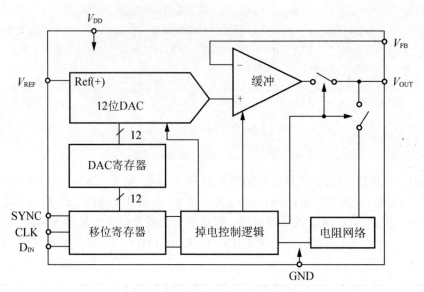

图 8.34　DAC7513 的内部组成框图

DAC7513 采用三线制(CLK、D_{IN}、SYNC)串行接口,其串行写操作时序如图 8.35 所示。写操作开始前 SYNC 要置低,D_{IN} 的数据在串行时钟 CLK 的下降沿依次移入 16 位寄存器。在串行时钟的第 16 个下降沿到来时,将最后一位移入寄存器,可实现对工作模式的设置及 DAC 内容的刷新,从而完成一个写周期的操作。此时 SYNC 可保持低电平或置高,但在下一个写周期开始前,SYNC 必须转为高电平并至少保持 33ns,以便 SYNC 有时间产生下降沿来启动下一个写周期。若 SYNC 在一个写周期内(没有移入 16 位数)变为高电平,则本次写操作失败,寄存器强行复位。由于施密特缓冲器在 SYNC 高电平时的电流消耗大于低电平时的电流消耗,因此,在两次写操作之间,应把 SYNC 置低以降低功耗。

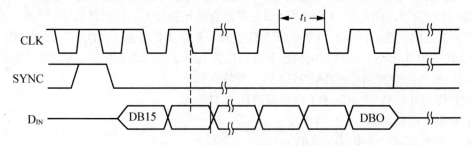

图 8.35　DAC7513 串行写操作时序

DAC7513 片内移位寄存器的宽度为 16 位,其中 DB15、DB14 是空闲位,DB13、DB12 是工作模式选择位、DB11~DB0 是数据位。器件上电复位后,寄存器置 0,所以 DAC7513 处于正常工作模式,模拟输出电压为 0V。在图 8.34 中,掉电控制逻辑与电阻网络一起用来设置器件的工作模式,即选择正常输出还是将输出端与缓冲放大器断开,而接入固定电阻。DAC7513 的四种工作模式见表 8-10。当 DB13 和 DB12 为 0 时,DAC7513 为正常工作模式;其他为掉电模式。在掉电模式下,不仅器件功耗要减小,而且缓冲放大器输出级通过内部电阻网络接到 1kΩ、100kΩ或开路。而处于掉电模式时，所有线性电路都断开，但寄存器内数据不受影响。该器件的详细资料请参考 DAC7513 的使用手册。

表 8-10　DAC7513 工作模式

DB13	DB12	模　式
0	0	正常工作
0	1	输出端 1kΩ到地
1	0	输出端 100kΩ到地
1	1	输出端开路(高阻)

下面将利用 FPGA 设计 conterl_DAC7513 模块，完成模拟信号的输出。如图 8.36 所示是对 DAC7513 输出模拟信号的控制模块，其 VHDL 描述的代码如下：

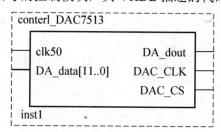

图 8.36　conterl_dac7513 模块

```vhdl
library IEEE; use IEEE.STD_LOGIC_1164.ALL;
use IEEE.STD_LOGIC_ARITH.ALL;
use IEEE.STD_LOGIC_UNSIGNED.ALL;
entity conterl_DAC7513 is
 port( clk50   : in std_logic;
       DA_data : in std_logic_vector(11 downto 0);
       DA_dout : out std_logic;
       DAC_CLK : out std_logic;
       DAC_CS  : out std_logic   );
end conterl_DAC7513;
architecture one of conterl_DAC7513 is
  signal d_bufF,dacbuff  :std_logic;
  signal DAbuff :std_logic_vector(11 downto 0);
  signal cont   :std_logic_vector(4 downto 0):="00000";
  signal fp10khz  :std_logic;
  signal fp_1Mhz  :std_logic;
  signal transmit  :std_logic;
begin
  DAC_CLK <= fp_1Mhz;
  DA_dout <= d_bufF;
  DAbuff <= DA_data;
PROCESS(clk50)         --产生10kHz 信号
      variable cnt1 : INTEGER RANGE 0 TO 4999;
    BEGIN
```

```
          IF clk50='1' AND clk50'event THEN
            IF cnt1=4999 THEN cnt1:=0;
              ELSE cnt1:=cnt1+1;
            END IF;
            IF cnt1<1500 THEN fp10khz<='0';
              ELSE fp10khz<='1';
            END IF;
          END IF;
   end process;
   PROCESS(clk50)              -- 产生 1MHz 信号
         variable cnt3 : INTEGER RANGE 0 TO 50;
       BEGIN
         IF clk50='1' AND clk50'event THEN
           IF cnt3=50 THEN cnt3:=0;
             ELSE cnt3:=cnt3+1;
           END IF;
           IF cnt3<25 THEN fp_1Mhz<='0';
             ELSE  fp_1Mhz<='1';
           END IF;
         END IF;
   end process;
   process(fp_1Mhz)        -- 产生发送数据标志 transmit
     begin
     if(fp_1MHz'event and fp_1MHz='1')THEN
     dacbuff<=fp10khz;
       if (dacbuff='1'and  fp10khz='0' )THEN
         transmit<='1';  DAC_CS<='0';
         elsif (cont >="10100") then
         transmit<='0';  DAC_CS<='1';
         end if;
       end if;
     end process;
   process(cont)            -- 发送串行数据
       begin
     if(fp_1Mhz'event and fp_1Mhz='1')then
        if(transmit='1')then  cont<=cont+"00001";
         case cont is
           when "00011" => d_bufF<=DAbuff(11); --发送串行数据最高位
           when "00100" => d_bufF<=DAbuff(10);
           when "00101" => d_bufF<=DAbuff(9 );
           when "00110" => d_bufF<=DAbuff(8 );
           when "00111" => d_bufF<=DAbuff(7 );
           when "01000" => d_bufF<=DAbuff(6 );
           when "01001" => d_bufF<=DAbuff(5 );
           when "01010" => d_bufF<=DAbuff(4 );
           when "01011" => d_bufF<=DAbuff(3 );
           when "01100" => d_bufF<=DAbuff(2 );
           when "01101" => d_bufF<=DAbuff(1 );
           when "01110" => d_bufF<=DAbuff(0 );
```

```
        when others  => d_bufF<='0';
     end case;
       else  cont<="00000";   end if;
  end if;
 end process;
end one;
```

conterl_DAC7513 模块仿真波形如图 8.37 所示。在发送数据标志 transmit 为高即 DAC_CS 为有效低电平后，前 4 个 ADC_CLK(fp_1Mhz)的下降沿(cont 为 3 状态)向数据线上发送 4 位 0(正常工作模式)。接着向数据线上发送 12 位有效数据进行 D/A 转换，输出模拟信号。然后 DAC_CS 变高，等待下一次的 D/A 转换。

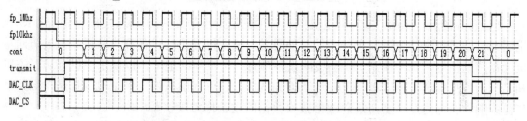

图 8.37　conterl_DAC7513 模块仿真波形

8.7　I²C 总线及应用

I²C 总线(Inter Integrated Circuit Bus，集成电路总线)是 Philips 公司推出的串行总线标准(为二线制)。主要用来连接整体电路(ICS)，I²C 是一种多向控制总线，也就是说多个芯片可以连接到同一总线结构下，同时每个芯片都可以作为实施数据传输的控制源。这种方式简化了信号传输总线。总线上扩展的外围器件及外设接口通过总线寻址，利用该总线可实现多主机系统所需的裁决和高低速设备同步等功能。因此这是一种高性能的串行总线。

8.7.1　I²C 总线接口

I²C 总线一般有两根信号线，一根是双向的数据线 SDA，另一根是时钟线 SCL。所有接到 I²C 总线设备上的串行数据 SDA 都接到总线的 SDA 上，各设备的时钟线 SCL 接到总线的 SCL 上。为了避免总线信号的混乱，要求各设备连接到总线的输出端时必须是漏极开路(OD)输出或集电极开路(OC)输出。设备上的串行数据线 SDA 接口电路应该是双向的，输出电路用于向总线上发送数据，输入电路用于接收总线上的数据。而串行时钟线也应是双向的，作为控制总线数据传送的主机，一方面要通过 SCL 输出电路发送时钟信号，另一方面还要检测总线上的 SCL 电平，以决定什么时候发送下一个时钟脉冲电平；作为接受主机命令的从机，要按总线上的 SCL 信号发出或接收 SDA 上的信号，也可以向 SCL 线发出低电平信号以延长总线时钟信号周期。总线空闲时，因各设备都是开漏输出，上拉电阻使 SDA 和 SCL 线都保持高电平。任意设备输出的低电平都将使相应的总线信号线变低，也就是说，各设备的 SDA 是"与"关系，SCL 也是"与"关系。如图 8.38 所示为 I²C 总线系统结构图。

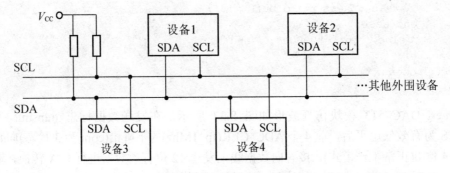

图 8.38　I²C 总线系统结构图

I²C 总线的运行(数据传输)由主机控制。主机是指启动数据的传送(发出起始信号)、发出时钟信号及传送结束时发出停止信号的设备，被主机寻访的设备称为从机。主机访问从机无需片选信号，每个接到 I²C 总线的设备都有一个唯一的地址，以便于主机寻访。主机和从机的数据传送，可以由主机发送数据到从机，也可以由从机发到主机。凡是发送数据到总线的设备称为发送器，从总线上接收数据的设备称为接收器。

在 I²C 总线上，数据是在时钟脉冲作用下一位一位地传送的，数据位由高到低传送，每位数据占一个时钟脉冲。I²C 总线在时钟线 SCL 高电平期间，数据线 SDA 的状态表示要传送的数据(高电平为数据 1，低电平为数据 0)。在数据传送时，SDA 上数据的改变在时钟线为低电平时完成，而 SCL 为高电平时 SDA 必须保持稳定。若 SDA 有变化，会被当作起始或停止信号而致使数据传输停止。

I²C 总线在传送数据过程中有三个特定信号：起始信号、停止信号和应答响应信号(ACK)。如图 8.39 所示为 I²C 总线数据传输。SCL 线为高电平期间，SDA 线由高电平向低电平的变化表示起始信号；SCL 线为高电平期间，SDA 线由低电平向高电平的变化表示停止信号。起始和停止信号都是由主机发出的，在起始信号产生后，总线就处于被占用的状态；在停止信号产生后，所有 I²C 总线操作都结束，并释放总线控制权。当 SCL 和 SDA 都保持高电平时，表示总线空闲。

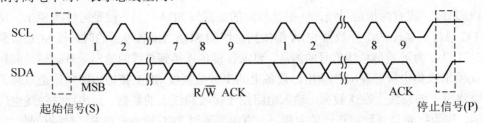

图 8.39　I²C 总线数据传输

I²C 总线数据传输时发送到 SDA 线上的每个字节必须为 8 位，每次传输可以发送的字节数量不受限制。每个字节后必须跟一个响应位。首先传输的是数据的最高位(MSB)，如果从机要完成一些其他功能后(如一个内部中断服务程序)才能接收或发送下一个完整的数据字节，则可以使时钟线 SCL 保持低电平，迫使主机进入等待状态。当从机准备好接收下一个数据字节并释放时钟线 SCL 后数据传输继续。应答响应信号(ACK)是接收数据的器件在接收到 8 位数据后，向发送数据的器件发出特定的低电平脉冲(时钟脉冲高电平期间)，表示已收到数据。

I²C 总线上传送的数据信号既包括地址信号，又包括真正的数据信号。如图 8.40 所示为 I²C 总线传送的数据格式。在起始信号(S)后必须传送一个从机的地址(Slave Address：7 位)，最低位是数据的传送方向位(R/W)，用"0"表示主机发送数据(W)，"1"表示主机接收数据(R)。每次数据传送总是由主机产生的停止信号(P)结束。但是，若主机希望继续占用总线进行新的数据传送，则可以不产生终止信号，马上再次发出起始信号对另一从机进行寻址。

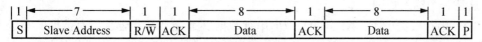

图 8.40　I²C 总线传送的数据格式

I²C 总线的工作方式为主从式(即主机发送时钟信号、起始信号和停止信号)，对系统中的某一器件来说有四种传输数据的方式：主发送方式、从发送方式、主接收方式、从接收方式。也就是说，主机既可以是发送器也可以是接收器，同样，从机可以是发送器也可以是接收器。其传送数据的工作方式主要有以下两种：

(1) 主发送从接收(即"写"操作)：主机向从机发送数据，数据的传送方向在整个传送过程中不变。发送的第一个字节(7 位地址、R/W=0)。接着再发送数据字节，可以是单字节数据，也可以是一组数据，由主机来决定。接收器每接收到一个字节以后，都要返回一个应答信号(低电平 ACK=O)。

(2) 主接收从发送(即"读"操作)：主机在发送第一个字节(7 位地址、R/W=1)后，立即从从机读数据。从机发送数据过程中，主机要先将 SDA 拉高(置 1，否则读不进数据)，主机每接收到一个字节都要返回一个应答信号 ACK。若 ACK=O (有效应答信号)，那么从机(器件)继续发送；若 ACK=1(停止应答信号)，接着主机发送停止信号结束数据传输。主机可以控制从机从什么地址开始发送，发送多少字节。

由于 SCL 线和 SDA 线是各设备对应输出状态相"与"的结果，任一设备都可以用输出低电平的方法来延长 SCL 的低电平时间，以迫使高速设备进入等待状态，从而实现不同速度设备间的时钟同步。因此，即使时钟脉冲的高、低电平时间长短不一，也能实现数据的可靠传送。

目前，一些微处理器和控制设备没有 I²C 总线接口，从而限制了在这些系统中使用具有 I²C 总线接口的器件。下面将使用 FPGA 器件来设计控制电路控制 I/O 口做 I²C 接口，实现 I²C 功能，完成对具有 I²C 总线接口的 E²PROM AT24C××器件的数据读写操作。

8.7.2　AT24C02 器件的数据读写

AT24C××是集 E²PROM 存储器、复位微控制器和看门狗定时器三种功能为一体的芯片。AT24C01/02/04/08/16 是一个 1K/2K/4K/8K/16K 位串行 E²PROM，内部含有 128/256/512/1024/2048 字节。有一个 16 字节页写缓冲器，通过 I²C 总线接口进行操作，有一个专门的写保护功能。其管脚如图 8.41 所示。

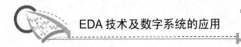

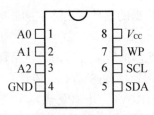

图 8.41　AT24C02 器件的管脚图

SCL 串行时钟：AT24C02 串行时钟输入管脚用于产生器件所有数据发送或接收的时钟，这是一个输入管脚。

SDA 串行数据/地址：AT24C02 双向串行数据/地址管脚用于器件所有数据的发送或接收，SDA 是一个开漏输出管脚，可与其他开漏输出或集电极开路输出进行线与。

A0、A1、A2 为器件地址输入端：这些输入脚用于多个器件级联时设置器件地址。当使用 AT24C02 时，最大可级联 8 个器件。如果只有一个 AT24C02 被总线寻址，这三个地址输入脚(A0、A1、A2)必须连接到 GND。

WP 写保护：写保护可避免由于不当操作造成对存储区域内部数据的改写。如果 WP 管脚接高电平，所有的内容都被写保护只能读。当 WP 管脚接到低电平时，允许器件进行正常的读/写操作。

V_{CC} 为电源：1.8～6.0V 工作电压；GND 为地。

在 I^2C 总线上传送数据时，AT24C02 作为从器件被主机控制(寻址)，主机通过发送一个起始信号启动发送过程，然后发送它所要寻址的从器件的地址，7 位从器件地址的高 4 位固定为 1010，接下来的 3 位(A2、A1、A0)为器件的地址位，用来定义哪个器件及器件的哪个部分被主机访问。AT24C02 作为 E^2PROM 存储器，怎样对它进行数据的读写操作。

AT24C02 进行的写操作可分为字节写和页写。字节写操作就是对 AT24C02 中某个存储单元写入一个字节数据。在字节写模式下，首先主机发送起始信号和从器件地址(R/W=0)给 AT24C02；在从器件产生应答信号后，接着主机发送 AT24C02 的存储地址，从器件产生另一个应答信号；然后再发送数据到被寻址的存储单元(写入数据)，AT24C02 再次应答；并在主机发送停止信号后，AT24C02 开始内部数据的擦写。在内部擦写过程中，CAT24C02 不再应答主机的任何请求。

页写操作是对 CAT24C02 可以一次写入 16 个字节的数据。页写操作的启动和字节写一样，不同在于传送(写入)一字节数据后并不产生停止信号，主机被允许再发送 15 个额外的字节。每发送一个字节数据后，AT24C02 产生一个应答位，并将存储单元地址自动加 1，如果在发送停止信号之前主机发送超过 16 个字节数据，则地址计数器将自动返回，先前写入的数据被覆盖。如图 8.42 所示为 AT24C02 页写操作传送格式。

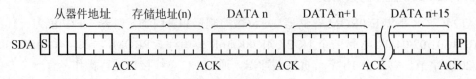

图 8.42　AT24C02 页写操作传送格式

在 AT24C02 每次接收(写入)到 16 字节数据和主机发送的停止信号后，AT24C02 启动内部写周期将数据写到数据区，所有接收的数据在一个写周期内写入 AT24C02。为了不断地对 AT24C02 写入更多字节数据，检测内部写周期是否结束，可通过应答查询方式发送一个起始信号和从器件地址，如果 AT24C02 正在进行内部写操作，就不会发送应答信号；如果 AT24C02 已经完成了内部自写周期，将发送一个应答信号，主机可以继续进行下一次读写操作。

对 AT24C02 读操作的初始化方式和写操作时一样，仅把 R/W 设置为 1，有三种不同的读操作方式：立即地址读、选择地址读和连续地址读。立即地址读和选择地址读每次只能读取一个 8 位字节数据，而连续地址读可以连续读取多个字节数据。当对 AT24C×× 读操作超过器件存储数据的地址范围时，其内部地址计数器返回 0，进行数据输出。

立即地址读就是 AT24C02 的地址计数器内容为最后操作字节的地址加 1。也就是说，如果上次读/写的操作地址为 N，则立即读的地址从地址 N+1 开始读数据。AT24C02 接收到从器件地址信号后，R/W 位置为 1，AT24C02 发送一个应答信号，然后发送一个 8 位字节数据。主器件不需发送一个应答信号(ACK=1)，但要产生一个停止信号。

选择地址读操作允许主机对 AT24C×× 的任意字节进行读操作。主机首先进行一次空写操作：发送起始信号、从器件地址和需要读取的字节数据的地址。在 AT24C×× 应答(ACK=0)之后，主机重新发送起始信号和从器件地址，此时 R/W 位置 1，AT24C×× 发送应答信号。然后 AT24C×× 输出所要求的一个 8 位字节数据，主机不发送应答信号(ACK=1)，但产生一个停止信号。如图 8.43 所示为选择地址读操作的时序。

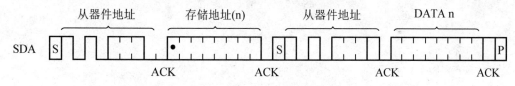

图 8.43　选择地址读操作的时序

连续地址读操作可通过立即地址读或选择地址读操作启动，在 AT24C×× 发送完一个 8 位字节数据后，主机产生一个应答信号来响应，告知 AT24C×× 主机要求更多的数据。对应每个主机产生的应答信号(ACK=0)，AT24C×× 将发送一个 8 位数据字节。当主机不发送应答信号(ACK=1)而发送停止位时结束此操作。从 AT24C×× 读出的数据从地址(n)自动加 1 顺序输出。连续地址读操作时序如图 8.44 所示。

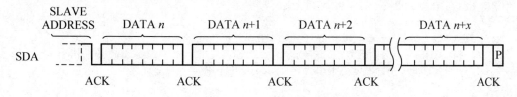

图 8.44　连续地址读操作时序

下面将用 FPGA 设计 iic_2402 模块，如图 8.45 所示。实现对 AT24C02 的指定存储地址的读写操作(即选择地址读操作)。iic_2402 模块的输入端 sw_Wn(低电平有效)为写操作控制信号，输入端 sw_Rn(低电平有效)为读操作控制信号，输出端 scl 为 I^2C 总线接口的时钟线，输入/出端 sda 为 I^2C 总线接口的数据线。iic_2402 模块用 Verilog HDL 描述的代码如下：

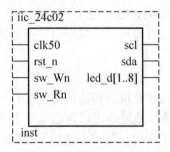

图 8.45 iic_2402 模块

```
module iic_24c02(clk50,rst_n,sw_Wn,
                 sw_Rn,scl,sda,led_d);
   input clk50;          // 50MHz
   input rst_n;          // 复位信号，低有效
   input sw_Wn,sw_Rn;    // 写、读控制
   output scl;           // 24C02 的时钟端口
   inout sda;            // 24C02 的数据端口
   output [1:8] led_d;   // 8 个 LED 显示
   //-----按键检测-------------
   reg s_w, s_r;         // 每 20ms 检测一次键值
   reg[19:0] cnt_20ms;
   always @ (posedge clk50 or negedge rst_n )
      if(!rst_n)    cnt_20ms <= 20'd0;
       else cnt_20ms <= cnt_20ms+1'b1;
   always @ (posedge clk50 or negedge rst_n)
      if(!rst_n) begin
        s_w <= 1'b1;  s_r <= 1'b1; end
       else if(cnt_20ms == 20'h0000f) begin
        s_w <= sw_Wn; s_r <= sw_Rn; end   //写、读控制寄存
   //---------------分频部---------------------
   reg[12:0] cnt_delay; // 5000 循环计数
   reg scl_r;           // 时钟脉冲寄存器
   always @ (posedge clk50 or negedge rst_n)
   if(!rst_n) cnt_delay <= 13'd0;
   else if(cnt_delay==13'd5000) cnt_delay <= 13'd0; //产生 iic 所需要的时钟
   else cnt_delay <= cnt_delay+1'b1;
   // 将 scl 信号分为四部分: cnt=0:scl 上升沿高电平, cnt=1:scl 高电平中间,
   // cnt=2:scl 下降沿低电平, cnt=3:scl 低电平中间
   reg[2:0] cnt;
   always @ (posedge clk50 or negedge rst_n) begin
   if(!rst_n) begin cnt <= 2'd0; scl_r <= 1'b0;end
   else begin
       case (cnt_delay)
          13'd0  : begin  cnt <= 3'd0; scl_r <= 1'b1; end
```

```
            13'd1250: begin      cnt <= 3'd1; scl_r <= 1'b1; end
            13'd2500: begin      cnt <= 3'd2; scl_r <= 1'b0; end
            13'd3750: begin      cnt <= 3'd3; scl_r <= 1'b0; end
            default : begin  cnt <= 3'd5; scl_r <= scl_r;end
            endcase
        end
    end
    assign scl = scl_r ? 1'b1:1'b0;   // iic 的时钟输出
//-----需要写入 24C02 的地址和数据--------------
    reg[7:0] device_add;                   // 最低 bit: 1--读, 0--写
    parameter device_read = 8'b1010_0001;
    parameter device_write = 8'b1010_0000;
    reg[7:0] byte_add;                     // 写入存储地址
    reg[7:0] word_data;                    // 写入的数据
    reg[7:0] read_data;                    // 读出的数据
//-----------------读、写时序---------------
    parameter IDLE      = 4'd1;
    parameter START1    = 4'd2;
    parameter ADD1      = 4'd3;
    parameter ACK1      = 4'd4;
    parameter ADD2      = 4'd5;
    parameter ACK2      = 4'd6;
    parameter START2    = 4'd7;
    parameter ADD3      = 4'd8;
    parameter ACK3      = 4'd9;
    parameter DATA      = 4'd10;
    parameter ACK4      = 4'd11;
    parameter STOP      = 4'd12;
    reg[11:0] current_state,next_state;
    reg sda_r, sda_oe;                 // 数据输出使能
    reg[3:0] num;
    //reg ack_bit;                     // 响应位寄存器
    assign sda = sda_oe ? sda_r : 1'bz;
    assign led_d = read_data[7:0];  // 读取 8 位数据显示
always @ (next_state or rst_n)
    if(!rst_n) current_state <= IDLE;
     else current_state <= next_state;
always @ (posedge clk50 or negedge rst_n) begin
    if(!rst_n) begin
            next_state <= IDLE;
            sda_r <= 1'b1;
            sda_oe <= 1'b0;
            num <= 4'd0;
            read_data <= 8'b0000_0000;
            //ack_bit <= 1'b1;
            byte_add <= 8'b0001_0011;   // 指定存储地址 00010011
            word_data <=8'b1001_0001;   // 写入的数据为 10010001
            device_add <= 8'b0000_0000;   end
      else
```

```
      case (current_state)
      IDLE:    begin                                // 等待状态
        sda_oe <= 1'b0;
        if((!s_w || !s_r) && cnt==3'd1) begin
          device_add <= device_write;
          next_state <= START1;
          sda_oe <= 1'b1;
          sda_r <= 1'b1;                end
        else next_state <= IDLE;
       end
      START1: begin
        if(cnt==3'd3)         begin               // 在 scl 低电平 sda 为 1
          sda_oe <= 1'b1;
          sda_r <= 1'b1;      end
        else if(cnt==3'd1) begin                   // 在 scl 高电平 sda 为 0
          sda_r <= 1'b0;
          next_state <= ADD1;
          num <= 4'd0;        end
        else next_state <= START1;
       end
      ADD1:    begin                                // 发送从器件地址
        if(num<=4'd7) begin
          next_state <= ADD1;
          if(cnt==3'd3)            begin
            num <= num+1'b1;
            sda_r <= device_add[7]; end
          else if(cnt==3'd0)        begin
            device_add <= {device_add[6:0],device_add[7]};    end
        end
       else if((num==4'd8) && (cnt==3'd3)) begin
         device_add <= {device_add[6:0],device_add[7]};//
         num <= 4'd0;
         sda_oe <= 1'b0;                             // sda 置为高阻态
         next_state <= ACK1;           end
              else next_state <= ADD1;
       end
      ACK1:  begin                                  // 应答
         if(cnt==3'd2)             begin
           next_state <= ADD2; end
           else next_state <= ACK1;
         end
      ADD2: begin                                   // 发送存储地址
         if(num<=4'd7) begin
           next_state <= ADD2;
           if(cnt==3'd3)             begin
             sda_oe <= 1'b1;
             num <= num+1'b1;
             sda_r <= byte_add[7];     end
           else if(cnt==3'd0)        begin
```

```
            byte_add <= {byte_add[6:0],byte_add[7]}; end
        end
      else if((num==4'd8) && (cnt==3'd3))
        begin
          byte_add <= {byte_add[6:0],byte_add[7]};
          num <= 4'd0;
          sda_oe <= 1'b0;          //sda 置为高阻态
          next_state <= ACK2;
          if(!s_w) device_add <= device_write;
           else if(!s_r) device_add <= device_read;
        end
      else next_state <= ADD2;
    end
ACK2:   begin
  if(cnt==3'd2) begin
    case (device_add[0])
      1'b1: begin    next_state <= START2; end    //读操作
      1'b0: begin  next_state <= DATA;    end      //写操作
      default: ;
    endcase   end
  else next_state <= ACK2;
START2: begin
  if(cnt==3'd3)        begin
    sda_oe <= 1'b1;
    sda_r <= 1'b1;     end
  else if(cnt==3'd1)        begin
    sda_r <= 1'b0;
    next_state <= ADD3; end
  end
ADD3:   begin                        // 再次发送从器件地址
  if(num<=4'd7) begin
    next_state <= ADD3;
    if(cnt==3'd3)            begin
     num <= num+1'b1;
     sda_r <= device_add[7];    end
    else if(cnt==3'd0) begin
     device_add <= {device_add[6:0],device_add[7]}; end
   end
   else if((num==4'd8) && (cnt==3'd3)) begin
      device_add <= {device_add[6:0],device_add[7]};
      num <= 4'd0;
      sda_oe <= 1'b0;              //sda_r 置为高阻态
      next_state <= ACK3;              end
    else next_state <= ADD3;
  end
  ACK3: begin
     if(cnt==3'd2)
         next_state <= DATA;
      else next_state <= ACK3;
```

417

```
                end
        DATA:    begin                          //读写数据
            if(!s_r)
              begin       //读
                if(num<=4'd7) begin
                   next_state  <= DATA;
                   if(cnt==3'd1)           begin        //scl 高电平读数据
                     num <= num+1'b1;
                     read_data[7] <= sda; end
                    else if(cnt==3'd2)      begin
                     read_data <= {read_data[6:0],read_data[7]};     end
                   end
                 else if((cnt==3'd3) && (num==4'd8)) begin
                   read_data <={read_data[6:0],read_data[7]};
                   num  <= 4'd0;
                   next_state <= ACK4;               end
                   else begin next_state <= DATA;  end
              end
            else begin    //写
                if(num<=4'd7) begin
                   next_state <= DATA;
                   if(cnt==3'd3)              begin        //scl 低电平输出数据
                      sda_oe <= 1'b1;
                      num <= num+1'b1;
                      sda_r <= word_data[7];end
                    else if(cnt==3'd0)                    begin
                      word_data <= {word_data[6:0],word_data[7]}; end
                      end
                  else if((cnt==3'd3) && (num==4'd8)) begin
                      word_data <= {word_data[6:0],word_data[7]};
                      num· <= 4'd0;
                      sda_oe <= 1'b0;                  //sda 置为高阻态
                      next_state <= ACK4;           end
                    else begin read_data <=8'b00000000;
                        next_state <= DATA; end
                    end
                end
        ACK4: begin
            if(cnt==3'd2)              begin
              sda_r <= 1'b0;
              sda_oe <= 1'b1;
               next_state <= STOP;       end
            else next_state <= ACK4;
          end
        STOP:  begin
           if(cnt==3'd1) begin    sda_r <= 1'b1;    end
             else if((cnt==3'd3) && sda_oe) sda_oe <= 1'b0;
               if(cnt_20ms==20'hffff0) next_state <= IDLE;
               else next_state <= STOP;
```

```
            end
        default: ;
        endcase
    end
endmodule
```

iic_2402 模块完成对 AT24C02 的指定存储地址(byte_add <= 8'b0001_0011)的读写操作。首先完成一个字节数据(word_data <=8'b1001_0001)的写入,然后读取该地址存储的数据,并在 LED(led_d)上显示。

如图 8.46 所示为 I^2C 总线接口的时钟线 scl 的仿真。在图中,将 scl 信号分为四部分:cnt=0 时,scl 上升为高电平;cnt=1 时,scl 为高电平中间;cnt=2 时 scl 下降为低电平;cnt=3 时,scl 为低电平中间。在时钟线 SCL 高电平期间, I^2C 总线上的数据线 SDA(即 sda_r)的状态表示要传送的数据,并保持稳定。SDA 上数据的改变在 scl 为低电平时完成。而 SCL 为高电平时,若 SDA 有变化会被当作起始或停止信号。

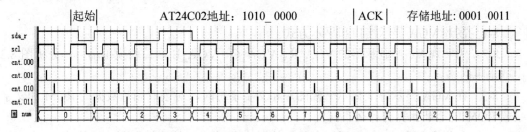

图 8.46　I^2C 总线接口的时钟线 scl 的仿真

如图 8.47 所示为 iic_2402 模块的读操作时序仿真。根据 AT24C02 读写操作的时序要求,设定的状态为 IDLE(等待)、START1、ADD1(写 AT24C02 地址)、ACK1、ADD2(写存储地址)、ACK2、START2(读操作时再次写 AT24C02 地址)、ADD3(AT24C02 地址)、ACK3、DATA(读、写数据)、ACK4、STOP(停止)。

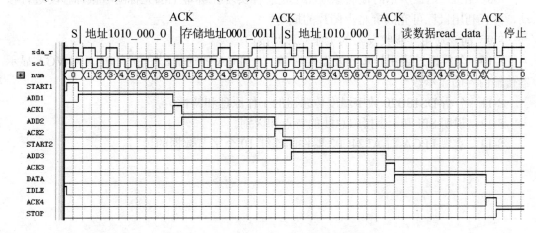

图 8.47　iic_2402 模块的读操作时序仿真

本 章 小 结

本章介绍 VGA、PS/2、UART、单总线(1-Wire)、SPI、I²C 等接口技术，用硬件的设计方法实现数据的传输控制。除 VGA 外，它们都采用串行通信协议，连线简单。通信协议是指通信双方的一种约定。约定包括对数据格式、传输方式、传送速度、传送步骤、纠错方式及控制字符定义等问题做出统一规定，通信双方必须共同遵守。因此也称为通信控制规程(又称传输控制规程)。在网络通信中，它属于数据链路层。在本章各设计实例中，各功能模块都采用硬件的设计(与软件设计方法不同)，并且在 FPGA 器件中进行了验证，为更复杂、规模更大的数字系统设计和应用提供帮助。

习　　题

8-1　简述 VGA 显示接口和显示方式。

8-2　为实现 VGA 显示器的 VGA_R、VGA_G、VGA_B 端口的模拟信号，分析图 8.2 中的电阻网络。

8-3　在 VGA 显示屏上显示一幅图片和文字字符时，对读取图片数据的 ROM 和文字字模 ROM 的地址计算有什么不同？

8-4　怎样实现在 VGA 显示屏上显示的图片进行 90° 的旋转和图片的移动？

8-5　简述 PS/2 接口及传输协议。

8-6　分析图 8.10 顶层原理图，说明 PS/2 键盘输出的扫描码是怎样在 VGA 显示屏上实现显示的。

8-7　说明 PS/2 鼠标的工作模式和数据格式。

8-8　在图 8.12 所示的顶层原理图中是怎样实现在屏幕上的光标随着鼠标移动进行移动，并且利用鼠标可完成屏幕上图片的拖动？

8-9　简述通用异步收发器的工作原理及接口。

8-10　怎样通过通用异步收发器实现 PC 与 FPGA 的通信，来完成 FPGA 对 VGA 显示器传输内容的显示？

8-11　分析 DS18B20 数字温度传感器的工作原理和特性。

8-12　说明 SPI 和 I²C 接口总线的特点和区别。

8-13　实现 FPGA 对 AT24C02 器件的连续 10 个字节数据的读写。

参 考 文 献

[1] 马建国，孟宪元. 基于 FPGA 现代数字系统设计. 北京：清华大学出版社，2010.

[2] 刘福奇. 基于 FPGA 嵌入式项目开发实战. 北京：电子工业出版社，2009.

[3] 包明. EDA 技术与可编程器件的应用. 北京：北京航空航天大学出版社，2008.

[4] 杨春玲. EDA 技术与实验. 哈尔滨：哈尔滨工业大学出版社，2009.

[5] 黄根春，等. 电子设计教程. 北京：电子工业出版社，2009.

[6] 周立功，等. EDA 实验与实践. 北京：北京航空航天大学出版社，2007.

[7] 潘松. SOPC 技术实用教程. 北京：清华大学出版社，2005.

[8] 徐光辉，等. 基于 FPGA 的嵌入式开发与应用. 北京：电子工业出版社，2006.

[9] EDA 先锋工作室. ALtera FPGA/CPLD 设计(基础篇，高级篇). 北京：人民邮电出版社，2005.

[10] [美]Bob Zeidman. 基于 FPGA 和 CPLD 的数字 IC 设计方法. 赵宏图，译. 北京：北京航空航天大学出版社，2005

[11] 杨恒，等. FPGA/CPLD 最新实用技术指南. 北京：清华大学出版社，2005.

[12] 郭兵. SoC 技术原理与应用. 北京：清华大学出版社，2006.

[13] 潘松. EDA 技术与 VHDL. 北京：清华大学出版社，2005.

[14] 亿特科技. CPLD/FPGA 应用系统设计与产品开发. 北京：人民邮电出版社，2005.

[15] 杨刚. 32 位嵌入式系统与 SoC 设计导论. 北京：电子工业出版社，2006.

北京大学出版社电气信息类教材书目(已出版)
欢迎选订

序号	标准书号	书　名	主　编	定价	序号	标准书号	书　名	主　编	定价
1	7-301-10759-1	DSP 技术及应用	吴冬梅	26	45	7-301-19174-3	传感器基础(第 2 版)	赵玉刚	32
2	7-301-10760-7	单片机原理与应用技术	魏立峰	25	46	7-5038-4396-9	自动控制原理	潘 丰	32
3	7-301-10765-2	电工学	蒋 中	29	47	7-301-10512-2	现代控制理论基础(国家级十一五规划教材)	侯媛彬	20
4	7-301-19183-5	电工与电子技术(上册)(第2版)	吴舒辞	30	48	7-301-11151-2	电路基础学习指导与典型题解	公茂法	32
5	7-301-19229-0	电工与电子技术(下册)(第2版)	徐卓农	32	49	7-301-12326-3	过程控制与自动化仪表	张井岗	36
6	7-301-10699-0	电子工艺实习	周春阳	19	50	7-301-23271-2	计算机控制系统(第 2 版)	徐文尚	48
7	7-301-10744-7	电子工艺学教程	张立毅	32	51	7-5038-4414-0	微机原理与接口技术	赵志诚	38
8	7-301-10915-6	电子线路 CAD	吕建平	34	52	7-301-10465-1	单片机原理及应用教程	范立南	30
9	7-301-10764-1	数据通信技术教程	吴延海	29	53	7-5038-4426-4	微型计算机原理与接口技术	刘彦文	26
10	7-301-18784-5	数字信号处理(第 2 版)	阎 毅	32	54	7-301-12562-5	嵌入式基础实践教程	杨 刚	30
11	7-301-18889-7	现代交换技术(第 2 版)	姚 军	36	55	7-301-12530-4	嵌入式 ARM 系统原理与实例开发	杨宗德	25
12	7-301-10761-4	信号与系统	华 容	33	56	7-301-13676-8	单片机原理与应用及 C51 程序设计	唐 颖	30
13	7-301-19318-1	信息与通信工程专业英语(第2版)	韩定定	32	57	7-301-13577-8	电力电子技术及应用	张润和	38
14	7-301-10757-7	自动控制原理	袁德成	29	58	7-301-20508-2	电磁场与电磁波（第 2 版）	邬春明	30
15	7-301-16520-1	高频电子线路(第 2 版)	宋树祥	35	59	7-301-12179-5	电路分析	王艳红	38
16	7-301-11507-7	微机原理与接口技术	陈光军	34	60	7-301-12380-5	电子测量与传感技术	杨 雷	35
17	7-301-11442-1	MATLAB 基础及其应用教程	周开利	24	61	7-301-14461-9	高电压技术	马永翔	28
18	7-301-11508-4	计算机网络	郭银景	31	62	7-301-14472-5	生物医学数据分析及其 MATLAB 实现	尚志刚	25
19	7-301-12178-8	通信原理	隋晓红	32	63	7-301-14460-2	电力系统分析	曹 娜	35
20	7-301-12175-7	电子系统综合设计	郭 勇	25	64	7-301-14459-6	DSP 技术与应用基础	俞一彪	34
21	7-301-11503-9	EDA 技术基础	赵明富	22	65	7-301-14994-2	综合布线系统基础教程	吴达金	24
22	7-301-12176-4	数字图像处理	曹茂永	23	66	7-301-15168-6	信号处理 MATLAB 实验教程	李 杰	20
23	7-301-12177-1	现代通信系统	李白萍	27	67	7-301-15440-3	电工电子实验教程	魏 伟	26
24	7-301-12340-9	模拟电子技术	陆秀令	28	68	7-301-15445-8	检测与控制实验教程	魏 伟	24
25	7-301-13121-3	模拟电子技术实验教程	谭海曙	24	69	7-301-04595-4	电路与模拟电子技术	张绪光	35
26	7-301-11502-2	移动通信	郭俊强	22	70	7-301-15458-8	信号、系统与控制理论(上、下册)	邱德润	70
27	7-301-11504-6	数字电子技术	梅开乡	30	71	7-301-15786-2	通信网的信令系统	张云麟	24
28	7-301-18860-6	运筹学(第 2 版)	吴亚丽	28	72	7-301-23674-1	发电厂变电所电气部分(第 2 版)	马永翔	48
29	7-5038-4407-2	传感器与检测技术	祝诗平	30	73	7-301-16076-3	数字信号处理	王震宇	32
30	7-5038-4413-2	单片机原理及应用	刘 刚	24	74	7-301-16931-5	微机原理与接口技术	肖洪兵	32
31	7-5038-4409-6	电机与拖动	杨天明	27	75	7-301-16932-2	数字电子技术	刘金华	30
32	7-5038-4411-9	电力电子技术	樊立萍	25	76	7-301-16933-9	自动控制原理	丁 红	32
33	7-5038-4399-0	电力市场原理与实践	邹 斌	24	77	7-301-17540-8	单片机原理及应用教程	周广兴	40
34	7-5038-4405-8	电力系统继电保护	马永翔	27	78	7-301-17614-6	微机原理及接口技术实验指导书	李干林	22
35	7-5038-4397-6	电力系统自动化	孟祥忠	25	79	7-301-12379-9	光纤通信	卢志茂	28
36	7-5038-4404-1	电气控制技术	韩顺杰	22	80	7-301-17382-4	离散信息论基础	范九伦	25
37	7-5038-4403-4	电器与 PLC 控制技术	陈志新	38	81	7-301-17677-1	新能源与分布式发电技术	朱永强	32
38	7-5038-4400-3	工厂供配电	王玉华	34	82	7-301-17683-2	光纤通信	李丽君	26
39	7-5038-4410-2	控制系统仿真	郑恩让	26	83	7-301-17700-6	模拟电子技术	张绪光	36
40	7-5038-4398-3	数字电子技术	李 元	27	84	7-301-17318-3	ARM 嵌入式系统基础与开发教程	丁文龙	36
41	7-5038-4412-6	现代控制理论	刘永信	22	85	7-301-17797-6	PLC 原理及应用	缪志农	26
42	7-5038-4401-0	自动化仪表	齐志才	27	86	7-301-17986-4	数字信号处理	王玉德	32
43	7-5038-4408-9	自动化专业英语	李国厚	32	87	7-301-18131-7	集散控制系统	周荣富	36
44	7-301-23081-7	集散控制系统(第 2 版)	刘翠玲	36	88	7-301-18285-7	电子线路 CAD	周荣富	41

序号	标准书号	书 名	主编	定价	序号	标准书号	书 名	主编	定价
89	7-301-16739-7	MATLAB 基础及应用	李国朝	39	123	7-301-21849-5	微波技术基础及其应用	李泽民	49
90	7-301-18352-6	信息论与编码	隋晓红	24	124	7-301-21688-0	电子信息与通信工程专业英语	孙桂芝	36
91	7-301-18260-4	控制电机与特种电机及其控制系统	孙冠群	42	125	7-301-22110-5	传感器技术及应用电路项目化教程	钱裕禄	30
92	7-301-18493-6	电工技术	张 莉	26	126	7-301-21672-9	单片机系统设计与实例开发（MSP430）	顾 涛	44
93	7-301-18496-7	现代电子系统设计教程	宋晓梅	36	127	7-301-22112-9	自动控制原理	许丽佳	30
94	7-301-18672-5	太阳能电池原理与应用	靳瑞敏	25	128	7-301-22109-9	DSP 技术及应用	董 胜	39
95	7-301-18314-4	通信电子线路及仿真设计	王鲜芳	29	129	7-301-21607-1	数字图像处理算法及应用	李文书	48
96	7-301-19175-0	单片机原理与接口技术	李 升	46	130	7-301-22111-2	平板显示技术基础	王丽娟	52
97	7-301-19320-4	移动通信	刘维超	39	131	7-301-22448-9	自动控制原理	谭功全	44
98	7-301-19447-8	电气信息类专业英语	缪志农	40	132	7-301-22474-8	电子电路基础实验与课程设计	武 林	36
99	7-301-19451-5	嵌入式系统设计及应用	邢吉生	44	133	7-301-22484-7	电文化——电气信息学科概论	高 心	30
100	7-301-19452-2	电子信息类专业 MATLAB 实验教程	李明明	42	134	7-301-22436-6	物联网技术案例教程	崔逊学	40
101	7-301-16914-8	物理光学理论与应用	宋贵才	32	135	7-301-22598-1	实用数字电子技术	钱裕禄	30
102	7-301-16598-0	综合布线系统管理教程	吴达金	39	136	7-301-22529-5	PLC 技术与应用(西门子版)	丁金婷	32
103	7-301-20394-1	物联网基础与应用	李蔚田	44	137	7-301-22386-4	自动控制原理	佟 威	30
104	7-301-20339-2	数字图像处理	李云红	36	138	7-301-22528-8	通信原理实验与课程设计	邬春明	34
105	7-301-20340-8	信号与系统	李云红	29	139	7-301-22582-0	信号与系统	许丽佳	38
106	7-301-20505-1	电路分析基础	吴舒辞	38	140	7-301-22447-2	嵌入式系统基础实践教程	韩 磊	35
107	7-301-22447-2	嵌入式系统基础实践教程	韩 磊	35	141	7-301-22776-3	信号与线性系统	朱明旱	33
108	7-301-20506-8	编码调制技术	黄 平	26	142	7-301-22872-2	电机、拖动与控制	万芳瑛	34
109	7-301-20763-5	网络工程与管理	谢 慧	39	143	7-301-22882-1	MCS-51 单片机原理及应用	黄翠翠	34
110	7-301-20845-8	单片机原理与接口技术实验与课程设计	徐懂理	26	144	7-301-22936-1	自动控制原理	邢春芳	39
111	301-20725-3	模拟电子线路	宋树祥	38	145	7-301-22920-0	电气信息工程专业英语	余兴波	26
112	7-301-21058-1	单片机原理与应用及其实验指导书	邵发森	44	146	7-301-22919-4	信号分析与处理	李会容	39
113	7-301-20918-9	Mathcad 在信号与系统中的应用	郭仁春	30	147	7-301-22385-7	家居物联网技术开发与实践	付 蔚	39
114	7-301-20327-9	电工学实验教程	王士军	34	148	7-301-23124-1	模拟电子技术学习指导及习题精选	姚娅川	30
115	7-301-16367-2	供配电技术	王玉华	49	149	7-301-23022-0	MATLAB 基础及实验教程	杨成慧	36
116	7-301-20351-4	电路与模拟电子技术实验指导书	唐 颖	26	150	7-301-23221-7	电工电子基础实验及综合设计指导	盛桂珍	32
117	7-301-21247-9	MATLAB 基础与应用教程	王月明	32	151	7-301-23473-0	物联网概论	王 平	38
118	7-301-21235-6	集成电路版图设计	陆学斌	36	152	7-301-23639-0	现代光学	宋贵才	36
119	7-301-21304-9	数字电子技术	秦长海	49	153	7-301-23705-2	无线通信原理	许晓丽	42
120	7-301-21366-7	电力系统继电保护(第 2 版)	马永翔	42	154	7-301-23736-6	电子技术实验教程	司朝良	33
121	7-301-21450-3	模拟电子与数字逻辑	邬春明	39	155	7-301-23754-0	工控组态软件及应用	何坚强	49
122	7-301-21439-8	物联网概论	王金甫	42	156	7-301-23877-6	EDA 技术及数字系统的应用	包 明	55

相关教学资源如电子课件、电子教材、习题答案等可以登录 www.pup6.com 下载或在线阅读。

扑六知识网(www.pup6.com)有海量的相关教学资源和电子教材供阅读及下载(包括北京大学出版社第六事业部的相关资源)，同时欢迎您将教学课件、视频、教案、素材、习题、试卷、辅导材料、课改成果、设计作品、论文等教学资源上传到 pup6.com，与全国高校师生分享您的教学成就与经验，并可自由设定价格，知识也能创造财富。具体情况请登录网站查询。

如您需要免费纸质样书用于教学，欢迎登陆第六事业部门户网(www.pup6.com)填表申请，并欢迎在线登记选题以到北京大学出版社来出版您的大作，也可下载相关表格填写后发到我们的邮箱，我们将及时与您取得联系并做好全方位的服务。

扑六知识网将打造成全国最大的教育资源共享平台，欢迎您的加入——让知识有价值，让教学无界限，让学习更轻松。

联系方式：010-62750667，pup6_czq@163.com，szheng_pup6@163.com，linzhangbo@126.com，欢迎来电来信咨询。